電子學(進階應用)

Electronic Devices

Conventional Current Version, Global Edition, 10/E

Thomas L. Floyd　原著

楊棧雲、洪國永、張耀鴻　編譯

董秋溝　總校閱

全華圖書股份有限公司

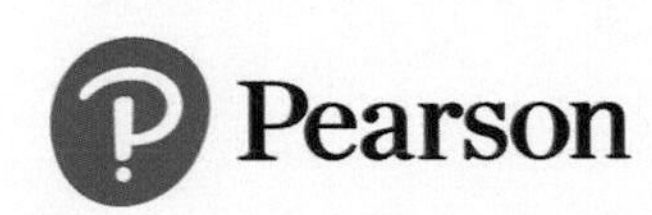

序言

本書*電子學(Electronic Devices)*第十版反應了來自讀者與審稿人員所期望的修訂建議。如同前一版，第一章到第十一章主要是探討個別獨立的元件和電路。第十二章到第十七章則介紹線性積體電路。

本版新增內容

- 新增許多例題及章末習題。
- 有關場效電晶體說明涵蓋面的擴大與更新，包含 JFET 的限制參數、鰭狀FET、UMOSFET、電流源偏壓、疊接組態的雙閘極MOS-FET，以及穿隧式 MOSFET。
- 有關閘流體說明涵蓋面的擴大與更新，包含使用SCR控制馬達速度的繼電器。
- 有關開關電路說明涵蓋面的擴大與更新，包含與邏輯電路的界面連接。
- 有關鎖相迴路說明涵蓋面的擴大與更新。

本書特色

- 全彩印刷。
- 每一章前面都有本章大綱、本章學習目標、簡介、重要詞彙與可參訪教學專用網站等項目。
- 每一章裡的每個小節都有簡短的引言與學習目標。
- 爲數眾多包括詳解的例題，都展示在圖形框中。每個例題都有一個相關習題，其解答可以在以下的網站找到 www.pearsonglobaleditions.com/Floyd。
- 隨堂測驗附於每一節末。答案可以在以下的網站找到 www.pearsonglobaleditions.com/Floyd。
- 一個章末本章摘要、重要詞彙與重要公式，都附在每章末尾。

- 是非題測驗、電路動作測驗、自我測驗及各分門別類的基本習題，附於每章末尾。
- 所有的習題解答、辭彙都在本書末的附錄。
- 由 Dave Buchla 所編撰的 PowerPoint® 投影片可在線上取得，這些創新、互動式的投影片內容均可對應每一章節課文，作爲上課教學時的輔助工具。

學生學習資源

學習網站(*www.pearsonglobaleditions.com/Floyd*) 這個網站提供學生免費線上學習，學生可從網路上檢驗對於重要觀念的瞭解。在網站上還有包括以下幾項：標準電阻表、重要公式推導、電路模擬與原型設計-使用 Multisim 與 NI ELVIS、與 National Instruments LabVIEW™ 軟體的檢視等。LabVIEW 軟體是視覺化程式撰寫應用的一個例子。隨堂測驗、例題的相關習題、是非題測驗、電路動作測驗，和自我測驗的解答都可在這個網站上找到。

多層次模擬電路(Multisim®) 學生學習資源包括許多線上檔案是 Multisim® 第十四版的模擬電路。這些電路是搭配 Multisim® 軟體使用的，在教室和實驗室中，Multisim 軟體被廣泛地認爲是一種最佳的電路模擬工具。雖然包括有這些資源，本書任何部分都是獨立的，不需要依賴於 Multisim® 軟體或這些所提供的檔案。

《電子元件實驗習題》*(Laboratory Exercises for Electronic Devices)* 第九版，作者 David Buchla 及 Steve Wetterling，ISBN：0-13-25419-5

教師資源

要從網路上取得相關資料，教師們必須先取得教師存取碼。請到 www.pearsonglobaleditions.com/Floyd 註冊一個教師存取碼。在您註冊完成後的 48 小時內，將會收到一封確認電子郵件，內容包含了此一教師存取碼，一旦收到您的教師存取碼，您可以在線上目錄中找到本書，然後按一下在產品目錄頁面左側的"教師資源"按鈕。選定一個補充材料，將會出現一個登錄頁面。一旦登錄，您可以造訪 Pearson 出版社教科書的所有教學材料。如果您造訪此網站或下載任何一補充材料有任何困難，請聯繫客戶服務

http://support.pearson.com/getsupport

《線上教師資源手冊》(Online Instructor's Resource Manual) 包含每章習題的解答、應用活動的答案、Multisim® 電路檔摘要、和測驗題檔案，也包含實驗室指南手冊的解答。

線上教學資源 如果你的教學設備允許以遠端教學方式講授電子學的課程，請聯絡當地的 Pearson 的銷售人員，取得教案產品的清單。

線上 PowerPoint® 投影片 以全新、互動式的投影片來呈現每個章節，於教學時提供充足的補充。

線上測驗管理員(TestGen) 這是超過 800 題的測驗題庫光碟版。

各章特色

章首頁 每一章開始都特別安排首頁篇幅的介紹，如圖 P-1 所示。其中包括本章的編號和名稱、簡介、章節目錄、本章的學習目標、重要詞彙以及可參訪教學的網站。

節開頭 每一節的開頭都有簡單的內容介紹和本節的學習目標。圖 P-2 加以示範說明。

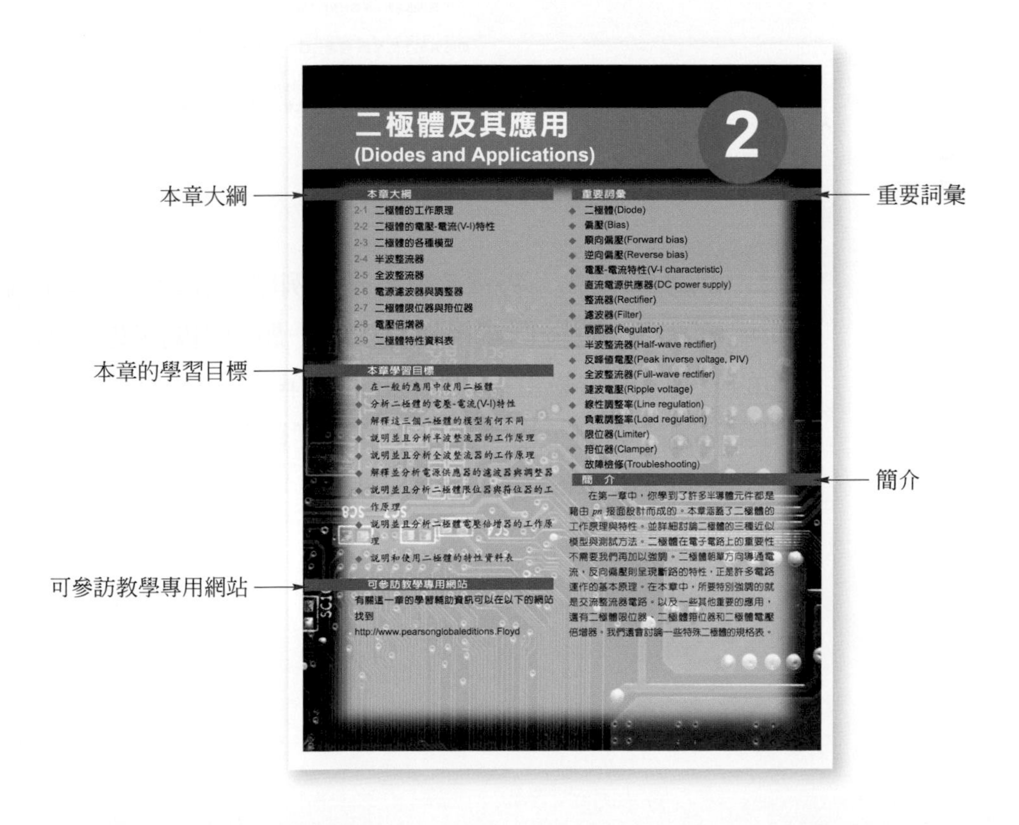

二極體及其應用
(Diodes and Applications)
2

本章大綱
2-1 二極體的工作原理
2-2 二極體的電壓-電流(V-I)特性
2-3 二極體的各種模型
2-4 半波整流器
2-5 全波整流器
2-6 電源濾波器與調整器
2-7 二極體限位器與箝位器
2-8 電壓倍增器
2-9 二極體特性資料表

本章學習目標
- 在一般的應用中使用二極體
- 分析二極體的電壓-電流(V-I)特性
- 解釋這三個二極體的模型有何不同
- 說明並且分析半波整流器的工作原理
- 說明並且分析全波整流器的工作原理
- 解釋並分析電源供應器的濾波器與調整器
- 說明並且分析二極體限位器與箝位器的工作原理
- 說明並且分析二極體電壓倍增器的工作原理
- 說明和使用二極體的特性資料表

可參訪教學專用網站
有關這一章的學習輔助資訊可以在以下的網站找到
http://www.pearsonglobaleditions.Floyd

重要詞彙
- 二極體(Diode)
- 偏壓(Bias)
- 順向偏壓(Forward bias)
- 逆向偏壓(Reverse bias)
- 電壓-電流特性(V-I characteristic)
- 直流電源供應器(DC power supply)
- 整流器(Rectifier)
- 濾波器(Filter)
- 調節器(Regulator)
- 半波整流器(Half-wave rectifier)
- 反峰值電壓(Peak inverse voltage, PIV)
- 全波整流器(Full-wave rectifier)
- 漣波電壓(Ripple voltage)
- 線性調整率(Line regulation)
- 負載調整率(Load regulation)
- 限位器(Limiter)
- 箝位器(Clamper)
- 故障檢修(Troubleshooting)

簡 介
在第一章中，你學到了許多半導體元件都是藉由 *pn* 接面設計而成的。本章涵蓋了二極體的工作原理與特性，並詳細討論二極體的三種近似模型與測試方法。二極體在電子電路上的重要性不需要我們再加以強調。二極體朝單方向導通電流，反向偏壓則呈現斷路的特性，正是許多電路運作的基本原理。在本章中，所要特別強調的就是交流整流器電路，以及一些其他重要的應用，還有二極體限位器、二極體箝位器和二極體電壓倍增器。我們還會討論一些特殊二極體的規格表。

▲ 圖 P-1 典型的章首頁。

隨堂測驗 每一節的結束都有列出該節內容的隨堂測驗，著重在該節的重要觀念。圖 P-2 也示範說明此項特色。隨堂測驗的答案可以在以下的網站找到 www.pearsonglobaleditions.com/Floyd。

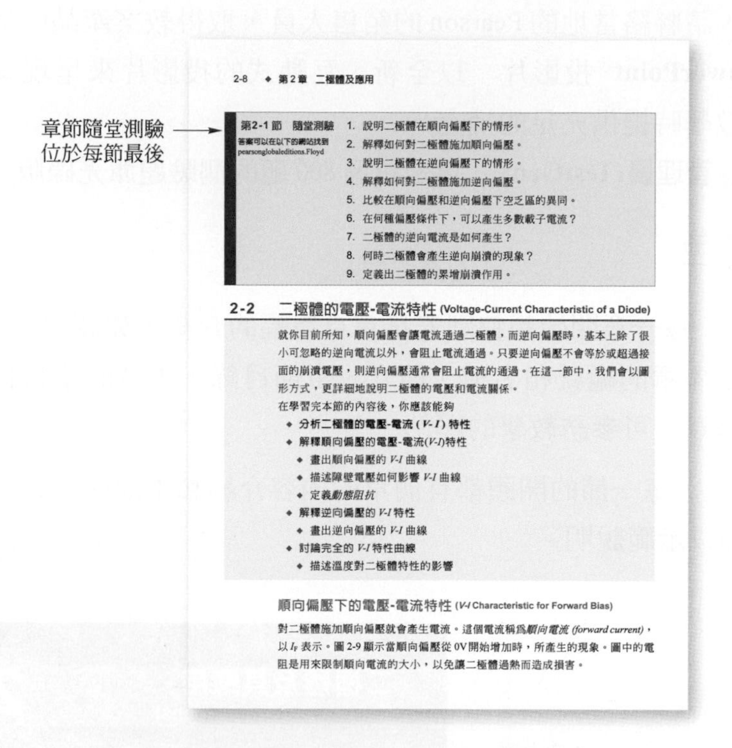

2-8 ◆ 第 2 章 二極體及應用

第2-1 節 隨堂測驗
答案可以在以下的網站找到 pearsonglobaleditions.Floyd

1. 說明二極體在順向偏壓下的情形。
2. 解釋如何對二極體施加順向偏壓。
3. 說明二極體在逆向偏壓下的情形。
4. 解釋如何對二極體施加逆向偏壓。
5. 比較在順向偏壓和逆向偏壓下空乏區的異同。
6. 在何種偏壓條件下，可以產生多數載子電流？
7. 二極體的逆向電流是如何產生？
8. 何時二極體會產生逆向崩潰的現象？
9. 定義出二極體的累增崩潰作用。

2-2 二極體的電壓-電流特性 (Voltage-Current Characteristic of a Diode)

就你目前所知，順向偏壓會讓電流通過二極體，而逆向偏壓時，基本上除了很小可忽略的逆向電流以外，會阻止電流通過。只要逆向偏壓不會等於或超過接面的崩潰電壓，則逆向偏壓通常會阻止電流的通過。在這一節中，我們會以圖形方式，更詳細地說明二極體的電壓和電流關係。

在學習完本節的內容後，你應該能夠

- **分析二極體的電壓-電流 (*V-I*) 特性**
- 解釋順向偏壓的電壓-電流(*V-I*)特性
  - 畫出順向偏壓的 *V-I* 曲線
  - 描述障壁電壓如何影響 *V-I* 曲線
  - 定義*動態阻抗*
- 解釋逆向偏壓的 *V-I* 特性
  - 畫出逆向偏壓的 *V-I* 曲線
- 討論完全的 *V-I* 特性曲線
  - 描述溫度對二極體特性的影響

順向偏壓下的電壓-電流特性 (V-I Characteristic for Forward Bias)

對二極體施加順向偏壓就會產生電流。這個電流稱爲*順向電流 (forward current)*，以 I_F 表示。圖 2-9 顯示當順向偏壓從 0V 開始增加時，所產生的現象。圖中的電阻是用來限制順向電流的大小，以免讓二極體過熱而造成損害。

▲ 圖 P-2 典型的節開頭和隨堂測驗。

例題、相關習題 每章都有大量的例題，詳細說明基本觀念和特殊的解題方法。每個例題後面都安排一題的相關習題，加強和擴大例題的效果，要求學生按照類似的題型再完全自行作一遍。圖 P-3 說明相關習題的範例。相關習題的解答可以在以下的網站找到 www.pearsonglobaleditions.com/Floyd。

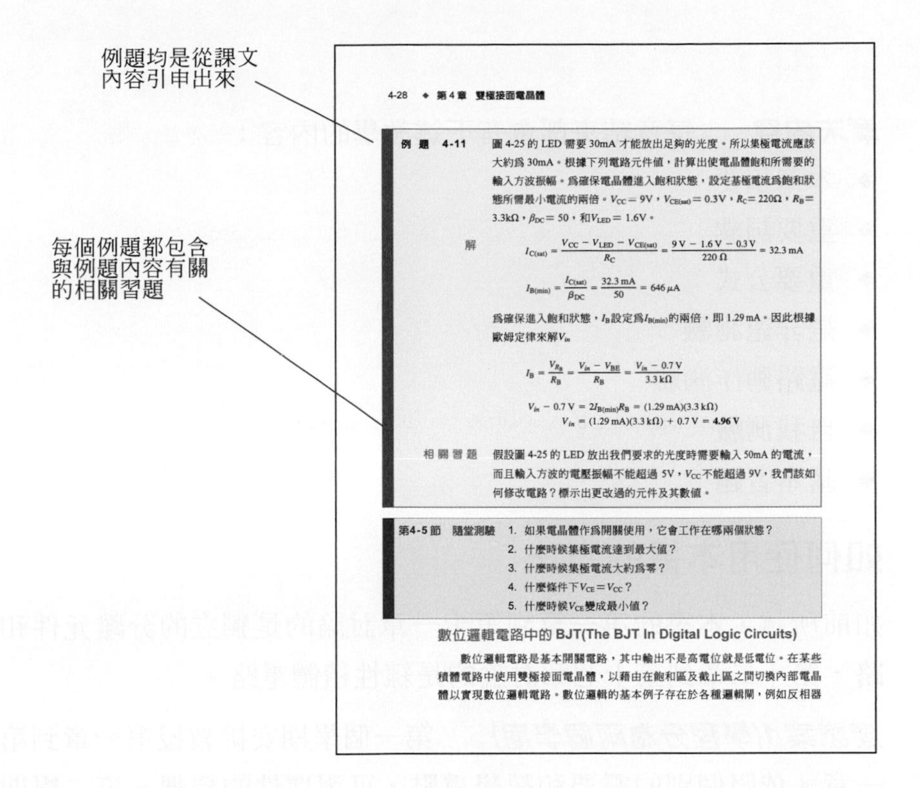

4-28 ◆ 第 4 章 雙極接面電晶體

例 題 4-11 圖 4-25 的 LED 需要 30mA 才能放出足夠的光度。所以集極電流應該大約爲 30mA。根據下列電路元件值，計算出使電晶體飽和所需要的輸入方波振幅。爲確保電晶體進入飽和狀態，設定基極電流爲飽和狀態所需最小電流的兩倍。$V_{CC}=9V$，$V_{CE(sat)}=0.3V$，$R_C=220\Omega$，$R_B=3.3k\Omega$，$\beta_{DC}=50$，和$V_{LED}=1.6V$。

解

$$I_{C(sat)}=\frac{V_{CC}-V_{LED}-V_{CE(sat)}}{R_C}=\frac{9\text{ V}-1.6\text{ V}-0.3\text{ V}}{220\ \Omega}=32.3\text{ mA}$$

$$I_{B(min)}=\frac{I_{C(sat)}}{\beta_{DC}}=\frac{32.3\text{ mA}}{50}=646\ \mu\text{A}$$

爲確保進入飽和狀態，I_B設定爲$I_{B(min)}$的兩倍，即 1.29 mA。因此根據歐姆定律來解V_{in}

$$I_B=\frac{V_{R_B}}{R_B}=\frac{V_{in}-V_{BE}}{R_B}=\frac{V_{in}-0.7\text{ V}}{3.3\text{ k}\Omega}$$

$$V_{in}-0.7\text{ V}=2I_{B(min)}R_B=(1.29\text{ mA})(3.3\text{ k}\Omega)$$

$$V_{in}=(1.29\text{ mA})(3.3\text{ k}\Omega)+0.7\text{ V}=\mathbf{4.96\text{ V}}$$

相關習題 假設圖 4-25 的 LED 放出我們要求的光度時需要輸入 50mA 的電流，而且輸入方波的電壓振幅不能超過 5V，V_{CC}不能超過 9V，我們該如何修改電路？標示出更改過的元件及其數值。

第4-5節 隨堂測驗
1. 如果電晶體作爲開關使用，它會工作在哪兩個狀態？
2. 什麼時候集極電流達到最大值？
3. 什麼時候集極電流大約爲零？
4. 什麼條件下$V_{CE}=V_{CC}$？
5. 什麼時候V_{CE}變成最小值？

數位邏輯電路中的 BJT(The BJT In Digital Logic Circuits)

數位邏輯電路是基本開關電路，其中輸出不是高電位就是低電位。在某些積體電路中使用雙極接面電晶體，以藉由在飽和區及截止區之間切換內部電晶體以實現數位邏輯電路。數位邏輯的基本例子存在於各種邏輯閘，例如反相器

▲ 圖 P-3　具有相關習題和 Multisim®練習題的典型例題。(中譯本無收錄 Multisim®練習題)

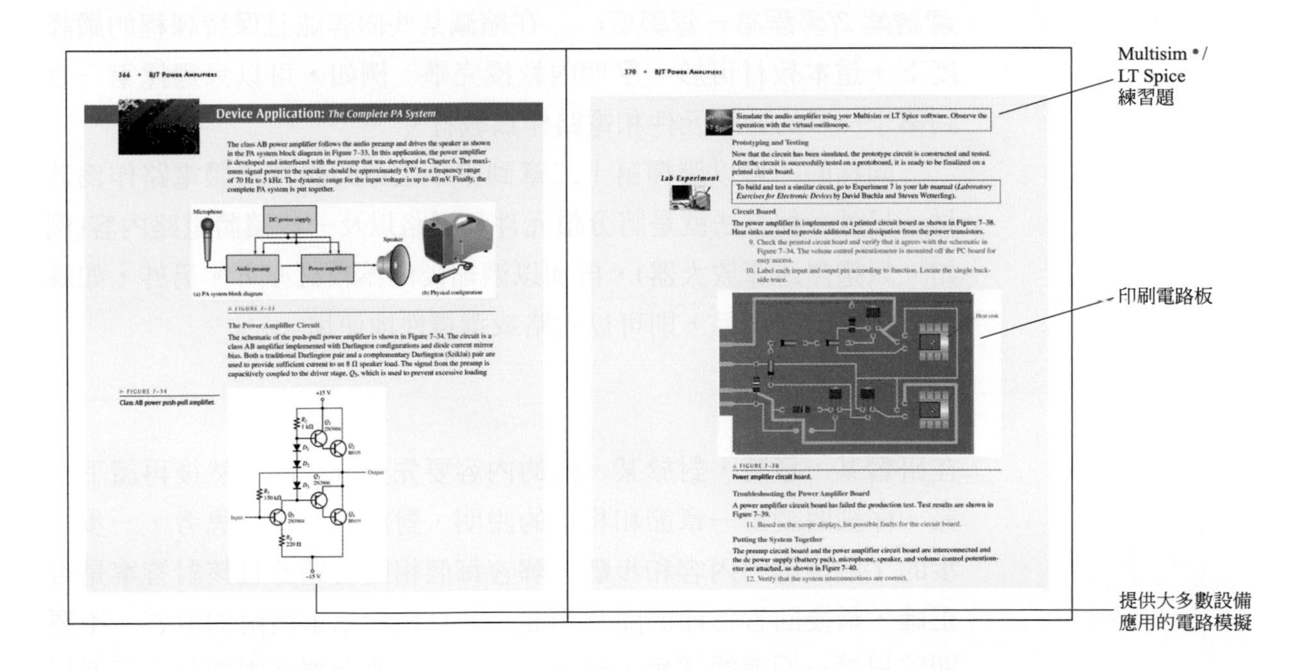

▲ 圖 P-4　典型的設備應用電路的一部分(中譯本無收錄此內容)。

章末內容 每章結束都會有下述教學的內容：

- 本章摘要
- 重要詞彙
- 重要公式
- 是非題測驗
- 電路動作測驗
- 自我測驗
- 基本習題

如何使用本書的方法

如前所述，本書的第一章到第十一章討論的是獨立的分離元件和電路，第十二章到第十七章討論的是線性積體電路。

建議案 1(學程分為兩個學期) 第一個學期安排教授第一章到第十一章。依照個別的需要和教學重點，可選擇性的授課。第二學期則可教授第十二章到第十七章，同樣的，必要時也可選擇性授課。

建議案 2(學程為一個學期) 在縮減某些內容並且保持課程的嚴謹度下，這本教材可於一學期內教授完畢。例如，可以只選擇第一章到第十一章的分離元件和電路作爲教材。

同樣的，可以選擇第十二章到第十七章的線性積體電路作爲教材。另外一種方法就是將分離元件和電路以及一些積體電路內容(例如，只選擇運算放大器)，再加以濃縮後作爲教材亦可。另外，如綠色科技應用等項目，則可以省略或選擇性地使用。

給學生的話

在研習某一章時，對於某一節的內容要先充分了解，然後再讀下一節。仔細閱讀每一章節和相關的說明，對於內容仔細思考，一步一步的了解例題的內容和步驟，解答每個相關習題並且核對答案是否正確，最後回答每節的隨堂測驗，並且核對章末所附的解答。不要期望只讀一遍就能透徹了解內容，你可能要念課文兩遍甚至三遍以上。一旦你自認爲已對課文充分了解後，再複習章末所附的本章摘要、重要公式、重要詞彙定義等。然後做是非題測驗、電路動作測驗及自我測驗題。最後，做完所有章末所附的指定習題。做完這些習題是確認並加強你對內容的了解最有效的方法。在解題的過程中，你可以更深入的了解每一章的內容，這可能不是單單閱讀課文或是在課堂上聽課就能學到的知識，能加深對該章節的理解。

通常，我們無法單單只是傾聽別人的說明，就能充分的了解某個概念或者過程的真意。只有努力的學習和慎密的思考才能達到我們所預期的學習效果。

我們要感謝

許多聰明而專業的人士幫忙修改這本電子學第十版的內容。這本書的內容都經過正確性的全盤審校。Pearson 出版社的人員，對這本書的出版有卓著的貢獻，包括 Faraz Sharique Ali 以及 Rex Davidson。感謝在 Cenreo 的 Jyotsna Ojha 有關內文與美工的處理。Dave Buchla，對於此書之內容貢獻至鉅，也幫助此書成為最佳的版本。 Gary Snyder 設計出這一版的多層次模擬電路(Multisim®)的電子檔案。除了以上已經提到的工作人員外，我還要向審稿人員表達我由衷的感激，他們提供了許多有價值的建議和建設性的批評，大大地影響了本書的內容。這些審稿人員有，印第安納州立大學(Indiana State University)的 David Beach；阿勒格尼群社區學院(Community Clollege of Allegheny County)的 Mahmoud Chitsazzadeh；沙加緬度市立學院(Sacramento city College)的 Wang Ng；賓夕法尼亞科技大學(Pennsyl vania College of Technology)的 Almasy Edward；以及賓夕法尼亞科技大學(Pennsylvania College of Technology)的 Moser Randall。

Tom Floyd

編輯部序

「系統編輯」是我們的編輯方針，我們所提供給您的，絕不只是一本書，而是關於這門學問的所有知識，它們由淺入深，循序漸進。

本書譯自Thomas L. Floyd原著「Electronic Devices」(第十版)，分為「基礎理論」、「進階應用」兩冊。本書內容豐富，大量例題的相關習題及每小節後的隨堂測驗，解答都可在隨書光碟中找到。本書適用於大學、科大電子、電機、機械及資工系，日、夜間部「電子學」課程使用。

同時，為了使您能有系統且循序漸進研習相關方面的叢書，我們以流程圖方式，列出各有關圖書的閱讀順序，以減少您研習此門學問的摸索時間，並能對這門學問有完整的知識。若您在這方面有任何問題，歡迎來函連繫，我們將竭誠為您服務。

相關叢書介紹

書號：03190
書名：基本電學
編著：賴柏洲

書號：064387
書名：應用電子學(精裝本)
編著：楊善國

書號：03126
書名：電力電子學(附範例光碟片)
編譯：江炫樟

書號：05966
書名：電力電子學綜論
編著：EPARC

書號：06163/06164
書名：電子學實習(上)/(下)(附 Pspice 試用版光碟)
編著：曾仲熙

書號：06296
書名：專題製作－電子電路及 Arduino 應用
編著：張榮洲.張宥凱

流程圖

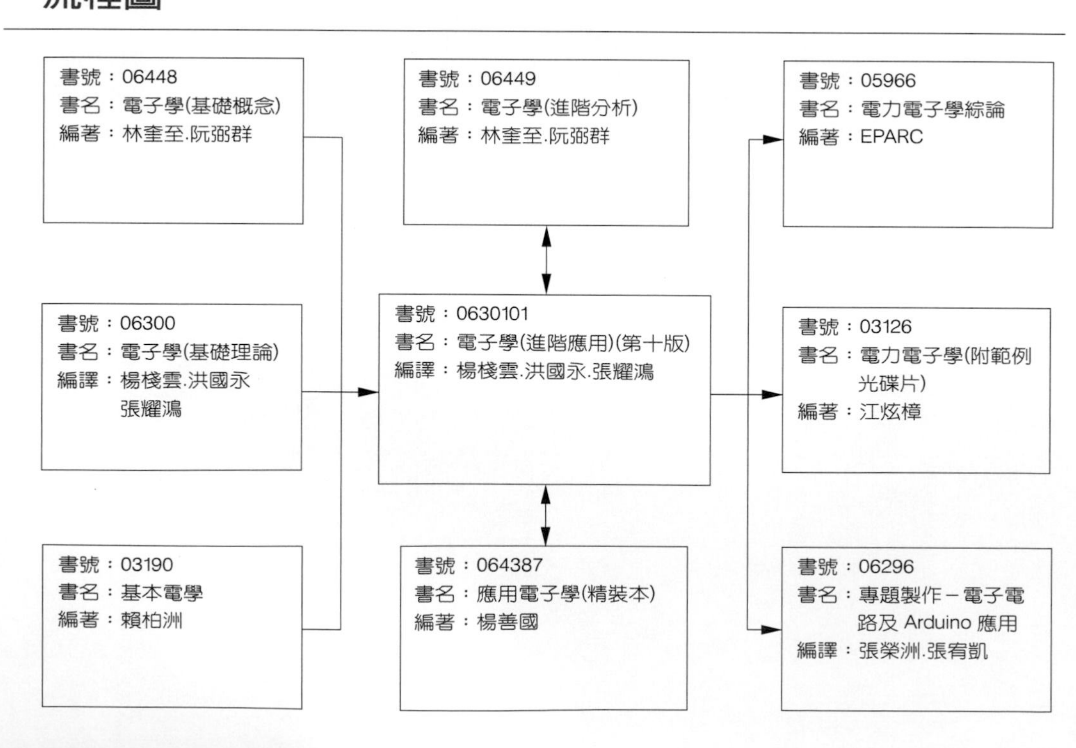

目錄摘要

目 錄

BJT 功率放大器 (BJT Power Amplifiers)

11

本章大綱

本章學習目標

- 解釋與分析 A 類放大器的工作原理
- 解釋與分析 B 類和 AB 類放大器的工作原理
- 解釋與分析 C 類放大器的工作原理

可參訪教學專用網站

有關這一章的學習輔助資訊可以在以下的網站找到

http://www.pearsonglobaleditions.com/Floyd

重要詞彙

- A 類 (Class A)
- 功率增益 (Power gain)
- 效率 (Efficiency)
- B 類 (Class B)
- 推挽式 (Push-pull)
- AB 類 (Class AB)
- C 類 (Class C)

簡　介

功率放大器是一種提供負載功率的放大器。因此，它們屬於大信號放大器。這意謂著和小信號放大器比較起來，在信號處理過程中，大信號放大器使用在範圍較廣的負載線。本章將介紹四類 BJT 功率放大器：A 類、B 類、AB 類及 C 類。另一種類型的功率放大器-D 類，詳見基礎理論第 8 章中介紹。這些放大器的分類是以輸入信號的一個週期內，放大器工作在線性區域的百分比為標準。因為每種放大器有其固定的工作方式，因此都有其特定的線路組態。我們強調的重點是功率放大。 效率亦是功率放大器特性重要的考量，將於此章中討論。

功率放大器常做為系統之最後一級，例如：通訊接收或發射器，提供訊號至喇叭輸出端或至傳送天線端。雙載子接面電晶體(BJTs)用於說明功率放大器原理。

11-1 A 類功率放大器 (The Class A Power Amplifier)

如果放大器的偏壓方式使得放大器都是在線性區域工作，輸出信號是輸入信號的放大複製信號，這種放大器稱爲 **A 類(class A)**放大器。基礎篇關於放大器的討論仍然可以適用在A類放大器。功率放大器指的是那些將功率傳送到負載爲主要目的的放大器。所以功率放大器的元件必須考慮其散熱性能。此意謂著需考量零件散熱能力，且效率變成設計上一個重要的考量因素。

在學習完本節的內容後，你應該能夠

- **解釋與分析 A 類放大器的工作原理**
- 討論電晶體的散熱
  - 描述散熱器的功用
- 討論 Q 點置於負載線中點的重要性
  - 以 Q 點描述直流與交流負載線的關係
  - 描述以非 Q 點爲中心對於輸出波形的影響
- 計算功率增益
- 定義*直流靜態功率*
- 討論與計算輸出信號功率
- 定義及計算功率放大器的*效率*

小信號放大器的工作過程中，交流信號只在整個交流負載線的一個小範圍內變動。如果輸出信號的振幅更大並且逼近交流負載線的邊界，放大器就屬於**大信號(large-signal)**類型。不論大信號或小信號放大器，如果都是在線性區域工作，就把它歸類爲 **A 類(class A)**，如圖 11-1 所示。A 類功率放大器是大信號放大器，其目的是提供功率給負載，而不是提供電壓給負載。依照一個重要的原則，如果放大器的元件其額定功率大於 1W 並必須考慮散熱問題時，就可考慮視爲是功率放大器。

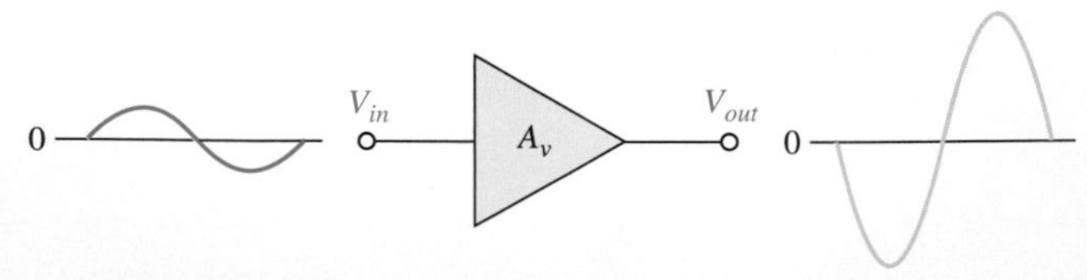

▲ 圖 11-1　A 類放大器的基本工作描述。輸出與輸入相位相差 180° (反相) 。

散熱 (Heat Dissipation)

功率電晶體或其它功率元件都必須將大量內部產生的熱能發散出去。對 BJT 功率電晶體而言，集極端是產生熱量的主要接面點；因爲此緣故，電晶體的外殼都是連接到集極端。而且所有功率電晶體的外殼都會與外部散熱器有大的接觸面積。電晶體產生的熱會流經外殼和散熱器，消散到周圍的空氣中。散熱器會因大小、鰭片數目及材質種類有所不同。其大小取決於散熱需求與電晶體的工作環境溫度。在高功率 (數百瓦特) 應用電路中，甚至可能需要使用到冷卻風扇。

Q 點置於負載線中點 (Centered *Q*-Point)

請回想一下，直流負載線與交流負載線相交於 Q 點。當 Q 點位於交流負載線的中點，可以得到最大的A類信號。檢查圖 11-2 (a) 電路的負載線，可以藉此瞭解這個概念。圖中顯示 Q 點位於交流負載線中點。集極電流可以從 Q 點值 I_{CQ}，往上增加到飽和值 $I_{c(sat)}$，往下減少到截止值 0。同樣地，集極對射極電壓可以從 Q 點值 V_{CEQ}，往上增加到截止電壓 $V_{ce(cutoff)}$，往下減少到近乎 0 的飽和電壓。整個動作過程顯示在圖 11-2 (b)。在這種狀況下，集極電流的峰值等於 I_{CQ}，集極對射極電壓的峰值等於 V_{CEQ}。這樣的信號是可以從 A 類放大器取得的最大輸出。實際上輸出不可能太靠近飽和或截止狀態，所以眞正的最大輸出會再小一些。

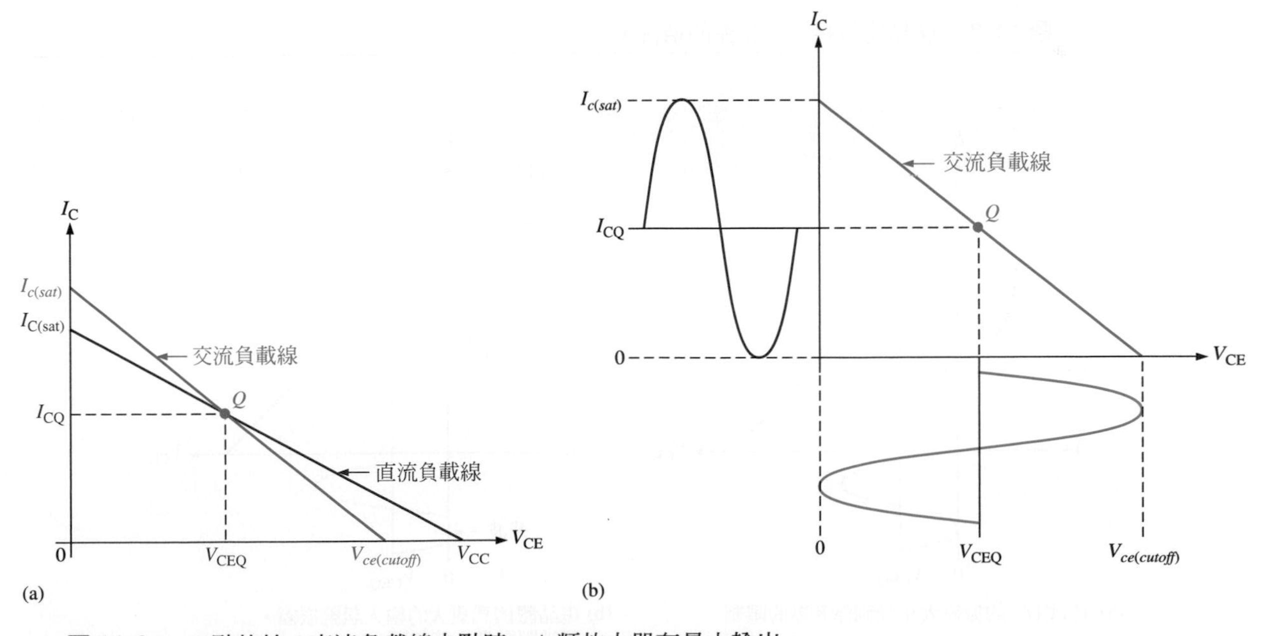

▲圖 11-2　Q 點位於 4 交流負載線中點時，A 類放大器有最大輸出。

如果Q點不在交流負載線中央，輸出信號會受到更多限制。圖 11-3 中，Q點不在交流負載線中央，而是比較靠近截止點。這種情況下，輸出端的變動很容易就受到截止點的限制。變動過程中，集極電流往下只能降到接近 0 值，而超過I_{CQ}以上也只能到達相同振幅的集極電流。集極對射極電壓則只能上升到截止電壓值，而低於V_{CEQ}以下也只能達到相同振幅的電壓。未失真完整情況顯示在圖 11-3 (a)。如果想讓輸出變化超出上述範圍，波形將在截止點被截去，如圖 11-3 (b) 所示。

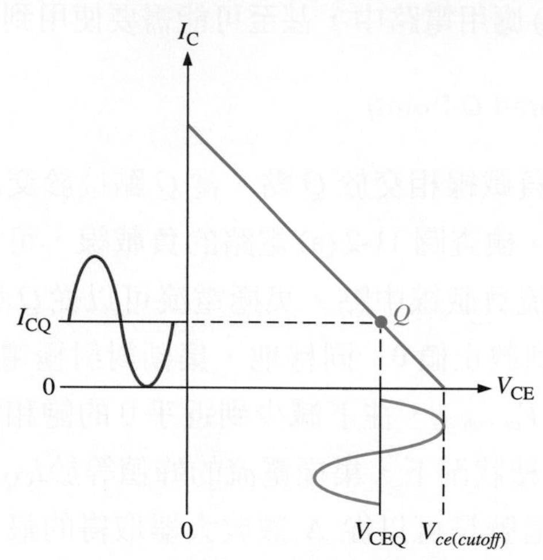

(a) V_{ce} 和 I_c 的振幅大小受到截止點的限制

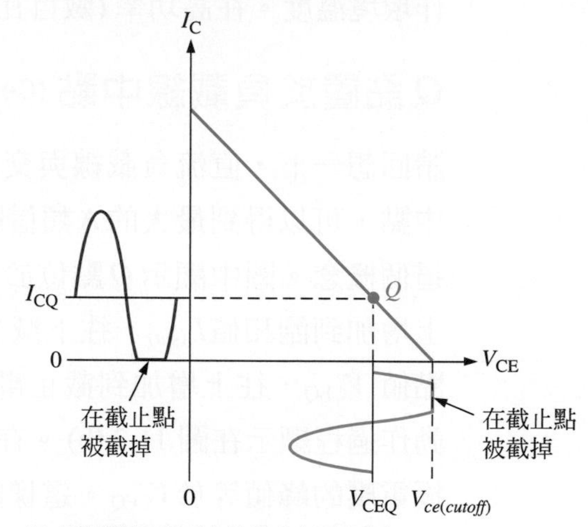

(b) 電晶體因為更大的輸入訊號振幅，而被驅動進入截止區

▲圖 11-3　Q 點比較接近截止點的情況。

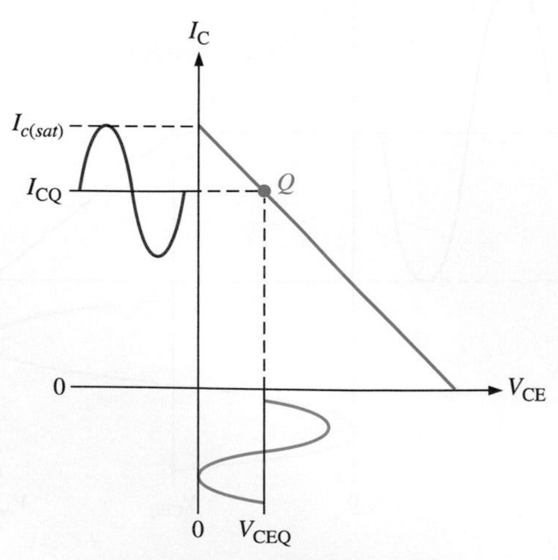

(a) V_{ce} 和 I_c 的振幅大小受到飽和點的限制

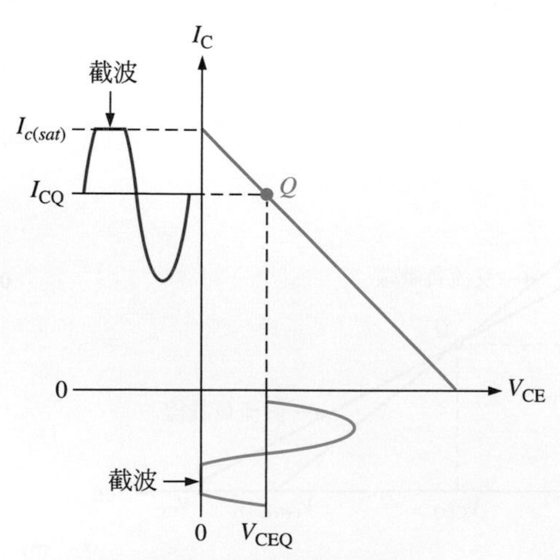

(b) 電晶體因為更大的輸入訊號振幅，而被驅動進入飽和區

▲圖 11-4　Q 點比較接近飽和點的情況。

圖 11-4 中，Q 點不在交流負載線中央，而是比較靠近飽和點。這種情況下輸出變動會受飽和點的限制。變動過程中，集極電流往上只能增加到接近飽和電流，而低於I_{CQ}以下也只能達到相同振幅的集極電流。集極對射極電壓則只能往下降到飽和值，超過V_{CEQ}以上也只能達到相同振幅的電壓。尚未失真之情況顯示在圖 11-4 (a)。如果驅動放大器超出上述範圍，波形將在飽和點被截去，如圖 11-4 (b) 所示。

功率增益 (Power Gain)

功率放大器負責傳送功率給負載。放大器的功率增益 **(power gain)** 是輸出功率(傳送給負載的功率)與輸入功率的比值。一般而言，功率增益是按下列公式計算

$$\boldsymbol{A_p = \frac{P_L}{P_{in}}}$$ **公式 11-1**

其中 A_p 是功率增益，P_L 是傳送到負載的信號功率，而 P_{in} 是傳送到放大器輸入端的信號功率。

有幾個公式可以計算功率增益，要選擇使用哪一個，則視已知條件決定。計算功率增益最容易的方法通常是由輸入阻抗、負載阻抗及電壓增益著手。要瞭解這個方法，請先回想功率可以用電壓及電阻表示成

$$P = \frac{V^2}{R}$$

對交流功率而言，電壓必須以 rms 有效值表示。因此傳送給負載的輸出功率是

$$P_L = \frac{V_L^2}{R_L}$$

而傳送到放大器的輸入功率是

$$P_{in} = \frac{V_{in}^2}{R_{in}}$$

將前述兩個式子代入公式 11-1，得到以下有用的關係式：

$$A_p = \frac{V_L^2}{V_{in}^2}\left(\frac{R_{in}}{R_L}\right)$$

既然$V_L/V_{in} = A_v$，

$$\boldsymbol{A_p = A_v^2\left(\frac{R_{in}}{R_L}\right)}$$ **公式 11-2**

回想第六章的分壓器偏壓放大器

$$R_{in(tot)} = R_1 \| R_2 \| R_{in(base)}$$

而對共射極 (CE) 或共集極 (CC) 放大器而言

$$R_{in(base)} = \beta_{ac}R_e$$

公式 11-2 顯示放大器功率增益，等於電壓增益的平方乘以輸入阻抗對輸出阻抗的比值。此公式能夠應用在任何放大器。例如，假設共集極放大器的輸入阻抗是 5 kΩ而負載阻抗是 100 Ω。既然共集極 (CC) 放大器的電壓增益約為 1，功率增益為

$$A_p = A_v^2\left(\frac{R_{in}}{R_L}\right) = 1^2\left(\frac{5\text{ k}\Omega}{100\ \Omega}\right) = 50$$

對共集極 (CC) 放大器而言，A_p 正好是輸入阻抗與輸出負載阻抗的比值。

直流靜態功率 (DC Quiescent Power)

沒有信號輸入的電晶體，其功率消耗是 Q 點的電流與電壓之相乘積。

公式 11-3 $$P_{DQ} = I_{CQ}V_{CEQ}$$

A 類放大器提供功率給負載的唯一方式是維持靜態電流，此靜態電流必須不小於負載交流電流的峰值。輸入信號並不會增加電晶體的功率消耗，反而減少總消耗功率。公式 11-3 的**直流靜態功率(dc quiescent power)**是A類放大器必須處理的最大功率。電晶體的功率額定值必須大於此值。

輸出功率 (Output Power)

一般來說，輸出信號功率是負載電流有效值與負載電壓有效值的乘積。當 Q 點位於交流負載線中點，可以得到最大未截波的交流信號。Q 點位於負載線中央的共射極 (CE) 放大器，峰值電壓的最大值是

$$V_{c(max)} = I_{CQ}R_c$$

有效值是$0.707V_{c(max)}$。

最大的信號峰值電流是

$$I_{c(max)} = \frac{V_{CEQ}}{R_c}$$

有效值是 $0.707I_{c(max)}$。

想求得信號輸出功率的最大值，必須使用最大電流與電壓的有效值。所以 A 類放大器輸出的最大功率是

$$P_{out(max)} = (0.707I_c)(0.707V_c)$$

公式 11-4 $$P_{out(max)} = 0.5I_{CQ}V_{CEQ}$$

例 題 11-1 試求圖 11-5 中 A 類功率放大器的電壓增益與功率增益。假設所有電晶體的 $\beta_{ac} = 200$ 。

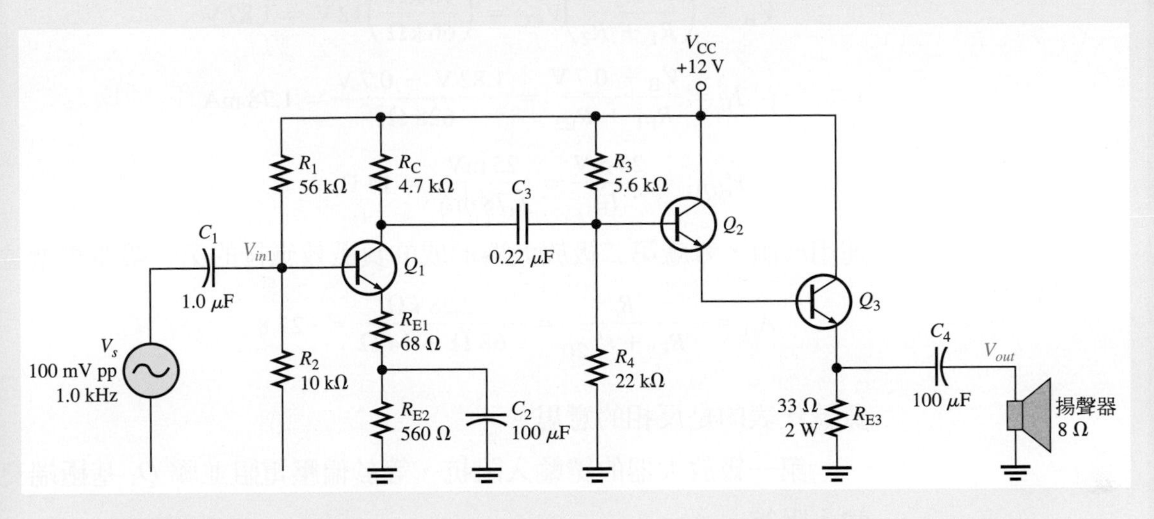

▲ 圖 11-5

解 請注意，第一級放大器 (Q_1) 是具有射極部分旁路電阻 (R_{E1}) 的分壓器偏壓共射極電路。第二級放大器 (Q_2和Q_3) 為達靈頓電壓隨耦器的組態。以揚聲器作為負載。

第一級：

第一級放大器的交流集極阻抗等於R_C並聯第二級放大器的輸入阻抗。首先找到$R_{in(tot)(Q2)}$

$$R_{in(tot)(Q2)} = R_1 \parallel R_2 \parallel \beta_{ac}^2(r'_{e(Q2)} + R_e)$$

在此情況下，$r'_{e(Q2)}$小至可以忽略。

$$= 5.6\ \text{k}\Omega \parallel 22\ \text{k}\Omega \parallel 200^2(33\ \Omega \parallel 8\ \Omega)$$

$$= 4.44\ \text{k}\Omega$$

$$R_c = R_C \parallel R_{in(tot)(Q2)}$$

$$= 4.7\ \text{k}\Omega \parallel 4.44\ \text{k}\Omega$$

$$= 2.28\ \text{k}\Omega$$

第一級放大器的電壓增益，等於交流集極阻抗R_c除以交流射極阻抗$R_{E1} + r'_{e(Q1)}$。$r'_{e(Q1)}$的近似值可以先求出 I_E 再計算出來。

$$V_B \cong \left(\frac{R_2}{R_1 + R_2}\right)V_{CC} = \left(\frac{10\,k\Omega}{66\,k\Omega}\right)12\,V = 1.82\,V$$

$$I_E = \frac{V_B - 0.7\,V}{R_{E1} + R_{E2}} = \frac{1.82\,V - 0.7\,V}{628\,\Omega} = 1.78\,mA$$

$$r'_{e(Q1)} = \frac{25\,mV}{I_E} = \frac{25\,mV}{1.78\,mA} = 14\,\Omega$$

運用r'_e值，考慮第二級放大器形成的負載效應後的第一級電壓增益爲

$$A_{v1} = -\frac{R_c}{R_{E1} + r'_{e(Q1)}} = -\frac{2.28\,k\Omega}{68\,\Omega + 14\,\Omega} = -27.8$$

負號代表的是反相的意思。

第一級放大器的總輸入阻抗，等於偏壓電阻並聯 Q_1 基極端交流輸入阻抗。

$$\begin{aligned} R_{in(tot)1} &= R_1 \| R_2 \| \beta_{ac(Q1)}(R_{E1} + r'_{e(Q1)}) \\ &= 56\,k\Omega \| 10\,k\Omega \| 200(68\,\Omega + 14\,\Omega) = 8.4\,k\Omega \end{aligned}$$

第二級：

達靈頓射極隨耦器的電壓增益約等於 1。

$$A_{v2} \cong 1$$

完整放大器：

總電壓增益是第一級和第二級電壓增益的乘積。既然第二級的增益約爲 1，總電壓增益約等於第一級的電壓增益。

$$A_{v(tot)} = A_{v1}A_{v2} = (-27.8)(1) = -27.8$$

功率增益：

我們可以利用公式 11-2 來計算放大器的功率增益。

$$A_p = A^2_{v(tot)}\left(\frac{R_{in(tot)1}}{R_L}\right) = (-27.8)^2\left(\frac{8.4\,k\Omega}{8\,\Omega}\right) = \mathbf{811{,}000}$$

相關習題*　若將第二個 8Ω 揚聲器並聯到第一個揚聲器，則功率增益將會如何？

*答案可以在以下的網站找到 www.pearsonglobaleditions.com/Floyd

效率 (Efficiency)

任何放大器的效率 **(efficiency)** 是供應給負載的輸出信號功率與直流電源所供應總功率的比值。最大輸出信號功率可以由公式 11-4 求得。電源供應的平均電流 I_{CC} 等於 I_{CQ}，且電源供應的電壓最少爲 $2V_{CEQ}$。所以總直流功率等於

$$P_{DC} = I_{CC}V_{CC} = 2I_{CQ}V_{CEQ}$$

電容性耦合 A 類放大器的最大效率 η_{max} 是

$$\eta_{max} = \frac{P_{out}}{P_{DC}} = \frac{0.5I_{CQ}V_{CEQ}}{2I_{CQ}V_{CEQ}} = 0.25$$

電容性耦合 A 類放大器的最大效率不會高於 0.25 或 25 %，實際上應該還會更低，約爲 10 %。雖然運用變壓器做爲耦合到負載的工具可以提高效率，但是變壓器耦合也會有若干缺點。缺點包括變壓器的大小與價格，也包括變壓器鐵心開始飽和所產生的電壓波形失真。一般而言，A 類放大器的低效率通常限制它僅能運用於只需小於 1W 功率的電路。

例 題 11-2 試求圖 11-5 (例題 11-1)功率放大器的效率。

解 效率等於負載的信號功率與直流電源所提供功率的比值。100 mV 峰對峰值輸入電壓等於有效值電壓 35.4 mV rms。所以輸入功率爲，

$$P_{in} = \frac{V_{in}^2}{R_{in}} = \frac{(35.4\text{ mV})^2}{8.4\text{ k}\Omega} = 149\text{ nW}$$

輸出功率爲

$$P_{out} = P_{in}A_p = (149\text{ nW})(811{,}000) = 121\text{ mW}$$

由直流電源提供的功率大部份都供應給輸出級放大器。輸出級放大器電流可以由 Q_3 的直流射極電壓計算而得。

$$V_{E(Q3)} \cong \left(\frac{22\text{ k}\Omega}{27.6\text{ k}\Omega}\right)12\text{ V} - 1.4\text{ V} = 8.2\text{ V}$$

$$I_{E(Q3)} = \frac{V_{E(Q3)}}{R_E} = \frac{8.2\text{ V}}{33\ \Omega} = 0.25\text{ A}$$

忽略其餘很小的電晶體與偏壓電流，直流電源總電流約爲 0.25A。直流電源供應的功率爲

$$P_{DC} = I_{CC}V_{CC} = (0.25\ \text{A})(12\ \text{V}) = 3\ \text{W}$$

所以在這個輸入信號下的放大器效率為

$$\eta = \frac{P_{out}}{P_{DC}} = \frac{121\ \text{mW}}{3\ \text{W}} \cong \mathbf{0.04}$$

這代表效率值為 4%，並說明了為何 A 類不適合應用於功率放大器上。

相關習題 如果以揚聲器取代R_{E3}，對效率有何影響？這樣做有何問題？

第11-1 節 隨堂測驗

答案可以在以下的網站找到 www.pearsonglobaleditions.com/Floyd

1. 散熱器的功用為何？
2. 功率電晶體 BJT 的那一個接點連接到外殼？
3. A 類放大器會有那兩種截波的類型？
4. A 類放大器最大效率的是多少？
5. 共集極 (CC) 放大器的功率增益該如何以阻抗的比值來表示？

11-2 B 類和 AB 類推挽式放大器(The Class B and Class AB Push-Pull Amplifiers)

如果放大器偏壓在截止區，使得在輸入信號週期的前 180°工作於線性區，後 180°工作於截止區，則這種放大器屬於 **B 類(class B)**放大器。AB 類放大器的偏壓則讓導通角稍大於 180°。B 或 AB 類放大器都比 A 類放大器更有效率，這是他們的優點；也就是說，如果輸入相同的功率，可以由 B 類或 AB 類放大器取得較大的輸出功率。但是 B 或 AB 類放大器的電路，若要將輸入信號線性放大，會比較難實作出這種電路。*推挽(push-pull)*式電路是 B 類或 AB 類放大器常用的形式，使用兩個電晶體，應用交替的半週期，在輸出端產生與輸入信號波形相同的信號。

在學習完本節的內容後，你應該能夠

- **解釋與分析 B 類和 AB 類放大器的工作原理**
- 描述 B 類放大器的工作原理
  - 討論 Q 點的位置
- 描述 B 類推挽式放大器的工作原理
  - 討論變壓器耦合
  - 解釋*互補對稱電晶體*
  - 解釋交越失真

- AB 類推挽式放大器的偏壓方式
  - 定義 *AB 類放大器*
  - 解釋 AB 類交流信號工作原理
- 描述單電源推挽式放大器
- 討論 B/AB 類功率
  - 計算最大輸出功率
  - 計算直流輸入功率
  - 計算效率
- 計算推挽式放大器的輸入阻抗
- 討論達靈頓 AB 類放大器
  - 計算電路的交流輸入阻抗
- 描述達靈頓/互補式達靈頓 AB 類放大器

B 類放大器工作原理 (Class B Operation)

圖 11-6 顯示的是在時間軸上，B 類 (class B) 放大器輸出與輸入波形的比較。

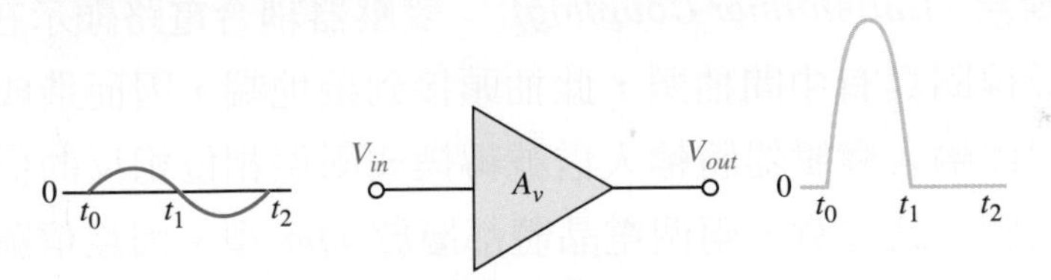

▲ 圖 11-6　B 類放大器的基本工作情形 (非反相)。

Q 點位於截止點 (The Q-Point Is at Cutoff)　B 類放大器偏壓在截止點，所以 $I_{CQ} = 0$ 且 $V_{CEQ} = V_{CE(cutoff)}$。當輸入信號驅使電晶體進入導通狀態，電晶體將離開截止點而在線性區工作。這種狀況可以用圖 11-7 的射極隨耦器線路加以說明，輸出波形與輸入波形並不相同。

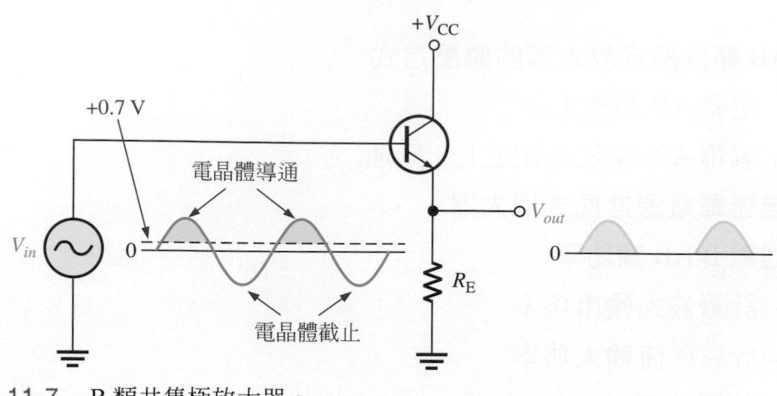

▲ 圖 11-7 B 類共集極放大器。

B 類推挽式放大工作原理 (Class B Push-Pull Operation)

我們已經看到，圖 11-7 電路只在輸入信號正半週導通。若要在整個週期都執行放大工作，必須加上一個在負半週導通的 B 類放大器。兩個一起工作的 B 類放大器組合，稱爲**推挽式 (push-pull)** 操作。

有兩種方式可運用推挽式放大器在輸出端產生整個波形。第一種方式使用變壓器耦合 。 第二種方式使用**互補式對稱電晶體 (complementary symmetry transistors)**；也就是一對互相配對的 *npn*/*pnp* BJT。

變壓器耦合 (Transformer Coupling) 變壓器耦合電路顯示在圖 11-8。輸入變壓器的次級線圈具有中間抽頭，此抽頭接到接地端，因而造成次級線圈兩端互爲反相。因此輸入變壓器將輸入信號轉換成兩個相位相反的信號，再分別提供給兩個電晶體。請注意，兩個電晶體都屬於 *npn* 型。因爲信號相位相反，Q_1將會在正半週導通，Q_2將會在負半週導通。雖然兩個電晶體總是有一個處於截止狀態，再次利用有中間抽頭的初級線圈，輸出變壓器可以將兩個電晶體的輸出信號組合在一起。直流電源電壓V_{CC}連接到輸出變壓器初級線圈的中間抽頭位置。

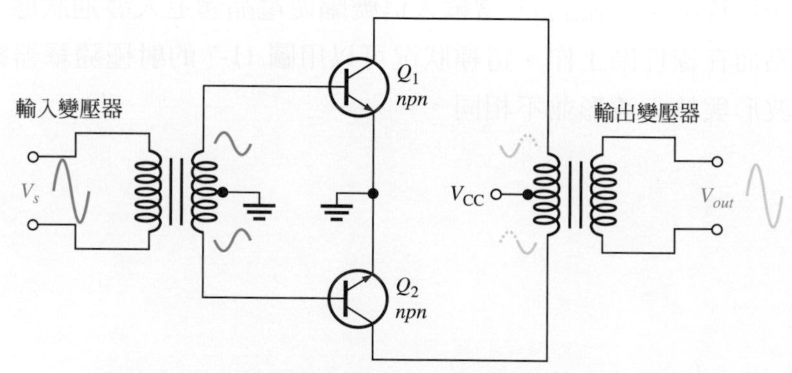

▲ 圖 11-8 變壓器耦合推挽式放大器在正半週時期Q_1導通；負半週時期Q_2導通。輸出變壓器將兩個半波組合成完整波形。

互補式對稱電晶體(Complementary Symmetry Transistors) 圖 11-9 顯示 B 類推挽式放大器最常見的形式，其中使用兩個射極隨耦器，以及正電壓與負電壓的兩個電源供應。因爲一個射極隨耦器使用 *npn* 電晶體，另一個使用 *pnp* 電晶體，兩個各自在輸入週期的相反半週內導通，所以是互補式放大器。請注意，兩個電晶體的基極都沒有加上直流偏壓電壓，即 $V_B = 0$。所以都是直接運用信號電壓來驅動電晶體進入導通狀態。在輸入信號的正半週內，Q_1 導通;在輸入信號的負半週內，Q_2 導通。

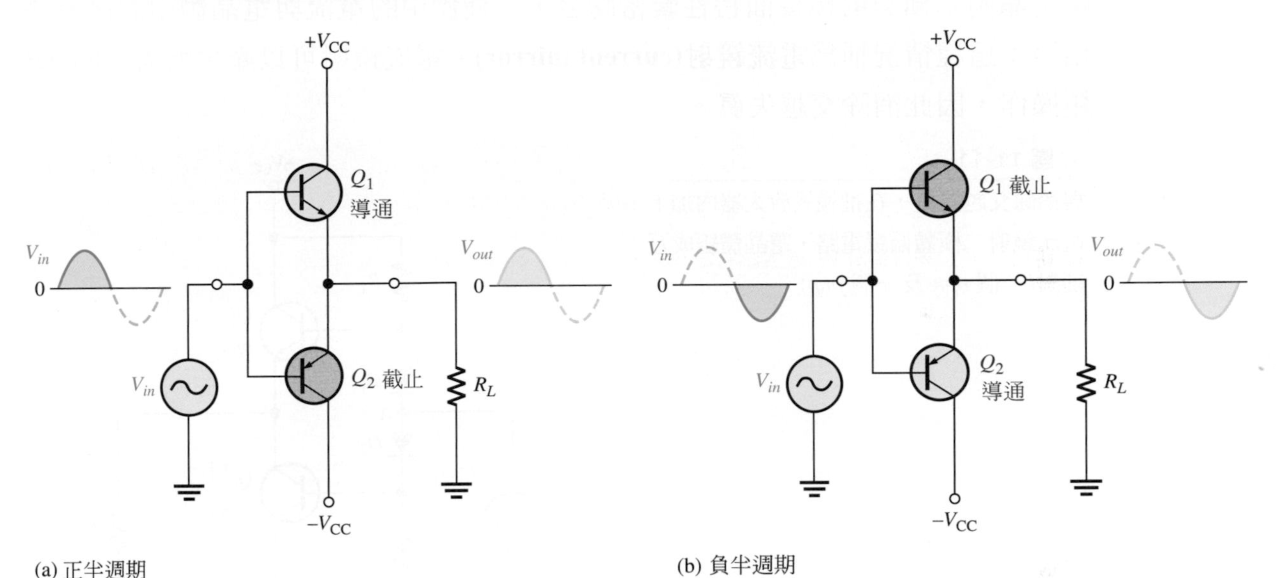

▲ 圖 11-9 B 類推挽式交流放大工作原理。

交越失真(Crossover Distortion) 當基極直流電壓爲零，兩個電晶體都截止，輸入信號電壓必須超過 V_{BE}，才會讓電晶體導通。因爲這樣，輸入信號在正半週與負半週的交替過程，會有一段時間沒有一個電晶體是導通的，如圖 11-10 所示。因爲這樣而造成的輸出波形失眞稱爲**交越失眞 (crossover distortion)**。

▶ 圖 11-10

圖示B類推挽式放大器的交越失眞。只有在輸入信號的陰影區部分電晶體才會導通。

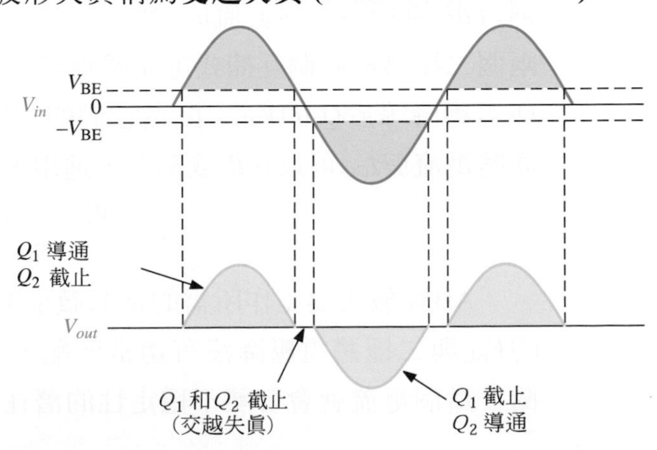

AB 類推挽式放大器的偏壓方式

(Biasing the Push-Pull Amplifier for Class AB Operation)

要克服交越失真，可以將基極的直流偏壓調整到剛好能夠克服電晶體的V_{BE}，這種修正過的工作模式稱爲 **AB 類 (class AB)**。在 AB 類操作中，即使沒有輸入信號出現，放大器的推挽這一級也是施加偏壓成稍微導通的狀態。這可以利用分壓器以及二極體的配置來完成，如圖 11-11 所示。如果D_1與D_2的二極體特性能夠與電晶體基極與射極接面特性緊密吻合，二極體中的電流與電晶體中的電流會相等；這種情況稱爲**電流鏡射(current mirror)**。電流鏡射可以產生所需要的 AB 類操作，因此消除交越失真。

▶ 圖 11-11

爲消除交越失真，在推挽式放大器內加上電流鏡射二極體偏壓電路，電晶體組成互補對(一個 *npn* 及一個 *pnp*)。

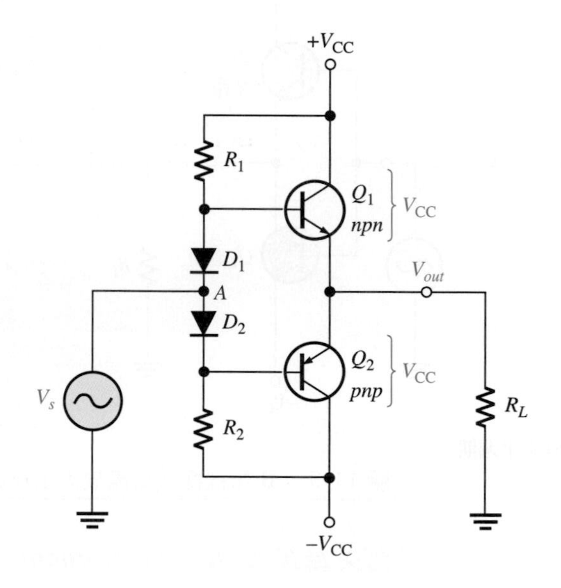

如圖 11-11 之偏壓電路中，R_1和R_2的電阻值，如同正負電源電壓一樣，是相等的。這樣做可以強迫兩個二極體間的 A 點電壓爲零，所以就沒必要加上輸入耦合電容(提供一無直流成份輸入信號)。輸出端的直流電壓也是 0V。理想上，兩個二極體與兩個互補式電晶體應相同，在此情況下，D_1電壓降等於Q_1的V_{BE}，D_2電壓降等於Q_2的V_{BE}。既然它們的特性相吻合，二極體電流將與I_{CQ}相同。二極體電流與I_{CQ}可以在R_1或R_2上，運用歐姆定律求得：

$$I_{CQ} = \frac{V_{CC} - 0.7\,\text{V}}{R_1}$$

AB類放大器工作所需的這個微小電流能夠消除交越失真，但是如果電晶體的V_{BE}與二極體電壓降沒有適當匹配，或是如果二極體與電晶體沒有達到熱平衡，這個電流就會有熱不穩定性的潛在可能。功率電晶體產生的熱量會減低基極射極間的電壓，並使電流增加。如果二極體也上升相同溫度，電流就能夠穩定；但是如果二極體的溫度比電晶體低，I_{CQ}就會增加得更多。這種情況下熱量將不斷地產生，稱爲*熱跑脫(thermal runaway)*。爲防止這種情況發生，二極體必須和電晶體保持相同的環境溫度。在某些狀況，每個電晶體的射極端加上小電阻可以減緩熱跑脫的現象。

交越失眞也會發生在變壓器耦合放大器中，例如圖 11-8 的電路，要消除這種狀況，可在輸入變壓器的次級端加上 0.7 V的偏壓，就可剛好令兩個電晶體導通。利用電源供應器和一個二極體就能產生所需的偏壓電壓，如圖 11-12 所示。

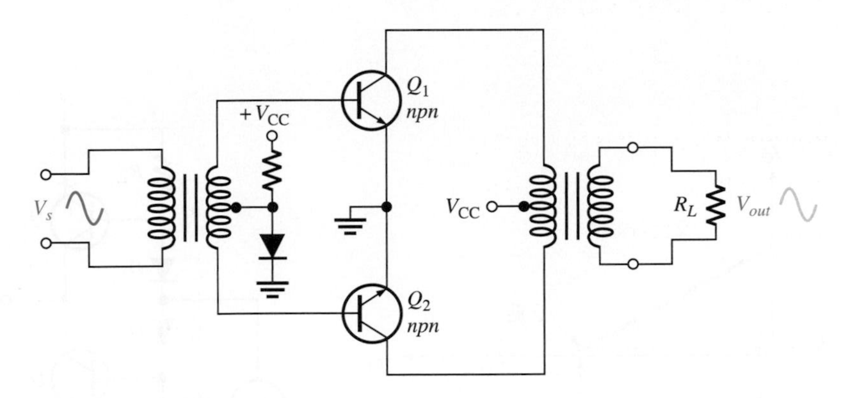

▲ 圖 11-12 變壓器耦合推挽式放大器消除交越失眞的方法。偏壓二極體補償電晶體基極-射極電壓降，同時產生 AB 類工作模式。

交流工作原理 (AC Operation) 考慮圖 11-11 AB 類放大器的Q_1交流負載線。Q點稍微在截止點上方。(而在眞正的 B 類放大器，Q點則在截止點上)。對雙電源電路而言，I_{CQ}如前面計算式所示，交流截止電壓則是V_{CC}。雙電源推挽式放大器的交流飽和電流爲

$$I_{c(sat)} = \frac{V_{CC}}{R_L}$$

公式 11-5

npn 電晶體的交流負載線，如圖 11-13 所示。交流負載線則是通過V_{CEQ}與直流飽和電流$I_{C(sat)}$這兩點的直線。不過，直流飽和電流是兩個電晶體的集極對射極都短路時的電流。而此時兩個電源供應器之間也會短路，這將使電源供應器產生最大電流，所以意謂著直流負載線會垂直通過截止點，如圖所示。沿著直流負載線的操作可以產生相當高的電流，比如由熱跑脫引起的情況，可能會燒毀電晶體。

▶ 圖 11-13

互補推挽式放大器的負載線。只有顯示 npn 電晶體的負載線。

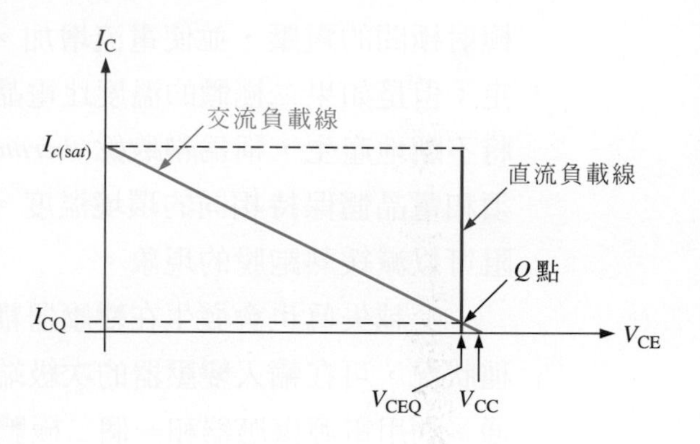

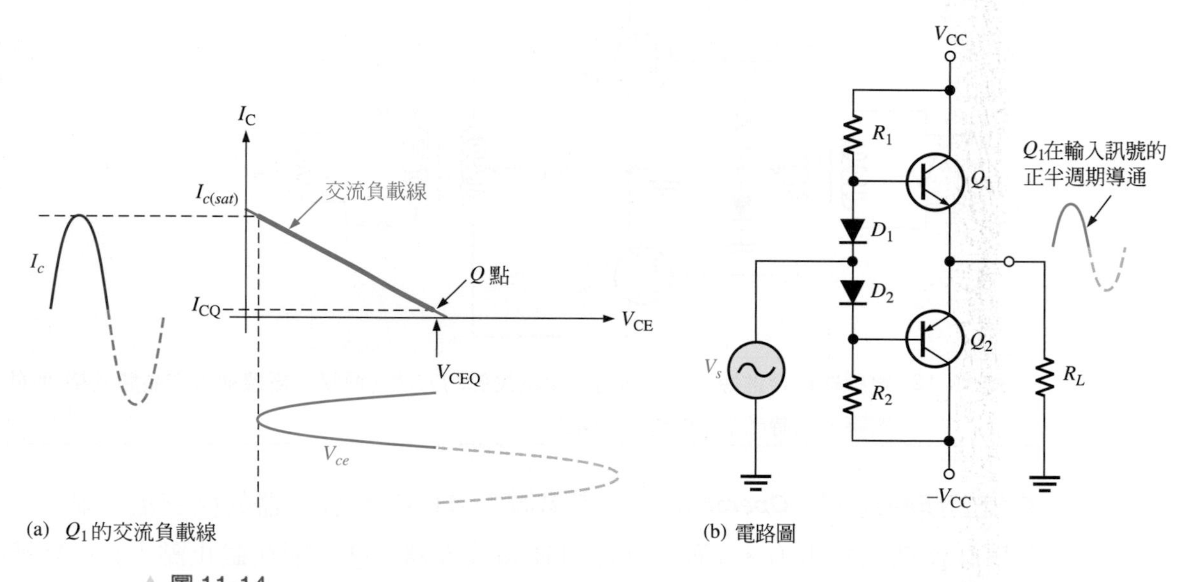

(a) Q_1 的交流負載線　(b) 電路圖

▲ 圖 11-14

圖 11-14 (b) AB 類放大器的 Q_1 交流負載線顯示在圖 11-14 (a) 中。圖中顯示，信號在交流負載線的粗線段區域內變化。在交流負載線的上端，電晶體電壓 V_{ce} 是最小值，而輸出電壓則是最大值。

在最大值的狀況下，電晶體 Q_1 和 Q_2 會彼此交替從截止點附近驅動到飽和點附近。輸入信號的正半週內，Q_1 射極從 Q 點的 0 值變化到接近 V_{CC} 值，產生比 V_{CC} 小一點的正峰值電壓。同樣地，在輸入信號的負半週，Q_2 射極從 Q 點的 0 值變化到接近 $-V_{CC}$ 值，產生約等於 $-V_{CC}$ 的負峰值電壓。雖然操作於接近飽和電流是可能的，但此種模式之操作結果可能導致輸出信號峰值被截掉(clipping)。

公式 11-5 的交流飽和電流也是輸出電流的峰值。每個電晶體基本上可以在近乎所有的交流負載線區域上操作。記得在 A 類放大器中，雖然電晶體也是可以在整個負載線區域工作，但是這與上述狀況有明顯不同。在 A 類操作中，Q

點靠近中點，即使沒有信號輸入，仍然有可觀的電流通過電晶體。在 B 類操作中，沒有信號輸入時，只有非常少的電流通過電晶體，所以消耗功率非常低。因此 B 類放大器的效率比 A 類放大器高很多。稍後會說明 B 類放大器的最大效率是 79%。實際上，由於電路中的其他損失因此無法得知確切效率。

例 題 11-3 試求理想狀況下圖 11-15 電路輸出電壓與電流的最大峰值。

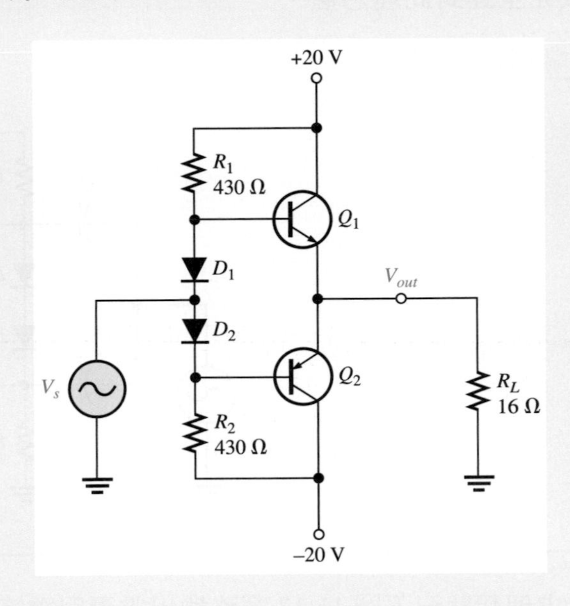

▲圖 11-15

解 理想狀況下輸出電壓的最大峰值是

$$V_{out(peak)} \cong V_{\mathrm{CEQ}} \cong V_{\mathrm{CC}} = \mathbf{20\ V}$$

理想狀況下輸出電流的最大峰值是

$$I_{out\,(peak)} \cong I_{c\,(sat)} \cong \frac{V_{\mathrm{CC}}}{R_L} = \frac{20\ \mathrm{V}}{16\ \Omega} = \mathbf{1.25\ A}$$

實際最大的電壓和電流值一般會比理想值小。限制輸出的其中一個因素是由於電路無法提供接近信號峰值的輸出，使電晶體具有足夠的偏壓電流；使用一較小的偏壓電阻可改善此情形，但會消耗更多功率。

相關習題 如果電源電壓改成 +15 V 和 −15 V，則輸出電壓與電流的最大峰值爲多少？

單電源推挽式放大器 (Single-Supply Push-Pull Amplifier)

使用互補式電晶體的推挽式放大器只需一個電源就能工作，如圖 11-16 所示。電路的動作過程與之前的描述相同，除了偏壓使得輸出射極電壓等於 $V_{CC}/2$，而不是雙電源電路的 0 V。因爲輸出並非偏壓在 0 V，因此增加一電容性耦合元件於輸出端，以隔離直流之負載電阻。理想上，輸出電壓的峰對峰值應等於 V_{CC}，但實際上並無法完全達到此理想值。

▶ 圖 11-16 單端推挽式放大器。

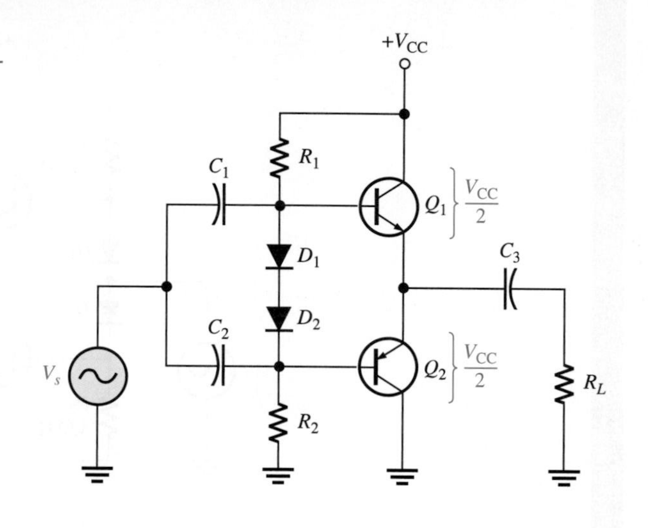

例 題 11-4 試求理想狀況下圖 11-17 電路輸出電壓與電流的最大峰值。

▶ 圖 11-17

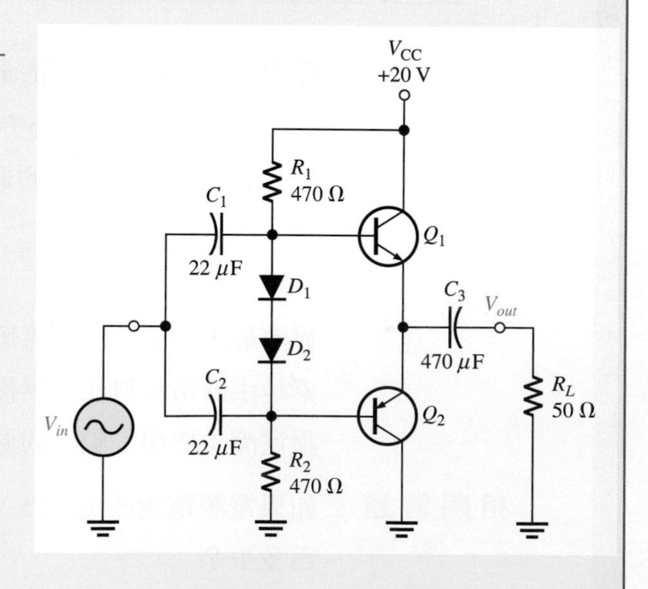

解 輸出電壓的最大峰值是

$$V_{out(peak)} \cong V_{\mathrm{CEQ}} = \frac{V_{\mathrm{CC}}}{2} = \frac{20\ \mathrm{V}}{2} = \mathbf{10\ V}$$

輸出電流的最大峰值是

$$I_{out(peak)} \cong I_{c(sat)} = \frac{V_{\mathrm{CEQ}}}{R_L} = \frac{10\ \mathrm{V}}{50\ \Omega} = \mathbf{200\ mA}$$

相關習題 如果將圖 11-17 中的 V_{CC} 下降爲 15 V，且負載阻抗改成 30 Ω，試找出輸出電壓與電流的最大峰值。

B/AB 類的功率 (Class B/AB Power)

最大輸出功率 (Maximum Output Power) 我們已經知道理想上雙電源與單電源推挽式放大器的最大輸出電流峰值大約是$I_{c(sat)}$，最大輸出電壓峰值是V_{CEQ}。因此理想上最大平均輸出功率是，

$$P_{out} = I_{out(rms)} V_{out(rms)}$$

既然

$$I_{out(rms)} = 0.707 I_{out(peak)} = 0.707 I_{c(sat)}$$

且

$$V_{out(rms)} = 0.707 V_{out(peak)} = 0.707 V_{\mathrm{CEQ}}$$

則

$$P_{out} = 0.5 I_{c(sat)} V_{\mathrm{CEQ}}$$

以$V_{\mathrm{CC}}/2$ 取代V_{CEQ}，最大平均輸出功率成爲

$$\boldsymbol{P_{out} = 0.25 I_{c(sat)} V_{\mathrm{CC}}}$$

公式 11-6

直流輸入功率 (DC Input Power) 直流輸入功率由V_{CC}提供，等於

$$P_{\mathrm{DC}} = I_{\mathrm{CC}} V_{\mathrm{CC}}$$

既然每個電晶體只會導通半個週期，半波的平均電流值爲

$$I_{\mathrm{CC}} = \frac{I_{c(sat)}}{\pi}$$

所以，

$$P_{\mathrm{DC}} = \frac{I_{c(sat)} V_{\mathrm{CC}}}{\pi}$$

效率 (Efficiency) 相對於 A 類放大器，B 類和 AB 類推挽式放大器的優點是有較高的效率。這項優點相對於 AB 類推挽式放大器為了消除交越失真所帶來設計上的困難度通常是值得的。請記得，效率 η 的定義為交流輸出功率與直流輸入功率的比值。

$$效率 = \frac{P_{out}}{P_{DC}}$$

B 類放大器的最大效率 η_{max} (AB 類比 B 類稍小) 可以從公式 11-6 開始推導如下。

$$P_{out} = 0.25 I_{c(sat)} V_{CC}$$

$$\eta_{max} = \frac{P_{out}}{P_{DC}} = \frac{0.25 I_{c(sat)} V_{CC}}{I_{c(sat)} V_{CC}/\pi} = 0.25\pi$$

公式 11-7

$$\boldsymbol{\eta_{max} = 0.79}$$

或者以百分比表示成，

$$\eta_{max} = 79\%$$

請記得，A 類放大器的最大效率是 0.25 或 25%。

例題 11-5 試找出圖 11-18 放大器的理想狀況下最大交流輸出功率與直流輸入功率。

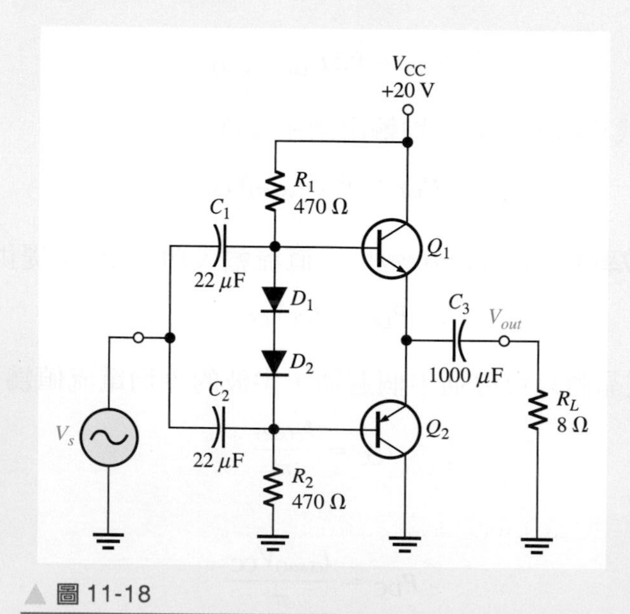

▲ 圖 11-18

解 理想狀況下輸出電壓的最大峰值是

$$V_{out(peak)} \cong V_{\text{CEQ}} = \frac{V_{\text{CC}}}{2} = \frac{20\text{ V}}{2} = 10\text{ V}$$

理想狀況下輸出電流的最大峰值是

$$I_{out(peak)} \cong I_{c(sat)} = \frac{V_{\text{CEQ}}}{R_L} = \frac{10\text{ V}}{8\ \Omega} = 1.25\text{ A}$$

交流輸出功率與直流輸入功率分別爲

$$P_{out} = 0.25 I_{c(sat)} V_{\text{CC}} = 0.25(1.25\text{ A})(20\text{ V}) = \mathbf{6.25\ W}$$

$$P_{\text{DC}} = P_{R1} + P_{R2} + P_{Q1Q2}$$

$$= \frac{V_{R1}^2}{R_1} + \frac{V_{R2}^2}{R_2} + \frac{I_{c(sat)} V_{\text{CC}}}{\pi}$$

$$= \frac{(9.3\text{ V})^2}{470\ \Omega} + \frac{(9.3\text{ V})^2}{470\ \Omega} + \frac{(1.25\text{ A})(20\text{ V})}{\pi} = \mathbf{8.33\ W}$$

相關習題 如果圖 11-18 中 $V_{\text{CC}} = 15$ V 和 $R_L = 16\ \Omega$，試求理想狀況下最大交流輸出功率與直流輸入功率。

輸入阻抗(Input Resistance)

B類和AB類的互補推挽式組態，事實上就是兩個等效的射極隨耦器。所以輸入阻抗與第六章的射極隨耦器相同，其中R_1和R_2爲偏壓電阻：

$$R_{in} = \beta_{ac}(r'_e + R_{\text{E}}) \| R_1 \| R_2$$

既然 $R_{\text{E}} = R_L$，所以公式可以寫成

$$\boldsymbol{R_{in} = \beta_{ac}(r'_e + R_L) \| R_1 \| R_2}$$ **公式 11-8**

例 題 11-6 假設在前置放大器的輸出信號爲 3 V rms，輸出阻抗爲 50 Ω，我們用它來驅動推挽式功率放大器，如圖 11-18 所示（例題 11-5）。功率放大器中 Q_1 與 Q_2 的 β_{ac} 爲 100，r'_e 爲 1.6 Ω。則功率放大器對前置放大器所產生的負載效應爲何？

解　從信號源看進去，因爲基極電阻都接到交流接地點，且用來產生順向偏壓的二極體阻抗很小可忽略不計，所以偏壓電阻可看成並聯相接。每個電晶體射極的輸入阻抗爲 $\beta_{ac}(r'_e+R_L)$。所以，從信號源看到的 R_1、R_2、$\beta_{ac}(r'_e+R_L)$ 都是並聯相接。

功率放大器的交流輸入阻抗爲

$$R_{in}=\beta_{ac}(r'_e+R_L)\|R_1\|R_2=100(9.6\ \Omega)\|470\ \Omega\|470\ \Omega=188\ \Omega$$

很明顯的，這將會對前置放大器的驅動端產生影響。前置放大器的輸出阻抗與功率放大器的輸入阻抗會形成一個電壓分壓器，如此一來會降低前置放大器送過來的輸出信號。功率放大器實際所接收到的信號爲

$$V_{in}=\left(\frac{R_{in}}{R_s+R_{in}}\right)V_s=\left(\frac{188\ \Omega}{238\ \Omega}\right)3\text{ V}=2.37\text{ V}$$

相關習題　提高電路中的偏壓電阻值，會有什麼影響？

達靈頓 AB 類放大器 (Darlington Class AB Amplifier)

在許多推挽式組態的應用電路，負載阻抗都相當低。例如，8 Ω揚聲器是常見的 AB 類推挽式放大器的負載。

如前面例題所見，推挽式放大器具有相當低的輸入電阻有利於前級放大器來驅動它。此低輸入電阻(推挽式放大器)特性可使得此電路具有更大的負載輸出能力並顯著地降低電壓增益，若前級的輸出電阻適當匹配的話。在某些具低電阻性負載的應用中，推挽式放大器使用達靈頓電晶體對設計可以使得連接至驅動放大器的輸入電阻增加，且避免電壓增益嚴重降低。達靈頓電晶體對整體的交流電流增益(β)一般超過一千。此外，因爲需求的偏壓電流較少，因此偏壓電阻較大。例如，圖 11-18 中每個電晶體以 β_{ac} =100 之達靈頓電晶體對取代，輸入阻抗將變成 18.8 kΩ，而不是 188 Ω。其實不需將驅動放大器加載至 2.37 V，如例題 11-6 所示，它對輸入幾乎沒影響(加載至 2.99 V)。

AB 類達靈頓推挽式放大器如圖 11-19 所示。要與兩個達靈頓對的四個基極-射極接面搭配，需要在偏壓電路加上四個二極體。

▶ 圖 11-19 達靈頓 AB 類推挽式放大器。

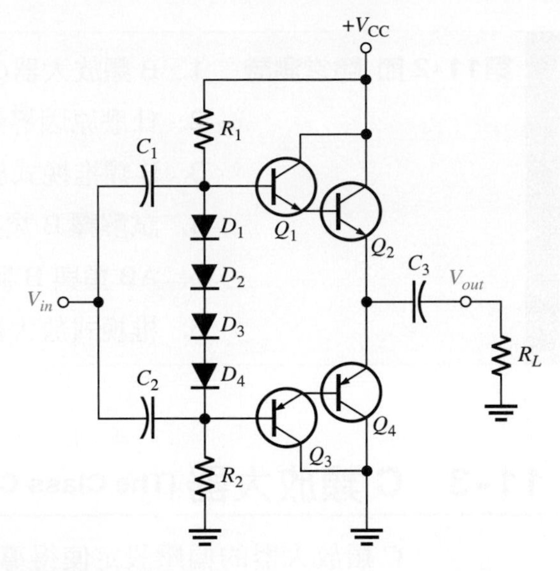

達靈頓/互補式達靈頓 AB 類放大器

(Darlington/Complementary Darlington Class AB Amplifier)

許多功率元件之設計實例中，較常使用兩個匹配的 *npn* 電晶體或是兩個匹配的 *pnp* 電晶體之設計。完成此設計的其中一種方式是使用互補式達靈頓(complementary Darlington)或是西克對(Sziklai pair)。西克對於基礎理論第 6 章中介紹過。它與傳統達靈頓對很相似，只是它使用互補式電晶體（一個為 *npn* ，一個為 *pnp*）。圖 11-20 為 AB 類推挽式放大器，其中包含兩個 *npn* 輸出功率放大器 (Q_2 與 Q_4)。推挽式結構的上半部為傳統達靈頓對，而下半部屬於互補式達靈頓。這些電晶體可製作成單一積體電路晶片，為最常見之組態。

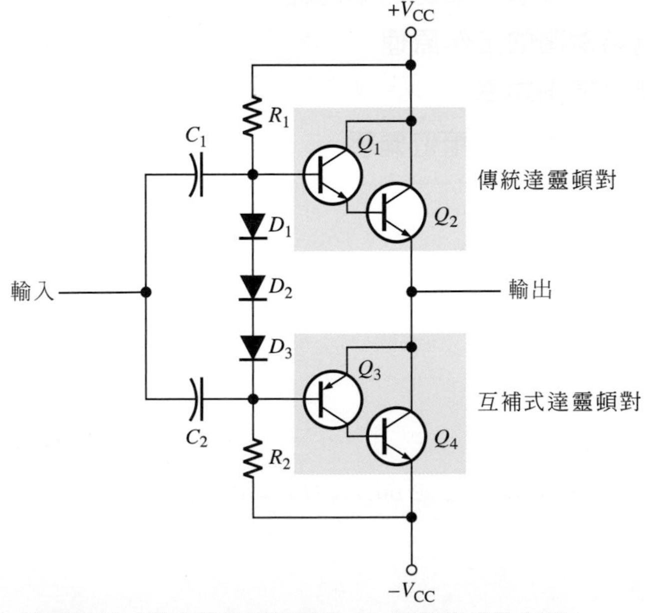

▲ 圖 11-20 達靈頓與互補式達靈頓組成之 AB 類推挽式放大器。

第11-2 節 隨堂測驗

1. B 類放大器Q點的位置在什麼地方？
2. 什麼原因導致交越失眞？
3. B 類推挽式放大器的最大效率爲多少？
4. 試解釋 B 類推挽式組態的目的爲何？
5. AB 類與 B 類放大器的差異爲何？
6. 推挽式放大器使用西克對(Sziklai pair)的優點是什麼？

11-3 C 類放大器 (The Class C Amplifier)

C 類放大器的偏壓設定使得導通的角度遠低於 180°。與 A 類或 B 類及 AB 類推挽式放大器相比，C 類放大器具有更高的效率，也就是說可以從 C 類工作模式獲得更多輸出功率。因爲輸出振幅與輸入呈非線性關係，所以 C 類放大器不作線性放大器使用。通常用於含固定輸出振幅與調變器的射頻 (RF)應用電路，如振盪器，其中高頻信號是由低頻信號所控制。

在學習完本節的內容後，你應該能夠

- **解釋與分析 C 類放大器的工作原理**
- 描述 C 類的基本工作原理
  - 討論電晶體的偏壓
- 參與討論 C 類放大器的功率消耗
- 解釋調諧電路的工作原理
- 計算最大輸出功率
- 解釋 C 類放大器的箝位偏壓

基本 C 類工作模式 (Basic Class C Operation)

C 類放大器是一非線性放大器，因為輸出不見輸入的重覆。雖然它不會運用於線性應用，但可應用於高頻正弦波產生器和射頻震盪器電路中。因此，負載為如圖 11-21(a)之共振電路，此共振電路採用共射極放大器電路組態。此電路中，電晶體以 $-V_{BB}$ 偏壓於截止點，因此 Q 點位在負載線外側。交流信號源電壓的峰值比 $|V_{BB}| + V_{BE}$ 略高，因此在每個週期的正峰值附近都有一段短時間，基極電壓超過基-射極接面的障壁電壓，如圖 11-21 (b) 所示。在這段短時間電晶體會導通。如果需要用到電路的近乎整個交流負載線，如圖 11-21 (c) 所示，最大集極電流的理論值是 $I_{c(sat)}$，最小集極電壓的理論值是 $V_{ce(sat)}$。

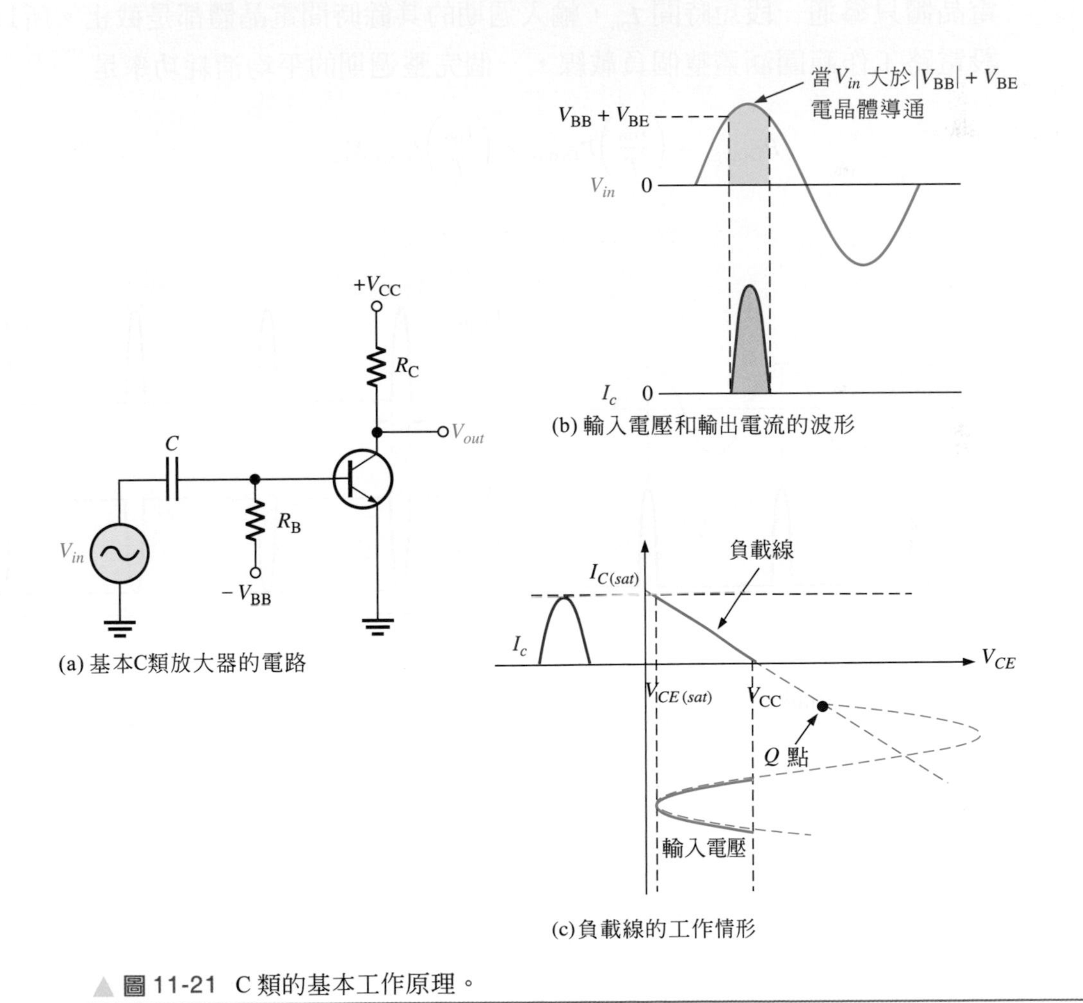

▲ 圖 11-21 C 類的基本工作原理。

功率消耗 (Power Dissipation)

因爲電晶體只在輸入週期的一小段時間導通，所以 C 類放大器的電晶體功率消耗並不高。圖 11-22 (a) 顯示集極電流脈衝。兩個脈衝的時間間隔就是交流輸入電壓的週期 T。圖 11-22(a)爲使用在電晶體導通期間的集極電流和集極電壓。爲避免複雜的數學計算，我們假設其爲理想的脈衝近似值。運用這種近似法，如果輸出值的變動涵蓋整個負載線，在電晶體的導通期間，最大的電流振幅是 $I_{c(sat)}$，最小的電壓振幅是 $V_{ce(sat)}$。所以導通期間的功率消耗是，

$$P_{\mathrm{D(on)}} = I_{c(sat)}V_{ce(sat)}$$

電晶體只導通一段短時間 t_{on}，輸入週期的其餘時間電晶體都是截止。所以，假設電路工作範圍涵蓋整個負載線，一個完整週期的平均消耗功率是

$$P_{\mathrm{D(avg)}} = \left(\frac{t_{\mathrm{on}}}{T}\right)P_{\mathrm{D(on)}} = \left(\frac{t_{\mathrm{on}}}{T}\right)I_{c(sat)}V_{ce(sat)}$$

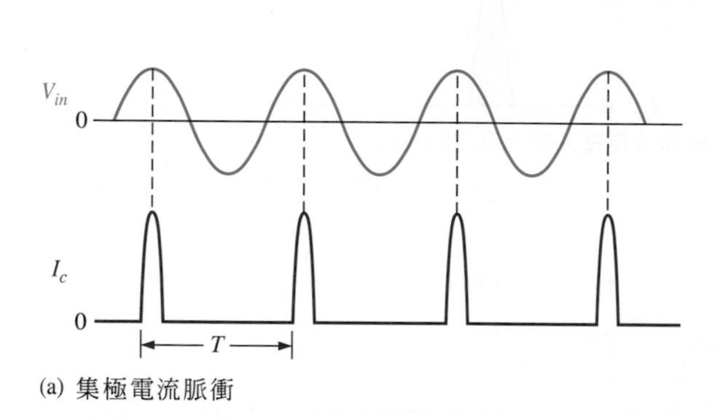

(a) 集極電流脈衝

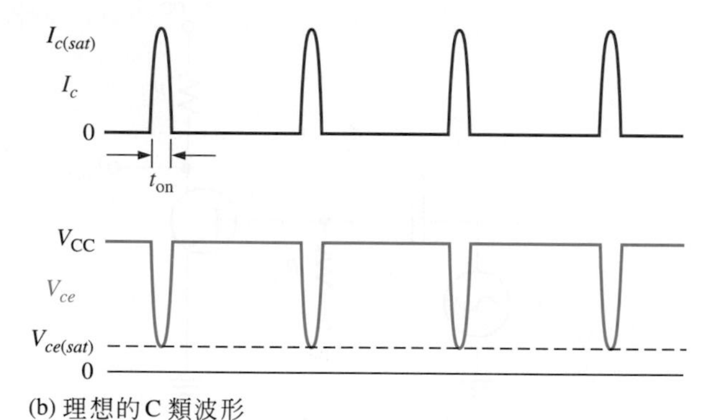

(b) 理想的 C 類波形

▲ 圖 11-22　C 類放大器的相關波形。

例 題 11-7 某C類放大器的輸入信號頻率是 200 kHz。電晶體在每個輸入週期中導通 1 μs，放大器工作範圍超過其負載線範圍的 100%以上。如果 $V_{ce(sat)} = 0.2$ V 且$I_{c(sat)} = 100$ mA，電晶體的平均功率消耗爲多少？

解 週期等於

$$T = \frac{1}{200\ \text{kHz}} = 5\ \mu\text{s}$$

所以，

$$P_{\text{D(avg)}} = \left(\frac{t_{\text{on}}}{T}\right) I_{c(sat)} V_{ce(sat)} = (0.2)(100\ \text{mA})(0.2\ \text{V}) = \mathbf{4\ mW}$$

電晶體以C類形式運作，其低功率消耗的特點是重要的，如你所見，因爲當它運作在調諧 C 類放大器時會非常有效率，可在諧振電路上達到相當高的功率輸出。

相關習題 如果在相同的導通期間將信號頻率從 200 kHz 改爲 150 kHz，電晶體的平均功率消耗爲多少？

調諧電路工作原理 (Tuned Operation)

如先前所提及的，C類放大器最常見的負載爲並聯使用的諧振電路(或稱槽電路 tank)。

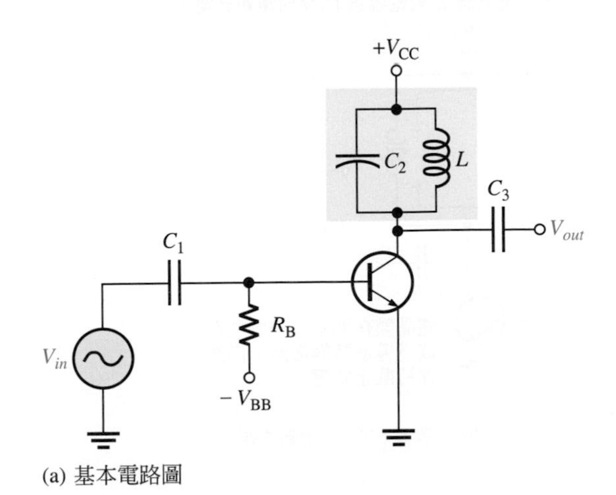

(a) 基本電路圖

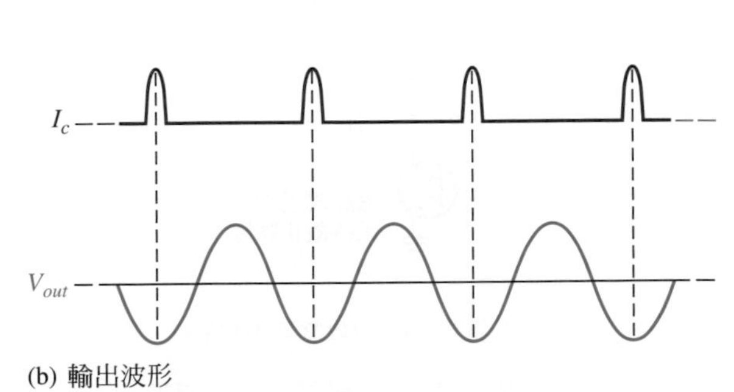

(b) 輸出波形

▲ 圖 11-23 C 類調諧放大器。

如圖 11-23 (a) 所示。諧振電路的共振頻率可以用公式 $f_r = 1/(2\pi\sqrt{LC})$ 決定。每個輸入週期的集極電流短暫脈衝會啓動並維持諧振電路的振盪現象，因此產生正弦波輸出電壓，如圖 11-23 (b) 所示。諧振電路只在接近諧振頻率時才有較高的阻抗，所以只有在這個頻率時才有高增益。

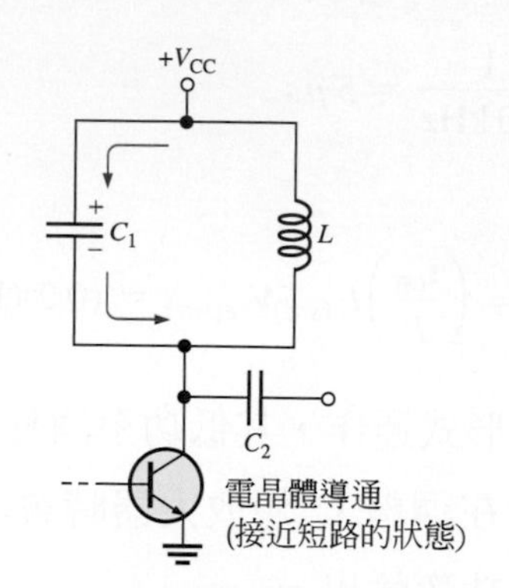

(a) 因爲電晶體導通，在輸入峰値時，電容器 C_1 會充電到 $+V_{CC}$ 電壓。

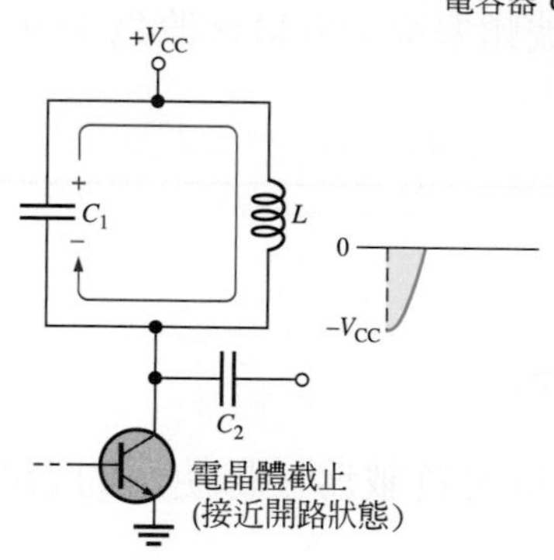

(b) 電容器 C_1 會放電至 0 伏特。

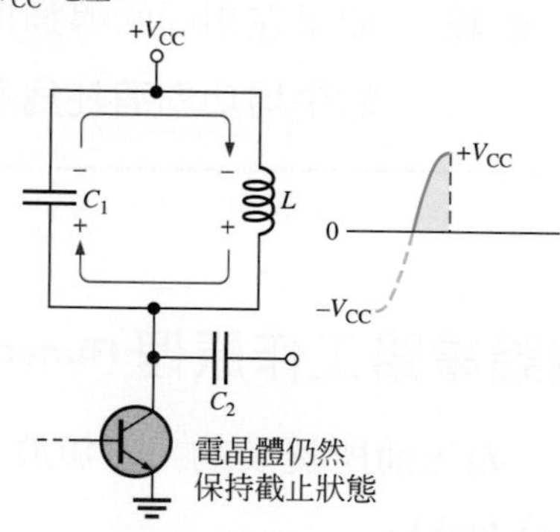

(c) 電感器 L 對電容器 C_1 反向重新充電。

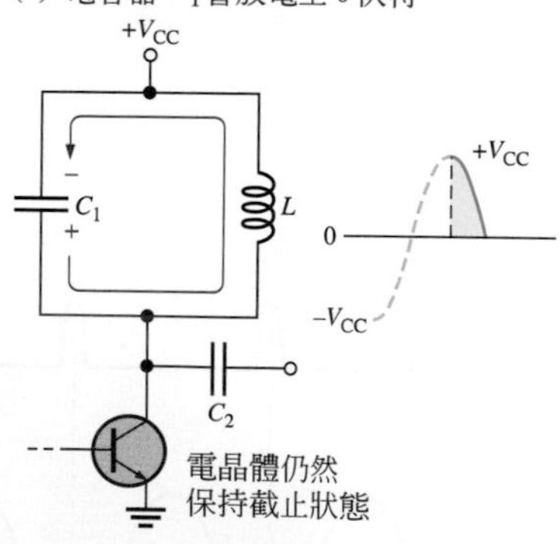

(d) 電容器 C_1 會放電至 0 伏特。

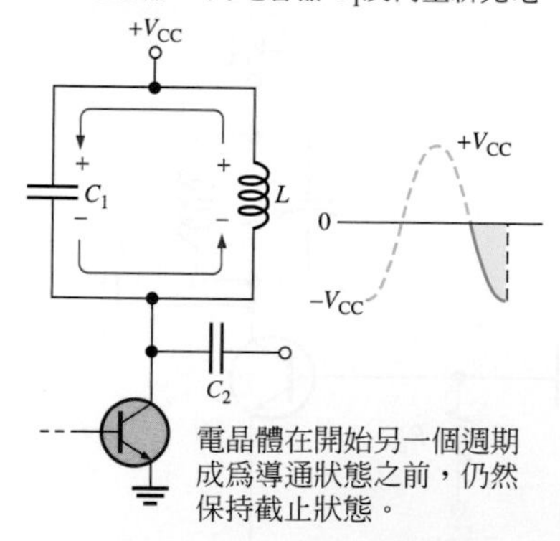

(e) 電感器 L 對電容器 C_1 重新充電。

▲ 圖 11-24 諧振電路工作原理。

電流脈衝將電容器充電到大約＋ V_{CC} ，如圖 11-24 (a) 所示。脈衝訊號送出後，電容器快速放電且於電感器周圍產生磁場。在電容器完全放電後，電感器的磁場跟著瓦解，然後很快地將電容器再反向充電到將近V_{CC}。這樣就完成振盪的半個週期，如圖 11-24 (b) 及 (c) 。然後電容器再度放電，增加電感器的磁場強度。電感器很快再對電容器充電到比前一次稍小的正電壓峰值，這是因爲線圈內阻會消耗能量。這樣就完成一個完整的振盪週期，如圖 11-24 (d) 及 (e) 。輸出電壓的峰對峰值約等於 $2V_{CC}$。

因爲諧振電路內阻的能量消耗，每次振盪的振幅會一次比一次小，如圖 11-25 (a) 所示，振盪現象到最後將消失。不過，集極電流脈衝的週期性出現會替諧振電路不斷注入能量，因此維持固定振幅的振盪。

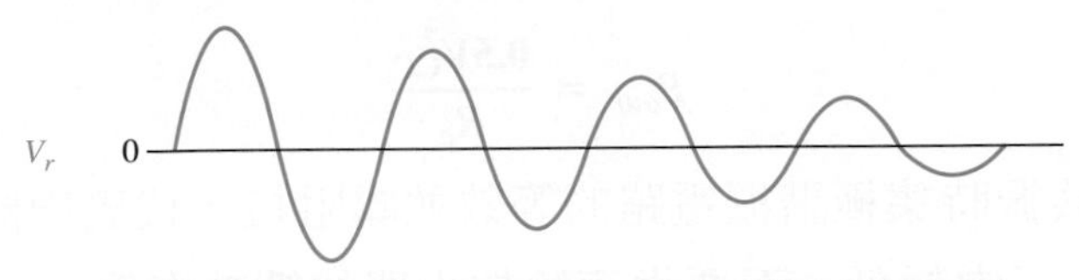

(a) 振盪會因爲能量的損失而逐漸衰減。衰減率則是由諧振電路的效率決定。

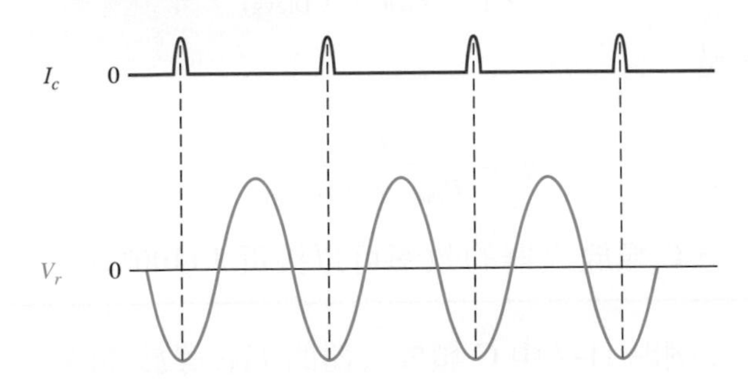

(b) 可利用集極電流脈衝來維持基本頻率的振盪。

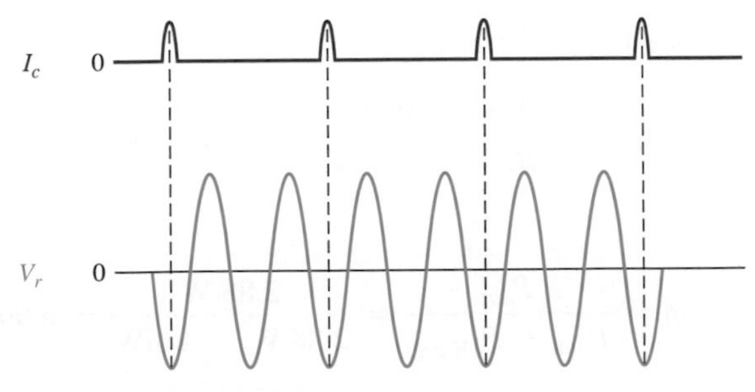

(c) 二次諧波頻率的振盪。

▲ 圖 11-25諧振電路振盪，V_r是諧振電路兩端的電壓。

如果將諧振電路的共振頻率調整到輸入信號的頻率，即基本頻率，諧振電路的每個電壓(V_r)週期都會有能量注入，如圖 11-25(b)所示。如果將諧振電路的共振頻率調整到輸入信號的二次諧波頻率，每兩個週期就會注入能量一次，如圖 11-25 (c) 所示。在這種情況下，C 類放大器的功用就像頻率倍增器 (×2) 一般。藉由調整諧振電路的共振頻率到更高階諧振波頻率，可以達到輸入信號頻率的更高倍數頻率。

最大輸出功率 (Maximum Output Power)

既然諧振電路兩端的峰對峰電壓約為 $2V_{CC}$，最大輸出功率可表示成

$$P_{out} = \frac{V_{rms}^2}{R_c} = \frac{(0.707V_{CC})^2}{R_c}$$

公式 11-9

$$\boldsymbol{P_{out} = \frac{0.5V_{CC}^2}{R_c}}$$

其中 R_c 是共振時集極諧振電路的等效並聯阻抗，代表線圈阻抗與負載電阻的並聯值。其值通常偏低。而要供應給放大器的總功率為

$$P_T = P_{out} + P_{D(avg)}$$

所以，其效率是

公式 11-10

$$\boldsymbol{\eta = \frac{P_{out}}{P_{out} + P_{D(avg)}}}$$

當 $P_{out} \gg P_{D(avg)}$，C 類放大器的效率可以接近 1 (100%)。

例題 11-8 假設例題 11-7 中 C 類放大器的 V_{CC} 等於 24 V，且 R_c 等於 100 Ω。試求其效率。

解 已知例題 11-7 中 $P_{D(avg)} = 4\text{ mW}$。

$$P_{out} = \frac{0.5V_{CC}^2}{R_c} = \frac{0.5(24\text{ V})^2}{100\ \Omega} = 2.88\text{ W}$$

所以，

$$\eta = \frac{P_{out}}{P_{out} + P_{D(avg)}} = \frac{2.88\text{ W}}{2.88\text{ W} + 4\text{ mW}} = \mathbf{0.999}$$

或

$$\eta \times 100\% = 99.9\%$$

相關習題 如果 R_c 增加，對放大器的效率有何影響？

C 類放大器的箝位偏壓 (Clamper Bias for a Class C Amplifier)

圖 11-26 顯示基極具有箝位偏壓電路的 C 類放大器。基極-射極接面的功能像二極體。

▶ 圖 11-26 箝位偏壓式 C 類調諧放大器。

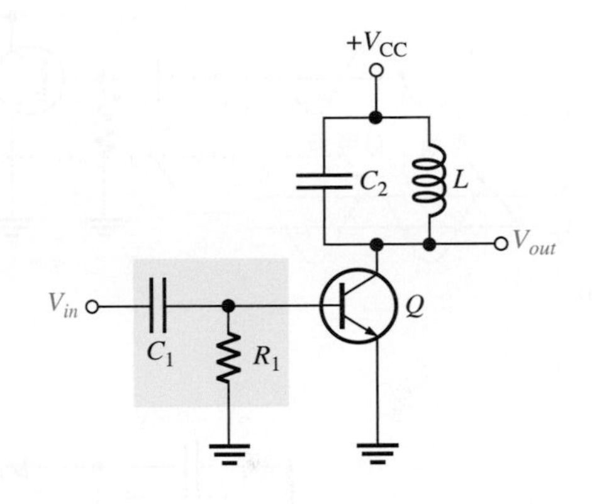

當輸入信號往正方向變動，將電容器C_1充電到峰值，極性如圖 11-27 (a) 所示。這樣會在基極產生大約$-V_p$的平均電壓。此電壓使電晶體除了在正電壓峰值附近，大部分時間都處於截止狀態，此時電晶體會導通一段很短的時間。箝位電路如要設計得好，箝位電路的時間常數R_1C_1必需要遠大於輸入信號的週期。圖 11-27 的圖 (b) 到圖 (f) 顯示箝位電路工作的詳細過程。由 0 V 上升到輸入電壓峰值的時段 (t_0到 t_1)，經由基極-射極之間的二極體，電容器充電到$V_p-0.7$V 電壓，如圖 (b) 所示。在t_1到t_2時段，如圖 (c) 所示，因爲 RC 時間常數值甚大，電容器放電極微。所以電容器的平均電壓保持在稍小於$V_p-0.7$V 的水準。

既然輸入信號的直流電壓值爲零 (C_1的正電壓端)，基極 (C_1的負電壓端) 的直流電壓比 $-(V_p-0.7\text{V})$ 略正，如圖 11-27 (d) 所示。在圖 11-27 (e) 中，電容器將交流輸入信號耦合到基極，使得基極電壓是交流信號疊加在比$-(V_p-0.7\text{V})$略正的直流位準上。在輸入信號的正峰值附近，基極電壓比 0.7 V 稍高，使電晶體可以導通一段短時間，如圖 11-27 (f) 所示。

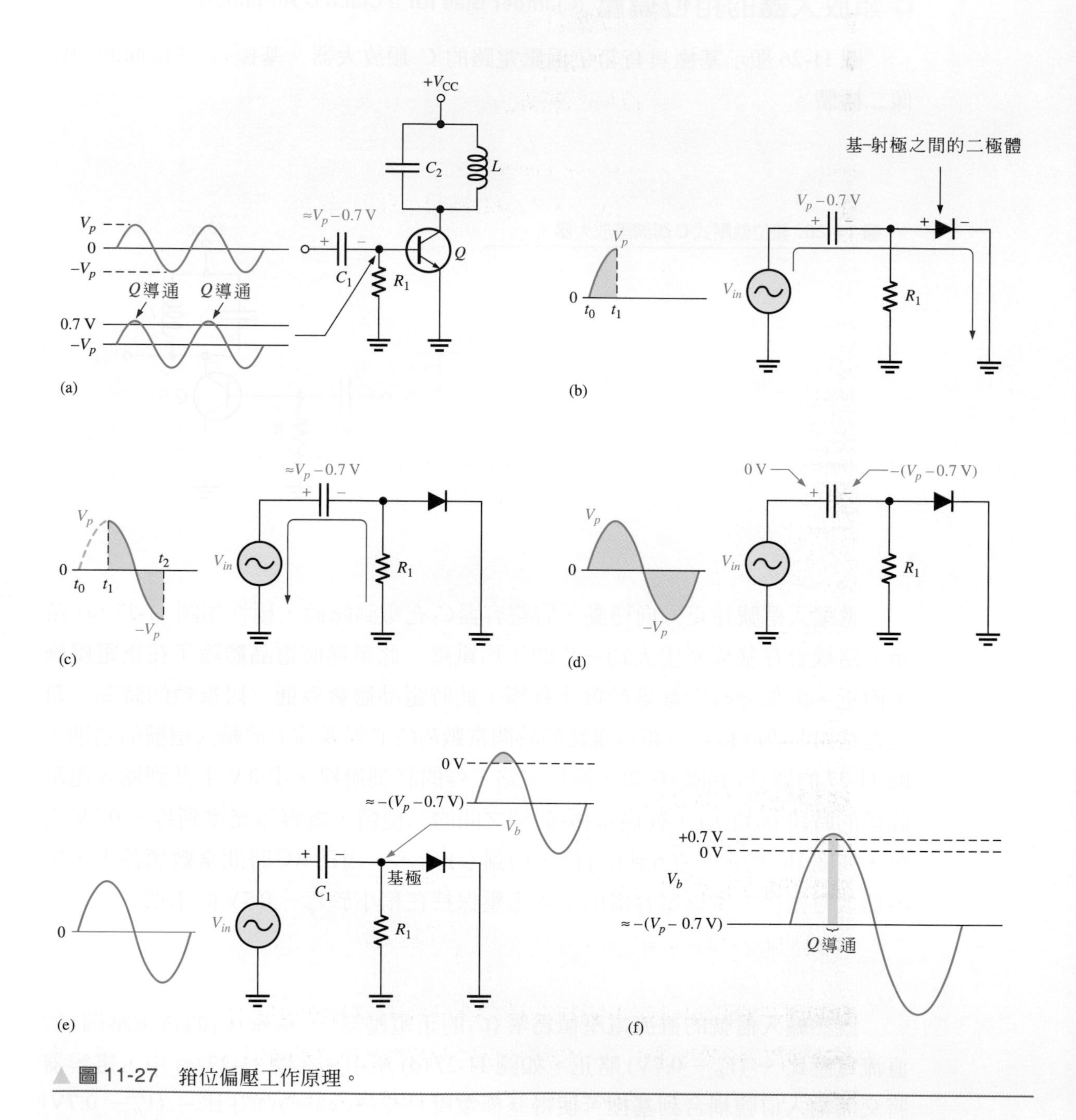

▲ 圖 11-27 箝位偏壓工作原理。

例 題 11-9 計算圖 11-28 中 C 類放大器之電晶體基極電壓、共振頻率以及輸出信號電壓的峰對峰值。

▶ 圖 11-28

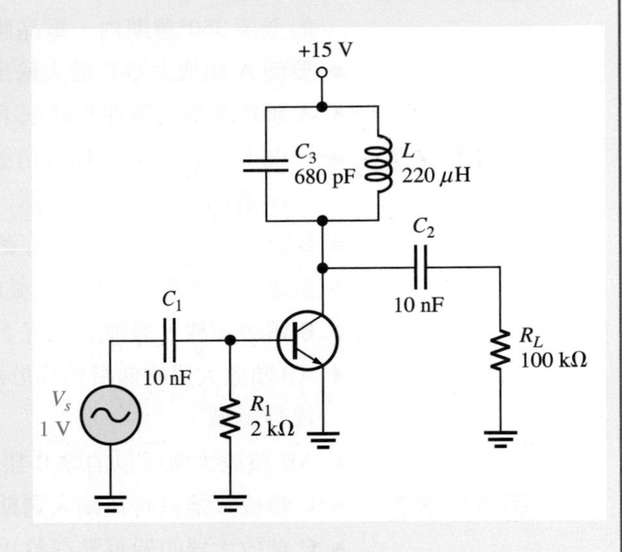

解

$$V_{s(p)} = (1.414)(1\ \text{V}) \cong 1.4\ \text{V}$$

基極箝位在

$$-(V_{s(p)} - 0.7) = \mathbf{-0.7\ V\ dc}$$

基極信號的正峰值爲 +0.7V，負峰值爲

$$-V_{s(p)} + (-0.7\ \text{V}) = -1.4\ \text{V} - 0.7\ \text{V} = \mathbf{-2.1\ V}$$

共振頻率爲

$$f_r = \frac{1}{2\pi\sqrt{LC}} = \frac{1}{2\pi\sqrt{(220\ \mu\text{H})(680\ \text{pF})}} = \mathbf{411\ kHz}$$

輸出信號的峰對峰值爲

$$V_{pp} = 2V_{\text{CC}} = 2(15\ \text{V}) = \mathbf{30\ V}$$

相 關 習 題 如何使圖 11-28 的電路變成倍頻器？

第11-3節 隨堂測驗

1. 正常狀況下 C 類放大器偏壓在何處？
2. C 類放大器中調諧電路的功用爲何？
3. 某 C 類放大器功率消耗是 100 mW，輸出功率是 1 W。其百分比效率是多少？

本章摘要

第 11-1 節

- A 類放大器的工作範圍完全在電晶體特性曲線的負載線的線性區域。輸入信號的全部 360°週期內，電晶體都能導通。
- 要使 A 類放大器有最大輸出，Q 點必須位於負載線中點。
- A 類功率放大器理想狀況下的最大效率是 25%。

第 11-2 節

- 一個 B 類放大器在輸入信號的一半週期 (180°)，工作於負載線的線性區域，另一半週期則工作於截止區。
- B 類工作模式的 Q 點位在截止點。
- 為求在輸出端取得輸入信號的線性放大波形，B 類放大器通常以推挽式組態工作。
- B 類功率放大器理想狀況下的最大效率是 79%。
- AB 類放大器的偏壓稍高於截止點，所以會有稍大於輸入週期的 180°時間工作在線性區域。
- AB 類放大器可以消除 B 類放大器的交越失真現象。

第 11-3 節

- C 類放大器只有在輸入週期的一小段期間工作於線性區域。
- C 類放大器的偏壓點在截止點以下。
- C 類放大器通常用作產生正弦波輸出的諧振放大器。
- C 類放大器的最大效率比 A 類和 AB 類放大器高。在低功率消耗與高輸出功率的條件下，其效率可以接近 100%。

重要詞彙

重要詞彙和其他以粗體字表示的詞彙都會在本書末的詞彙表中加以定義。

A 類 (Class A) 完全工作於線性區域的放大器型態。

AB 類 (Class AB) 偏壓於稍微導通狀態的放大器型態。

B 類 (Class B) 因為偏壓在截止點上，所以只能在輸入週期的 180°時間工作於線性區域的放大器型態。

C 類 (Class C) 只能在輸入週期的一小段時間工作於線性區域的放大器型態。

效率 (Efficiency) 輸出到負載的功率與電源輸入到放大器功率的比值。

功率增益 (Power gain) 放大器輸出功率與輸入功率的比值。

推挽式 (Push-Pull) 一種使用兩個工作於 B 類模式電晶體的放大器，其中一個電晶體在某個半波週期內導通，另一個電晶體則在另一個半波週期內導通。

重要公式

A 類功率放大器

11-1 $A_p = \dfrac{P_L}{P_{in}}$ 功率增益

11-2 $A_p = A_v^2\left(\frac{R_{in}}{R_L}\right)$ 以電壓增益表示的功率增益

11-3 $P_{DQ} = I_{CQ}V_{CEQ}$ 直流靜態功率

11-4 $P_{out(max)} = 0.5I_{CQ}V_{CEQ}$ 最大輸出功率

B/AB 類推挽式放大器

11-5 $I_{c(sat)} = \frac{V_{CC}}{R_L}$ 交流飽和電流

11-6 $P_{out} = 0.25I_{c(sat)}V_{CC}$ 最大輸出功率平均值

11-7 $\eta_{max} = 0.79$ 最大效率

11-8 $R_{in} = \beta_{ac}(r'_e + R_L)\|R_1\|R_2$ 輸入阻抗

C 類放大器

11-9 $P_{out} = \frac{0.5V_{CC}^2}{R_c}$ 輸出功率

11-10 $\eta = \frac{P_{out}}{P_{out} + P_{D(avg)}}$ 效率

是非題測驗

答案可以在以下的網站找到 www.pearsonglobaleditions.com/Floyd

1. A 類放大器完全工作於線性區。
2. 理想上，A 類放大器的 Q 點應該位於負載線中點。
3. 當最大信號輸入時，會產生靜態功率消耗。
4. 效率是指輸出信號功率與總功率的比值。
5. A 類可消除像 B 類放大器的交越失真(crossover distortion)現象。
6. B 類放大器偏壓於輕微導通狀態。
7. 互補式對稱電晶體必須使用於 AB 類放大器。
8. 電流鏡是用雷射二極體組合而成的。
9. 達靈頓電晶體可以用來增加 AB 類放大器的輸入阻抗。
10. C 類放大器的電晶體只在輸入週期的一小部分有導通。
11. C 類放大器偏壓高於截止點(cutoff)。
12. C 類放大器只有在輸入週期的一小部分時間工作於線性區。

電路動作測驗

答案可以在以下的網站找到 www.pearsonglobaleditions.com/Floyd

1. 若圖 11-5 的 R_3 值減少，則第一級的電壓增益將
   (a)增加 (b)減少 (c)不變

2. 若圖 11-5 的 R_{E2} 值增加，則第一級的電壓增益將
(a)增加 (b)減少 (c)不變
3. 若圖 11-5 的 C_2 開路，則Q_1 射極上的直流電壓將
(a)增加 (b)減少 (c)不變
4. 若圖 11-5 的 R_4 值增加，則Q_3 基極上的直流電壓將
(a)增加 (b)減少 (c)不變
5. 若圖 11-18 的 V_{CC} 增加，則峰值輸出電壓將
(a)增加 (b)減少 (c)不變
6. 若圖 11-18 的 R_L 值增加，則交流輸出功率將
(a)增加 (b)減少 (c)不變
7. 若圖 11-19 的 R_L 值減少，則電壓增益將
(a)增加 (b)減少 (c)不變
8. 若圖 11-19 的 V_{CC}值增加，則交流輸出功率將
(a)增加 (b)減少 (c)不變
9. 若圖 11-19 的 R_1 及 R_2 值增加，則電壓增益將
(a)增加 (b)減少 (c)不變
10. 若圖 11-23 的 C_2 值減少，則共振頻率將
(a)增加 (b)減少 (c)不變

自我測驗 答案可以在以下的網站找到 www.pearsonglobaleditions.com/Floyd

第 11-1 節

1. 當輸出信號較大且接近交流負載線(ac load line)限制值時，此放大器爲
(a) 小信號類型(small-signal type) (b) 大信號類型(large-signal type)
(c) 中信號類型(medium-signal type) (d) 無法預期 (unpredictable)
2. 若有一放大器可考慮作爲功率放大器，則其輸出功率額定值可超過
(a) 1 W (b) 5 W (c) 10 W (d) 20 W
3. A 類放大器能夠輸送到負載的峰值電流取決於
(a) 電源供應器的最大額定值 (b) 靜態電流
(c) 偏壓電阻的電流 (d) 散熱片的大小
4. 爲達到最大輸出，A 類功率放大器必須保持靜態電流在
(a) 負載電流峰值的一半
(b) 負載電流峰值的兩倍
(c) 至少與負載電流峰值一樣大
(d) 恰好比截止電流值大一些
5. 有一共射極放大器 (CE amplifier)，Q 點位於負載線中心點，輸出電壓之均方根值(rms value)爲
(a) $V_{C(\max)}$ (b) 0.5 $V_{C(\max)}$ (c) 0.707 $V_{C(\max)}$ (d) 0.1 $V_{C(\max)}$

6. 功率放大器的效率為輸出到負載的功率與下列何者的比值？
(a) 輸入信號功率 (b) 最後一級放大器的功率消耗
(c) 由直流電源供應器輸入的功率 (d) 以上皆非

7. A 類功率放大器的最大效率為
(a) 25% (b) 50% (c) 79% (d) 98%

第 11-2 節

8. B 類放大器的電晶體偏壓設定在
(a) 截止區內 (b) 飽和區 (c) 負載線的中點 (d) 截止點上

9. 交越失真為下列何種放大器的缺點？
(a) A 類 (b) AB 類 (c) B 類 (d) 以上皆是

10. 不使用變壓器耦合的 B 類 BJT 推挽式放大器，通常使用
(a) 兩個 *npn* 電晶體 (b) 兩個 *pnp* 電晶體 (c) 互補式電晶體 (d) 以上皆非

11. 推挽式放大器的電流鏡射應該提供I_{CQ}
(a) 等於偏壓電阻和二極體的電流 (b) 等於偏壓電阻和二極體電流的兩倍
(c) 等於偏壓電阻和二極體電流的一半 (d) 零

12. B 類推挽式放大器的最大效率是
(a) 25% (b) 50% (c) 79% (d) 98%

13. 某雙電源 B 類推挽式放大器的輸出等於V_{CC}的值，且V_{CC}為 20 V。如果負載電阻為 50 Ω，$I_{c(sat)}$等於
(a) 5 mA (b) 0.4 A (c) 4 mA (d) 40 mA

14. 有一 AB 類放大器，偏壓稍高於截止點(cutoff)，其操作會稍微超過下列哪一位置之線性區？
(a) 輸入週期(cycle) 180°位置 (b)輸入週期(cycle) 90°位置
(c) 輸入週期(cycle) 270°位置 (d) (a), (b) 和 (c)皆非

第 11-3 節

15. C 類放大的功率消耗通常
(a) 很低 (b) 很高 (c) 與 B 類相同 (d) 與 A 類相同

16. C 類放大器的效率
(a) 比 A 類小 (b) 比 B 類小 (c) 比 AB 類小 (d) 比 A、B 及 AB 類大

17. 在何種條件下，C 類放大器之效率可接近 100%？
(a) 低平均消耗功率
(b) 高輸出功率
(c) (a) 和 (b)皆是
(d) (a), (b) 和 (c)皆非

習 題 所有的答案都在本書末。

基本習題

第 11-1 節 A 類功率放大器

1. 圖 11-29 顯示集極電阻就是負載電阻的CE功率放大器。假設$\beta_{DC} = \beta_{ac} = 100$。
(a) 試求直流 Q 點 (I_{CQ}和V_{CEQ})　(b) 試求電壓增益與功率增益

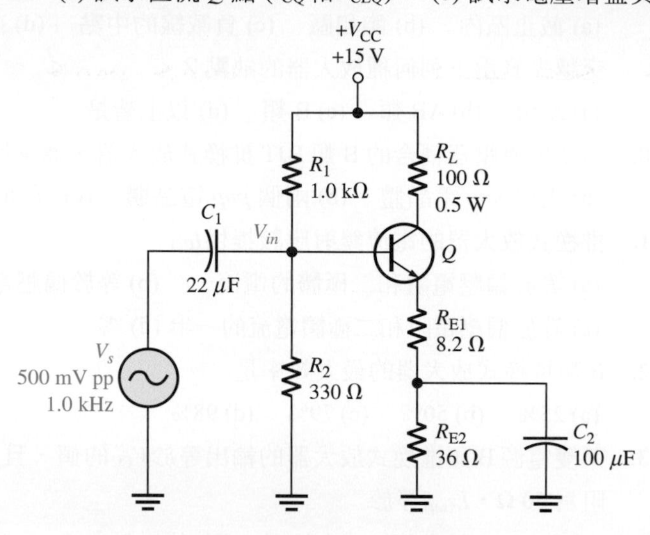

▶ 圖 11-29

2. 關於圖 11-29 的電路，試求下列數值：
(a) 沒有負載時的電晶體功率消耗
(b) 沒有負載時，電源供應器所提供的總功率
(c) 500 mV 的輸入信號時，在負載上所產生信號的功率

3. 參考圖 11-29 電路。如果要改為使用 *pnp* 電晶體，且正電壓電源供應仍維持不變，電路需要做什麼改變？這樣做有何優點？

4. 假設 CC 放大器的輸入阻抗是 2.2 kΩ，要驅動的輸出負載為 50 Ω，試問電壓增益為多少？

5. 試求圖 11-30 中每個放大器之 Q 點。

6. 假設圖 11-30(a)中的負載電阻改為 50 Ω，則 Q 點改變多少？

7. 圖 11-30 的每個電路中，可實際得到的集極電流最大峰值是多少？輸出電壓的最大峰值又是多少？

8. 試求圖 11-30 每個電路的功率增益。其中r'_e可以忽略。

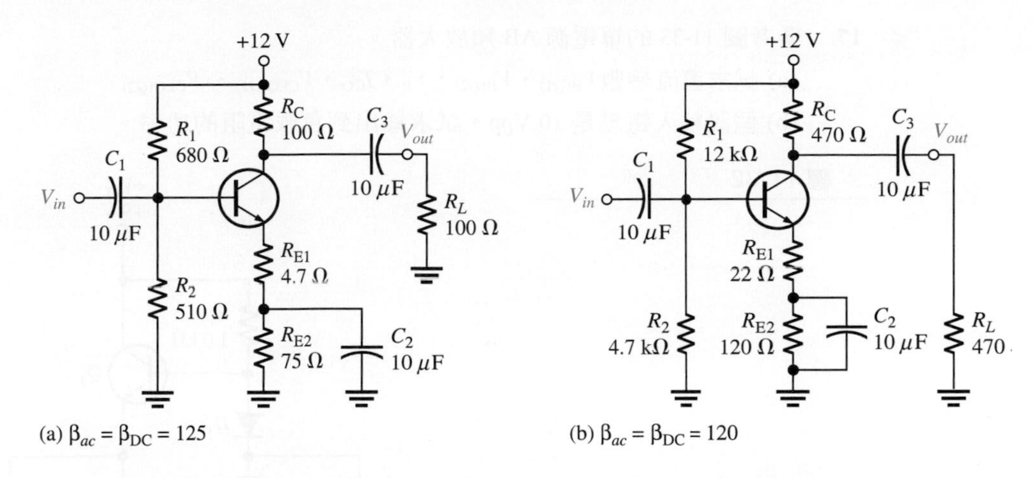

▶ 圖 11-30

9. 找出圖 11-31 中放大器的 Q 點(對應的 V_{CE}, I_C)？

10. 圖 11-31 中，電壓增益為多少？

11. 試求圖 11-31 中，電晶體的最小功率額定值？

12. 如果圖 11-31 電路接上 500Ω的負載電阻，試求最大輸出信號功率及效率？

▶ 圖 11-31

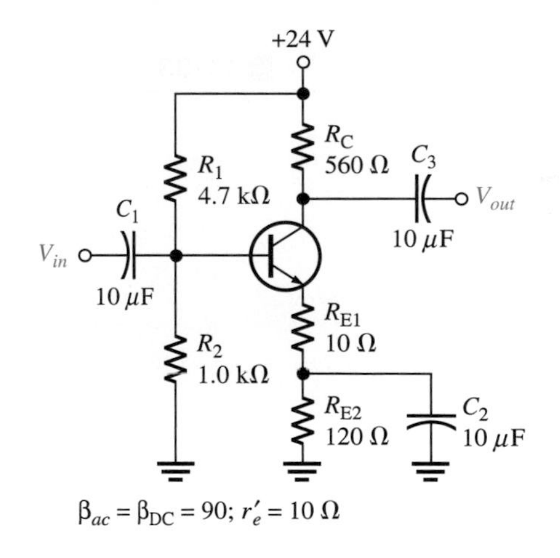

第 11-2 節 B 類和 AB 類推挽式放大器

13. 參考圖 11-32 的 AB 類放大器。

(a) 試求直流參數 $V_{B(Q1)}$，$V_{B(Q2)}$，V_E，I_{CQ}，$V_{CEQ(Q1)}$，$V_{CEQ(Q2)}$

(b) 如果輸入信號電壓為 5 V rms，試求輸出到負載電阻的功率。

14. 試畫出圖 11-32 中 npn 電晶體的負載線。請標示出飽和電流 $I_{c(sat)}$ 的值，並且註明 Q 點的位置。

15. 找出圖 11-32 之電晶體中，由信號源看到的輸入阻抗近似值，假設 $\beta_{ac} = 100$。

16. 圖 11-32 中，β_{ac} 對於功率增益是否有影響？試說明你的答案。

17. 參考圖 11-33 的單電源 AB 類放大器。

(a) 試求直流參數 $V_{B(Q1)}$，$V_{B(Q2)}$，V_E，I_{CQ}，$V_{CEQ(Q1)}$，$V_{CEQ(Q2)}$

(b) 假設輸入電壓是 10 Vpp，試求輸出到負載電阻的功率。

▶ 圖 11-32

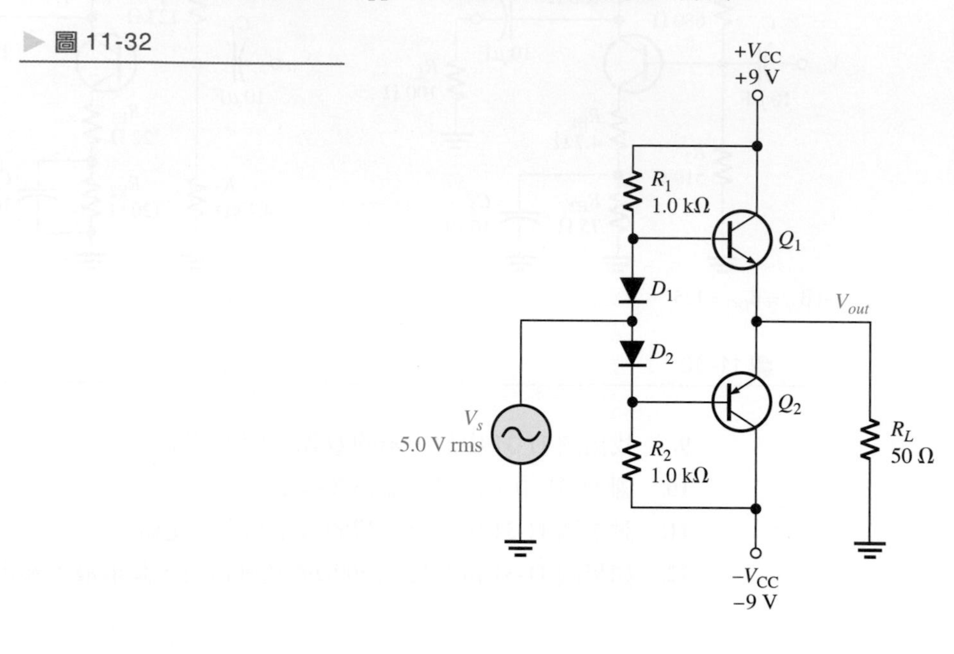

▶ 圖 11-33

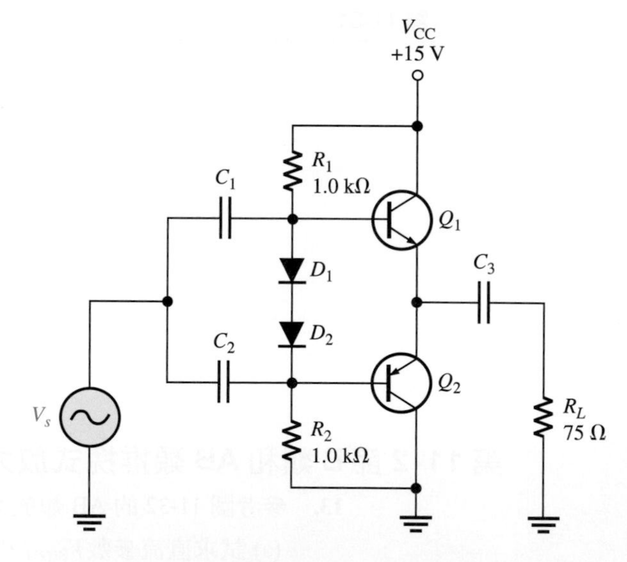

18. 參考圖 11-33 的 AB 類放大器。

(a) 輸出到負載電阻的最大功率是多少？

(b) 假設電源電壓升高到 24V。輸出到負載電阻的最大功率又是多少？

19. 參考圖 11-33 的 AB 類放大器。引起下列每個故障現象的原因有哪些？

(a) 輸出信號只有正半週波形　(b) 基極與射極電壓均為零

(c) 沒有輸出，且射極電壓為 +15 V　(d) 輸出波形有交越失真的現象

20. 如果將一個內部阻抗爲 50 Ω、1V rms 的信號源接到圖 11-33 之放大器，最後實際送到放大器輸入端的信號有多大？假設 $\beta_{ac} = 200$。

第 11-3 節 C 類放大器

21. 某個C類放大器中，電晶體的導通時段只有輸入週期的10%。如果 $V_{ce(sat)} = 0.18$V 且 $I_{c(sat)} = 25$ mA，最大輸出時的平均功率消耗爲多少？
22. 如果 $L = 10$ mH 且 $C = 0.001$ μF，諧振電路的共振頻率是多少？
23. $V_{CC} = 12$V的 C 類諧振放大器的最大輸出電壓峰對峰值是多少？
24. 假設第 23 題中集極槽電路的等效並聯電阻是 50 Ω，且 $V_{CC} = 15$V，試求此 C 類放大器的效率。假設電晶體在週期的 10 %內是導通的。

放大器頻率響應 (Amplifier Frequency Response)

12

本章大綱

本章學習目標

- 解釋電容如何影響放大器的頻率響應
- 使用分貝(dB)來表達放大器增益
- 分析放大器的低頻響應
- 分析放大器的高頻響應
- 分析放大器的總頻率響應
- 分析多級放大器的頻率響應
- 解釋如何量測放大器的頻率響應

可參訪教學專用網站

有關這一章的學習輔助資訊可以在以下的網站找到

http://www.pearsonglobaleditions.com/Floyd

重要詞彙

- 中段增益 (Midrange gain)
- 臨界頻率 (Critical frequency)
- 下降率 (Roll-off)
- 十倍頻 (Decade)
- 波德圖 (Bode Plot)
- 頻寬 (Bandwidth)
- 標準化(Normalized)
- 寄生電容(Parasitic capacitance)
- 增益頻寬乘積(Gain-bandwidth product)

簡　介

前面幾章關於放大器的章節中，為了專注於討論其他觀念，我們刻意忽略電路的電容性元件所引起輸入頻率對放大器操作的影響。在理想狀況下，我們將耦合電容與旁路電容視為短路，並且將電晶體內部電容視為開路。當輸入頻率屬於放大器的中段範圍頻率，這樣的處理方式是正確的。

我們已經知道，容抗隨頻率增加而減少，反之亦然。當頻率低到某種程度，因為電抗已經大到具有明顯影響，耦合與旁路電容就不能再視為短路。同理，當工作頻率足夠高時，因為電晶體內部電容阻抗已經小到足以對放大器操作產生顯著影響，所以電晶體內部電容已經不可以再視為開路。完整的放大器頻率響應，必須考慮放大器所有的操作頻率。

在本章，我們將討論頻率對放大器的增益和相位偏移的影響。討論的內容適用於 BJT 和 FET 兩種放大器，而且我們以這兩種電晶體的混合電路來說明相關概念。

▶ 圖 12-3
電晶體內部寄生電容。

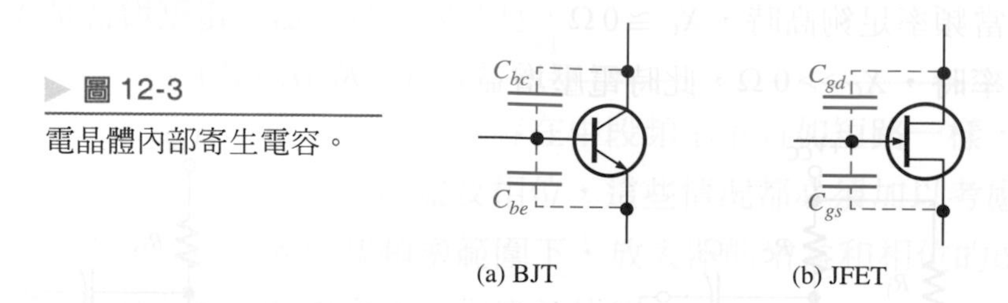

特性資料表上通常將 BJT 電容 C_{bc} 稱爲輸出電容，標示爲 C_{ob}。電容 C_{be} 通常標示爲輸入電容 C_{ib}。FET 特性資料表上通常指爲輸入電容 C_{iss}，以及*逆向轉換電容 (reverse transfer capacitanc)* C_{rss}。利用這些電容值，可以計算出 C_{gs} 和 C_{gd}，我們將會在第 12-4 節討論它。

頻率較低時，內部電容的電抗值相當高，這是因爲它們的電容值很低 (通常只有幾 pF) 以及頻率偏低的緣故。所以它們看起來像開路，而且對電晶體的效能沒有影響。當頻率增加，電晶體內部容抗隨著降低，在某個頻率，它們開始對電晶體的增益產生明顯的影響。當 C_{be} (或 C_{gs}) 的電抗值變得足夠小時，由於信號源內阻與 C_{be} 的電抗值所產生的分壓器效應，大部分的信號電壓會消耗在信號源內阻上，而不會出現在基極，如圖 12-4(a)所示。當 C_{bc} (或 C_{gd}) 的電抗值變得足夠小時，則大部分的輸出電壓不會出現在負載電阻上，而是與輸入信號反相地回授 (負回授) 到輸入端，因此有效地降低電壓增益。如圖 12-4(b)所示。

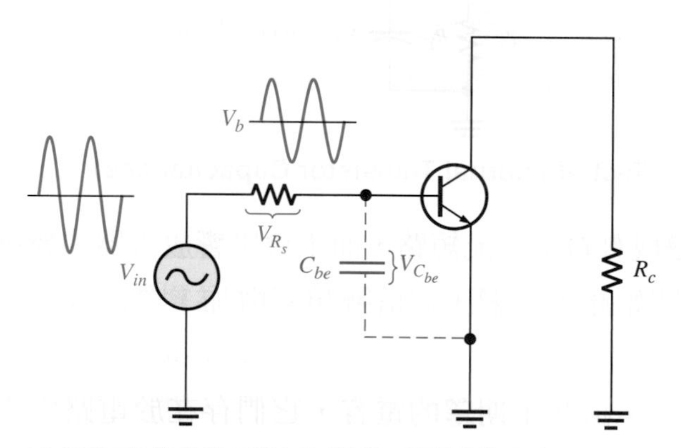

(a) 因爲 C_{be} 的效應，其中 R_s 和 $X_{C_{be}}$ 所形成的分壓器，使 V_b 下降。

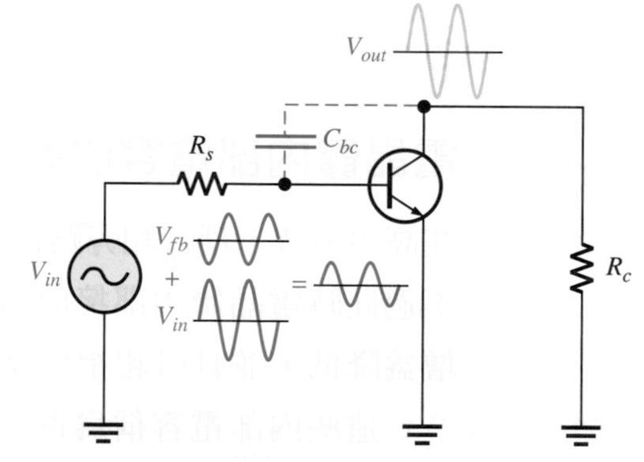

(b) 因爲 C_{be} 的效應，其中 V_{out} 的一部份(V_{fb})經由 C_{be} 回授到基極，因爲此回授信號與 V_{in} 呈180°反相，所以會降低輸入信號電壓。

▲ 圖 12-4 BJT 放大器的交流等效電路，可以顯示電晶體內部電容 C_{be} 和 C_{bc} 所產生的影響。

米勒定理 (Miller's Theorem)

在高頻率時，因爲電晶體內部電容變得重要，米勒定理可以用來簡化反相放大器的分析，這會在稍後加以討論。在BJT或FET中，介於輸入端(基極或閘極)，與輸出端(集極或汲極)之間的電容爲 C_{bc} 或 C_{gd}，其一般形式如圖 12-5(a)所示。其中A_v代表反相放大器在中段頻率範圍的電壓增益絕對值，而C代表 C_{bc} 或 C_{gd}。

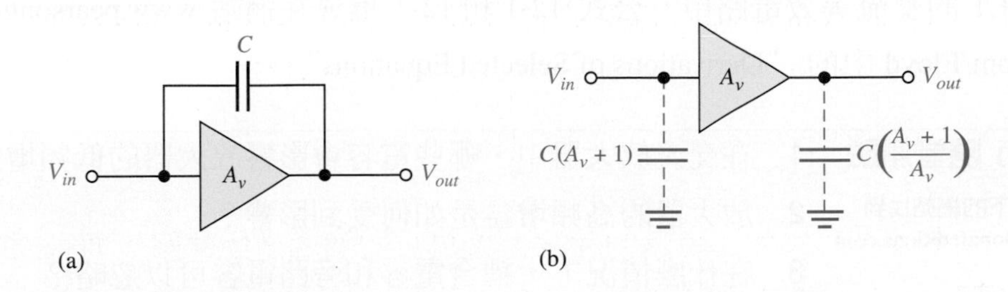

▲ 圖 12-5　米勒輸入和輸出電容的一般狀況。C代表 C_{bc} 或 C_{gd}。

米勒定理指的是C實質上可視爲輸入端到接地之間的電容，如圖 12-5(b)所示，此電容可以表示成：

$$C_{in(Miller)} = C(A_v + 1)$$ **公式 12-1**

這個公式顯示 C_{bc} (或 C_{gd}) 對輸入電容的影響，比它的實際值大很多。例如，如果 $C_{bc} = 6$ pF 且放大器增益爲 50，則 $C_{in(Miller)} = 306$ pF。圖 12-6 顯示這個等效輸入電容如何在實際交流等效電路中與 C_{be} (或 C_{gs}) 並聯。

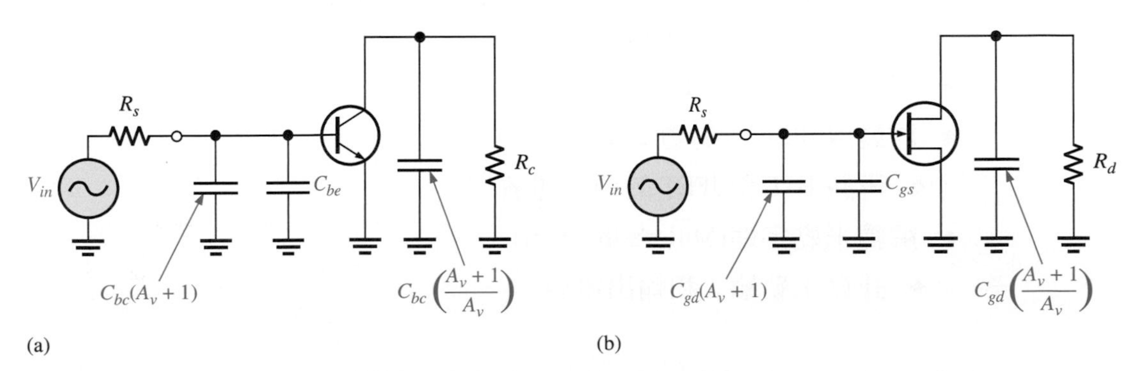

▲ 圖 12-6　放大器交流等效電路顯示內部電容和等效的米勒電容。

米勒定理也提到 C 實質上可視爲輸出端到接地之間的電容，如圖 12-5(b)所示，此電容可以表示成：

公式 12-2

$$C_{out(Miller)} = C\left(\frac{A_v + 1}{A_v}\right)$$

這個公式指出，如果電壓增益等於或大於 10，因爲$(A_v+1)/A_v$ 約等於 1，所以 $C_{out(Miller)}$ 約等於 C_{bc} 或 C_{gd} 。圖 12-6 也顯示這個等效輸出電容如何出現在 BJT 或 FET 的交流等效電路中。公式 12-1 和 12-2 推導在網站 www.pearsonglobaleditions.com/Floyd 中的 "Derivations of Selected Equations" 。

第12-1 節 隨堂測驗

答案可以在以下的網站找到 www.pearsonglobaleditions.com/Floyd

1. 在交流放大器中，哪些電容會影響放大器的低頻增益？
2. 放大器的高頻增益是如何受到影響？
3. 在什麼情況下，耦合電容和旁路電容可以忽略？
4. 如果 $A_v = 50$ 且 $C_{bc} = 5$ pF，試求出 $C_{in(Miller)}$ 。
5. 如果 $A_v = 25$ 且 $C_{bc} = 3$ pF，試求出 $C_{out(Miller)}$ 。

12-2 分貝 (The Decibel)

分貝是以對數方式量測增益的一種單位，通常用來表示放大器的響應。

在學習完本節的內容後，你應該能夠

- **使用分貝(dB)來表達放大器增益**
  - 以分貝(dB)來表達功率增益和電壓增益
- 討論 0 分貝參考值
  - 定義*中頻增益(midrange gain)*
- 定義和討論臨界頻率
- 討論以 dBm 作為功率量測
  - 辨識 BJT 和 JFET 的內部電容
- 解釋米勒定理(Miller's theorem)
  - 計算米勒輸入和輸出電容

基礎理論第 6 章已經介紹過使用分貝表示增益的方法。量測放大器時，分貝單位相當重要。分貝單位源自人類耳朵對聲音強度的對數響應形式。回想一下，分貝定義是兩功率或兩電壓比值的對數測量。功率增益可以利用下列公式表示成分貝值：

$$A_{p(\text{dB})} = 10 \log A_p$$ 公式 12-3

其中 A_p 是實際功率增益 P_{out}/P_{in}。電壓增益可以利用下列公式表示成分貝值：

$$A_{v(\text{dB})} = 20 \log A_v$$ 公式 12-4

當以分貝計算電壓增益時，一個重要的事實是其測量是基於相同的阻抗。在射頻和微波系統中，阻抗一般爲 50 歐姆。音頻系統中，阻抗一般爲 600 歐姆。如果 A_v 大於 1，則 dB 增益爲正值。如果 A_v 小於 1，則 dB 增益爲負值且經常稱爲*衰減* (*attenuation*)。當我們要使用這些公式時，可以在計算機按下 LOG 鍵即可。

例題 12-1 將下列各比值以 dB 表示：

(a) $\dfrac{P_{out}}{P_{in}} = 250$ **(b)** $\dfrac{P_{out}}{P_{in}} = 100$ **(c)** $A_v = 10$

(d) $A_p = 0.5$ **(e)** $\dfrac{V_{out}}{V_{in}} = 0.707$

解

(a) $A_{p(\text{dB})} = 10 \log (250) = \mathbf{24\ dB}$

(b) $A_{p(\text{dB})} = 10 \log (100) = \mathbf{20\ dB}$

(c) $A_{v(\text{dB})} = 20 \log (10) = \mathbf{20\ dB}$

(d) $A_{p(\text{dB})} = 10 \log (0.5) = \mathbf{-3\ dB}$

(e) $A_{v(\text{dB})} = 20 \log (0.707) = \mathbf{-3\ dB}$

相關習題* 將下列各增益以 dB 表示：**(a)** $A_v = 1200$ **(b)** $A_p = 50$ **(c)** $A_v = 125{,}000$。

*答案可以在以下的網站找到 www.pearsonglobaleditions.com/Floyd

0 分貝參考值 (0 dB Reference)

供您參考

公式 12-4 的 20 倍率是因為功率與電壓的平方成正比。從技術上講，此公式應只適用於在相同的阻抗時的電壓量測。這是許多通信系統的情況，例如在電視或微波系統。

在討論放大器時，將特定的增益值指定爲 0 dB 參考值，通常會比較方便。這並不意謂著它的實際電壓增益值爲 1 (從數學的角度來看，1 對應 0 dB)，而是意謂著不論其實際值爲何，參考增益值是當作與其他增益值相比較的參考值，所以將它指定爲 0 dB 值。將放大器的響應在垂直軸上移位到 0 dB 時，稱作它被標準化 (normalized)。 爲了標準化放大器的響應，所有值都必須除以中頻增益，以迫使參考準位爲 0 dB。 請注意，響應的形貌在此過程中不受影響。標準化可簡化不同放大器響應特性的比較。

許多放大器在某一段頻率範圍具有最大增益值，而且在低於和高於這個頻率範圍時，增益值會下降。在這種情況下，此最大增益稱為*中段範圍增益 (midrange gain)*，並且將它指定為 0 dB 值。任何低於中段範圍 **(midrange)** 的增益值可以拿 0 dB 當作參考值，而表示成負 dB 值。例如，如果某一個放大器的中段範圍電壓增益是 100 ，而在低於中段範圍的特定頻率下，增益值為 50，則此下降的電壓增益可以表示成 20 log(50/100) = 20 log(0.5) =− 6 dB。這表示此增益值比 0 dB 參考值低 6 dB。對固定的輸入電壓而言，輸出電壓減半會使增益值降低 6 dB。同理，輸出電壓變成原來的兩倍會使增益值增加 6 dB。圖 12-7 所示為增益相對於頻率的標準化曲線，曲線上標示出幾個 dB 數據點。

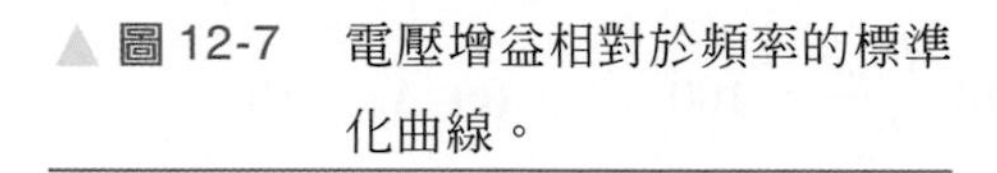
▲ 圖 12-7 電壓增益相對於頻率的標準化曲線。

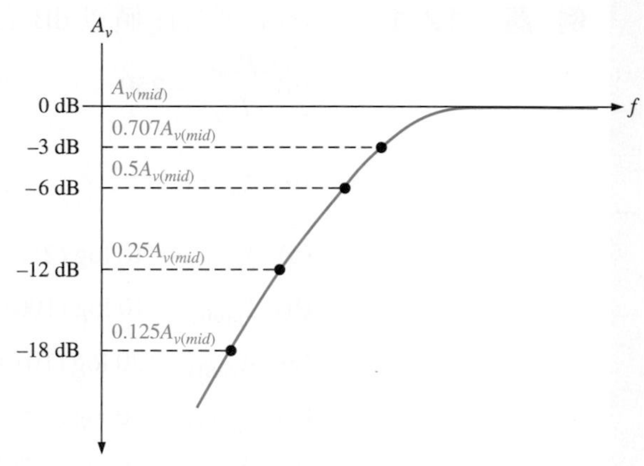

表 12-1 表示為在相同阻抗下所測量電壓增益的加倍或減半轉換成分貝值之結果。

▼ 表 12-1 分貝值也就是在相同阻抗下測量電壓增益的加倍和減半的比例。

電壓增益 (A_V)	dB值*
32	20 log (32) = 30 dB
16	20 log (16) = 24 dB
8	20 log (8) = 18 dB
4	20 log (4) = 12 dB
2	20 log (2) = 6 dB
1	20 log (1) = 0 dB
0.707	20 log (0.707) = −3 dB
0.5	20 log (0.5) = −6 dB
0.25	20 log (0.25) = −12 dB
0.125	20 log (0.125) = −18 dB
0.0625	20 log (0.0625) = −24 dB
0.03125	20 log (0.03125) = −30 dB

*相對於零參考電壓之dB值

臨界頻率 (Critical Frequency)

臨界頻率 **(Critical frequency)** 也稱爲**截止頻率 (Cutoff frequency)** 或*角頻 (Corner frequency)*，是輸出功率降低到中段範圍功率一半時的頻率。這相對應功率增益是下降 3dB，其計算式如下：

$$A_{p(\text{dB})} = 10 \log (0.5) = -3 \text{ dB}$$

另外，在臨界頻率下，輸出電壓爲中段範圍電壓值的 70.7%，以 dB 爲單位可以表示成

$$A_{v(\text{dB})} = 20 \log (0.707) = -3 \text{ dB}$$

例 題 12-2 某個放大器的中段頻率範圍輸出電壓的rms值爲 10 V。在輸入電壓的 rms 值爲定值的條件下，如果放大器的 dB 增益值如下所示減少，則所對應的輸出電壓的 rms 值爲多少？

(a) −3 dB **(b)** −6 dB **(c)** −12 dB **(d)** −24 dB

解 將中段範圍輸出電壓乘以表 12-1 中指定 dB 值所對應的電壓增益。

(a) 當 dB 增益爲 −3 dB 時，$V_{out} = 0.707(10\text{ V}) = \mathbf{7.07\text{ V}}$。

(b) 當 dB 增益爲 −6 dB 時，$V_{out} = 0.5(10\text{ V}) = \mathbf{5\text{ V}}$。

(c) 當 dB 增益爲 −12 dB 時，$V_{out} = 0.25(10\text{ V}) = \mathbf{2.5\text{ V}}$。

(d) 當 dB 增益爲 −24 dB 時，$V_{out} = 0.0625(10\text{ V}) = \mathbf{0.625\text{ V}}$。

相關習題 當中段範圍輸出電壓值爲 50 V，若放大器 dB 增益值爲下列各數值時，試求輸出電壓：

(a) 0 dB **(b)** −18 dB **(c)** −30 dB

dBm 功率量測 (Power Measurement in dBm)

dBm 是量測功率時常用的單位。名詞 dBm 意指以 1 mW 功率爲參考值的分貝值。dBm 值爲正表示功率準位高於 1mW，而 dBm 值爲負表示功率準位低於 1mW。

因爲 dB 通常只用來表達功率*比率*(Power *ratio*)，而非功率眞正值。所以 dBm 提供一個方便的表達方式，用來表達一個放大器或類似元件之輸出功率眞正值。每增加 3dB 相當於功率增加兩倍，而減少 3dB 相

供您參考

dBmV 單位常應用在有線電視中。其參考值為 1 mV，相當於 0dB。正如 dBm 是用來表示實際的功率，dBmV 是用來表示實際的電壓。

當於功率減半。

一個具 3dB 功率增益的放大器，只能指出其輸出功率是輸入功率的兩倍，並無法指出其眞正輸出功率。欲指出眞正的輸出功率，則可使用 dBm。例如 3dBm 相當於 2mW，因爲 2mW 是 1mW 參考值的兩倍。6dBm 則相當於 4mW，依此類推。類似此原則，−3dBm 等同於 0.5mW。表 12-2 中顯示了幾個由 dBm 表示的功率值。

▶ 表 12-2

以 dBm 表示的功率。

功率	dBm
32 mW	15 dBm
16 mW	12 dBm
8 mW	9 dBm
4 mW	6 dBm
2 mW	3 dBm
1 mW	0 dBm
0.5 mW	−3 dBm
0.25 mW	−6 dBm
0.125 mW	−9 dBm
0.0625 mW	−12 dBm
0.03125 mW	−15 dBm

第12-2 節 隨堂測驗

1. +12 dB 所對應的實際電壓增益的增加量爲多少？
2. 功率增益等於 25，試將它轉換成分貝數。
3. 對應 0 dBm 的功率值是多少？
4. 假設以分貝爲測量單位，音頻系統的標準阻抗爲多少？

12-3 放大器低頻響應 (Low-Frequency Amplifier Response)

電容耦合放大器的電壓增益及相位在信號頻率低於臨界值時會受影響。在低頻時，電容的電抗值會變得比較顯著，導致電壓增益降低及相位增加。在這一節裡，我們將討論電容耦合 BJT 及 FET 放大器的頻率響應。

在學習完本節的內容後，你應該能夠

- **分析放大器的低頻響應**
- 分析 BJT 放大器
  - 計算中頻電壓增益

- 辨識放大器影響低頻響應的部分
- 辨識和分析 BJT 放大器的 RC 輸入電路
  - 計算下臨界頻率和增益的下降率
  - 描繪波德圖(Bode plot)
  - 定義*十倍頻(decade)*和*八倍頻(octave)*
  - 計算相位偏移
- 辨識和分析 BJT 放大器的 RC 輸出電路
  - 計算下臨界頻率
  - 計算相位偏移
- 辨識和分析 BJT 放大器的 RC 旁路電路
  - 計算下臨界頻率
  - 解釋部分旁路電阻的影響
- 分析 FET 放大器
- 辨識和分析 D-MOSFET 放大器的 RC 輸入電路
  - 計算下臨界頻率
  - 計算相位偏移
- 辨識和分析 D-MOSFET 放大器的 RC 輸出電路
  - 計算下臨界頻率
  - 計算相位偏移
- 解釋放大器的低頻率總響應
  - 用波德圖來說明頻率響應
- 使用 Multisim 模擬頻率響應
  - 計算下臨界頻率
  - 計算相位偏移

BJT 放大器 (BJT Amplifiers)

標準電容耦合共射極放大器如圖 12-8 所示。假設在中段範圍頻率下，耦合和旁路電容可以視爲短路，則利用公式 12-5 可以求出中段範圍電壓增益，其中 $R_c = R_C \| R_L$。

$$A_{v(mid)} = \frac{R_c}{r'_e}$$ 公式 12-5

如果將部分旁路電阻(R_{E1})與 r'_e 串聯，公式就變成

$$A_{v(mid)} = \frac{R_c}{r'_e + R_{E1}}$$

圖 12-8 的 BJT 放大器具有三個高通 *RC* 電路，在頻率低於中段範圍時，這些電路會影響放大器的增益值。這些都顯示在圖 12-9 的低頻交流等效電路中。不像前面幾章所使用的交流等效電路是代表中段範圍響應的電路 ($X_C \cong 0\,\Omega$)，當信號頻率低到某種程度，就不能再忽略 X_C，所以低頻交流等效電路會保留耦合和旁路電容。

▶ 圖 12-8

電容耦合 BJT 放大器。

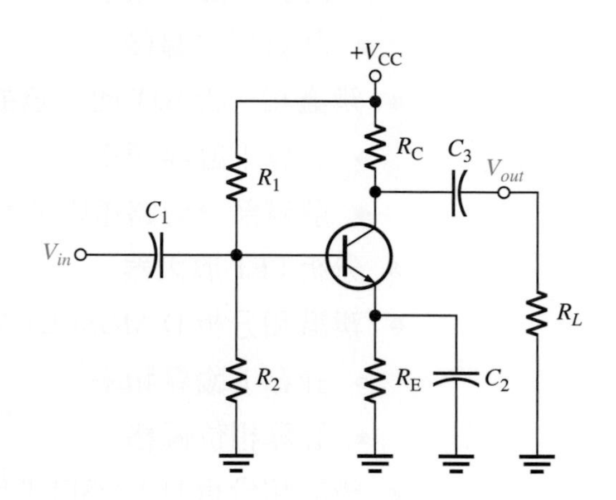

▶ 圖 12-9

圖 12-8 放大器的低頻交流等效電路包含三個高通 *RC* 電路。

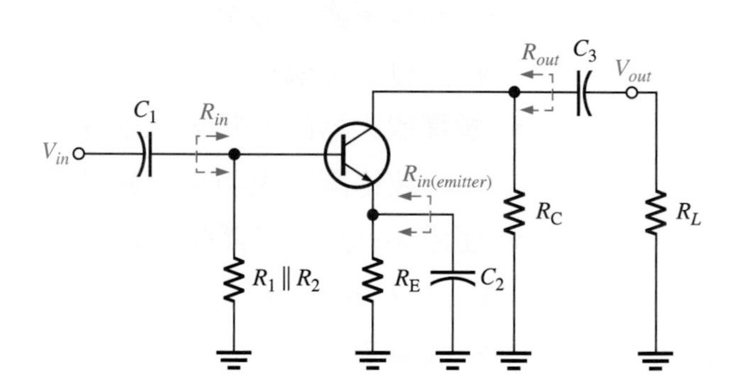

其中一個 *RC* 電路是由輸入耦合電容 C_1，和放大器輸入電阻所組成。第二個 *RC* 電路是由輸出耦合電容 C_3，從集極看進去的電阻，和負載電阻共同組成。第三個影響低頻響應的 *RC* 電路由射極旁路電容 C_2，和從射極看進去的電阻所組成。

RC 輸入電路 (The Input *RC* Circuit)

圖 12-8 的BJT放大器 *RC* 輸入電路是由 C_1 和放大器輸入電阻所組成，如圖 12-10 所示 (輸入電阻在基礎理論第 6 章已經討論過)。當信號頻率減少，X_{C1} 會增加。

因爲 C_1 兩端產生更多電壓降，所以放大器基極端輸入阻抗兩端的電壓降會下降，而且因爲這個緣故，放大器總電壓增益會跟著降低。圖 12-10 的 *RC* 輸入電路基極電壓 (忽略輸入信號源的內阻) 可以表示成

$$V_{base} = \left(\frac{R_{in}}{\sqrt{R_{in}^2 + X_{C1}^2}}\right)V_{in}$$

▶ 圖 12-10

RC 輸入電路由輸入耦合電容和放大器輸入電阻所構成。

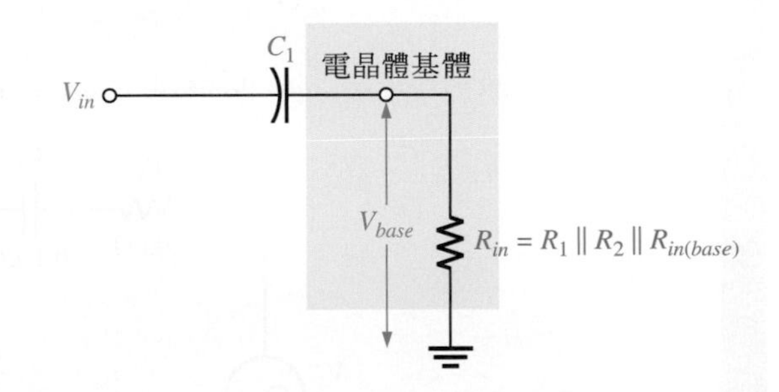

如前面所述，放大器響應的臨界點發生在輸出電壓變成中段範圍輸出電壓的 70.7%處。這個條件在 *RC* 輸入電路中指的是 $X_{C1} = R_{in}$ 的時候。

$$V_{base} = \left(\frac{R_{in}}{\sqrt{R_{in}^2 + R_{in}^2}}\right)V_{in} = \left(\frac{R_{in}}{\sqrt{2R_{in}^2}}\right)V_{in} = \left(\frac{R_{in}}{\sqrt{2}R_{in}}\right)V_{in} = \left(\frac{1}{\sqrt{2}}\right)V_{in} = 0.707V_{in}$$

以分貝來量測，

$$20\log\left(\frac{V_{base}}{V_{in}}\right) = 20\log(0.707) = -3\text{ dB}$$

下臨界頻率 (Lower Critical Frequency) 增益下降 3 dB，可以稱爲放大器響應的−3 *dB 點* (−3 *dB point*)；因爲 *RC* 輸入電路產生的衰減(增益小於 1)，所以總增益比中段範圍頻率的總增益少 3 dB。滿足這個條件的頻率 f_c，稱爲下*臨界頻率* (*Lower critical frequency*，也稱爲 *Lower cutoff frequency*，*Lower corner frequency* 或 *Lower break frequency*)，而且可以如下計算：

$$X_{C1} = \frac{1}{2\pi f_{cl(input)}C_1} = R_{in}$$

$$\mathbf{f_{cl(input)} = \frac{1}{2\pi R_{in}C_1}}$$ **公式 12-6**

如果將輸入信號源的電阻考慮在內，公式 12-6 變成

$$f_{cl(input)} = \frac{1}{2\pi(R_s + R_{in})C_1}$$

例 題 12-3 如圖 12-11 所示電路，試求由 RC 輸入電路產生的下臨界頻率。假設 $r'_e = 9.6\Omega$ 和 $\beta = 200$。注意這裡使用了一個部分旁路電阻 R_{E1}。

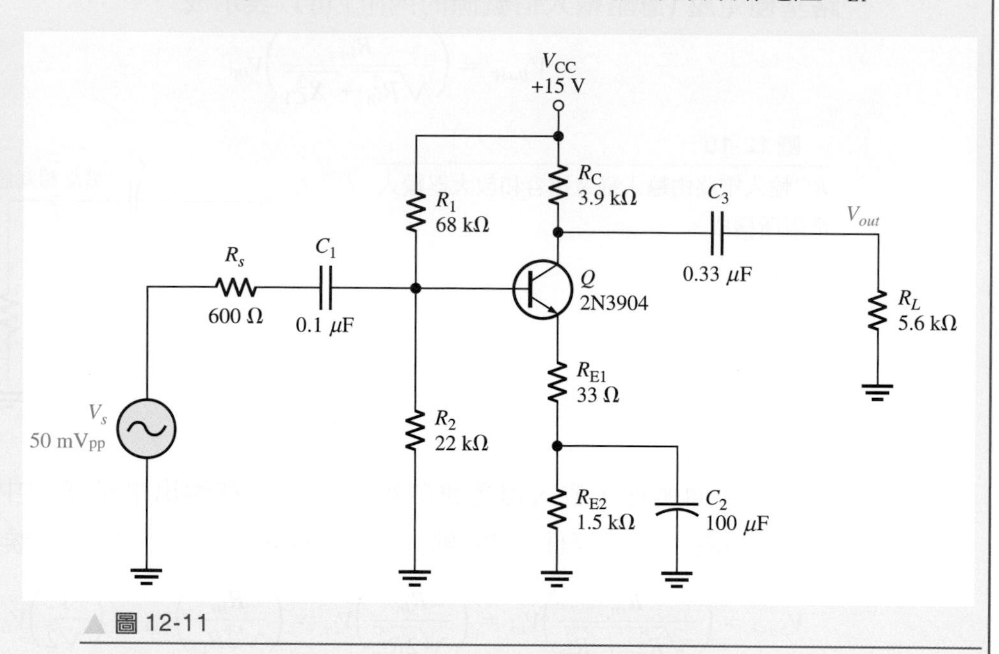

▲ 圖 12-11

解 輸入阻抗

$$R_{in} = R_1 \| R_2 \| (\beta(r'_e + R_{E1})) = 68\ k\Omega \| 22\ k\Omega \| (200\ (9.6\ \Omega + 33\ \Omega)) = 5.63\ k\Omega$$

下臨界頻率

$$f_{cl(input)} = \frac{1}{2\pi R_{in} C_1} = \frac{1}{2\pi(5.63\ k\Omega)(0.1\ \mu F)} = \mathbf{282\ Hz}$$

相關習題 要將下臨界頻率變成 130 Hz，則輸入電容值應為何？

低頻率時的電壓增益下降率 (Voltage Gain Roll-off at Low Frequencies) 我們已經知道，當頻率降低到臨界頻率 f_c，RC 輸入電路會使放大器總電壓增益下降 3 dB。當頻率持續下降到低於 f_c，總電壓增益也會持續減少。電壓增益隨著頻率減少，稱為下降率 (**Roll-off**)。*當頻率低於 f_c，頻率每降低十倍，電壓增益就會下降 20 dB*。

讓我們選定等於臨界頻率十分一的頻率 ($f=0.1f_c$)。因爲 X_{C1} 和 f 具有反比關係，既然頻率等於 f_c 時，$X_{C1}=R_{in}$，所以頻率等於 0.1 f_c 時，$X_{C1}=10\ R_{in}$。所以，輸入電路的衰減率爲

$$\text{衰減率} = \frac{V_{base}}{V_{in}} = \frac{R_{in}}{\sqrt{R_{in}^2 + X_{C1}^2}} = \frac{R_{in}}{\sqrt{R_{in}^2 + (10R_{in})^2}} = \frac{R_{in}}{\sqrt{R_{in}^2 + 100R_{in}^2}}$$

$$= \frac{R_{in}}{\sqrt{R_{in}^2(1 + 100)}} = \frac{R_{in}}{R_{in}\sqrt{101}} = \frac{1}{\sqrt{101}} \cong \frac{1}{10} = 0.1$$

dB 衰減率爲

$$20\log\left(\frac{V_{base}}{V_{in}}\right) = 20\log(0.1) = -20\text{ dB}$$

波德圖 (The Bode Plot) 頻率發生十倍改變量時稱爲十倍頻 **(decade)**。所以，對 *RC* 輸入電路而言，當頻率降低到低於臨界頻率時，頻率每降低十倍，衰減率就下降 20 dB。這導致每降低 10 倍頻率，總電壓增益會下降 20 dB。

在半對數繪圖紙 (水平軸是對數刻度，而垂直軸爲線性刻度) 上，以 dB 電壓增益相對於頻率的曲線圖稱爲波德圖**(Bode plot)**。像圖 12-12 所示爲 *RC* 輸入電路的一般化波德圖。理想響應曲線則以藍色線表示。請注意，頻率往下直到臨界頻率之前，曲線呈現平坦狀態 (0 dB)，從頻率等於臨界頻率開始，增益下降率爲 −20 dB/decade，如圖所示。頻率大於 f_c 以上時，則屬於中段範圍。實際的響應曲線則以紅色線表示。請注意，在中段範圍內，曲線會漸漸下降，在臨界頻率這一點上，曲線下降到 −3 dB 的位置。一般而言，理想響應曲線可以用來簡化放大器的分析過程。如前面所述，當曲線到達 −20 dB/decade 的滑落區域時，這一點的臨界頻率有時會稱爲*下轉折點頻率 (Lower break frequency)*。

有時候，放大器的電壓增益會以 dB/二倍頻，而不是 dB/十倍頻來表示下降率。**二倍頻 (octave)** 意指頻率變成兩倍或減半。例如，頻率從 100 Hz 增加到 200 Hz，即爲二倍頻。同樣地，頻率從 100 kHz 到 50 kHz，就是降低二倍頻。−20 dB/十倍頻的下降率大約等於−6 dB/二倍頻，−40 dB/十倍頻的下降率大約等於−12 dB/二倍頻，以此類推。

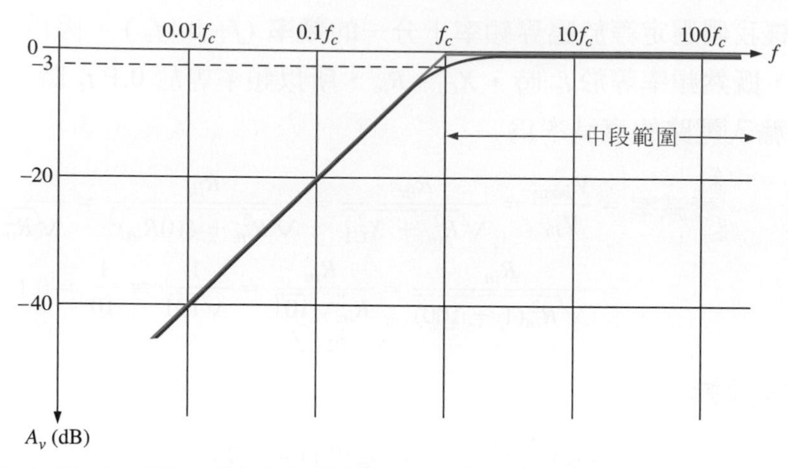

▲ 圖 12-12 波德圖。(藍色是理想曲線，紅色是實際曲線)

例 題 12-4 某一個放大器的中段範圍電壓增益為 100。RC 輸入電路具有 1 kHz的下臨界頻率。試分別求出頻率等於 1 kHz、100 Hz 和 10 Hz 時的實際電壓增益。

解 當f = 1 kHz，電壓增益比中段範圍電壓增益小 3 dB。−3 dB 的電壓增益減少量代表電壓增益變成原來的 0.707。

$$A_v = (0.707)(100) = \mathbf{70.7}$$

當f = 100 Hz = 0.1 f_c ，電壓增益比f_c 時減少 20 dB。此時的電壓增益為−20 dB，即為中段範圍電壓增益的十分之一。

$$A_v = (0.1)(100) = \mathbf{10}$$

當f = 10 Hz = 0.01 f_c ，電壓增益比f = 0.1 f_c 時減少 20 dB，或者是等於−40 dB。−40 dB 處的電壓增益等於−20 dB 電壓增益的十分之一，或者是等於中段範圍電壓增益的百分之一。

$$A_v = (0.01)(100) = \mathbf{1}$$

相關習題 某一個放大器的中段範圍電壓增益為 300。RC 輸入電路的下臨界頻率為 400Hz。試分別求出頻率等於 400 Hz、40 Hz 和 4 Hz 時的實際電壓增益。

RC 輸入電路的相位偏移 (Phase Shift in the Input RC Circuit) 除了可以降低電壓增益之外，當頻率下降時，RC 輸入電路也會使通過放大器的相位偏移增加。在中段範圍頻率，因為 $X_{C1} \cong 0\Omega$，所以通過 RC 輸入電路的相移大約為零。在較低頻率的範圍，X_{C1} 增加導致產生相移，於是 RC 電路的輸出電壓領先輸入電壓。從電路理論可以知道，RC 輸入電路的相位角可以表示為

公式 12-7

$$\boldsymbol{\theta = \tan^{-1}\left(-\frac{X_{C1}}{R_{in}}\right)}$$

對中段範圍頻率而言，$X_{C1} \cong 0\Omega$，所以

$$\theta = \tan^{-1}\left(\frac{0\ \Omega}{R_{in}}\right) = \tan^{-1}(0) = 0°$$

在臨界頻率時，$X_{C1} = R_{in}$，所以

$$\theta = \tan^{-1}\left(\frac{R_{in}}{R_{in}}\right) = \tan^{-1}(1) = 45°$$

在臨界頻率以下降低十倍頻的時候，$X_{C1} = 10R_{in}$，所以

$$\theta = \tan^{-1}\left(\frac{10R_{in}}{R_{in}}\right) = \tan^{-1}(10) = 84.3°$$

如果繼續這項分析，結果將發現當頻率接近 0 時，通過 RC 輸入電路的相移會接近 90°。相位角相對於頻率的圖形顯示在圖 12-13 中。其結果是當頻率低於中段範圍時，電晶體的基極電壓相位角領先輸入信號電壓，如圖 12-14 所示。

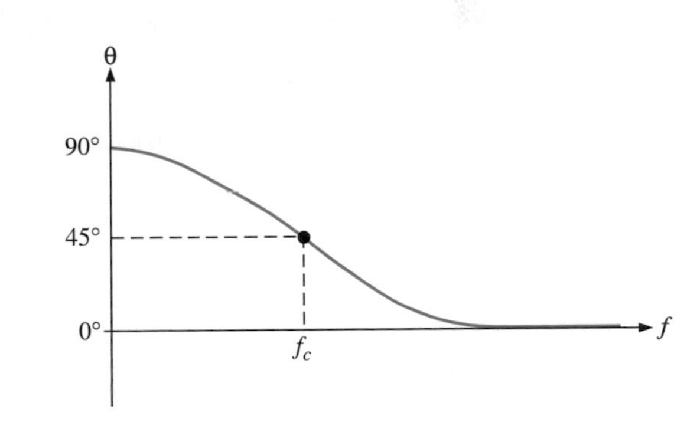

▶ 圖 12-13

RC 輸入電路的相位角相對於頻率的關係曲線。

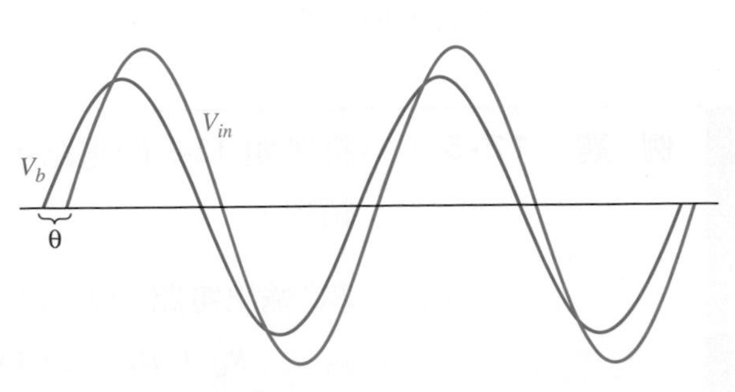

▶ 圖 12-14

在中段範圍頻率以下，RC 輸入電路使基極電壓領前輸入電壓，領前的角度等於電路的相位角 θ。

RC 輸出電路 (The Output *RC* Circuit)

圖 12-8 BJT 放大器的第二個高通 *RC* 電路，由耦合電容 C_3，集極看進去的電阻，

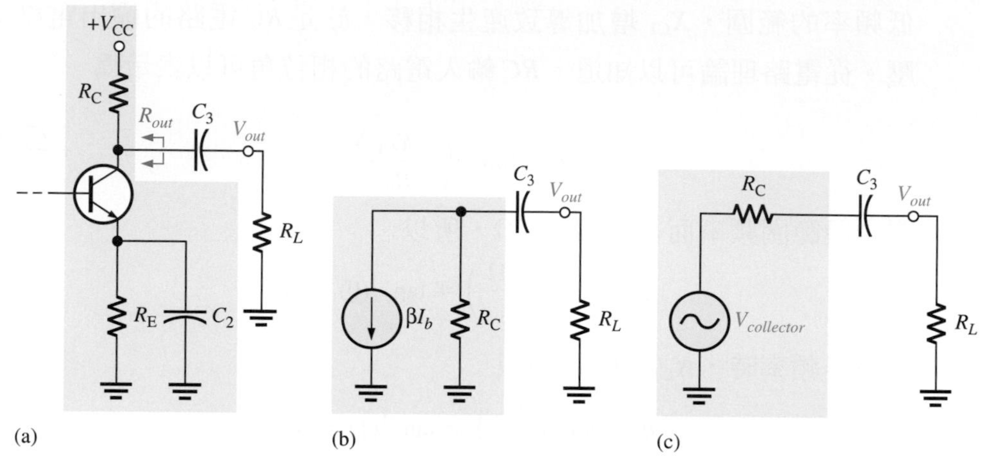

▲ 圖 12-15 低頻 *RC* 輸出等效電路的推導。

和負載電阻 R_L 所組成，如圖 12-15(a)所示。在決定輸出電阻時，由集極看進去，可以將電晶體視爲理想電流源 (具有無限大內阻)，且 R_C 的上端可以有效地視爲交流接地，如圖 12-15(b)所示。所以，將電容 C_3 左邊的電路加以戴維寧處理，產生等效電壓源和串聯電阻，其中電壓源等於集極電壓，串聯電阻等於 R_C，如圖 12-15(c)所示。*RC* 輸出電路的下臨界頻率爲

公式 12-8

$$f_{cl(output)} = \frac{1}{2\pi(R_C + R_L)C_3}$$

RC 輸出電路對放大器電壓增益的影響與 *RC* 輸入電路類似。當信號頻率減少，X_{C3} 增加。因爲 C_3 兩端的電壓降增加，導致負載電阻兩端的電壓降減少。當頻率降低到電路的下臨界頻率 f_c 值，信號電壓下降爲 0.707 倍。相對應地，電壓增益下降 3 dB。

例 題 12-5 將例題 12-3 的電路示於圖 12-16，試求由 *RC* 輸出電路產生的下臨界頻率。

解 *RC* 輸出電路的阻抗是

$$R_C + R_L = 3.9\,\text{k}\Omega + 5.6\,\text{k}\Omega = 9.5\,\text{k}\Omega$$

下臨界頻率

$$f_{cl(output)} = \frac{1}{2\pi(R_C + R_L)C_3} = \frac{1}{2\pi(9.5\ \text{k}\Omega)(0.33\ \mu\text{F})} = \mathbf{50.8\ Hz}$$

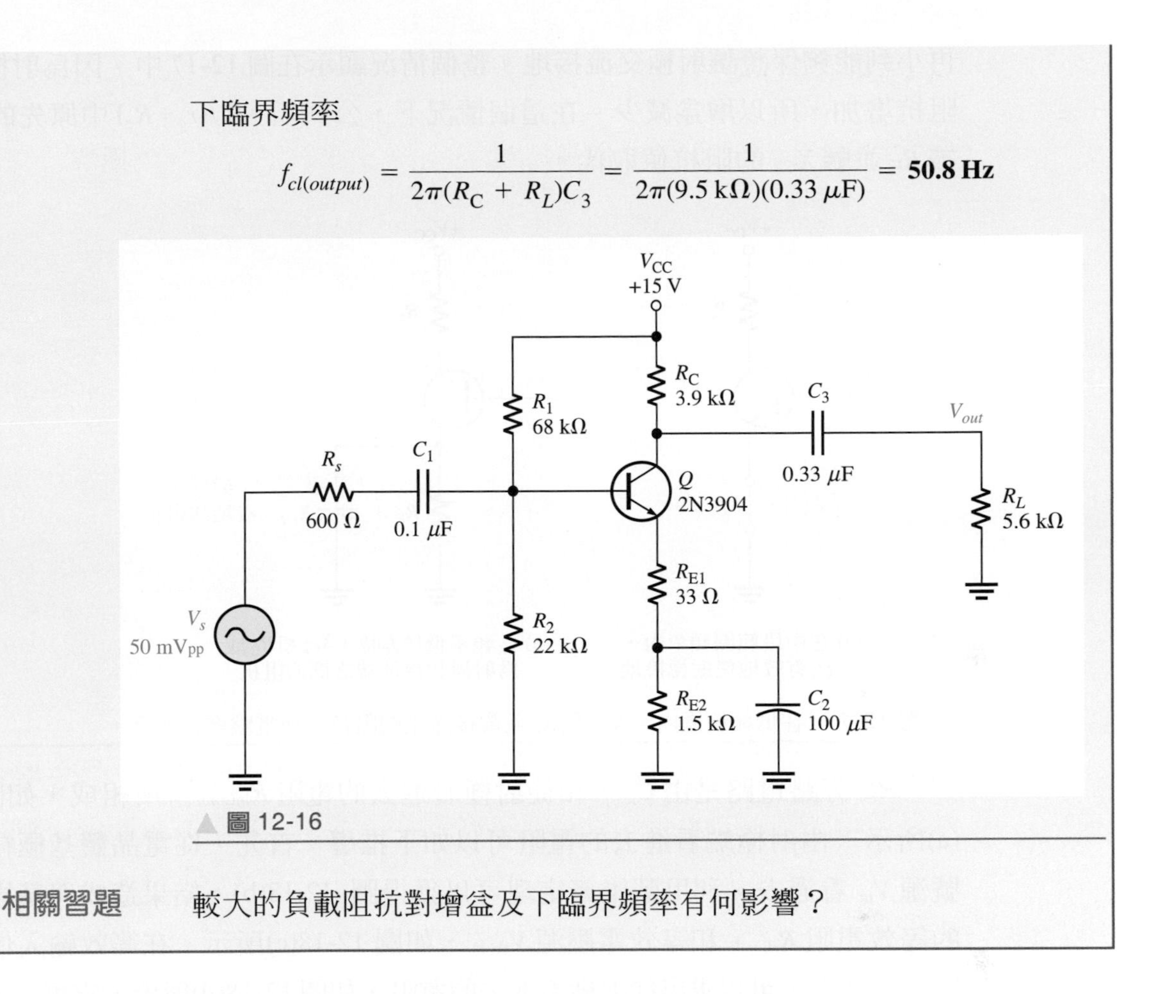

▲ 圖 12-16

相關習題 較大的負載阻抗對增益及下臨界頻率有何影響？

***RC* 輸出電路的相移 (Phase Shift in the Output RC Circuit)** *RC* 輸出電路的相移為

$$\theta = \tan^{-1}\left(\frac{X_{C3}}{R_C + R_L}\right) \qquad \text{公式 12-9}$$

對中段範圍頻率而言，$\theta \cong 0°$，當頻率接近零 (X_{C3} 接近無限大) 時，θ 接近 90°。當頻率等於臨界頻率 f_c 時，相移為 45°。

RC 旁路電路 (The Bypass *RC* Circuit)

影響 BJT 放大器低頻增益的第三個 *RC* 電路包含了旁路電容 C_2，如圖 12-8 所示。對中段範圍頻率而言，假設 $X_{C2} \cong 0\ \Omega$，這會使射極有效地接地，放大器增益因而成為 R_c/r'_e，如同我們已經知道的。當頻率下降，X_{C2} 增加，其阻抗值已經不再小到能夠保證讓射極交流接地。整個情況顯示在圖 12-17 中。因爲射極對地的阻抗增加，所以增益減少。在這個情況下，公式 $A_v = R_c/(r'_e + R_e)$ 中原先的 R_e，會被 R_E 並聯 X_{C2} 的阻抗值取代。

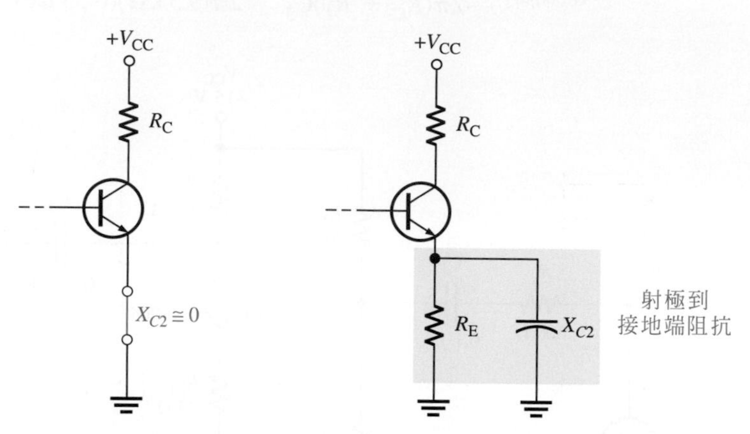

(a) 在中段範圍頻率內，C_2 有效地使射極接地

(b) 當頻率低於 f_c 時，X_{C2} 和 R_E 成爲射極和接地端之間的阻抗

▲ 圖 12-17 在低頻範圍內，X_{C2} 和 R_E 並聯後產生的阻抗，使電壓增益下降。

RC 旁路電路是由 C_2，和從射極看進去的電阻 $R_{in(emitter)}$ 所組成，如圖 12-18(a)所示。由射極端看進去的電阻可以如下推導。首先，從電晶體基極往輸入信號源 V_{in} 看過去，利用戴維寧定理可以獲得圖 12-18(b)。結果造成與基極串聯的的等效電阻 R_{th} ，和等效電壓源 $V_{th(1)}$，如圖 12-18(c)所示。在等效輸入信號源短路的條件下，可以求出從射極看進去的電阻，如圖 12-18(d)所示，它可以表示成：

$$R_{in(emitter)} = r'_e + \frac{V_e}{I_e} \cong r'_e + \frac{V_b}{\beta_{ac} I_b} = r'_e + \frac{I_b R_{th}}{\beta_{ac} I_b}$$

公式 12-10

$$\boldsymbol{R_{in(emitter)} = r'_e + \frac{R_{th}}{\beta_{ac}}}$$

從電容 C_2 看進去，$r'_e + R_{th}/\beta_{ac}$ 與 R_E 並聯，如圖 12-18(e)所示。我們可以再一次利用戴維寧定理處理這個電路，因而獲得圖 12-18(f)所示的等效 *RC* 電路。這個等效 *RC* 旁路電路的下臨界頻率爲

公式 12-11

$$\boldsymbol{f_{cl(bypass)} = \frac{1}{2\pi[(r'_e + R_{th}/\beta_{ac}) \| R_E]C_2}}$$

如果使用一個部分旁路電阻，它具有增加r'_e的效果，而且可以考量為輸入射極電阻的一部分。$R_{in(emitter)}$ 的公式就變成

$$R_{in(emitter)} = r'_e + R_{E1} + \frac{R_{th}}{\beta_{ac}}$$

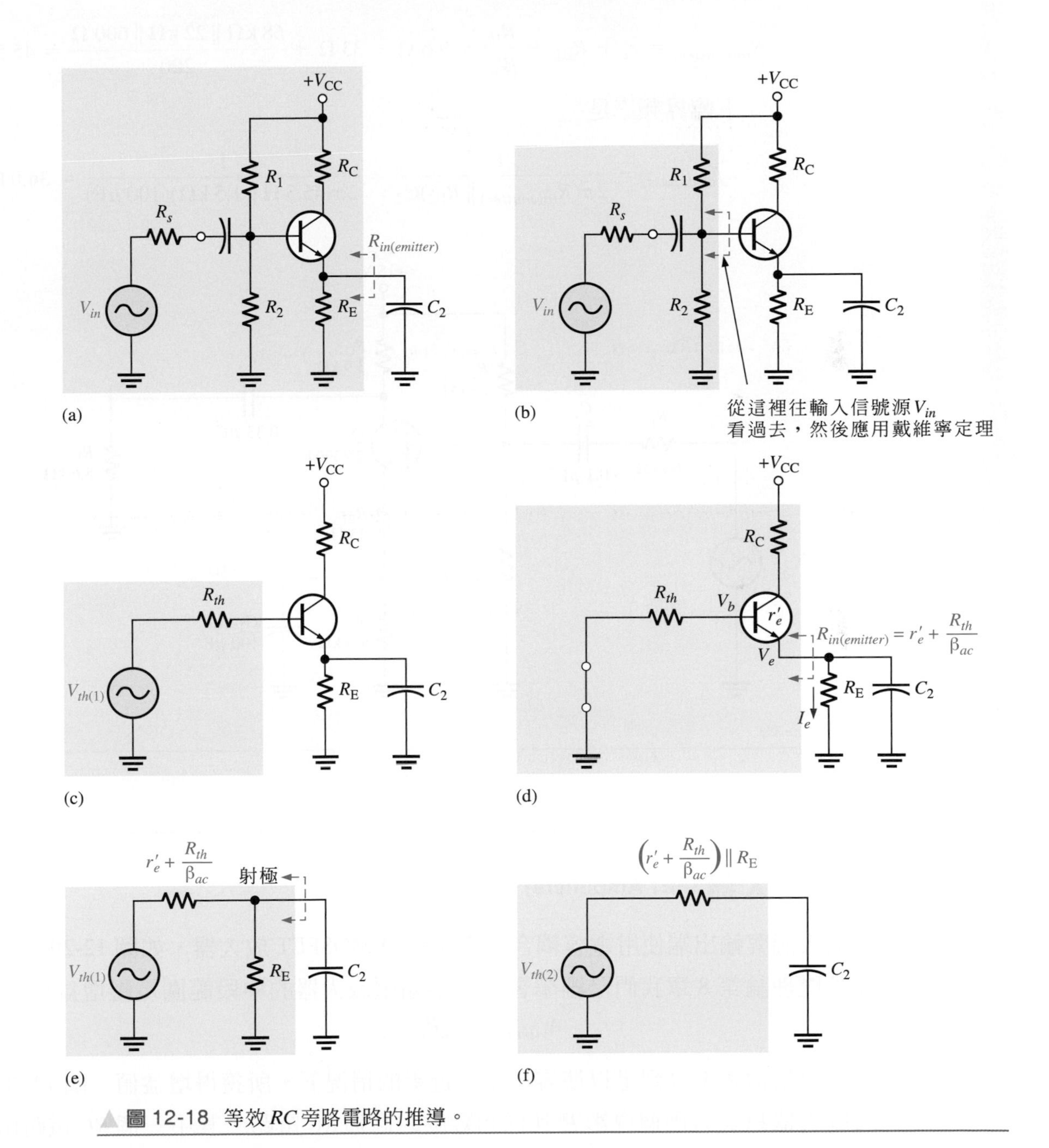

▲ 圖 12-18 等效 *RC* 旁路電路的推導。

例 題 12-6 將例題 12-3 的電路示於圖 12-19，試求由 *RC* 旁路電路產生的下臨界頻率。假設 $r'_e = 9.6\Omega$ 和 $\beta = 200$。

解 射極旁路電路的阻抗是

$$R_{in(emitter)} = r'_e + R_{E1} + \frac{R_{th}}{\beta_{ac}} = 9.6\ \Omega + 33\ \Omega + \frac{68\ \text{k}\Omega \parallel 22\ \text{k}\Omega \parallel 600\ \Omega}{200} = 45.5\ \Omega$$

下臨界頻率是

$$f_{cl(bypass)} = \frac{1}{2\pi(R_{in(emitter)} \parallel R_{E2})C_2} = \frac{1}{2\pi(45.5\ \Omega \parallel 1.5\ \text{k}\Omega)(100\ \mu\text{F})} = \mathbf{36.0\ Hz}$$

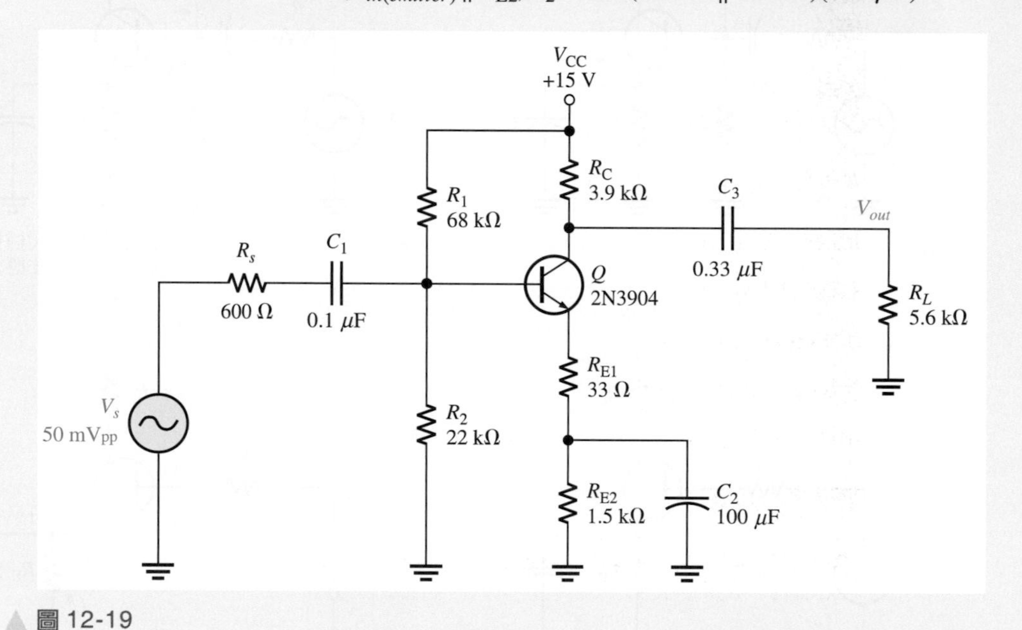

▲ 圖 12-19

相關習題 解釋爲何 C_2 的值比 C_1 或 C_3 大？

FET 放大器 (FET Amplifiers)

在輸入端與輸出端使用電容耦合的零偏壓 D-MOSFET 放大器，如圖 12-20 所示。在基礎理論第 8 章我們已經學習過，零偏壓放大器的中段範圍電壓增益爲

$$A_{v(mid)} = g_m R_d$$

這是當頻率高到足以使容抗值接近零的情況下，所獲得增益值。圖 12-20 中的放大器只具有兩個會影響其低頻響應的高通 *RC* 電路。其中一個 *RC* 電路由輸入耦合電容 C_1，和輸入電阻所組成。另一個電路則由輸出耦合電容 C_2，和從汲極看進去的輸出電阻所組成。

RC 輸入電路 (The Input RC Circuit)

圖 12-20 FET放大器的 RC 輸入電路，如圖 12-21 所示。在BJT放大器的情況下，輸入耦合電容的電抗值隨著頻率減少而增加。當 $X_{C1} = R_{in}$，放大器增益會比中段範圍增益值低 3 dB。

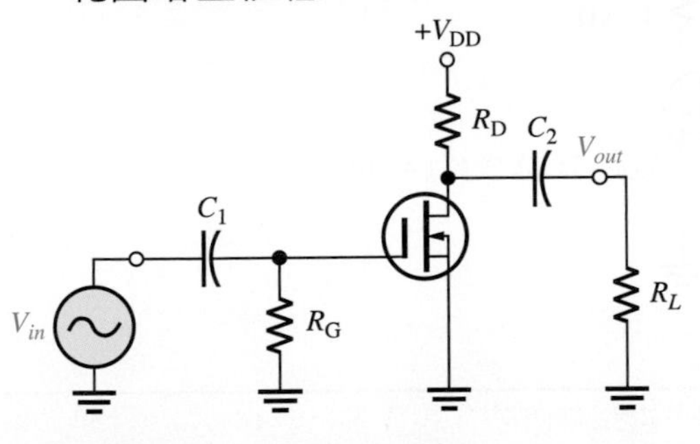

▲ 圖 12-20　零偏壓 D-MOSFET 放大器。

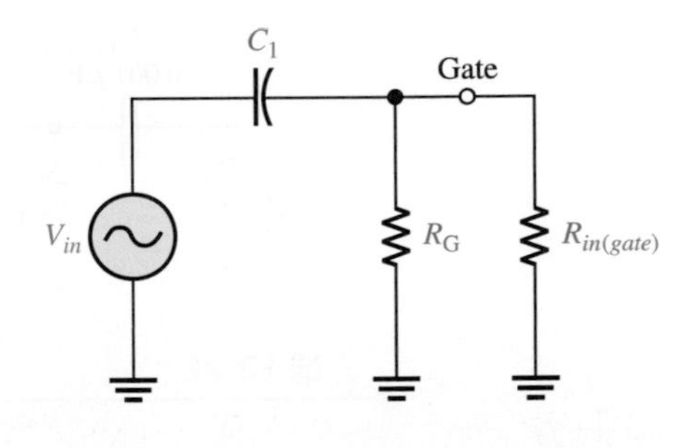

▲ 圖 12-21　圖 12-20 中放大器的 RC 輸入電路。

下臨界頻率 (Lower critical frequency) 爲

$$f_{cl(input)} = \frac{1}{2\pi R_{in} C_1}$$

其輸入電阻爲

$$R_{in} = R_G \| R_{in(gate)}$$

其中 $R_{in(gate)}$ 可以利用特性資料表求得，其公式爲

$$R_{in(gate)} = \left| \frac{V_{GS}}{I_{GSS}} \right|$$

所以下臨界頻率爲

$$\boldsymbol{f_{cl(input)} = \frac{1}{2\pi(R_G \| R_{in(gate)})C_1}}$$

公式 12-12

在實際運用上，$R_{in(gate)}$ 的值很大所以可以忽略掉，如例題 12-7 所示。

當頻率低於 f_c ，增益的下降率爲 20 dB/decade，這在前面已經說明過。在低頻範圍內，RC 輸入電路的相移爲

$$\boldsymbol{\theta = \tan^{-1}\left(\frac{X_{C1}}{R_{in}}\right)}$$

公式 12-13

例 題 12-7 試問圖 12-22 中的 FET 放大器 RC 輸入電路的下臨界頻率是多少？

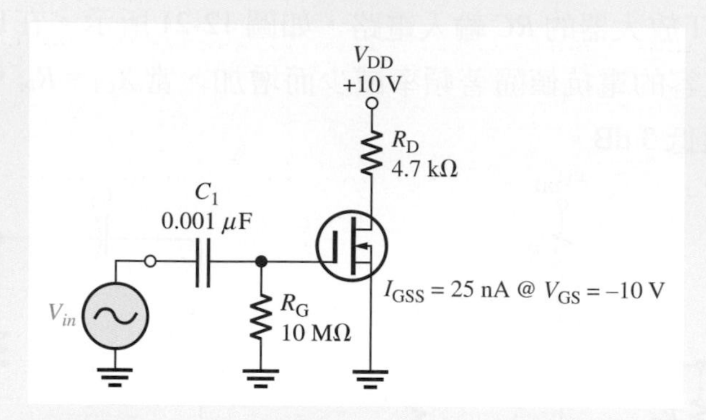

▲圖 12-22

解 首先求出 R_{in}，然後再計算 f_c。

$$R_{in(gate)} = \left|\frac{V_{GS}}{I_{GSS}}\right| = \frac{10\text{ V}}{25\text{ nA}} = 400\text{ M}\Omega$$

$$R_{in} = R_G \parallel R_{in(gate)} = 10\text{ M}\Omega \parallel 400\text{ M}\Omega = 9.8\text{ M}\Omega$$

$$f_{cl(input)} = \frac{1}{2\pi R_{in} C_1} = \frac{1}{2\pi(9.8\text{ M}\Omega)(0.001\ \mu\text{F})} = \mathbf{16.2\text{ Hz}}$$

爲符合實用的目的，讓

$$R_{in} \cong R_G = 10\text{ M}\Omega$$

則

$$f_{cl(input)} = \frac{1}{2\pi R_G C_1} = \frac{1}{2\pi(10\text{ M}\Omega)(0.001\ \mu\text{F})} \cong 15.9\text{ Hz}$$

兩個結果之間的差異並不大。

因爲 FET 放大器具有很高的輸入電阻和高 R_G 值，所以其 RC 輸入電路的臨界頻率通常很低。

相關習題 如果將圖 12-22 的 FET 換成另一個 $I_{GSS} = 10\text{ nA} @ V_{GS} = -8\text{V}$ 的 FET，則 RC 輸入電路的臨界頻率改變多少？

RC 輸出電路 (The Output *RC* Circuit)

在圖 12-20 的放大器中，影響低頻響應的第二個 *RC* 電路是由耦合電容 C_2，和從汲極看進去的輸出電阻所組成，如圖 12-23(a)所示。其中也包含負載電阻 R_L。與BJT的情況一樣，我們將FET當成電流源，且 R_D 的上端可以有效地視爲交流接地，如圖 12-23 (b)所示。C_2 左邊的戴維寧等效電路如圖 12-23(c)所示。這個 *RC* 電路的下臨界頻率爲

$$f_{cl(output)} = \frac{1}{2\pi(R_D + R_L)C_2}$$

公式 12-14

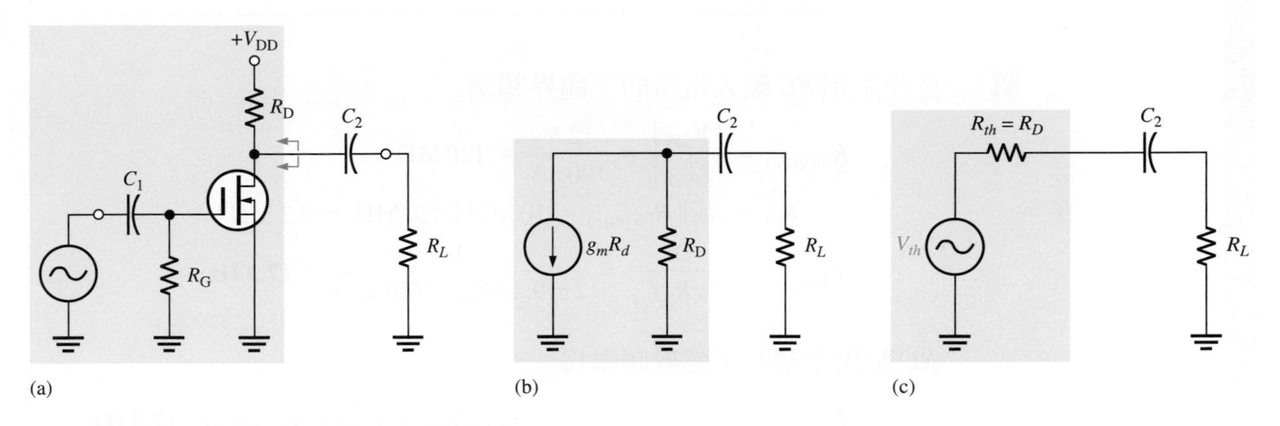

▲ 圖 12-23 等效低頻 *RC* 輸出電路的推導。

當頻率低於中段範圍時，*RC* 輸出電路對放大器電壓增益的影響與 R_C 輸入電路類似。此時具有最大臨界頻率 (highest critical frequency) 的電路居於主導地位，這是因爲它是第一個當頻率低於中段範圍時，使增益下降的電路。在低頻範圍內，*RC* 輸出電路的相移爲

$$\theta = \tan^{-1}\left(\frac{X_{C2}}{R_D + R_L}\right)$$

公式 12-15

再一次，當頻率等於臨界頻率時，相位角等於 45°，且當頻率接近零的時候，相位角等於 90°。不過，當頻率從臨界頻率開始增加，相位角從 45°持續減少，當頻率變得更高的時候，相角將變得非常小。

例 題 12-8 試求圖 12-24 中 FET 放大器的下臨界頻率。假設負載是另一個具有一樣 R_{in} 的相同放大器。且特性資料表顯示 $V_{GS} = -12$ V 時，$I_{GSS} = 100$ nA。

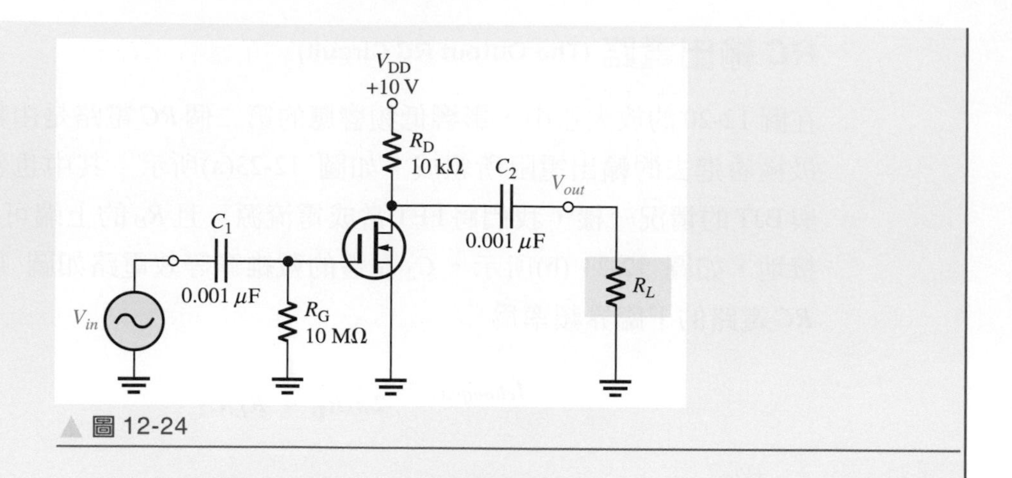

▲ 圖 12-24

解　首先求出 RC 輸入電路的下臨界頻率

$$R_{in(gate)} = \left|\frac{V_{GS}}{I_{GSS}}\right| = \frac{12\text{ V}}{100\text{ nA}} = 120\text{ M}\Omega$$

$$R_{in} = R_G \| R_{in(gate)} = 10\text{ M}\Omega \| 120\text{ M}\Omega = 9.2\text{ M}\Omega$$

$$f_{cl(input)} = \frac{1}{2\pi R_{in}C_1} = \frac{1}{2\pi(9.2\text{ M}\Omega)(0.001\ \mu\text{F})} = \mathbf{17.3\text{ Hz}}$$

RC 輸出電路的下臨界頻率爲

$$f_{cl(output)} = \frac{1}{2\pi(R_D + R_L)C_2} = \frac{1}{2\pi(9.21\text{ M}\Omega)(0.001\ \mu\text{F})} \cong \mathbf{17.3\text{ Hz}}$$

相關習題　如果圖 12-24 的電路是在沒有負載的情況下操作，則其輸出低頻響應會受到什麼影響？

放大器的低頻總響應 (Total Low-Frequency Response of an Amplifier)

到目前爲止，我們已經各別檢查在低頻範圍會影響 BJT 和 FET 放大器電壓增益的高通 RC 電路，我們現在開始探討 BJT 放大器中三個 RC 電路合併的影響。其中每個電路的臨界頻率都由其 R 和 C 值決定。三個 RC 電路的臨界頻率並不需要全部相同。如果其中一個 RC 電路的臨界 (轉折) 頻率高於其餘兩個電路，則它稱爲*主要 RC 電路 (Dominant RC circuit)*。主要電路將決定放大器總電壓增益的下降率開始變成 −20 dB/decade 時的頻率。每當頻率低於其餘另一個 RC 電路的臨界 (轉折) 頻率時，都會使總增益再增加額外的 −20 dB/decade 下降率。

想要對低頻範圍內總電壓增益所發生的變化有更好的瞭解，請參考圖 12-25 的波德圖，其中顯示出 BJT 放大器的三個 *RC* 電路 (綠線) 理想響應曲線的疊加情形。在這一個例子裡，每個 *RC* 電路都具有不同的臨界頻率。此時的 *RC* 輸入電路為主要電路，它具有最高的 f_c ，而 *RC* 旁路電路的 f_c 最低。理想的總頻率響應曲線則以藍線表示。

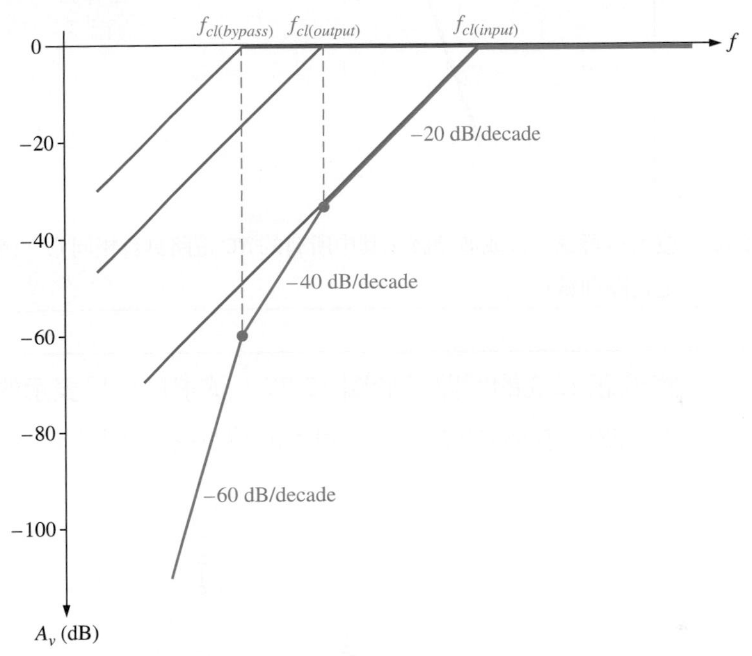

▲ 圖 12-25 BJT 放大器具有不同臨界頻率的三個低頻 *RC* 電路的波德圖。總響應曲線以藍線表示。

以下是對圖 12-25 的說明。當頻率從中段範圍逐漸下降，第一個“轉折點”會發生在 *RC* 輸入電路的臨界頻率 $f_{cl(input)}$ ，而且此時增益的下降率開始變成 −20 dB/decade。這個固定下降率持續到頻率減少為 *RC* 輸出電路的臨界頻率 $f_{cl(output)}$ 時。在這個轉折點上，*RC* 輸出電路使放大器的增益下降率增加了 −20 dB/decade，因此總下降率變成 −40 dB/decade。這個固定的 −40 dB/decade 下降率持續到頻率減少為RC旁路電路的臨界頻率 $f_{cl(bypass)}$ 時。在這個轉折點上，*RC* 旁路電路也使放大器的增益下降率增加了 −20 dB/decade，因此總下降率變成 −60 dB/decade。

如果所有 *RC* 電路都具有相同的臨界頻率，則此臨界頻率 f_{cl} 就成為曲線唯一的轉折點，頻率低於臨界頻率以後，電壓增益的下降率變成 −60 dB/十倍頻，如圖 12-26 的藍色理想曲線所示。實際上，中段範圍電壓增益並不會延伸到主要臨界頻率，在這個臨界頻率上的增益值會比中段範圍電壓增益低 −9 dB，其中每個 *RC* 電路貢獻 −3 dB，如圖中紅色曲線所示。

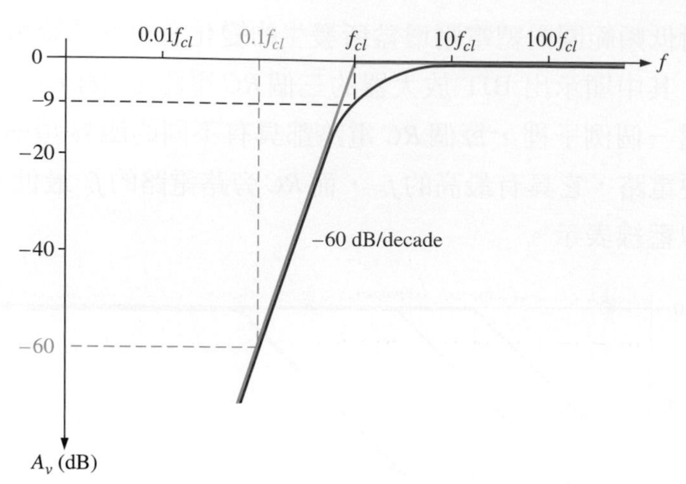

▲ 圖 12-26 放大器響應的合成波德圖，其中所有的 RC 電路具有相同 f_{cl}。(藍色是理想曲線，紅色是實際曲線)

例 題 12-9 將例題 12-3 的電路示於圖 12-27，試求以分貝表示的中頻增益並畫出波德圖，在圖中標示出每個下臨界頻率。假設 $r_e' = 9.6\Omega$ 。

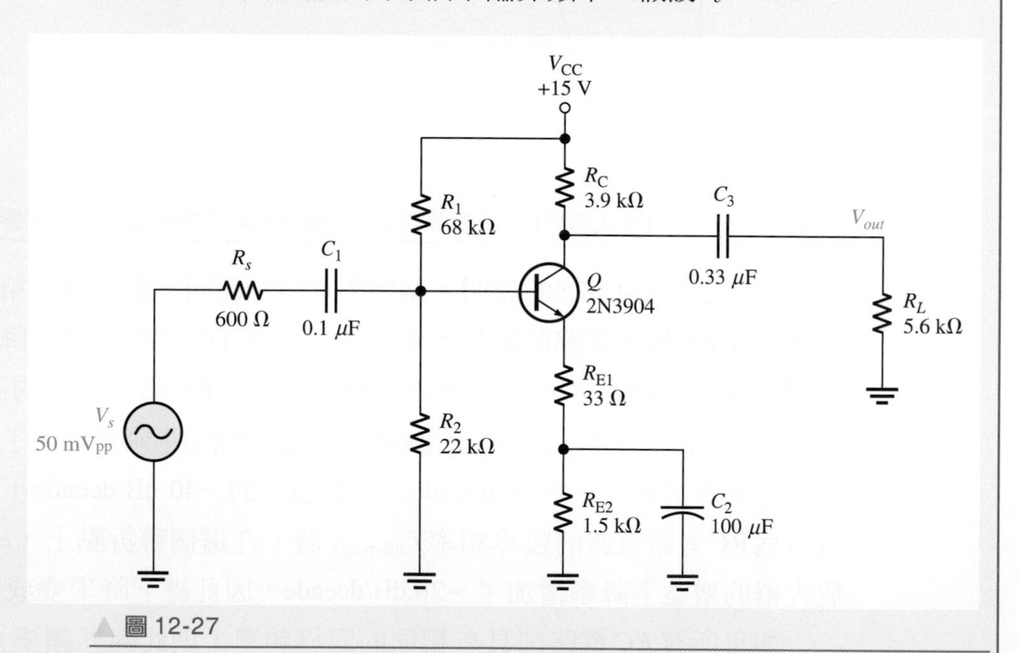

▲ 圖 12-27

解 中頻增益是

$$A_v = \frac{R_C R_L}{r_e' + R_{E1}} = \frac{(3.9\ \text{k}\Omega)(5.6\ \text{k}\Omega)}{9.6\ \Omega + 33\ \Omega} = 54.0$$

用分貝來表示是

$$A_v = 20\log(54.0) = \mathbf{34.3\ dB}$$

我們已在例題 12-3 算出輸入電路的臨界頻率爲 282Hz。在例題 12-5 算出輸出電路的臨界頻率爲 50.8Hz。在例題 12-6 算出射極旁路電路的臨界頻率爲 36.0Hz。

總頻率響應的波德圖如圖 12-28 所示。因爲輸入電路的下臨界頻率最高，響應從這個頻率開始下降，所以此頻率即爲總臨界頻率，或視爲具主導性的臨界頻率。

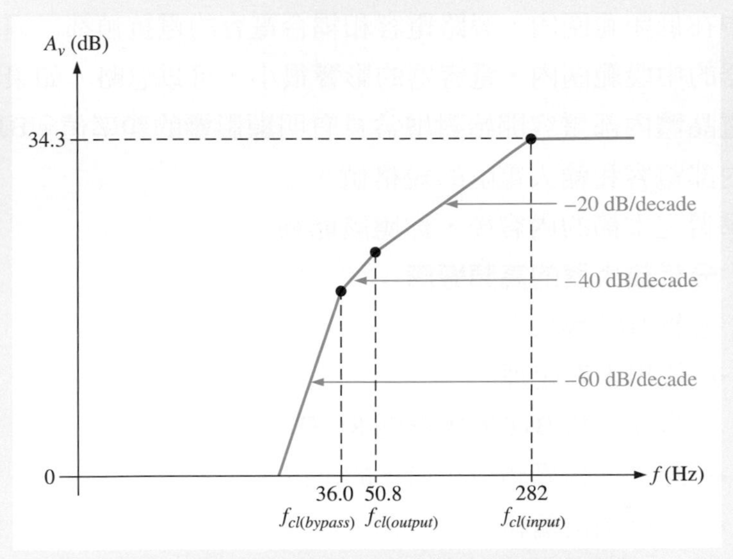

▲ 圖 12-28 圖 12-27 放大器之總低頻響應的理想波德圖。

相關習題 如果增加 R_{E1} 的值而降低了放大器的整體增益，則下臨界頻率會受到什麼影響？

第12-3節 隨堂測驗

1. 某一個 BJT 放大器在低頻響應曲線中顯示三個臨界頻率：f_{cl1} =130 Hz，f_{cl2} = 167 Hz，和 f_{cl3} = 75 Hz。試問哪一個才是主要臨界頻率？
2. 如果問題 1 中放大器中段範圍電壓增益爲 50 dB，則當頻率等於主要 f_{cl} 時的增益爲多少？
3. 某個 RC 電路的 f_{cl} = 235 Hz，頻率大於 f_{cl} 時，衰減率等於 0 dB。試問當頻率等於 23.5 Hz 時的 dB 衰減率爲多少？

4. 當頻率為低於 f_{cl1} 的某個頻率時，$X_C = 0.5\,R_{in}$，則由輸入電路所引起的相移角度是多少？
5. 在圖 12-24 的電路中，假設 $R_D = 1.5\ \text{k}\Omega$，$R_L = 5\ \text{k}\Omega$ 和 $C_2 = 0.0022\ \mu\text{F}$，則其臨界頻率為多少？

12-4 放大器高頻響應 (High-Frequency Amplifier Response)

我們已經探討了耦合電容和旁路電容如何在低頻範圍影響放大器的電壓增益，其中在低頻範圍內，旁路電容和耦合電容的電抗值都已經大到不可忽略。在放大器的中段範圍內，電容器的影響很小，可以忽略。如果頻率增加，最後會到達電晶體內部電容開始對增益具有明顯影響的頻率值。BJT 和 FET 的基本差異為內部電容和輸入電阻的規格值。

在學習完本節的內容後，你應該能夠

- **分析放大器的高頻響應**
- 分析 BJT 放大器
  - 使用米勒定理
- 辨識和分析 BJT 放大器的 RC 輸入電路
  - 計算上臨界頻率和增益的下降率
  - 計算相位偏移
- 辨識和分析 BJT 放大器的 RC 輸出電路
  - 計算上臨界頻率
  - 計算相位偏移
- 分析 FET 放大器
- 辨識和分析 JFET 放大器
  - 從特性資料表中計算內部電容
  - 使用米勒定理
- 辨識和分析 JFET 放大器的 RC 輸入電路
  - 計算上臨界頻率
  - 計算相位偏移
- 辨識和分析 JFET 放大器的 RC 輸出電路
  - 計算上臨界頻率
  - 計算相位偏移

◆ 討論放大器的高頻總響應
◆ 用波德圖來說明高頻響應

BJT 放大器 (BJT Amplifiers)

圖 12-29(a)BJT 放大器的交流高頻等效電路顯示在圖 12-29(b)中。請注意，耦合和旁路電容可以視爲短路，所以沒有出現在等效電路中。只在高頻才有明顯影響的內部電容 C_{be} 和 C_{bc}，則顯示在圖中。前面已經提過，而 C_{be} 有時會稱爲輸入電容 C_{ib}，C_{bc} 有時會稱爲輸出電容 C_{ob}。特性資料表在標示 C_{be} 時，會說明測量 C_{be} 時的 V_{BE} 值。特性資料表通常會將 C_{ib} 標示成 C_{ibo}，將 C_{ob} 標示成 C_{obo}。下標的最後一個字母 *o*，指的是電容值是在基極開路的條件下量測到的。例如，2N2222A 的 C_{be} 値爲 25 pF，其量測條件是 $V_{BE}=0.5$ V dc，$I_C=0$ 且 $f=1$ MHz。同樣地，特性資料表會標示量測 C_{bc} 時的 V_{BC} 值。2N2222A 的 C_{bc} 最大值爲 8 pF，是在 $V_{BC}=10$ V dc 的條件下量測到的。

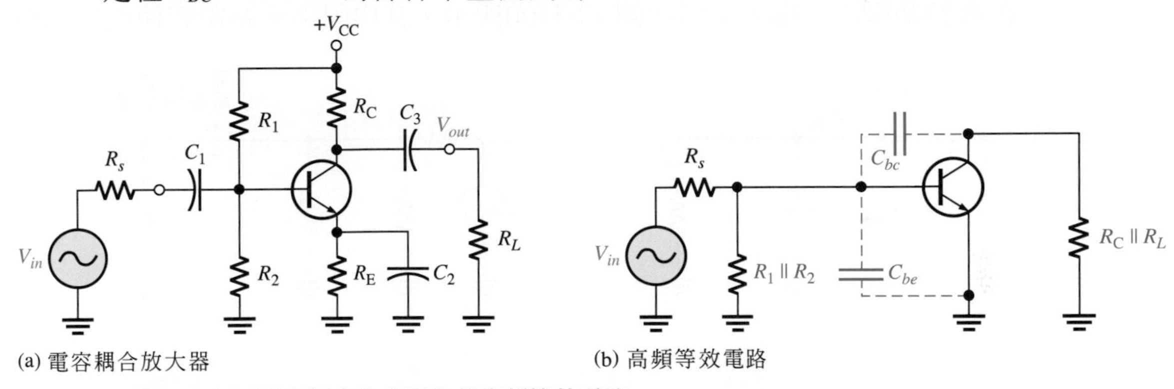

(a) 電容耦合放大器

(b) 高頻等效電路

▲ 圖 12-29 電容耦合放大器及其高頻等效電路。

在高頻分析中使用米勒定理 (Miller's Theorem in High-Frequency Analysis) 若將米勒定理應用在圖 12-29(b)的反相放大器中，並且使用中段範圍電壓增益，我們獲得一個可分析其高頻響應的電路。從輸入信號源看進去，電容 C_{bc} 出現在基極對地的米勒輸入電容。

$$C_{in(Miller)} = C_{bc}(A_v + 1)$$

如圖 12-30 所示，C_{be} 只是基極對交流接地點的電容，它與 $C_{in(Miller)}$ 並聯。從集極看進去，C_{bc} 出現在從集極到地之間的米勒輸出電容。如圖 12-30 所示，米勒輸出電容與 R_c 並聯。

$$C_{out(Miller)} = C_{bc}\left(\frac{A_v + 1}{A_v}\right)$$

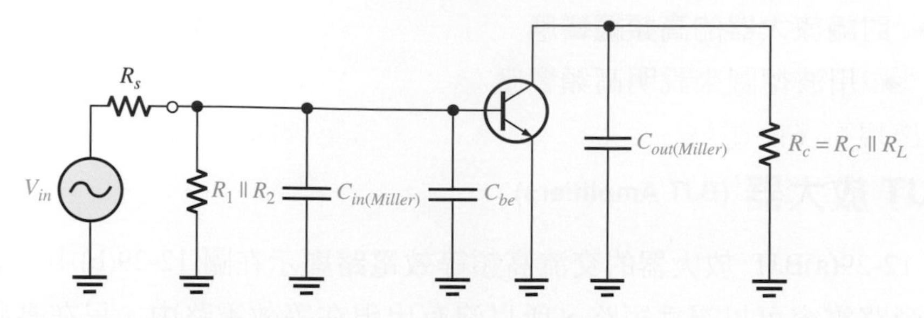

▲ 圖 12-30 應用米勒定理的高頻等效電路。

這兩個米勒電容產生一個高頻 *RC* 輸入電路，和一個高頻 *RC* 輸出電路。這兩個電路因為電容連到接地端，因此可當作低通濾波器使用，這和可當作高通波器的低頻輸入和輸出電路不同。圖 12-30 等效電路是一個理想模型，這是因為由線路連接所引起的雜散電容被忽略不計的緣故。

RC 輸入電路 (The Input *RC* Circuit)

在高頻範圍內，輸入電路如圖 12-31(a)所示，其中因為旁路電容使射極到地之間

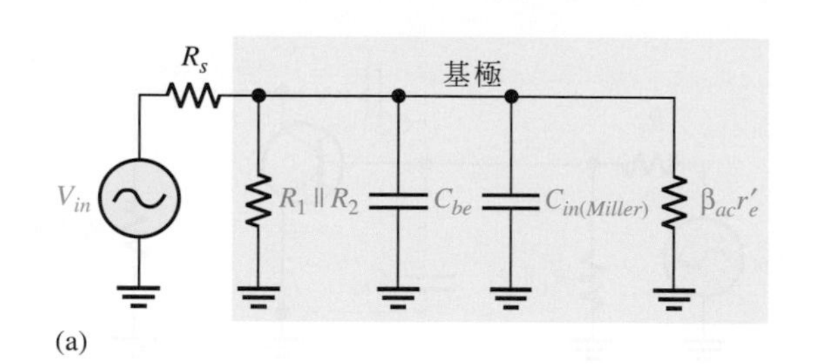

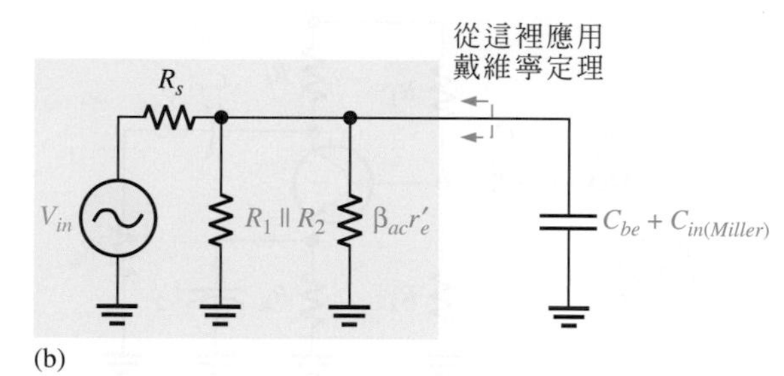

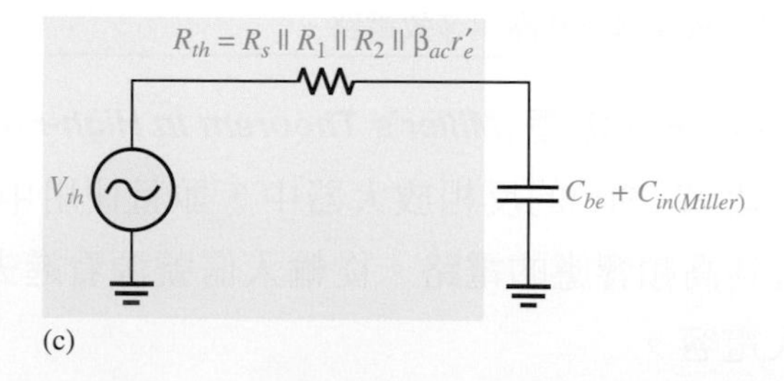

▲ 圖 12-31 等效高頻 *RC* 輸入電路的推導。

有效短路，所以 $\beta_{ac}r'_e$ 是電晶體基極的輸入電阻。將並聯的 C_{be} 和 $C_{in(Miller)}$ 組合後，重新排列元件位置，我們得到圖 12-31(b)所示的簡化電路。其次，將電容左邊的電路以戴維寧定理處理，如圖所示，*RC* 輸入電路可以簡化成圖 12-31(c)的等效電路。

當頻率增加，容抗變小。這使得基極的信號電壓減小，所以放大器的電壓增益減小。這項結果是因爲電容和電阻形成分壓器，當頻率增加時，電阻兩端會出現更多的電壓降，而電容器兩端的電壓則減少。在臨界頻率下，增益比中段範圍的增益值少 3 dB。輸入電路的上臨界頻率 $f_{cu(input)}$ 是容抗等於總電阻的頻率。

$$X_{C_{tot}} = R_s \| R_1 \| R_2 \| \beta_{ac} r'_e$$

所以，

$$\frac{1}{2\pi f_{cu(input)} C_{tot}} = R_s \| R_1 \| R_2 \| \beta_{ac} r'_e$$

且

$$\boldsymbol{f_{cu(input)} = \frac{1}{2\pi(R_s \| R_1 \| R_2 \| \beta_{ac} r'_e) C_{tot}}}$$

公式 12-16

其中 R_s 是信號源內阻，而 $C_{tot} = C_{be} + C_{in(Miller)}$。當頻率大於 $f_{cu(input)}$，RC 輸入電路引起的增益下降率爲 −20 dB/decade，這項結果與低頻響應一樣。

例 題 12-10 試推導出圖 12-32 中 BJT 放大器的等效高頻 RC 輸入電路。並求出由輸入電路引起的上臨界頻率。電晶體特性資料表提供下列數據：$\beta_{ac} = 125$，$C_{be} = 20$ pF，且 $C_{bc} = 2.4$ pF。

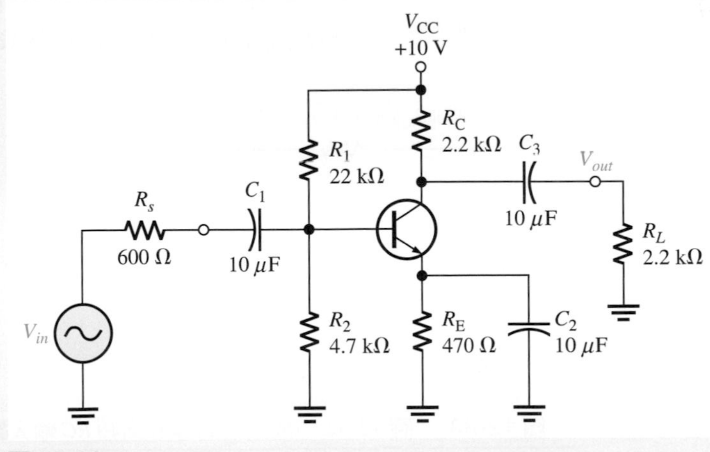

▲ 圖 12-32

解 首先如下求出 r_e'：

$$V_B = \left(\frac{R_2}{R_1 + R_2}\right)V_{CC} = \left(\frac{4.7\,k\Omega}{26.7\,k\Omega}\right)10\,V = 1.76\,V$$

$$V_E = V_B - 0.7\,V = 1.06\,V$$

$$I_E = \frac{V_E}{R_E} = \frac{1.06\,V}{470\,\Omega} = 2.26\,mA$$

$$r_e' = \frac{25\,mV}{I_E} = 11.1\,\Omega$$

輸入電路的總電阻為

$$R_{in(tot)} = R_s \| R_1 \| R_2 \| \beta_{ac}r_e' = 600\,\Omega \| 22\,k\Omega \| 4.7\,k\Omega \| 125(11.1\,\Omega) = 378\,\Omega$$

其次，為了求出電容，我們必須計算放大器的中段範圍增益，以方便我們應用米勒定理。

$$A_{v(mid)} = \frac{R_c}{r_e'} = \frac{R_C \| R_L}{r_e'} = \frac{1.1\,k\Omega}{11.1\,\Omega} = 99$$

利用米勒定理可以求出

$$C_{in(Miller)} = C_{bc}(A_{v(mid)} + 1) = (2.4\,pF)(100) = 240\,pF$$

總輸入電容為 $C_{in(Miller)}$ 和 C_{be} 並聯。

$$C_{in(tot)} = C_{in(Miller)} + C_{be} = 240\,pF + 20\,pF = 260\,pF$$

所產生的高頻 RC 輸入電路如圖 12-33 所示。上臨界頻率為

$$f_{cu(input)} = \frac{1}{2\pi(R_{in(tot)})(C_{in(tot)})} = \frac{1}{2\pi(378\,\Omega)(260\,pF)} = \mathbf{1.62\,MHz}$$

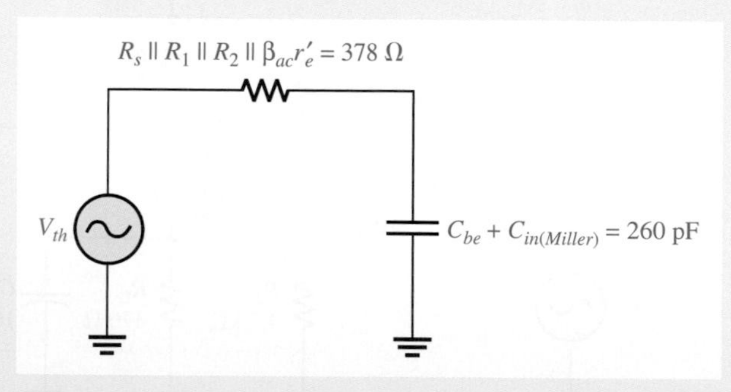

▲ 圖 12-33 圖 12-32 中放大器的等效高頻 RC 輸入電路。

相關習題 試求圖 12-32 的 RC 輸入電路，且如果電晶體具有下列規格值，求出其上臨界頻率：$\beta_{ac}=75$，$C_{be}=15\,pF$，$C_{bc}=2\,pF$。

***RC* 輸入電路的相位偏移 (Phase Shift of the Input RC Circuit)** 因為高頻 RC 輸入電路的輸出電壓是電容兩端的電壓，所以電路的輸出落後輸入。相位角可表示為

$$\theta = \tan^{-1}\left(\frac{R_s \parallel R_1 \parallel R_2 \parallel \beta_{ac} r'_e}{X_{C_{tot}}}\right)$$ 公式 12-17

在臨界頻率，電晶體基極的信號電壓相位角落後輸入信號 45°。當頻率增加並超過 f_c ，相位角增加並超過 45°，當頻率值足夠高時，相位角接近 90°。

RC 輸出電路 (The Output *RC* Circuit)

高頻 RC 輸出電路是由米勒輸出電容和從集極看進去的電阻所組成，如圖 12-34 (a)所示。在求輸出電阻時，我們將電晶體當成電流源 (開路)，且 R_C 的一端可以視為有效地交流接地，如圖 12-34(b)所示。經重新調整電路圖中電容的位置，並且以戴維寧定理分析電容左邊的電路，如圖 12-34(c)所示，我們得到圖 12-34(d)的等效電路。等效 RC 輸出電路包含一個電阻，該電阻值等於 R_C 和 R_L 並聯，以及和此電阻串聯的電容，該電容值由下列米勒公式求出：

$$C_{out(Miller)} = C_{bc}\left(\frac{A_v + 1}{A_v}\right)$$

如果電壓增益最少為 10，則此公式可以簡化成

$$C_{out(Miller)} \cong C_{bc}$$

利用下列方程式可以求出輸出電路的上臨界頻率，其中 $R_c = R_C \| R_L$ 。

$$f_{cu(output)} = \frac{1}{2\pi R_c C_{out(Miller)}}$$ 公式 12-18

與 RC 輸入電路一樣，RC 輸出電路在臨界頻率上使增益值下降 3 dB。當頻率大於臨界值，增益的下降率等於 −20 dB/decade。而 RC 輸出電路所引起的相移為

$$\theta = \tan^{-1}\left(\frac{R_c}{X_{C_{out(Miller)}}}\right)$$ 公式 12-19

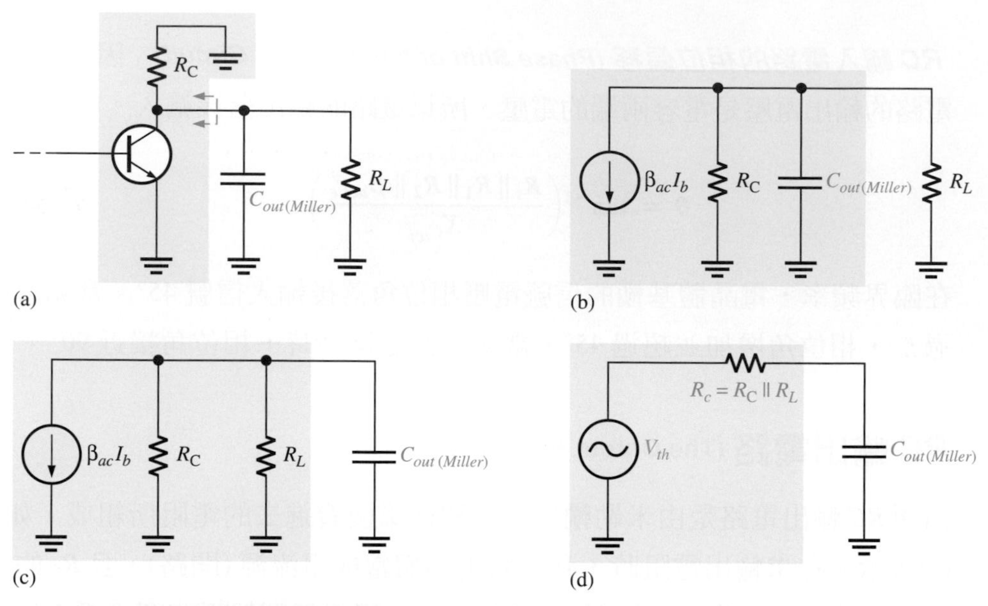

▲ 圖 12-34 高頻 *RC* 輸出等效電路的推導。

例 題 12-11 試求例題 12-10 放大器中 (示於圖 12-35)，由 *RC* 輸出電路所產生的上臨界頻率。

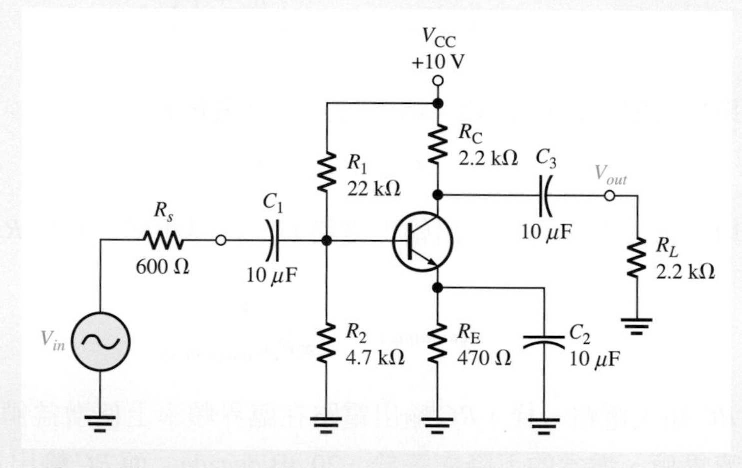

▲ 圖 12-35

解 米勒輸出電容可以計算如下：

$$C_{out(Miller)} = C_{bc}\left(\frac{A_v + 1}{A_v}\right) = (2.4\text{ pF})\left(\frac{99 + 1}{99}\right) \cong 2.4\text{ pF}$$

等效電阻為

$$R_c = R_C \| R_L = 2.2\text{ k}\Omega \| 2.2\text{ k}\Omega = 1.1\text{ k}\Omega$$

RC 輸出等效電路顯示在圖 12-36 中，且上臨界頻率可以如下求出（$C_{out(Miller)} \cong C_{bc}$）：

$$f_{cu(output)} = \frac{1}{2\pi R_c C_{bc}} = \frac{1}{2\pi(1.1\ \text{k}\Omega)(2.4\ \text{pF})} = \mathbf{60.3\ MHz}$$

▶ 圖 12-36

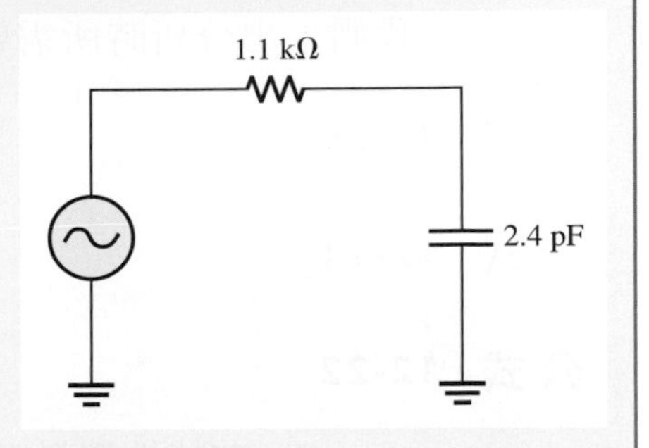

相關習題 如果放大器使用的是另一個 $C_{bc} = 5$ pF 的電晶體，則其 $f_{cu(output)}$ 爲多少？

FET 放大器 (FET Amplifiers)

對 FET 放大器的高頻分析方法與 BJT 放大器非常相似。其基本差異爲 FET 內部電容的規格值，以及輸入電阻的計算方式。

圖 12-37(a)顯示用來解說 FET 放大器高頻分析的 JFET 共源極放大器。放大器高頻等效電路如圖 12-37(b)所示。請注意，我們可以假設耦合和旁路電容具有可以忽略的容抗，且可以視爲短路。FET 內部電容 C_{gs} 和 C_{gd} 會出現在等效電路中，這是因爲它們的容抗值在高頻時無法忽略的緣故。

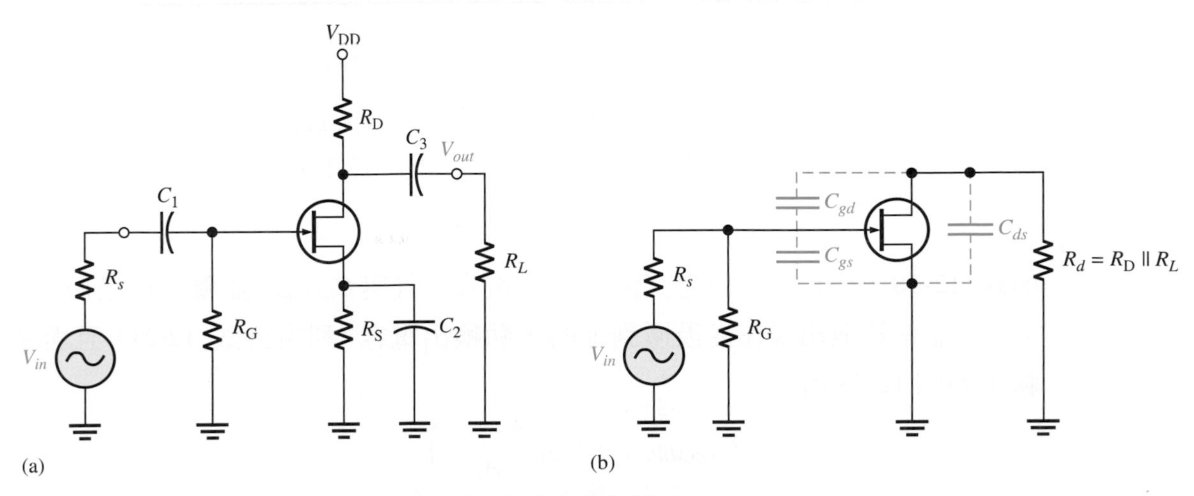

▲ 圖 12-37 JFET 放大器及其高頻等效電路的範例。

C_{gs}、C_{gd} 和 C_{ds} 的數值 (Values of C_{gs}, C_{gd}, and C_{ds}) FET 特性資料表通常不會提供 C_{gs}、C_{gd} 或 C_{ds} 的數值。而是標示另外三個數值，這是因為它們比較容易量測的緣故。這些電容分別為輸入電容 C_{iss}，反向轉移電容 (Reverse transfer capacitance) C_{rss}，和輸出電容 C_{oss}。由於製造商的量測方法，下列關係式可以讓我們求出分析時所需要的電容值。

公式 12-20

$$C_{gd} = C_{rss}$$

公式 12-21

$$C_{gs} = C_{iss} - C_{rss}$$

公式 12-22

$$C_{ds} = C_{oss} - C_{rss}$$

C_{oss} 在特性資料表上出現的次數沒有其餘兩個電容值多。有時候它會標示為汲極-基質層電容 $C_{d(sub)}$。當特性資料表沒有標示此數值時，我們必須自行假設一個數值，或者忽略 C_{ds}。

例題 12-12 2N3823 JFET 特性資料表中指明 $C_{iss} = 6$ pF 和 $C_{rss} = 2$ pF。試求 C_{gd} 和 C_{gs}。

解

$$C_{gd} = C_{rss} = \mathbf{2\,pF}$$
$$C_{gs} = C_{iss} - C_{rss} = 6\,\text{pF} - 2\,\text{pF} = \mathbf{4\,pF}$$

相關習題 雖然 C_{oss} 沒有標示在 2N3823 JFET 的特性資料表上，但是假設其值為 3 pF 並求出 C_{ds}。

應用米勒定理 (Using Miller's Theorem) 米勒定理應用在 FET 反相放大器高頻分析的方式與 BJT 放大器一樣。從圖 12-37(b)中的信號源看進去，C_{gd} 有效地出現在米勒輸入電容，且米勒輸入電容可以由公式 12-1 如下求出：

$$C_{in(Miller)} = C_{gd}(A_v + 1)$$

如圖 12-38 所示，C_{gs} 只是交流接地的電容，且與 $C_{in(Miller)}$ 並聯。從汲極端看進去，C_{gd} 有效地出現在從汲極到地的米勒輸出電容 (利用公式 12-2)，且與 R_d 並聯，如圖 12-38 所示。

$$C_{out(Miller)} = C_{gd}\left(\frac{A_v + 1}{A_v}\right)$$

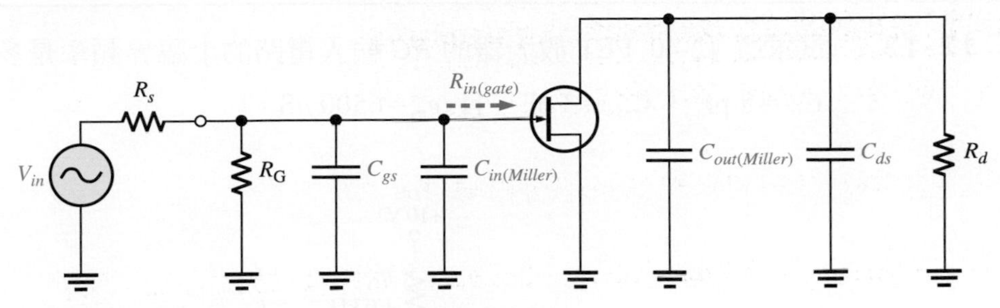

▲ 圖 12-38 應用米勒定理之後的高頻等效電路。

這兩個米勒電容形成一個高頻 *RC* 輸入電路，和一個高頻 *RC* 輸出電路。這兩個都會產生相位滯後的低通濾波器。

RC 輸入電路 (The Input *RC* Circuit)

高頻輸入電路形成低通濾波器，如圖 12-39(a)所示。因為 R_G 和 FET 閘極輸入電阻都非常高，所以只要 $R_s << R_{in}$，輸入電路的電阻主要是輸入信號源的內阻。這是因為當應用戴維寧定理時，R_s 會與 R_{in} 並聯的緣故。簡化的 *RC* 輸入電路顯示在圖 12-39(b)中。輸入電路的上臨界頻率為

$$f_{cu(input)} = \frac{1}{2\pi R_s C_{tot}} \qquad \text{公式 12-23}$$

其中 $C_{tot} = C_{gs} + C_{in(Miller)}$。*RC* 輸入電路產生的相位移為

$$\theta = \tan^{-1}\left(\frac{R_s}{X_{C_{tot}}}\right) \qquad \text{公式 12-24}$$

RC 輸入電路的影響為當頻率等於臨界頻率時，使放大器的中段範圍增益降低 3 dB，並且在頻率超過 f_c 時，使放大器增益下降率成為 −20 dB/decade。

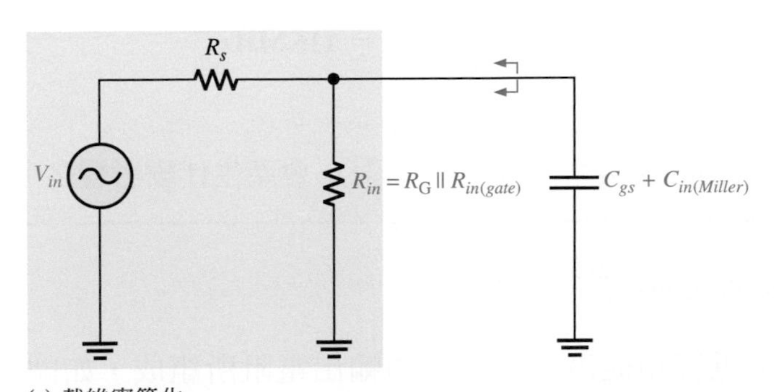

(a) 戴維寧簡化

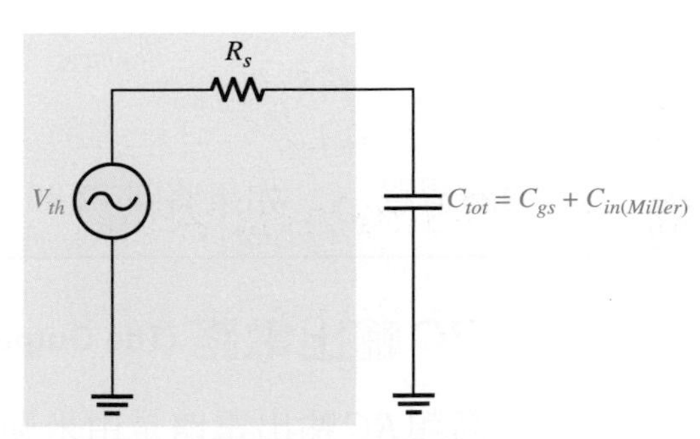

(b) 戴維寧等效輸入電路，忽略 R_{in}

▲ 圖 12-39 *RC* 輸入電路。

例 題 12-13 試求圖 12-40 FET 放大器的 *RC* 輸入電路的上臨界頻率是多少？$C_{iss}=8$ pF，$C_{rss}=3$ pF，且 $g_m=6500\ \mu$S。

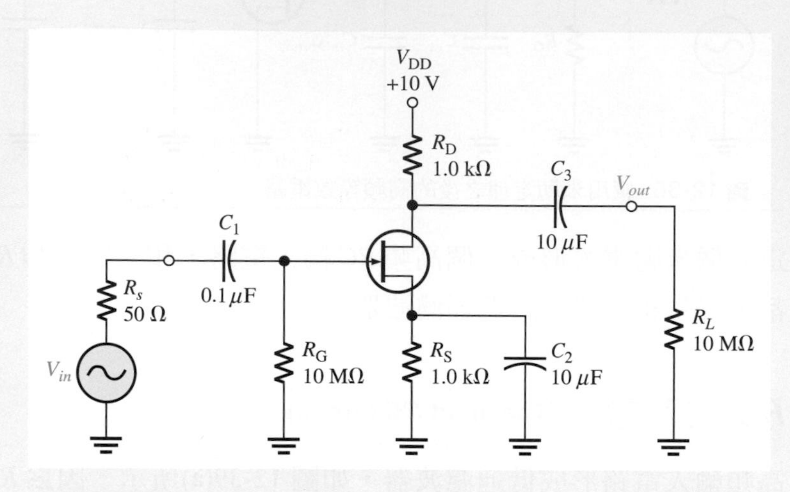

▲ 圖 12-40

解 首先求出 C_{gd} 和 C_{gs}。

$$C_{gd} = C_{rss} = 3\text{ pF}$$
$$C_{gs} = C_{iss} - C_{rss} = 8\text{ pF} - 3\text{ pF} = 5\text{ pF}$$

RC 輸入電路的上臨界頻率可以如下求出：

$$A_v = g_m R_d = g_m(R_D \| R_L) \cong (6500\ \mu\text{S})(1\text{ k}\Omega) = 6.5$$
$$C_{in(Miller)} = C_{gd}(A_v + 1) = (3\text{ pF})(7.5) = 22.5\text{ pF}$$

總輸入電容為

$$C_{in(tot)} = C_{gs} + C_{in(Miller)} = 5\text{ pF} + 22.5\text{ pF} = 27.5\text{ pF}$$

上臨界頻率為

$$f_{cu(input)} = \frac{1}{2\pi R_s C_{in(tot)}} = \frac{1}{2\pi(50\ \Omega)(27.5\text{ pF})} = \mathbf{116\ MHz}$$

相關習題 如果將圖 12-40 中放大器的增益增加到 10，則對 f_c 會產生什麼影響？

RC 輸出電路 (The Output *RC* Circuit)

高頻 *RC* 輸出電路是由米勒輸出電容和從汲極看進去的輸出電阻所組成，如圖 12-41(a)所示。與 BJT 的情形一樣，我們將 FET 當成電流源。以戴維寧定理處理過後，可以得到等效 *RC* 輸出電路，它由並聯的 R_D 和 R_L，以及等效輸出電容組成。

$$C_{out(Miller)} = C_{gd}\left(\frac{A_v + 1}{A_v}\right)$$

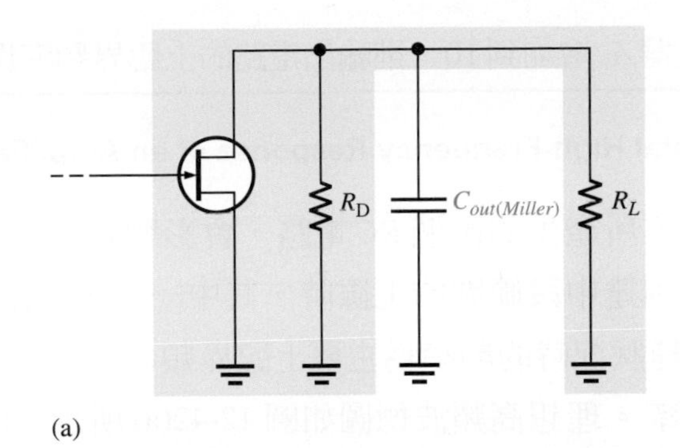

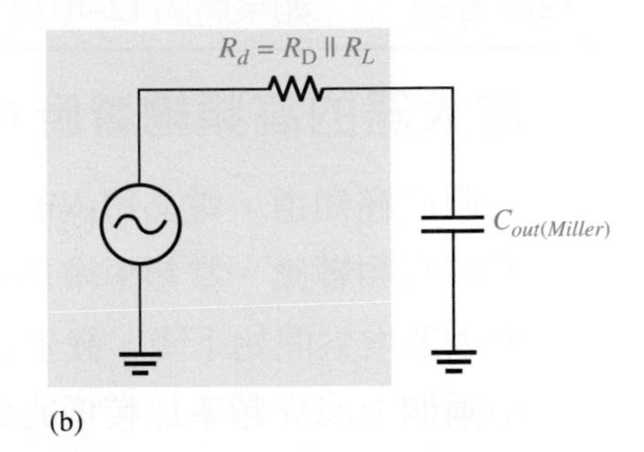

▲ 圖 12-41 *RC* 輸出電路。

這個等效輸出電路如圖 12-41(b)所示。*RC* 輸出滯後電路的臨界頻率爲

$$f_{cu(output)} = \frac{1}{2\pi R_d C_{out(Miller)}} \qquad \textbf{公式 12-25}$$

輸出電路產生的相位移爲

$$\theta = \tan^{-1}\left(\frac{R_d}{X_{C_{out(Miller)}}}\right) \qquad \textbf{公式 12-26}$$

例 題 12-14 試求圖 12-40 FET 放大器 *RC* 輸出電路的上臨界頻率是多少？這個電路在臨界頻率所產生的相移是多少？主要 *RC* 電路是哪一個，換句話說，哪一個電路有最低的上臨界頻率？

解 既然 R_L 比 R_D 大很多，故可以將它忽略，則等效輸出電阻爲

$$R_d \cong R_D = 1.0\,\text{k}\Omega$$

等效輸出電容爲

$$C_{out(Miller)} = C_{gd}\left(\frac{A_v + 1}{A_v}\right) = (3\,\text{pF})\left(\frac{7.5}{6.5}\right) = 3.46\,\text{pF}$$

所以上臨界頻率爲

$$f_{cu(output)} = \frac{1}{2\pi R_d C_{out(Miller)}} = \frac{1}{2\pi(1.0\,\text{k}\Omega)(3.46\,\text{pF})} = \mathbf{46\,MHz}$$

雖然雜散電容已經予以忽略，但是因爲 $C_{out(Miller)}$ 很小，所以雜散電容仍然會明顯影響頻率響應。

RC 電路在 $f_{cu(output)}$ 的相位角總是等於 **45°**，且輸出信號滯後。

在例題 12-13 中，*RC* 輸入電路的上臨界頻率為 116 MHz。因為輸出電路的上臨界頻率比輸入電路低，所以輸出電路為主要 *RC* 電路。

相關習題 如果將圖 12-40 放大器 A_v 增加到 10，則輸出電路的上臨界頻率為多少？

放大器的高頻總響應 (Total High-Frequency Response of an Amplifier)

我們已經知道，電晶體內部電容所產生的兩個 *RC* 電路，會影響 BJT 和 FET 放大器的高頻響應。當頻率增加且到達中段範圍的上限時，其中一個 *RC* 電路將使得放大器增益開始下降。發生這種狀況時的頻率為主要上臨界頻率；它是高頻範圍中兩個上臨界頻率比較低的頻率。理想高頻波德圖如圖 12-42(a) 所示。圖中顯示第一個轉折點發生在 $f_{cu(input)}$，在這個頻率上電壓增益下降率開始變成 −20 dB/decade。在 $f_{cu(output)}$，因為每一個 *RC* 電路產生的下降率都是 −20 dB/decade，所以增益開始以 −40 dB/decade 的比率下降。圖 12-42(b) 顯示的是非理想波德圖，其中實際上電壓增益在 $f_{cu(input)}$ 比中段範圍電壓增益小 −3 dB。其它的可能情況是 *RC* 輸出電路為主要 *RC* 電路，或兩個電路具有相同的臨界頻率。

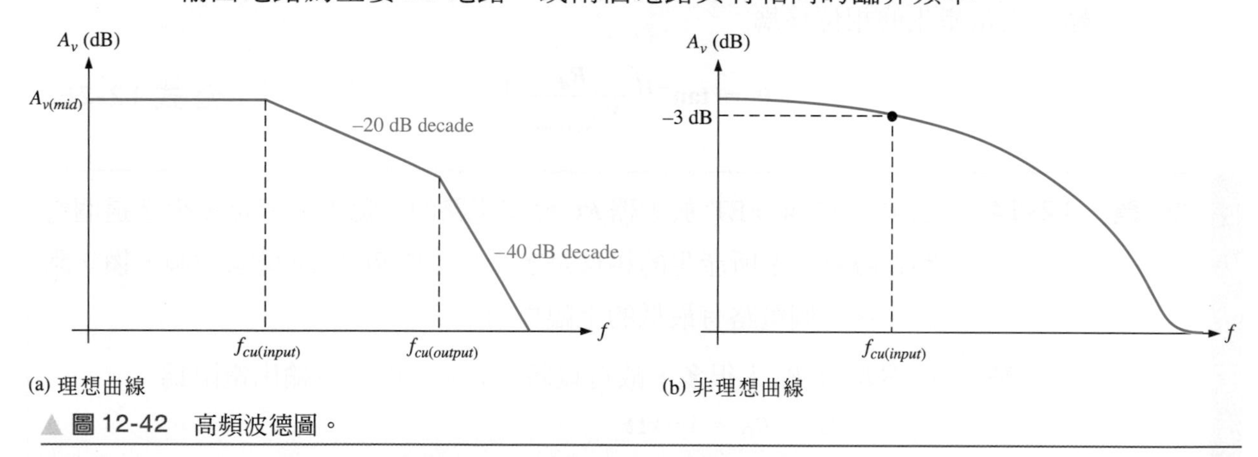

▲ 圖 12-42 高頻波德圖。

第12-4 節 隨堂測驗

1. 放大器的高頻響應由什麼來決定？
2. 如果放大器中段範圍電壓增益是 80，電晶體的 C_{bc} 為 4 pF，且 C_{be} = 8 pF，則總輸入電容是多少？
3. 某個放大器的 $f_{cu(input)}$ = 3.5 MHz 和 $f_{cu(output)}$ = 8.2 MHz。則其高頻響應的主要 *RC* 電路是哪一個？
4. 在 FET 特性資料表上經常指明的電容值有哪些？
5. 如果 C_{gs} = 4 pF 且 C_{gd} = 3 pF，則當 FET 放大器的電壓增益為 25 時，試求其總輸入電容。

12-5 放大器總頻率響應 (Total Amplifier Frequency Response)

在前面幾節中，我們已經學習到放大器的 *RC* 電路如何影響頻率響應。本節中，我們將結合這些概念，然後檢視標準放大器的總響應曲線，以及與放大器性能有關的規格值。

在學習完本節的內容後，你應該能夠

- **分析放大器的總頻率響應**
- 討論頻寬
  - 定義主要臨界頻率
- 解釋增益頻寬乘積
- 定義*單位增益頻率(unity-gain frequency)*

圖 12-43(a)BJT 放大器的一般理想頻率響應曲線 (波德圖) 顯示在圖 12-43(b) 中。如同先前已經討論的，位在低臨界頻率 (f_{cl1}，f_{cl2}，以及 f_{cl3}) 的三個轉折點，是由耦合電容和旁路電容所形成低頻 *RC* 電路所產生。位在上臨界頻率 f_{cu1} 和 f_{cu2} 處的轉折點，是由電晶體內部電容所形成的兩個高頻 *RC* 電路產生。

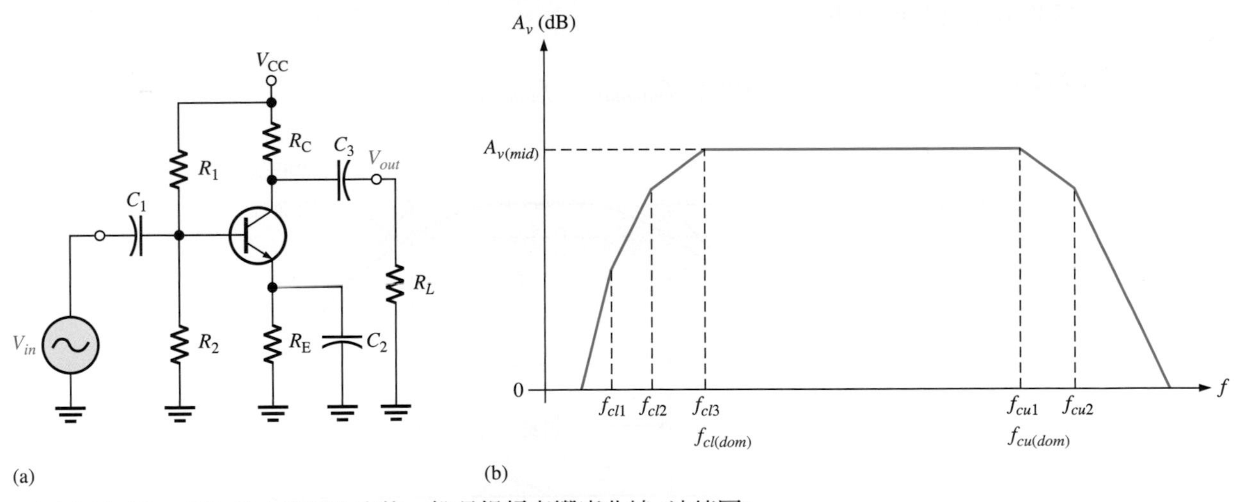

▲ 圖 12-43　BJT 放大器以及它的一般理想頻率響應曲線 (波德圖)。

令人特別感到興趣的是圖 12-43(b)中的兩個主要臨界頻率 f_{cl3} 和 f_{cu4}。這兩個頻率是放大器電壓增益比中段範圍電壓增益小 3 dB 的地方。這兩個主要頻率分別稱爲 $f_{cl(dom)}$，和 $f_{cu(dom)}$。

這上、下兩個主要的臨界頻率有時被稱爲*半功率頻率(Half-power frequencies)*。這個名詞是根據前文提到之放大器在臨界頻率的輸出功率爲其中段功率的一半，

其事實所得到的。可證明如下：在主要的臨界頻率的輸出電壓，是其中段值的 0.707 倍，

$$V_{out(f_c)} = 0.707V_{out(mid)}$$

$$P_{out(f_c)} = \frac{V^2_{out(f_c)}}{R_{out}} = \frac{(0.707V_{out(mid)})^2}{R_{out}} = \frac{0.5V^2_{out(mid)}}{R_{out}} = 0.5P_{out(mid)}$$

頻寬 (Bandwidth)

放大器通常是在信號頻率介於 $f_{cl(dom)}$ 和 $f_{cu(dom)}$ 之間操作。如同我們已經知道的，當輸入信號頻率等於 $f_{cl(dom)}$ 或 $f_{cu(dom)}$ 時，輸出信號電壓位準是其中段範圍電壓增益的 70.7%，或是 −3 dB。如果信號頻率低於 $f_{cl(dom)}$ ，則直到下一個臨界頻率前，增益以及輸出信號位準的下降率為 −20 dB/decade。同樣的情況也發生在頻率高於 $f_{cu(dom)}$ 時。

介於 $f_{cl(dom)}$ 和 $f_{cu(dom)}$ 之間的頻率範圍 (頻帶) 被定義成放大器的**頻寬 (bandwidth)**，如圖 12-44 所示。只有主要臨界頻率出現在頻率響應曲線中，這是因為它們決定了頻寬的緣故。另外，有時候其他臨界頻率距離主要臨界頻率足夠遠，使得它們對放大器總頻率響應沒有明顯影響，就可以忽略。放大器的頻寬以赫茲 (Hz) 為單位可以表示成

公式 12-27

$$BW = f_{cu(dom)} - f_{cl(dom)}$$

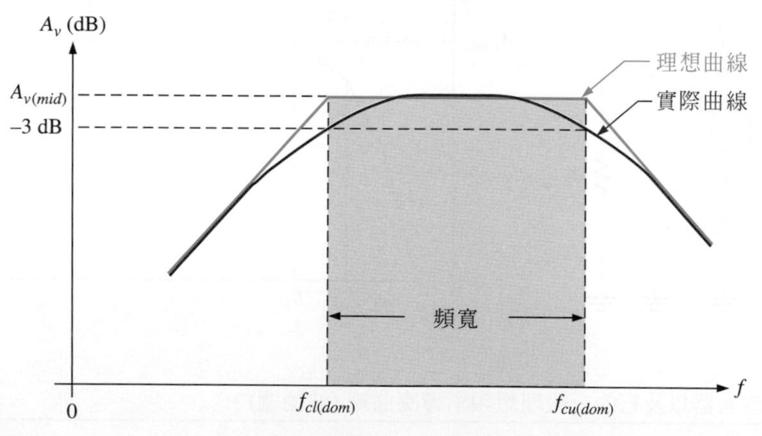

▲ 圖 12-44 響應曲線顯示出放大器頻寬。

理想狀況下，在放大器頻寬內的所有信號頻率的增益值是相同的。例如，如果將 10 mV rms 的信號施加到電壓增益等於 20 的放大器輸入端，在放大器頻寬內的所有頻率下，理想狀況下放大器會將信號放大到 200 mV rms。但是實際上，增益在 $f_{cl(dom)}$ 和 $f_{cu(dom)}$ 二頻率會下降 3 dB。

例 題 12-15 當放大器的$f_{cl(dom)}$爲 200 Hz 且$f_{cu(dom)}$爲 2 kHz 時，試求其頻寬。

解

$$BW = f_{cu(dom)} - f_{cl(dom)} = 2000\text{ Hz} - 200\text{ Hz} = \mathbf{1800\text{ Hz}}$$

請注意，頻寬的單位是赫茲。

相關習題 如果$f_{cl(dom)}$增加，則頻寬增加或減少？如果$f_{cu(dom)}$增加，則頻寬增加或減少？

增益－頻寬乘積 (Gain-Bandwidth Product)

放大器的一個特性是當放大器的下降率等於 −20 dB/decade 時，電壓增益和頻寬的乘積永遠是常數。這項特性稱爲**增益-頻寬乘積 (Gain-bandwidth product)**。我們假設一個特別放大器的下臨界頻率比上臨界頻率小很多。

$$f_{cl(dom)} \ll f_{cu(dom)}$$

則頻寬大約爲

$$BW = f_{cu(dom)} - f_{cl(dom)} \cong f_{cu}$$

單位增益頻率 (Unity-Gain Frequency) 這個條件下的簡化波德圖顯示在圖 12-45 中。請注意，因爲$f_{cl(dom)}$比$f_{cu(dom)}$小很多，所以$f_{cl(dom)}$可以忽略，因此頻寬大約等於$f_{cu(dom)}$。此外，假設僅存在一個上限截止頻率(以滿足−20dB /decade 下降率的要求)。該假設對於許多放大器是有用的，其中一個上限截止頻率明顯高於其它的，確保下降率對於單位增益頻率爲−20dB。對於許多放大器來說，這是一個有用的假設，包括許多運算放大器(op-amps)，可參閱基礎理論第 9 章。從$f_{cu(dom)}$開始，增益下降直到抵達單位增益爲止。放大器增益等於 1 時的頻率稱爲*單位增益頻率 (unity-gain frequency)* f_T。f_T的意義是它永遠等於中段範圍電壓增益乘以頻寬，對一個指定的電晶體而言爲常數值。

$$f_T = A_{v(mid)}BW \qquad \text{公式 12-28}$$

例 題 12-17 在某一個二級放大器，其中一個單級放大器的主要下臨界頻率爲 850 Hz，主要上臨界頻率爲 100 kHz。另一個單級放大器的主要下臨界頻率是 1 kHz，主要上臨界頻率等於 230 kHz。試求此二級放大器的總頻寬。

解

$$f'_{cl(dom)} = 1\text{ kHz}$$
$$f'_{cu(dom)} = 100\text{ kHz}$$
$$BW = f'_{cu(dom)} - f'_{cl(dom)} = 100\text{ kHz} - 1\text{ kHz} = \mathbf{99\text{ kHz}}$$

相關習題 某一個三級放大器的每個單級具有下列主要下臨界頻率：$f_{cl(dom)(1)} = 50$ Hz，$f_{cl(dom)(2)} = 980$ Hz，$f_{cl(dom)(3)} = 130$ Hz。則主要總下臨界頻率爲何？

相同臨界頻率 (Equal Critical Frequencies)

當多級放大器中的每個單級具有相同主要臨界頻率，我們可能會將多級放大器的主要總臨界頻率想成等於單級放大器的臨界頻率。不過實際情況並非如此。

當多級放大器中的每個單級都具有相同的主要下臨界頻率，其主要總下臨界頻率必須乘以一個 $1 / \sqrt{2^{1/n}-1}$ 因子，其增加情形如下公式所示 (n 是多級放大器的級數)：

公式 12-29

$$f'_{cl(dom)} = \frac{f_{cl(dom)}}{\sqrt{2^{1/n} - 1}}$$

當每個單級都具有相同的主要上臨界頻率時，其主要總上臨界頻率必須乘以 $\sqrt{2^{1/n}-1}$ 因子，其減少情形如下列公式所示：

公式 12-30

$$f'_{cu(dom)} = f_{cu(dom)}\sqrt{2^{1/n} - 1}$$

這些公式的證明提供在網站 www.pearsonglobaleditions.com/Floyd 中的 "Derivations of Selected Equations"。

例　題　12-18　某一個二級放大器的兩個單級都具有主要下臨界頻率 50 Hz，主要上臨界頻率 80 kHz。試求總頻寬。

解

$$f'_{cl(dom)} = \frac{f_{cl(dom)}}{\sqrt{2^{1/n}-1}} = \frac{50\text{ Hz}}{\sqrt{2^{0.5}-1}} = \frac{50\text{ Hz}}{0.644} = 77.7\text{ Hz}$$

$$f'_{cu(dom)} = f_{cu(dom)}\sqrt{2^{1/n}-1} = (80\text{ kHz})(0.644) = 51.5\text{ kHz}$$

$$BW = f'_{cu(dom)} - f'_{cl(dom)} = 51.5\text{ kHz} - 77.7\text{ Hz} = \mathbf{50.7\text{ kHz}}$$

相關習題　如果將本範例的二級放大器再串接一個完全相同的單級放大器，則所產生的多級放大器總頻寬是多少？

第12-6節 隨堂測驗

1. 二級放大器中的一個單級 f_{cl} = 1 kHz，另一個單級 f_{cl} = 325 Hz。則主要下臨界頻率為多少？
2. 某一個三級放大器中，$f_{cu(1)}$ = 50 kHz，$f_{cu(2)}$ = 55 kHz，且 $f_{cu(3)}$ = 49 kHz。則主要上臨界頻率為多少？
3. 如果將多級放大器串接更多具有相同臨界頻率的單級放大器，則頻寬會增加、減少或是保持不變？

12-7 頻率響應的量測 (Frequency Response Measurements)

量測放大器頻率響應有兩種基本方法。雖然我們以BJT放大器當作說明例題，但是這些方法對BJT和FET放大器都能同時適用。我們將重點放在求出兩個主要臨界頻率。我們可以利用這些數值求出頻寬。

在學習完本節的內容後，你應該能夠

- **量測放大器的頻率響應**
- 分析當各級有不同臨界頻率的情況
  - 計算整體頻寬
- 分析當各級有相同臨界頻率的情況
  - 計算整體頻寬
- 測量放大器的頻率響應
  - 描述一般測量步驟

高頻量測 (High-Frequency Measurement) 當放大器輸入端施加步級電壓以後，放大器的高頻 *RC* 電路 (電晶體內部電容) 會防止輸出端對輸入步級電壓立即產生響應。結果使得輸出電壓具有上昇時間 (t_r)，如圖 12-47(a)所示。事實上，上昇時間與放大器的上臨界頻率 (f_{cu})具有反比的關係。當 f_{cu} 變低，輸出信號的上昇時間變大。示波器顯示螢幕說明如何從脈波的 10%振幅點到 90%振幅點，量測出其上昇時間。示波器的掃瞄時間必須設定在比較短的基準，才能夠觀察時間間隔相對來說比較短的上昇時間。一旦量測到這項數據，f_{cu} 可以利用下列公式求出：

公式 12-31

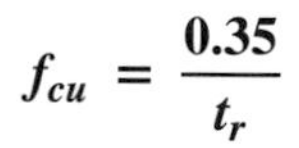

$$f_{cu} = \frac{0.35}{t_r}$$

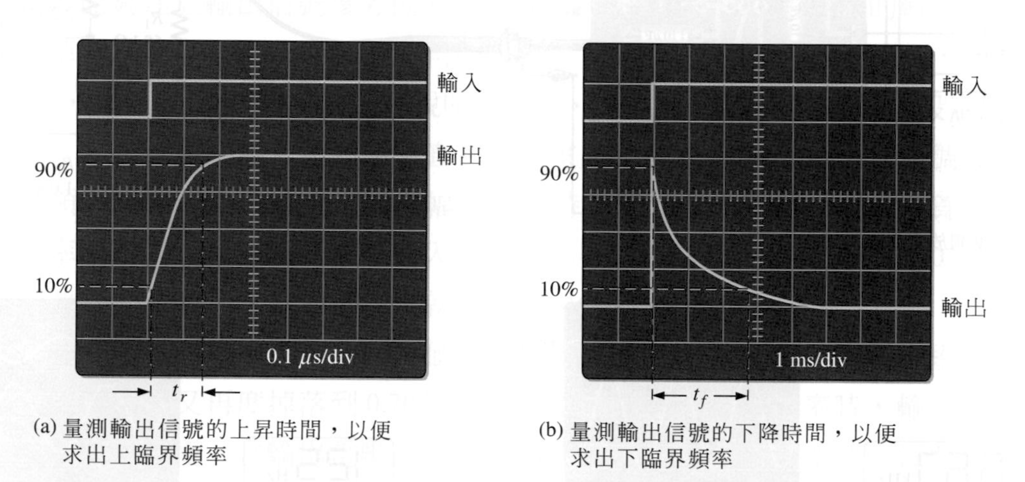

(a) 量測輸出信號的上昇時間，以便求出上臨界頻率

(b) 量測輸出信號的下降時間，以便求出下臨界頻率

▲ 圖 12-47 由步級輸入信號所產生的響應曲線，量測出上昇與下降時間。輸出為反相。

低頻量測 (Low-Frequency Measurement) 要求出放大器的下臨界頻率 (f_{c1})，步級輸入電壓必須維持足夠長的時間間隔，以便觀察低頻 *RC* 電路 (耦合電容) 的完整充電時間，而這導致輸出信號的 "斜線下降"，我們可以稱此斜線部分為下降時間 (t_f)。如圖 12-47(b)所示。下降時間與放大器的下臨界頻率值具有反比的關係。當 f_{c1} 變高，輸出信號的下降時間變小。示波器顯示幕說明如何從脈波的 90%振幅點到 10%振幅點，量測出其下降時間。示波器的掃瞄時間必須設定在比較長的基準，才能夠觀察下降時間的完整時間間隔。一旦量測到這項數據，f_{c1} 可以利用下列公式求出：

公式 12-32

$$f_{cl} = \frac{0.35}{t_f}$$

公式 12-31 和 12-32 的推導提供在網站 www.pearsonglobaleditions.com/Floyd 中的"Derivations of Selected Equations"。

第12-7節 隨堂測驗

1. 在圖 12-46 中，下臨界頻率與上臨界頻率爲何？
2. 在量測放大器輸出電壓的上昇時間和下降時間時，所量測的是電壓轉變狀態中的哪兩點？
3. 在圖 12-47 中，什麼是上昇時間？
4. 在圖 12-47 中，什麼是下降時間？
5. 當量測到的放大器步級響應曲線如圖 12-47 所示，則放大器的頻寬爲何？

本章摘要

第 12-1 節
- 放大器的耦合和旁路電容會影響放大器的低頻響應。
- 電晶體內部電容會影響放大器的高頻響應。

第 12-2 節
- 分貝是以對數方式表現功率增益及電壓增益量測的一種單位。
- 電壓增益降低至中段範圍值的 70.7%時相當於降低了 3 dB。
- 一半的電壓增益相當於降低了 6 dB。
- dBm 是以 1mW 爲參考值的功率大小測量單位。
- 臨界頻率是 *RC* 電路使放大器電壓增益降低到中段範圍電壓增益的 70.7%的頻率值。

第 12-3 節
- 每一個 *RC* 電路會造成增益下降率成爲−20 dB/decade。
- 對低頻 *RC* 電路而言，*最高*的臨界頻率值爲主要臨界頻率。
- 十倍頻 (decade) 的頻率變化指的是頻率增加或減少爲原來的十倍。
- 二倍頻 (octave) 的頻率變化指的是頻率增加或減少爲原來的兩倍。

第 12-4 節
- 對高頻 *RC* 電路而言，*最低*的臨界頻率值爲主要臨界頻率。

第 12-5 節
- 放大器頻寬是介於主要下臨界頻率和主要上臨界頻率之間的頻率範圍。
- 增益頻寬乘積是放大器參數之一，是由增益和頻寬的乘積計算出。對於具有單一主要上限臨界頻率的放大器，增益頻寬乘積爲一定值。

第 12-6 節
- 主要的臨界頻率決定了多級放大器的頻寬。

第 12-7 節
- 量測頻率響應的兩種方法是頻率/振幅量測及步級量測。

重要詞彙

重要詞彙和其他以粗體字表示的詞彙都會在本書末的詞彙表中加以定義。

頻寬 (bandwidth) 某些類型電子電路的特性，指出可以由輸入到輸出通過電路的可用頻率範圍。

波德圖 (Bode plot) dB 增益相對於頻率的關係圖，藉以說明放大器或濾波器的頻率響應。

臨界頻率 (critical frequency) 放大器或濾波器的響應比在中段範圍的響應低 3 dB 時的頻率。

十倍制 (decade) 物理量 (如頻率) 的數值變成原來的十倍或原來的十分之一。

中段增益 (midrange gain) 介於下臨界頻率和上臨界頻率之頻率區間所產生的增益。

下降率 (roll-off) 當輸入信號頻率高於或低於濾波器臨界頻率時，增益的降低比率。

增益頻寬乘積(gain baudwidth product) 放大器增益和頻寬的乘積；對於具有單一主要上限臨界頻率的放大器，增益-頻寬乘積爲一定值。

標準化(Normalized) 調整數量的值以產生標準化的響應。對於放大器而言，它指的是透過將所有增益值除以中段電壓增益來調整中段電壓增益爲 1 或 0 dB 的值。

寄生電容(Parasitic capacitance) 電子元件之間存在不可避免且不期望的電容；這些電子元件可能是彼此非常接近的任何元件。

下降率(Roll-off)：放大器增益的降低率高於或低於臨界頻率；通常以 dB / decade 爲單位。

重要公式

米勒定理

12-1 $C_{in(Miller)} = C(A_v + 1)$ 米勒輸入電容，其中 $C = C_{bc}$ 或 C_{gd}。

12-2 $C_{out(Miller)} = C\left(\dfrac{A_v + 1}{A_v}\right)$ 米勒輸出電容，其中 $C = C_{bc}$ 或 C_{gd}。

分貝

12-3 $A_{p(\mathrm{dB})} = 10 \log A_p$ 以分貝表示的功率增益

12-4 $A_{v(\mathrm{dB})} = 20 \log A_v$ 以分貝表示的電壓增益

BJT 放大器低頻響應

12-5 $A_{v(mid)} = \dfrac{R_c}{r'_e}$ 具有完全旁路射極電阻之共射極放大器的中段範圍電壓增益

12-6 $f_{cl(input)} = \dfrac{1}{2\pi R_{in} C_1}$ *RC* 輸入電路的下臨界頻率

12-7 $\theta = \tan^{-1}\left(\frac{X_{C1}}{R_{in}}\right)$ RC 輸入電路的相位偏移量

12-8 $f_{cl(output)} = \frac{1}{2\pi(R_C + R_L)C_3}$ RC 輸出電路的下臨界頻率

12-9 $\theta = \tan^{-1}\left(\frac{X_{C3}}{R_C + R_L}\right)$ RC 輸出電路的相位偏移量

12-10 $R_{in(emitter)} = r'_e + \frac{R_{th}}{\beta_{ac}}$ 由射極看進去的等效電阻

12-11 $f_{cl(bypass)} = \frac{1}{2\pi[(r'_e + R_{th}/\beta_{ac}) \| R_E]C_2}$ RC 旁路電路的下臨界頻率

FET 放大器低頻響應

12-12 $f_{cl(input)} = \frac{1}{2\pi(R_G \| R_{in(gate)})C_1}$ RC 輸入電路的下臨界頻率

12-13 $\theta = \tan^{-1}\left(\frac{X_{C1}}{R_{in}}\right)$ RC 輸入電路的相位偏移量

12-14 $f_{cl(output)} = \frac{1}{2\pi(R_D + R_L)C_2}$ RC 輸出電路的下臨界頻率

12-15 $\theta = \tan^{-1}\left(\frac{X_{C2}}{R_D + R_L}\right)$ RC 輸出電路的相位偏移量

BJT 放大器高頻響應

12-16 $f_{cu(input)} = \frac{1}{2\pi(R_s \| R_1 \| R_2 \| \beta_{ac}r'_e)C_{tot}}$ RC 輸入電路的上臨界頻率

12-17 $\theta = \tan^{-1}\left(\frac{R_s \| R_1 \| R_2 \| \beta_{ac}r'_e}{X_{C_{tot}}}\right)$ RC 輸入電路的相位偏移量

12-18 $f_{cu(output)} = \frac{1}{2\pi R_c C_{out(Miller)}}$ RC 輸出電路的上臨界頻率

12-19 $\theta = \tan^{-1}\left(\frac{R_c}{X_{C_{out(Miller)}}}\right)$ RC 輸出電路的相位偏移量

FET 放大器高頻響應

12-20 $C_{gd} = C_{rss}$ 閘極－汲極電容

12-21 $C_{gs} = C_{iss} - C_{rss}$ 閘極－源極電容

12-22 $C_{ds} = C_{oss} - C_{rss}$ 汲極－源極電容

12-23 $f_{cu(input)} = \frac{1}{2\pi R_s C_{tot}}$ RC 輸入電路的上臨界頻率

12-24 $\theta = \tan^{-1}\left(\frac{R_s}{X_{C_{tot}}}\right)$ RC 輸入電路的相位偏移量

12-25 $f_{cu(output)} = \dfrac{1}{2\pi R_d C_{out(Miller)}}$ RC 輸出電路的上臨界頻率

12-26 $\theta = \tan^{-1}\left(\dfrac{R_d}{X_{C_{out(Miller)}}}\right)$ RC 輸出電路的相位偏移量

總頻率響應

12-27 $BW = f_{cu} - f_{cl}$ 頻寬

12-28 $f_T = A_{v(mid)}BW$ 單位增益頻寬

多級放大器頻率響應

12-29 $f'_{cl(dom)} = \dfrac{f_{cl(dom)}}{\sqrt{2^{1/n} - 1}}$ 當各級的主要臨界頻率都相等時的主要總下臨界頻率

12-30 $f'_{cu(dom)} = f_{cu(dom)}\sqrt{2^{1/n} - 1}$ 當各級的主要臨界頻率都相等時的主要總上臨界頻率

量測技術

12-31 $f_{cu} = \dfrac{0.35}{t_r}$ 上臨界頻率

12-32 $f_{cl} = \dfrac{0.35}{t_f}$ 下臨界頻率

是非題測驗 答案可以在以下的網站找到 www.pearsonglobaleditions.com/Floyd

1. 存在於電晶體端點間，不期望的電容稱爲漣波電容(ripple capacitance)。
2. 米勒定理可用來簡化反相放大器高頻的分析。
3. 電晶體內部容抗值對放大器的頻率響應沒有影響。
4. 米勒定理律指出增益及內部電容皆會影響高頻的響應。
5. 中段範圍增益介於上臨界頻率及下臨界頻率之間。
6. 臨界頻率是兩個頻率中的一個，其增益比中段範圍增益小 6 dB。
7. dBm 是量測功率位準的單位。
8. 如果 A_v 小於 10，分貝增益(dB gain)爲負値，一般稱爲訊號衰減(attenuation)。
9. 臨界頻率是輸出功率降至中段值一半的頻率稱之。
10. *RC* 輸入及輸出電路對頻率響應沒有影響。
11. 波德圖用對數的比例來顯示電壓增益和頻率的關係。
12. 相位偏移是放大器頻率響應的一部分。
13. 放大器的低頻截止可以上升時間測量得知。
14. 對於下降率爲−20 dB / decade 的放大器，增益頻寬乘積爲定值。

電路動作測驗　答案可以在以下的網站找到 www.pearsonglobaleditions.com/Floyd

1. 若圖 12-8 的 R_1 值增加，基極的訊號電壓將
(a)增加　(b)減少　(c)不變

2. 若圖 12-27 的 C_1 值減少，輸入電路的臨界頻率將
(a)增加　(b)減少　(c)不變

3. 若圖 12-27 的 R_L 值增加，電壓增益將
(a)增加　(b)減少　(c)不變

4. 若圖 12-27 的 R_C 值減少，電壓增益將
(a)增加　(b)減少　(c)不變

5. 若圖 12-32 的 V_{CC} 增加，直流射極電壓將
(a)增加　(b)減少　(c)不變

6. 若圖 12-32 的電晶體以一個 β_{ac} 較高的電晶體取代，臨界頻率將
(a)增加　(b)減少　(c)不變

7. 若圖 12-32 的電晶體以一個 β_{ac} 較低的電晶體取代，中段電壓增益將
(a)增加　(b)減少　(c)不變

8. 若圖 12-40 的 R_D 值增加，電壓增益將
(a)增加　(b)減少　(c)不變

9. 若圖 12-40 的 R_L 值增加，臨界頻率將
(a)增加　(b)減少　(c)不變

10. 若圖 12-40 的 FET 以一個 g_m 較高的 FET 取代，臨界頻率將
(a)增加　(b)減少　(c)不變

自我測驗　答案可以在以下的網站找到 www.pearsonglobaleditions.com/Floyd

第 12-1 節

1. 放大器的頻率響應是在一特定輸入信號頻率範圍內，何種特徵改變？
(a)增益或相位移　(b)增益　(c)相位移　(d)以上皆非

2. 下列哪一項性質會影響放大器高頻響應
(a)增益頻寬乘積　(b)旁路電容
(c)電晶體內部電容　(d)下降率

3. 放大器的米勒輸入電容部分取決於
(a)高頻　(b)中段　(c)低頻　(d)以上皆非

第 12-2 節

4. 分貝的基礎觀念來自於人耳的
(a)對數響應(logarithmic response)　(b)頻率響應(frequency response)
(c)雜訊響應(noise response)　(d)(a)，(b)和(c)皆是

5. 當一放大器具有中段頻率範圍輸入電壓的 rms 值為 20 V 且增益 −6 dB，其輸出範圍的 rms 值為
(a)50 V　(b)20 V　(c)5 V　(d)10 V

6. 在一放大器中，輸出功率降至中段範圍值的一半是
(a)臨界頻率(critical frequency) (b)截止頻率(cutoff frequency)
(c)角頻率(corner frequency) (d)(a)，(b)和(c)皆是

7. 某個放大器的中段範圍電壓增益為 100。如果增益減少了 6 dB，相當於原增益的百分之幾？
(a)50 (b)70.7 (c)0 (d) 20

第 12-3 節

8. 當頻率從 1 kHz 下降到 10 Hz，某一個放大器的增益減少 6 dB。則下降率為
(a) −3 dB/decade (b) −6 dB/decade (c) −3 dB/octave (d) −6 dB/octave

9. 當頻率變成原來的兩倍時，某一個放大器的增益減少 6 dB。則下降率為
(a) −12 dB/decade (b) −20 dB/decade
(c) −6 dB/octave (d)答案(b)及(c)皆正確

10. 不具有旁路電容的直接耦合放大器中，其下臨界頻率為
(a)可變的 (b) 0 Hz (c) 與偏壓有關 (d)以上皆非

第 12-4 節

11. 在上臨界頻率處，某個放大器輸出電壓峰值等於 10 V。則在放大器中段範圍內，輸出電壓峰值為
(a)7.07 V (b)6.37 V (c)14.14 V (d)10 V

12. 一個放大器的高頻響應決定於
(a)耦合電容 (b)偏壓電流 (c)電晶體容抗 (d) 以上皆是

13. 一個 BJT 反相放大器的米勒輸入及輸出電容取決於
(a)C_{bc} (b)β_{ac} (c) A_v (d) 答案(a)及(c)

第 12-5 節

14. 放大器頻寬由下列何者決定
(a)中段範圍電壓增益 (b)臨界頻率 (c)下降率 (d)輸入電容

15. 有一個兩級放大器電路，下限臨界頻率為 35 Hz 和 68 Hz，上限臨界頻率為 140 kHz 和 1.5 MHz。中段範圍頻寬為
(a)35 Hz (b)68 Hz (c)140 kHz (d)1.5 MHz

16. 理想狀況下，放大器的中段範圍增益
(a)隨頻率增加 (b)隨頻率減少
(c)頻率改變，仍保持定值 (d)與耦合電容有關

17. 放大器增益等於 1 時的頻率稱為
(a)單位增益頻率 (b)中段範圍頻率
(c)角頻率 (corner frequency) (d)轉折頻率

18. 當放大器的電壓增益增加時，其頻寬
(a)不受影響 (b)增加 (c)減少 (d)變形

19. 若一放大器電路中之電晶體其 f_T 為 75 MHz (−20 dB/decade 下降率)，頻寬為 10 MHz。則中段範圍電壓增益為
(a)750 (b)7.5 (c)10 (d)1

20. 在放大器頻寬的中段範圍內，輸出電壓峰值為 6 V。則在下臨界頻率時，輸出電壓峰值為

(a)3 V　(b)3.82 V　(c)8.48 V　(d)4.24 V

第 12-6 節

21. 一個多級放大器的主要下臨界頻率是

(a)最低的 f_{cl}　(b)最高的 f_{cl}　(c)所有 f_{cl} 的平均　(d)以上皆非

22. 當每一級的臨界頻率都相同時，其主要臨界頻率為

(a)比每個 f_{cl} 的都高　(b)比每個 f_{cl} 的都低

(c)與每個 f_{cl} 一樣　(d)所有 f_{cl} 的加總

第 12-7 節

23. 在非反相放大器的步級頻率響應中，較長的上昇時間意謂著

(a)較窄的頻寬　(b)較低的 f_{cl}　(c)較高的 f_{cu}　(d)答案(a)及(b)皆正確

習　題　所有的答案都在本書末。

基本習題

第 12-1 節　基本概念

1. (a)頻率響應的哪一部分受到電晶體寄生電容的影響？

(b)在一共射極放大器電路中，設計者可以如何做使得寄生電容之效應達到最小？

2. 當信號頻率足夠高時，請解釋為什麼耦合電容對增益不會有明顯影響。

3. BJT 和 FET 放大器中，試列舉會影響高頻增益的電容。

4. 在圖 12-48 的放大器中，試列舉會影響放大器低頻響應的電容，以及會影響高頻響應的電容。

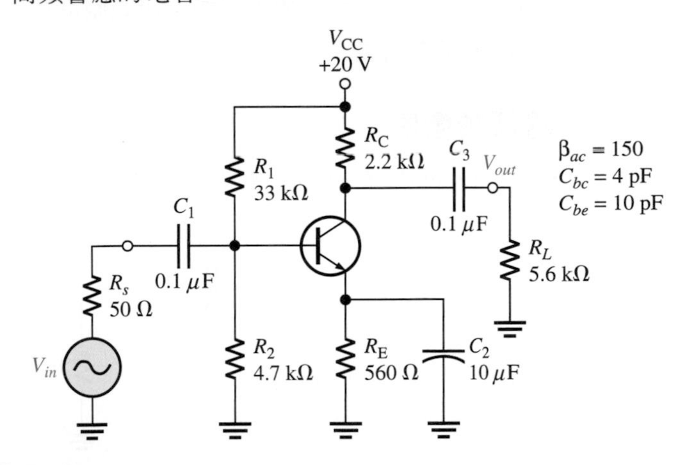

▲ 圖 12-48

5. 試求圖 12-48 中的米勒輸入電容值。

6. 試求圖 12-48 中的米勒輸出電容值。

7. 試求圖 12-49 中放大器的米勒輸入和輸出電容。

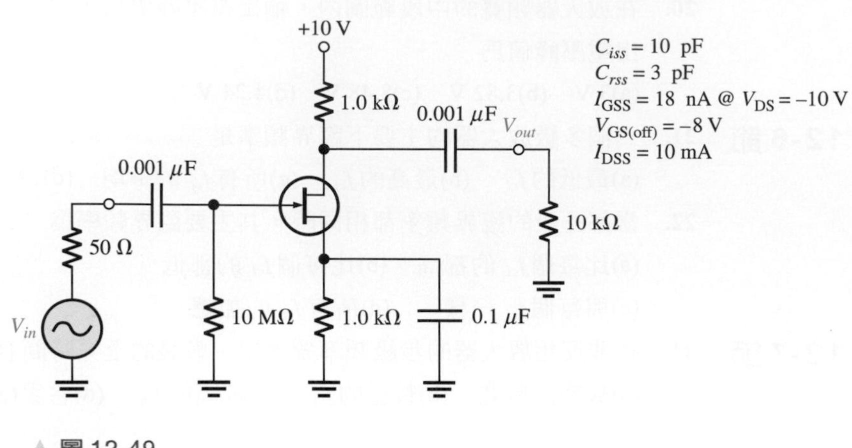

▲ 圖 12-49

第 12-2 節 分貝

8. 當輸入功率等於 0.5 W 時，某個放大器的輸出功率為 5 W。則功率增益是多少 dB？

9. 如果放大器的輸出電壓等於 1.2 V rms，且電壓增益為 50，則輸入電壓的 rms 值是多少？而增益是多少 dB？

10. 某個放大器的中段範圍電壓增益為 65。在高於中段範圍的某個頻率，增益下降到 25。則增益減少多少 dB？

11. 下列功率值所對應的 dBm 值是多少？
(a)2 mW (b)1 mW (c)4 mW (d)0.25 mW

12. 以分貝表示圖 12-48 中放大器的中段範圍電壓增益。同時也以分貝表示臨界頻率時的電壓增益。

第 12-3 節 放大器低頻響應

13. 求出圖 12-50 中每一個 *RC* 電路的臨界頻率。

▶ 圖 12-50

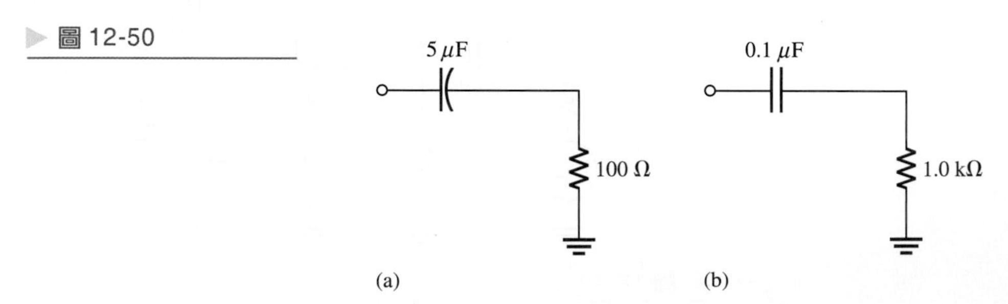

14. 試求圖 12-51 BJT 放大器低頻響應的臨界頻率。哪一個是主要臨界頻率？且畫出波德圖。

15. 試求圖 12-51 放大器的低頻響應中，分別在主要臨界頻率的十分之一、主要臨界頻率以及主要臨界頻率的十倍時的電壓增益數值。

▶ 圖 12-51

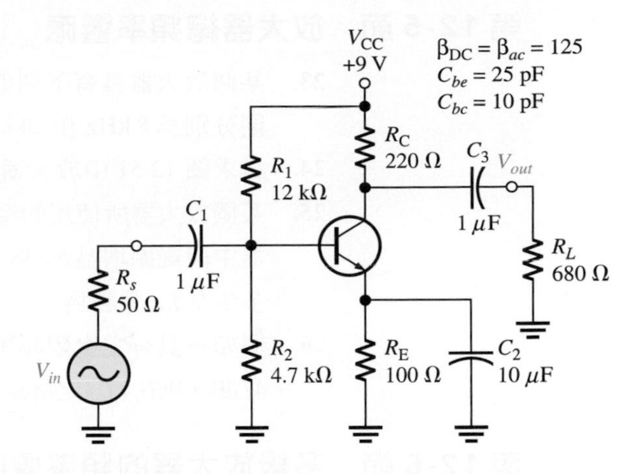

16. 試求習題 15 中每一個頻率所產生的相位偏移量。

17. 試求圖 12-52 FET 放大器低頻響應的臨界頻率。指出主要臨界頻率，並畫出波德圖。

18. 試求圖 12-52 的放大器在下列各頻率的電壓增益：f_c，$0.1f_c$，和 $10\,f_c$，其中 f_c 是主要臨界頻率。

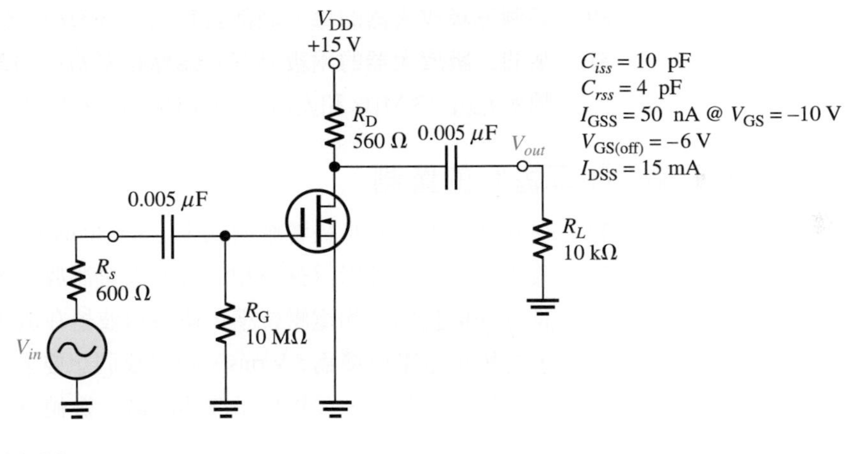

▲ 圖 12-52

第 12-4 節　放大器高頻響應

19. 試求圖 12-51 放大器高頻響應的臨界頻率。指出主要臨界頻率，並畫出波德圖。

20. 試求圖 12-51 放大器在下列各頻率的電壓增益：$0.1\,f_c$，f_c，$10\,f_c$，和 $100\,f_c$，其中 f_c 是高頻響應的主要臨界頻率。

21. 圖 12-52 中所使用FET的特性資料表指出 $C_{rss} = 4$ pF，且 $C_{iss} = 10$ pF。試求放大器高頻響應的臨界頻率，且指出主要頻率。

22. 圖 12-52 放大器的高頻響應中，當頻率等於主要臨界頻率的下列每一個倍數值時，試求電壓分貝增益以及相位偏移量：$0.1\,f_c$，f_c，$10\,f_c$，和 $100\,f_c$。

第 12-5 節 放大器總頻率響應

23. 某個放大器具有下列低臨界頻率：25 Hz，42 Hz，和 136 Hz。其高臨界頻率則分別爲 8 kHz 和 20 kHz。試求上臨界頻率和下臨界頻率。
24. 試求圖 12-51 中放大器的頻寬。
25. 某個放大器所使用的電晶體特性資料表指出 $f_T = 200$ MHz。如果已經求出放大器中段範圍增益爲 38，且與 f_{cu} 相比，f_{c1} 小到可以忽略不計，則頻寬應該爲多少？f_{cu} 應該爲多少？
26. 假如一具有主上限頻率極點的已知放大器，其中段範圍增益爲 50 dB 且 f_{cu} 爲 47 dB，則在 $2f_{cu}$ 之增益爲多少？在 $4f_{cu}$ 之增益爲多少？在 $10f_{cu}$ 之增益又是多少？

第 12-6 節 多級放大器的頻率響應

27. 在某個二級放大器中，第一級的臨界頻率爲 230 Hz 和 1.2 MHz。第二級的臨界頻率爲 195 Hz 和 2 MHz。則其主要臨界頻率爲多少？
28. 習題 27 的二級放大器頻寬爲多少？
29. 某個二級放大器的每一級具有下臨界頻率 400 Hz，上臨界頻率 800 kHz，試求其頻寬。
30. 某個三級放大器的每一級都具有 $f_{c1} = 50$ Hz，試求其主要下臨界頻率。
31. 某個二級放大器的兩級具有下臨界頻率 $f_{cl(1)} = 125$ Hz 和 $f_{c1(2)} = 125$Hz，上臨界頻率 $f_{cu(1)} = 3$ MHz 和 $f_{cu(2)} = 2.5$ MHz。試求其頻寬。

第 12-7 節 頻率響應的量測

32. 在某個放大器的步級響應測試中，$t_r = 20$ ns 且 $t_f = 1$ ms。試求 f_{cl} 和 f_{cu} 。
33. 假設我們正在利用信號源和示波器來量測放大器的頻率響應。假設我們已經設定好信號頻率和電壓位準，使得示波器在放大器頻率響應中段範圍內，顯示的輸出電壓位準爲 5 V rms。如果我們想要求出上臨界頻率，則試指出如何做才能達成目標，並指出示波器的顯示數值應該是多少？
34. 利用圖 12-53 中步級響應的測試結果，求出放大器的頻寬約略是多少。

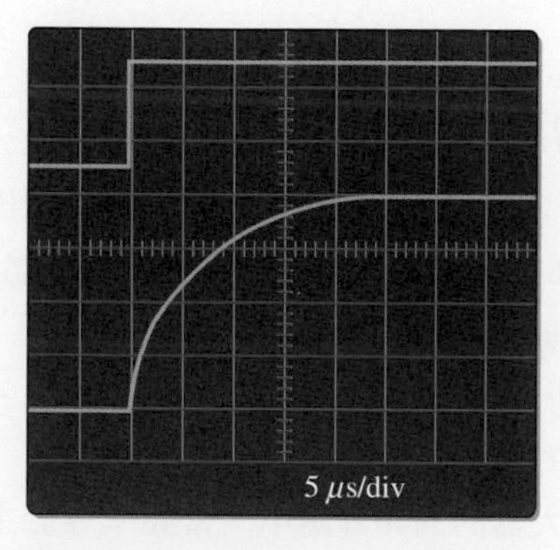

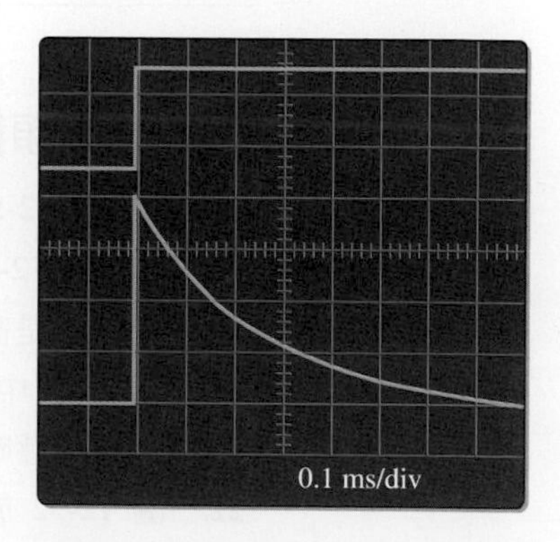

▲ 圖 12-53

閘流體 (Thyristors)

13

本章大綱

本章學習目標

- 描述四層二極體的基本構造與工作原理
- 描述 SCR 的基本構造與工作原理
- 描述幾種 SCR 的應用
- 描述 Diac 和 Triac 的基本構造與工作原理
- 描述矽控開關(SCS)
- 描述單接面電晶體的基本結構和工作原理
- 描述可程式化單接面電晶體的基本結構和工作原理

可參訪教學專用網站

有關這一章的學習輔助資訊可以在以下的網站找到

http://www.pearsonglobaleditions.com/Floyd

重要詞彙

- 四層二極體 (4-layer diode)
- 閘流體 (Thyristor)
- 順向折轉電壓 (Forward-breakover voltage, $V_{BR(F)}$)
- 保持電流 (Holding current, I_H)
- 矽控整流器 (silicon-controlled rectifier, SCR)
- 光觸發矽控整流器 (light-activated silicon-controlled rectifier, LASCR)
- 雙向觸發二極體 (Diac)
- 雙向交流觸發三極體 (Triac)
- 矽控開關 (silicon-controlled switch, SCS)
- 單接面電晶體 (unijunction transistor, UJT)
- 內分比 (Standoff ratio)
- 可程式單接面電晶體 (programmable unijunction transistor, PUT)

簡　介

在本章中，將會介紹幾種不同類型的半導體元件。閘流體 (Thyristor)元件家族是由四個半*導體層 (pnpn)* 所組成。閘流體包括了四層的二極體、矽控整流器 (SCR)、雙向觸發二極體 (Diac)、雙向交流觸發三極體 (Triac) 以及矽控開關 (SCS)等。這些不同的閘流體除了都具有四層結構外，還擁有部分共同的特性。它們的共同特性是：它們能夠承受相當程度的額定電壓，呈現出維持開路的狀態，直到它們被觸發。當它們被觸發後，它們導通並變成一個低電阻的電流路徑，即使移除觸發信號，仍然會一直維持在這個導通狀態，直到電流減少到一定的位準，或是直到觸發它們使其關閉，至於如何關閉則視其元件種類而定。閘流體可用來控制流到負載之交流總功率，應用在電燈調光器，馬達速度控制，點火系統和充電線路等等。

本章還有介紹其他元件，包括單接面電晶體 (UJT)和可程式單接面電晶體 (PUT)。UJT 和 PUT 被用來作為閘流體的觸發元件、也用在振盪器以及定時裝置中。

13-1 基本四層二極體 (The Four-Layer Diode)

基本的閘流體是一種具有雙端子 (即陽極和陰極) 的四層元件。它是由四層半導體所構成，形成 *pnpn* 結構。這個元件的作用就像開關一樣，而且它都一直保持在截止狀態，直到順向電壓到達一定數值，然後它才會開啓及導通。導通狀態會持續到電流下降到一定數值之前。雖然原來的四層二極體只有兩個端子，現在已經過時了，但其基本原理還是會應用在你將學到的其他閘流體上。

在學習完本節的內容後，你應該能夠

- **說明四層二極體的基本構造和工作原理**
- 討論蕭克萊二極體(Shockley diode)
  - 辨識電路符號
  - 基於等效電路解釋其工作原理
  - 解釋順向崩潰電壓
  - 定義*保持電流(holding current)*
  - 定義*切換電流(switching current)*
  - 描述其應用

蕭克萊二極體 (Shockley Diode)

四層二極體 **(4-layer diode)**，也是眾所皆知以發明者蕭克萊爲名的蕭克萊二極體，是閘流體**(thyristor)**的一種。而所謂的閘流體則是一種由四個交替的 *p* 型和 *n* 型半導體層所構成的元件，四層結構元件可用以構成各種有用裝置的基本模組，包括矽控整流器(SCR)、雙向觸發二極體(DIACs)、雙向交流觸發三極體(TRIACs)和矽控開關(SCS)。其他具有四層以上結構的相關裝置，都或多或少與四層二極體具有一些共同的特點。四層二極體的基本構造和符號如圖 13-1 所示。

pnpn 構造可以由一個包含 *pnp* 電晶體和 *npn* 電晶體的等效電路表示，如圖 13-2(a)。上面的 *pnp* 層形成 Q_1 而下面的 *npn* 層形成 Q_2，兩個中間層由兩個等效電晶體共用。請注意，Q_1 的基極-射極接面對應到圖 13-1 中的 *pn* 接面 1，而 Q_2 的基極-射極接面對應到 *pn* 接面 3，Q_1 和 Q_2 兩者的基極－集極接面則對應到 *pn* 接面 2。

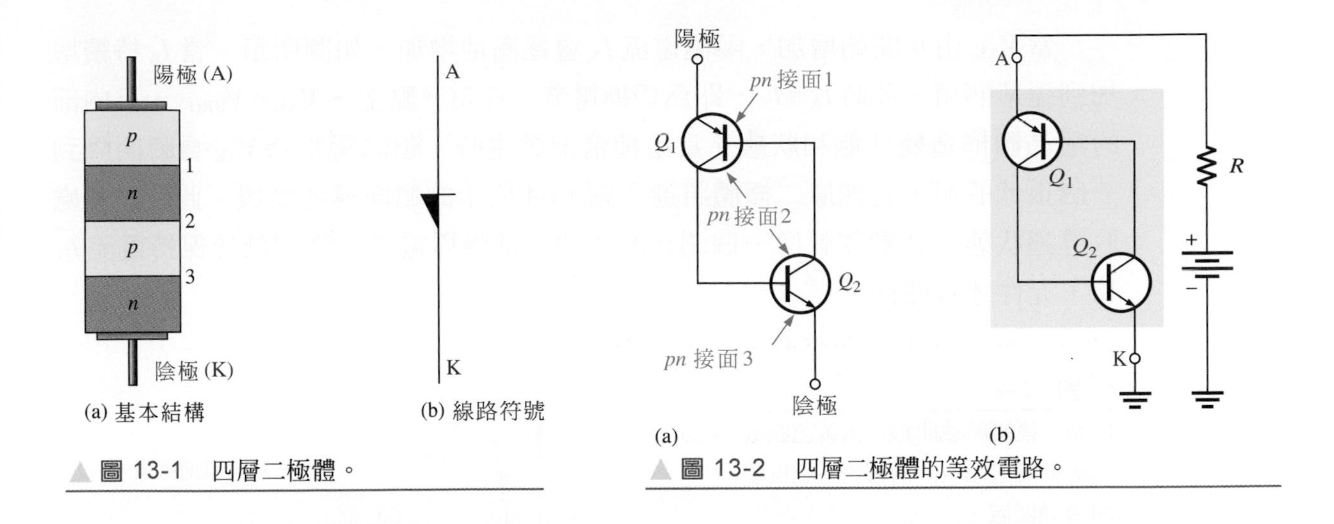

▲ 圖 13-1 四層二極體。

▲ 圖 13-2 四層二極體的等效電路。

當在陽極施加較陰極爲高的電壓時，如圖 13-2(b)所示，Q_1 和 Q_2 的基極-射極接面(圖 13-1(a)中的 *pn* 接面 1 和 3) 爲順向偏壓，而共用的基極－集極接面 (圖 13-1(a)中的 *pn* 接面 2)爲逆向偏壓。

四層二極體中的各電流顯示在圖 13-3 中的等效電路。在低偏壓位準的情況下，只有很小的陽極電流，因此它會處於截止狀態或是順向阻遏區域 (forward-blocking region) 。

▶ 圖 13-3

四層二極體等效電路中的各個電流。

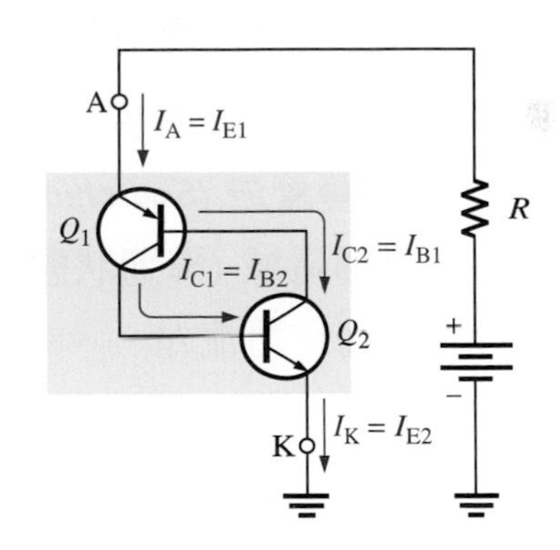

順向折轉電壓 (Forward-Breakover Voltage) 四層二極體的工作原理看起來有些奇特，因爲當它順向偏壓時，基本上仍像一個開關開路。如前所述，有一個順向偏壓區域，稱爲*順向阻遏區(forward-blocking region)*，在這區域內此元件具有非常高的順向電阻 (理想是開路狀態) 所以是處於*截止(off)*狀態。順向阻遏區域是從 $V_{AK} = 0V$ 到一個 V_{AK} 值的範圍，此值稱爲順向折轉電壓 **(Forward-breakover voltage)** $\mathbf{V_{BR(F)}}$。這可由圖 13-4 中的四層二極體特性曲線顯示出來。

當 V_{AK} 由 0 開始增加，陽極電流 I_A 會逐漸地增加，如圖所示。當 I_A 持續增加到達某個值，此時 $I_A = I_S$，即為切換電流。在這一點上，$V_{AK} = V_{BR(F)}$，且內部的電晶體構造變成飽和狀態。當這種情況發生時，順向電壓降 V_{AK} 會瞬間降到一個很低的值，且四層二極體將進入圖 13-4 所示的順向導通區域。此時元件處於導通狀態，其動作就像一個閉合的開關。當陽極電流下降到低於保持電流 I_H 時，元件才會關閉。

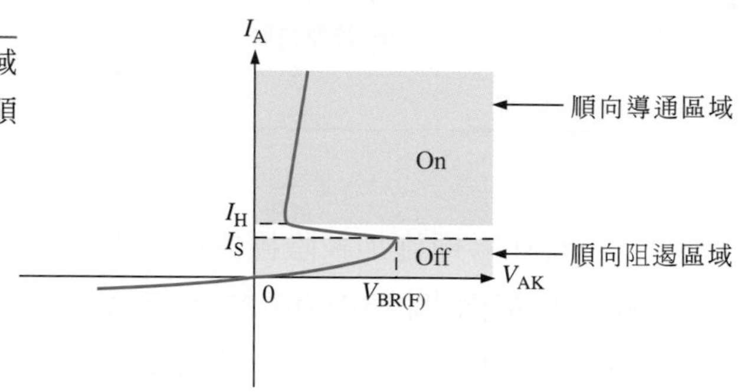

▶ 圖 13-4

四層二極體特性曲線。土黃色區域為順向阻遏區域，而藍色區域為順向導通區域。

保持電流 (Holding Current) 一旦四層二極體導通，亦即處於*導通(on)*狀態，它會一直持續導通直到陽極電流降低至一定的位準之下，此位準稱為**保持電流 I_H**。這個參數在圖 13-4 的特性曲線中也有標示出來。當 I_A 低於 I_H，元件會迅速地切換回到*截止*狀態，而進入順向阻遏區域。

切換電流 (Switching Current) 在元件從順向阻遏區域 (截止狀態) 切換到順向導通區域 (導通狀態)時的陽極電流值，即稱為**切換電流 I_S**。這個電流值永遠小於保持電流 I_H。

第13-1節 隨堂測驗

答案可以在以下的網站找到
www.pearsonglobaleditions.com/Floyd

1. 為什麼四層二極體歸類為閘流體？
2. 什麼是順向阻遏區域?
3. 在陽極對陰極電壓超過順向折轉電壓時會發生什麼事?
4. 一旦四層二極體導通後，要如何才能關閉它?

13-2 矽控整流器 (SCR)

矽控整流器(SCR)基本上是具有閘極端點的四層二極體。與四層二極體類似，矽控整流器具有兩種可能的工作模態，但閘極增加了一個控制端點。在*截止*狀態下，它理想地作用像一個陽極與陰極間的開路電路，而事實並非開路而是有非常高的電阻。在*導通*狀態下，SCR理想地作用像從陽極到陰極短路一樣，而事實上，仍存在一個很小的*導通*(順向)電阻。光觸發矽控整流器(LASCR)除了靠光來觸發外，其餘的工作原理和矽控整流器一樣。

在學習完本節的內容後，你應該能夠

- 說明 **SCR** 的基本構造與工作原理
  - 辨識電路符號
- 請繪出矽控整流器等效電路
- 解釋矽控整流器是如何被導通
  - 描述特性曲線
- 解釋矽控整流器是如何被關閉
- 討論和定義矽控整流器的特性和額定
- 描述光觸發矽控整流器與介紹一個簡單的應用

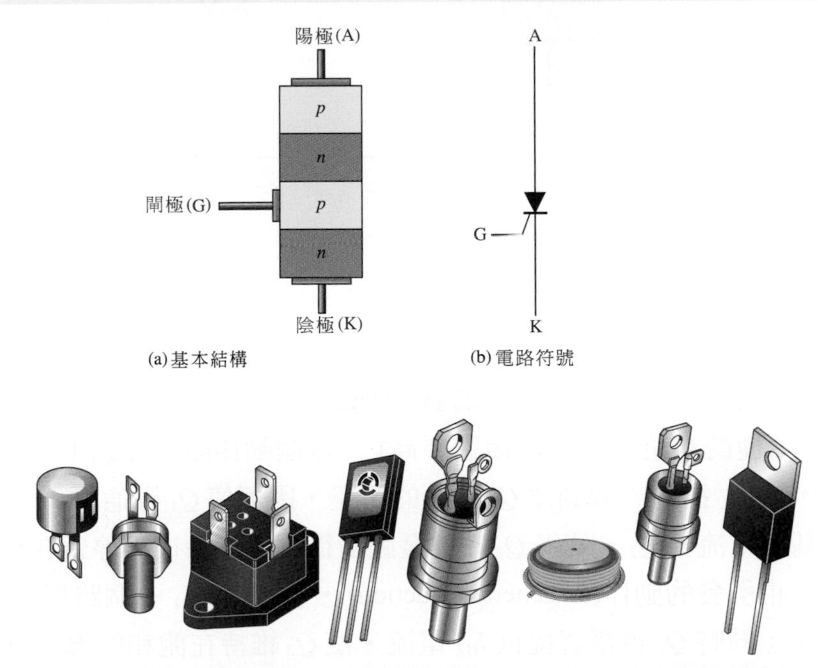

▲ 圖 13-5 矽控整流器 (SCR)。

矽控整流器(**silicon-controlled rectifier, SCR**)是具有三個端點的四層 *pnpn* 元件：陽極、陰極和閘極三個端點。SCR 廣泛用於電源切換電路中；較大的矽控整流器可以控制數百安培的電流。矽控整流器的基本結構如圖 13-5(a)所示，它的電路符號則標示於圖 13-5(b)中。典型的 SCR 封裝則標示於圖 13-5(c)。我們將發現其他種類的閘流體也具有類似的封裝。

SCR 等效電路 (SCR Equivalent Circuit)

如同四層二極體的情況一樣，我們可以將SCR內部的 *pnpn* 結構，想像成兩個電晶體的排列，這樣就比較容易瞭解它的工作原理，如圖 13-6 所示。這個結構很類似四層二極體，除了它具有閘極連接端之外。上面的 *pnp* 層的作用就像電晶體 Q_1，而下面的 *npn* 層則像電晶體 Q_2。再一次我們還是要注意到兩個中間層還是 "共用" 的。

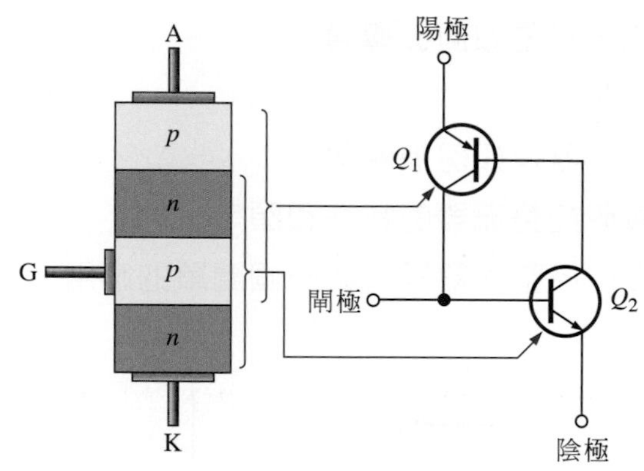

▲ 圖 13-6 SCR 等效電路。

導通 SCR (Turning the SCR On)

當閘極電流 I_G 爲零時，如圖 13-7(a)所示，元件就像四層二極體一樣處於*截止*狀態。在這個狀態下，陽極和陰極之間呈現非常高的電阻，像開關開路一樣，如圖所示。當一個正脈衝電流 (**觸發, Trigger**) 施加在閘極時，這兩個電晶體都會導通 (陽極的電位必須比陰極還要高) 。這個動作顯示在圖 13-7(b)中。I_{B2} 使 Q_2 導通，爲 I_{B1} 提供一個到達 Q_2 集極的路徑，因而使 Q_1 導通。Q_1 集極電流提供額外的基極電流給 Q_2，使得 Q_2 在觸發脈衝從閘極移除後仍停留在導通狀態。透過這種互相引發的動作(Regenerative action)，Q_2 提供 I_{B1} 一個路徑，使 Q_1 維持在飽和狀態；同時 Q_1 也藉著提供 I_{B2} 電流，使 Q_2 維持在飽和的導通狀態。因此，一旦元件被觸發，它會停留在導通 (鎖定) 狀態，如圖 13-7(c)所示。矽控整流器(SCR)的電流完全由外部電路的阻抗所控制。在這個狀態下，陽極和陰極之間只有很低的電阻，可以視爲開關閉合，如圖所示。實際上，當矽控整流器導通時，由於等效 Q_2 的基極 - 射極電壓降和等效 Q_1 中的飽和電壓降，SCR 兩端將有一個小電壓產生。

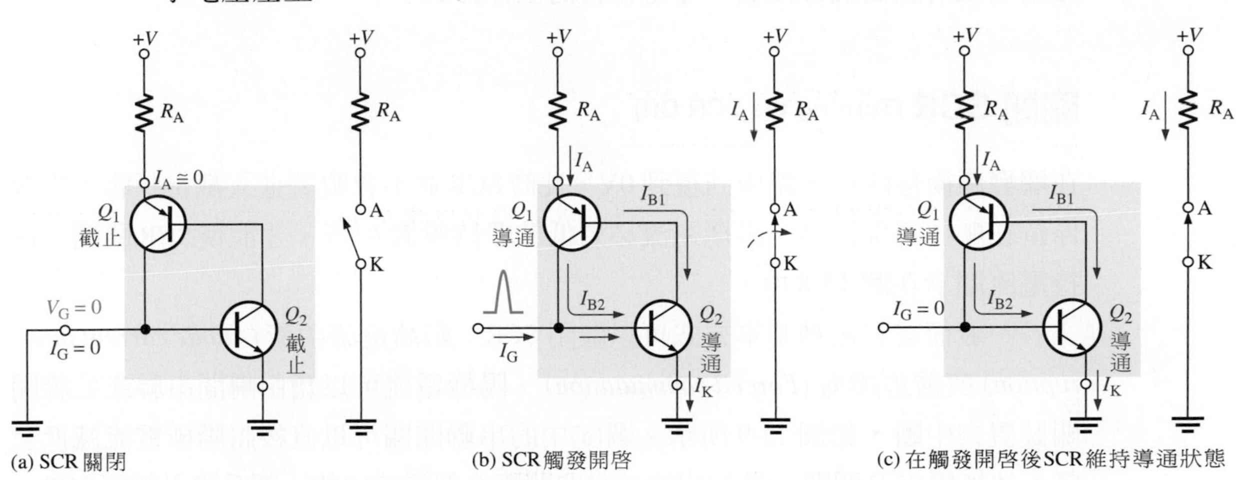

▲ 圖 13-7　SCR 的開啓程序以及等效開關電路。

如同四層二極體一樣，SCR 也可以不經由閘極觸發來開啓，而是經由增加陽極到陰極的電壓，使其超過順向折轉電壓 $V_{BR(F)}$ 的值，如圖 13-8(a)的特性曲線所顯示。隨著 I_G 增加且大於 0V，順向折轉電壓會減少，如圖 13-8(b)中一組曲線所顯示的情況。最後，I_G 會到達一個特定值，此時 SCR 會在陽極對陰極電壓很低的情況下就能導通。所以如同我們在圖上所看見的，閘極電流可以控制開啓 SCR 所需要的順向折轉電壓 $V_{BR(F)}$ 值。

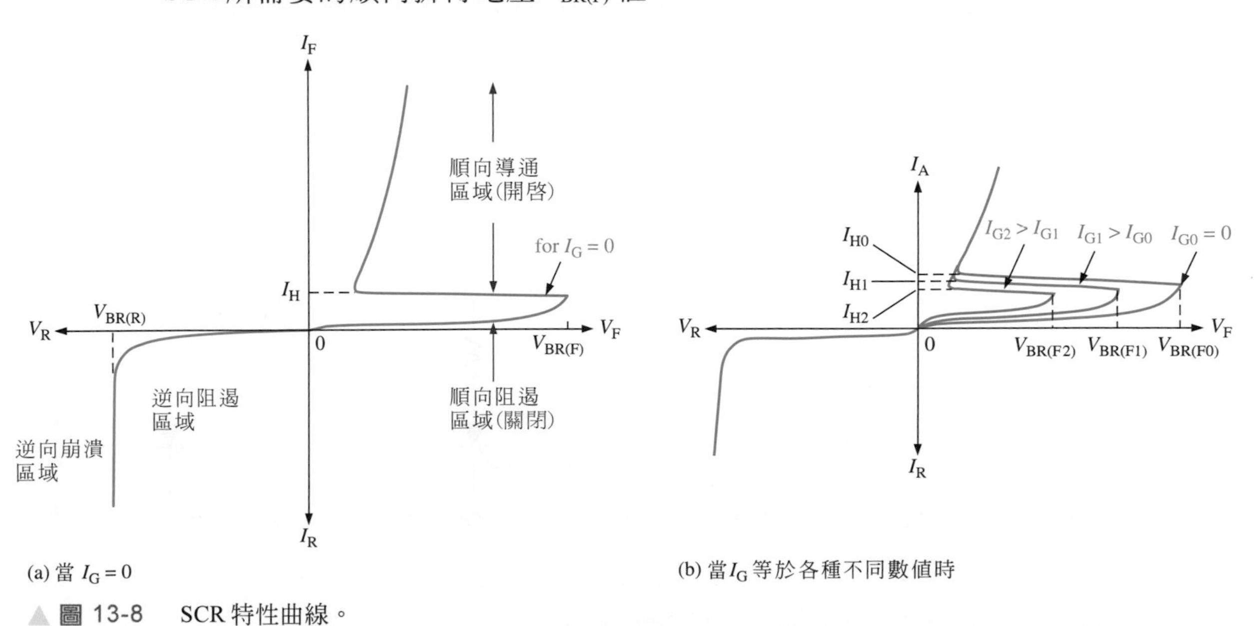

▲ 圖 13-8　SCR 特性曲線。

雖然在限制陽極電流的條件下，陽極對陰極電壓超過 $V_{BR(F)}$ 並不會損害元件，但是這種情況應該要避免，因爲這樣會喪失對 SCR 的正常控制。SCR 應該靠閘極上的脈衝加以觸發，才是正常的工作方式。

關閉 SCR (Turning the SCR Off)

在觸發脈衝移除後，閘極回復到 0V，此時SCR並不會跟著進入截止狀態；它會停留在順向導通區域。陽極電流必須低於保持電流 I_H 後，才能使SCR關閉。保持電流顯示在圖 13-8 中。

一般而言有兩種基本方式可以關閉 SCR：*陽極電流中斷 (Anode current interruption)* 與*強迫換向 (Forced commutation)*。陽極電流可以藉由瞬間串聯或並聯開關裝置來中斷，如圖 13-9 所示。圖(a)中的串聯開關可以直接將陽極電流減低至零，然後讓SCR關閉。圖(b)中的並聯開關將全部電流中的一部分導引離開SCR，使陽極電流降低到低於 I_H。

強迫換向方式基本上需要瞬間強迫電流，以相反於順向導通的方向通過 SCR，使得淨順向電流減少至低於保持電流值。其基本電路顯示於圖 13-10 中，它包含一個開關 (通常是電晶體開關) 和一個電容。當 SCR 導通時，開關處於開路狀態，C_c是經由R_c充電至供應電壓，如圖(a)所示。要關閉SCR時，就將開關閉合，因而將電容的電壓施加於 SCR 兩端，來強迫電流以和順向電流相反的方向通過 SCR， 如(b)部分中所示。 一般來說， SCR 的關閉時間從幾微秒到大約 30 μs。

▶ 圖 13-9

利用中斷陽極電流來關閉 SCR。

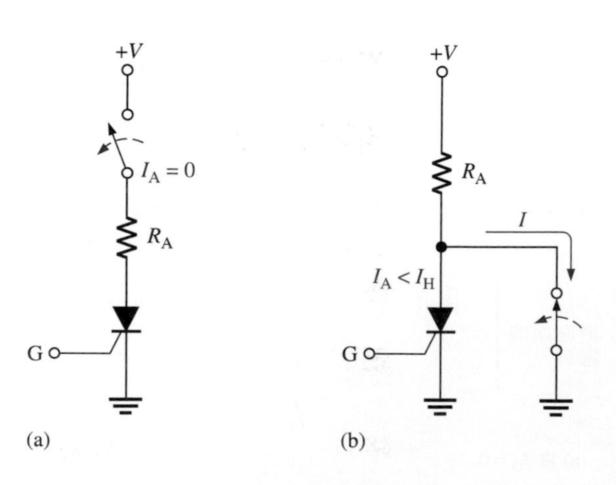

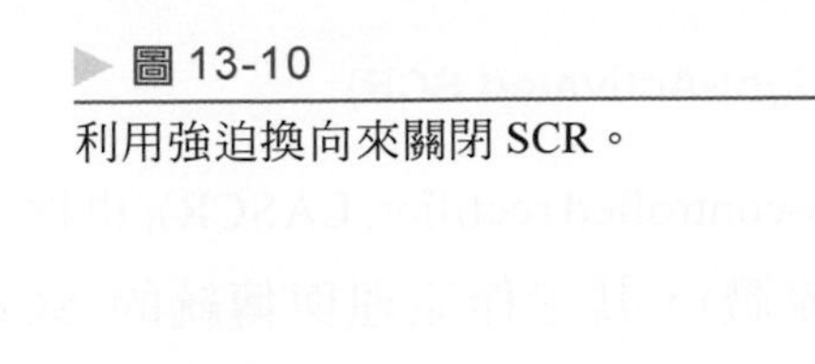

▶ 圖 13-10
利用強迫換向來關閉 SCR。

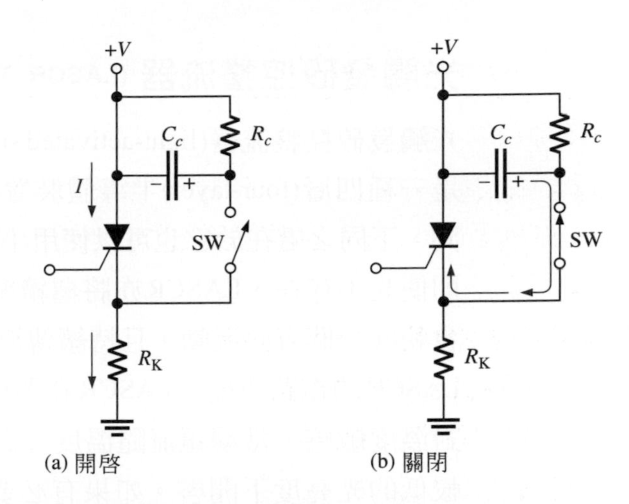

SCR 特性與額定值 (SCR Characteristics and Ratings)

有幾個 SCR 最重要的特性和額定值定義如下列所述。請注意，這些規格是在一特定溫度下(通常爲 25°C)得出的參數；某些規格如最小閘極觸發電流，則是在不同溫度下所做的測量。使用圖 13-8(a)中的曲線當作參考。

順向折轉電壓 $V_{BR(F)}$　這是 SCR 進入順向導通區時的電壓值。$V_{BR(F)}$ 的值在 $I_G=0$ 時呈現最大值，且以 $V_{BR(F0)}$ 表示。當閘極電流增加時，$V_{BR(F)}$ 會隨之減少，隨著逐次增加的閘極電流 (I_{G1}，I_{G2}，依此類推)，我們將它們命名爲 $V_{BR(F1)}$、$V_{BR(F2)}$，依此類推。

保持電流 I_H　這是在 SCR 由順向導通區切換至順向阻遏區時的陽極電流值。這個值會隨著 I_G 值的減少而增加，而且在 $I_G = 0$ 時有最大值。

閘極觸發電流 I_{GT}　這是在指定狀況下，將 SCR 由順向阻遏區切換至順向導通區時，所需要的閘極電流值。

平均順向電流 $I_{F(avg)}$　這是在特定狀況下，元件可以維持在導通狀態的最大連續陽極電流 (直流)。

順向導通區　這個區域對應到 SCR 的*導通*狀態，此時有順向電流從 SCR 的陽極，通過非常低的電阻 (近似短路) 到達陰極。

順向阻遏和逆向阻遏區　這些區域對應爲 SCR 的*截止*狀態，此時從 SCR 的陽極到陰極的順向電流被內部近似開路的電路所阻斷。

逆向崩潰電壓 $V_{BR(R)}$　這個參數定義了一個從陰極到陽極的逆向電壓值，在此電壓下元件會進入崩潰區，並且開始呈現極端導通狀態 (如同在 *pn* 接面二極體一樣)。

光觸發矽控整流器 (LASCR, The Light-Activated SCR)

光觸發矽控整流器(light-activated silicon-controlled rectifier, LASCR)(也稱為光 SCR)是一種四層(four-layer)半導體裝置(閘流體)，其工作原理與傳統的 SCR 基本相同，不同之處在於它也可以使用小透鏡將光聚焦到一個光敏閘極上。一旦觸發，即使光不存在，LASCR 亦將繼續導通。當 LASCR 被足夠的光觸發導通時，電流會朝同一個方向流動，且持續傳導直到電流量低於某一個特定的值。圖 13-11 為 LASCR 的電路符號。LASCR 在閘極端點開路的時候，對光的敏感度最高。它也對溫度敏感，當漏電流隨溫度升高而增加，因此當溫度升高時，LASCR 可以在較低的光亮度下開啓。如果有必要，可以在閘極到陰極之間加上一個電阻來降低敏感度。

▶ 圖 13-11

光觸發矽控整流器(LASCR)的電路符號。

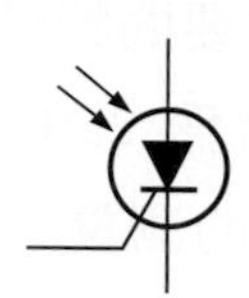

圖 13-12 顯示利用 LASCR 開啓栓鎖繼電器(latching relay)並啓動警報、門、開關的一個案例。當輸入電源將燈泡打開，入射燈光會觸發 LASCR。陽極的電流提供能量給繼電器，而使繼電器接觸點閉合，並啓動警報、門、開關等之作用。注意此系統輸入電源和其他電路完全沒有電氣上的連接。如電路圖中所示，閉合栓鎖繼電器所需的能量非常小，適合做為警報器、電動機或其他設備的切換電源開關。LASCR 非常有效率，並由於光的作用在控制電路和負載之間提供電氣隔離。由於這些原因，LASCR 也可用於高電壓、高電流切換系統中。

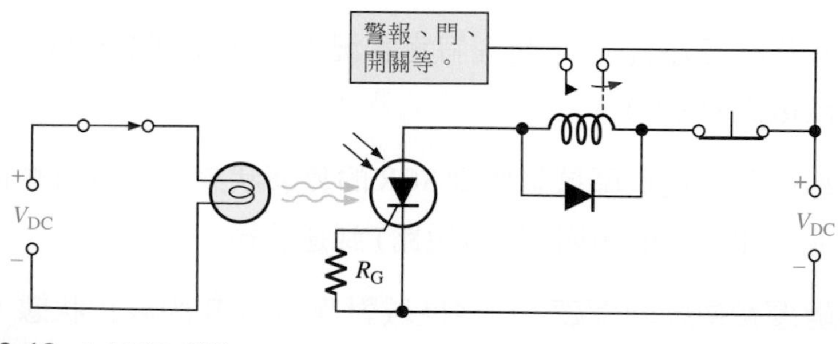

▲ 圖 13-12 LASCR 電路。

在基礎理論第 8-6 節介紹了使用 E-MOSFET 的固態繼電器(SSR)的觀念。回想一下，固態繼電器是一個連接電路，可以打開或關閉一個或多個連接到負載的開關。事實上，固態繼電器也可以用內部光隔離器和LASCR構成，形成一個光電 SCR 光耦合器。此元件通常用於將邏輯電路連接到負載，並將邏輯與負載隔離(例如 Fairchild 的 H11CX 系列)。圖 13-13 顯示將 TTL 邏輯電路連接到 25 W 負載(在這裡是一個小燈)的基本電路，這樣做的一個優點是兩個電路完全隔離，並且邏輯電路將不受負載所產生的傳導雜訊影響。

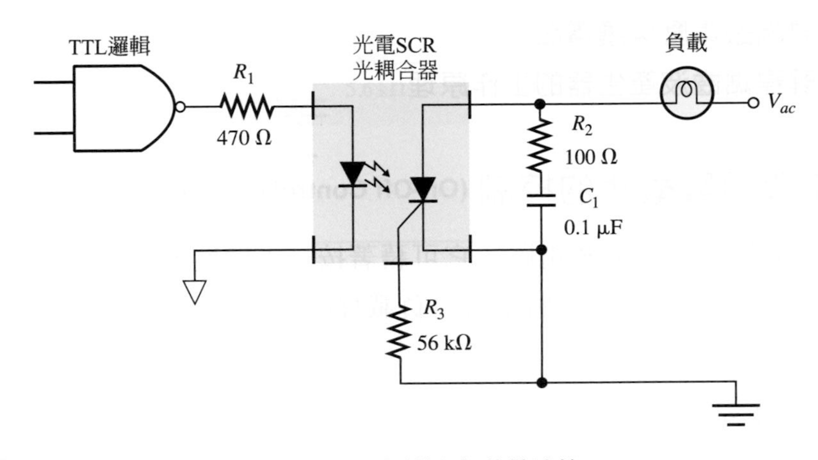

▲ 圖 13-13 使用光電 SCR 將 TTL 邏輯閘與負載做連接。

第13-2 節 隨堂測驗

1. 什麼是 SCR？
2. 說出 SCR 端點的名稱。
3. 如何才能開啓 SCR (使它導通)？
4. 如何關閉 SCR？
5. 如何才能把圖 13-12 中的LASCR關閉，並釋放繼電器(relay)內的能量？

▶ 圖 13-16

半波、可變電阻、相位控制電路。

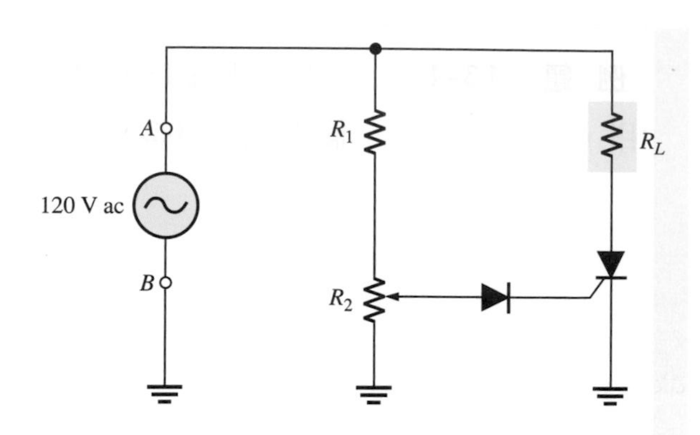

當 SCR 在接近週期開始 (接近 0°) 時就觸發導通，如圖 13-17(a)所示，導通期大約是 180°，所以有最大功率傳送到負載上。如果它在接近正半週期峰值 (接近 90°) 時觸發導通，如圖 13-17(b)所示，則 SCR 導通了大約 90°，所以傳送到負載的功率比較少。經由調整 R_2，可以在這兩個極值之間的任何一點觸發 SCR，因此傳送到負載的功率值是可調整的。圖 13-17(c)顯示觸發發生在 45°這一點來做爲範例。當交流輸入進入負半週時，SCR 會關閉而不再導通，直到下一個正半週期觸發點來臨時。電路中的二極體可以防止負的交流電壓施加到 SCR 的閘極上。

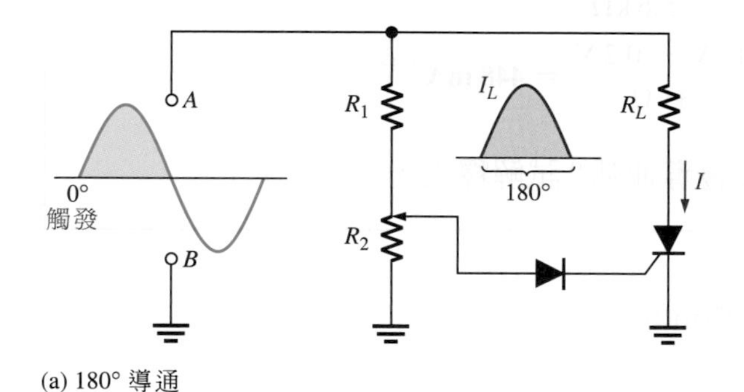

(a) 180° 導通

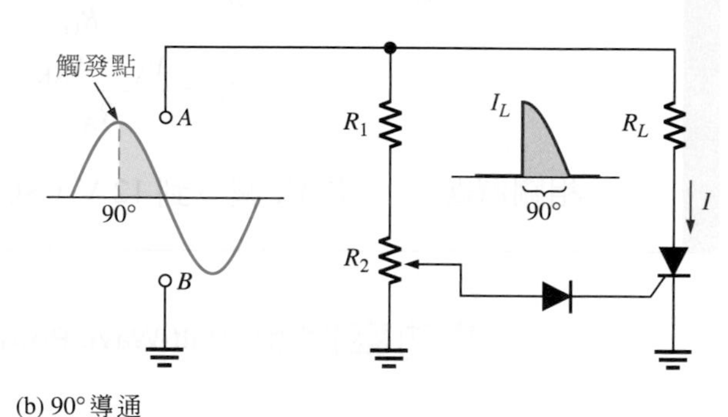

(b) 90° 導通

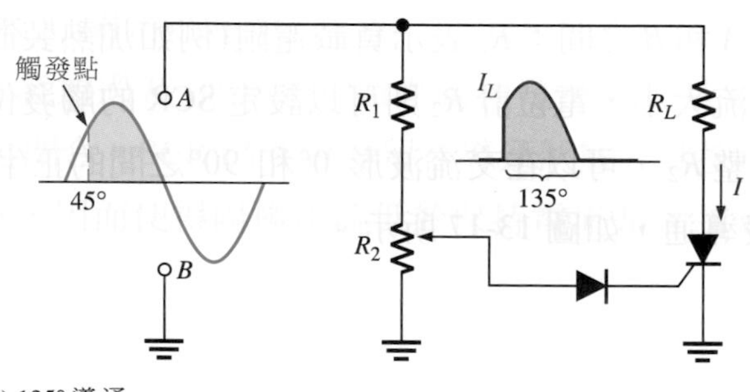

(c) 135° 導通

▲ 圖 13-17 相位控制電路的工作原理。

例 題 13-2 當負載電流分別在 180°、45°和 90°導通時，試畫出圖 13-18 中SCR從陽極到陰極 (接地) 的電壓波形。假設這是理想的 SCR。

▶ 圖 13-18

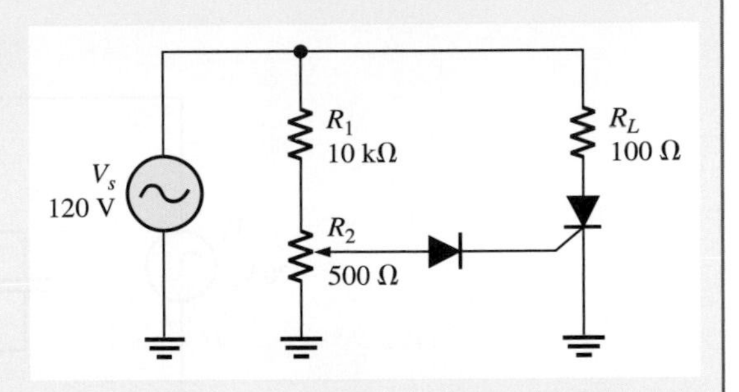

解 當負載上有電流時，SCR 是會導通的，而且在 SCR 兩端的電壓理想值爲零。當負載上沒有電流時，SCR兩端的電壓與外加電壓相等。波形顯示在圖 13-19 中。

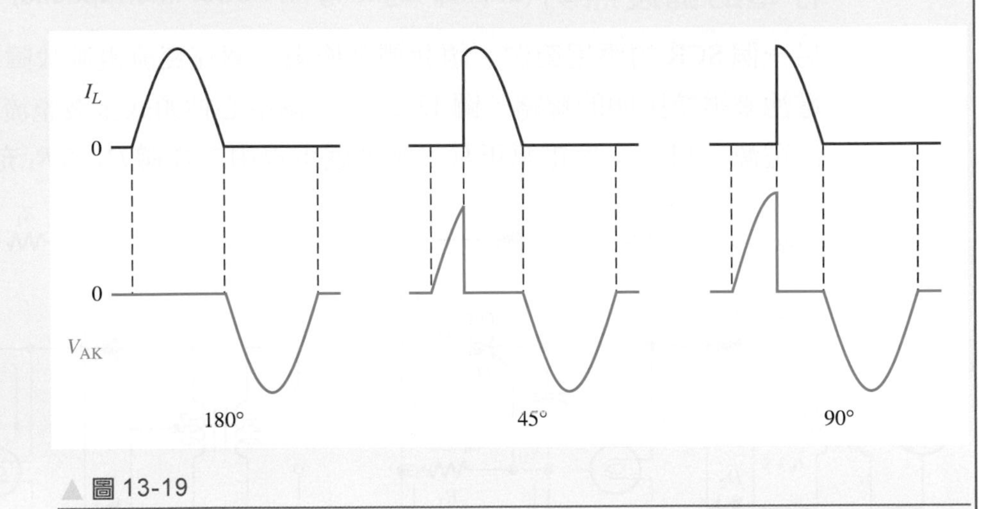

▲ 圖 13-19

相關習題 若 SCR 都沒有被觸發的話，則 SCR 兩端的電壓爲多少？

圖 13-16 顯示一個使用類似相位控制電路的想法，來設計一直流馬達的速度控制器。它使用 SCR 在交流電源上操作，將交流電轉換爲脈衝直流電。直流馬達甚至可以直接使用整流過的脈衝輸出交流電，而無需添加濾波器。電路如圖 13-20 所示。爲了讓電動機的參考可以接地，將電動機連接到 SCR 的陰極側，二極體 D_1 設定最小閘極電壓爲 0.7 V，R_2 調節 SCR 的觸發點，從而調節馬達的

平均電流。這個電路可以適用於脈衝直流電操作的其他負載，例如燈泡等。速度控制電路的另一種變化電路，是使用可程式單接面電晶體(programmable unijunction transistor, PUT)，將在本章末的元件應用中介紹。

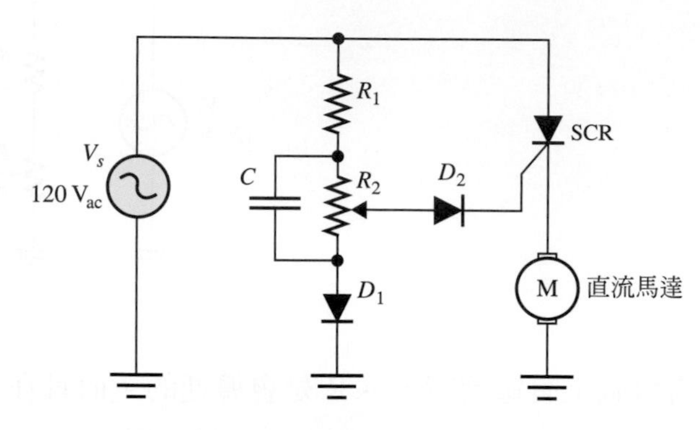

▲ 圖 13-20 直流馬達速度控制。

停電的備援照明 (Backup Lighting for Power Interruptions)

另一個 SCR 的應用範例，讓我們來檢視一個在交流電源故障時，可以使用備用電池來維持照明的線路。圖 13-21 有一個中心抽頭式全波整流器，可提供電燈交流電源。只要交流電源正常，電池就可經由二極體 D_3 和 R_1 充電。

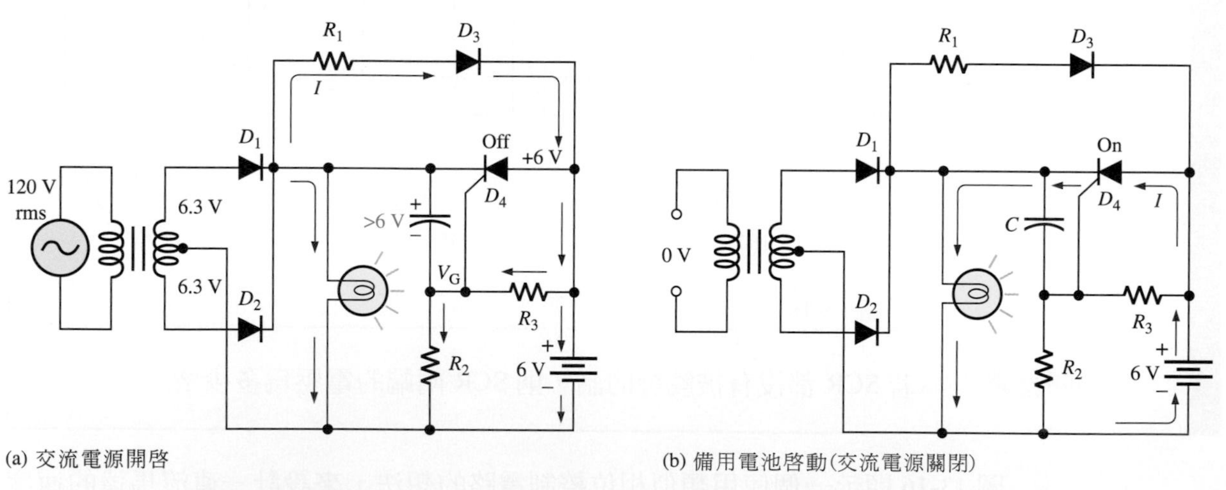

▲ 圖 13-21 停電備用照明電路。

當電容器充電到交流電壓經過全波整流後的峰值 (6.3V rms 減去 R_2 和 D_1 上的電壓降)時，就可提供SCR的陰極電壓。SCR 陽極則處於 6V 的電池電壓，使得它的電位比陰極還低，因此無法導通。SCR的閘極電壓是由 R_2 和 R_3 組成的分壓器決定。在這些條件下，利用交流輸入電源，電燈可以發光，而 SCR 處於關閉的狀態，如圖 13-21(a)所示。

當交流電源中斷時，電容會通過封閉路徑 R_1，D_3，和 R_3 放電，使得陰極電位低於陽極和閘極。這樣的情況，滿足 SCR 的觸發條件，所以 SCR 會開始導通。電池電流會通過 SCR 和電燈，因此電燈繼續發光，如圖 13-21(b)所示。當交流電源回復時，電容再一次充電而 SCR 又會關閉。此時電池開始重新充電。

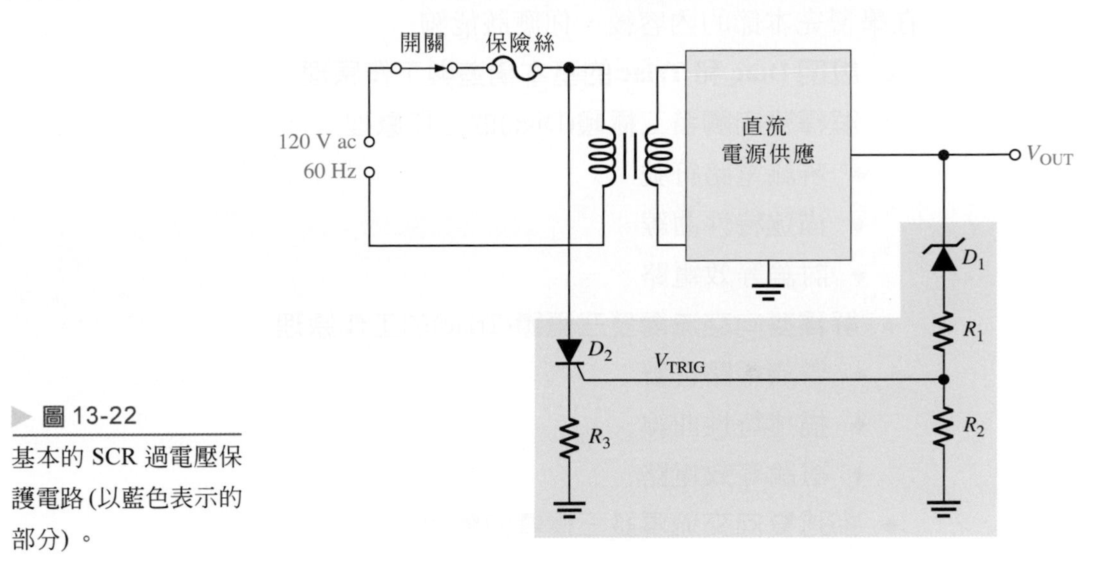

▶ 圖 13-22

基本的 SCR 過電壓保護電路 (以藍色表示的部分) 。

過電壓保護電路 (An Over-Voltage Protection Circuit)

圖 13-22 爲直流電源供應器中， 一個簡單的過電壓保護電路， 有時也稱爲 "橇棍" (crowbar) 電路。橇棍名稱來自於想像該電路就像在輸出端放置一根橇棍的意思。從調整器輸出的直流電壓由齊納二極體 (D_1) 和電阻式分壓器 (R_1 和 R_2) 監控。輸出電壓的上限由齊納電壓設定。如果超過這個電壓，齊納二極體將導通而分壓器會產生 SCR 觸發電壓，此觸發電壓會開啓 SCR，而 SCR 是連接在電源線電壓上，因此 SCR 電流將燒斷保險絲，因而切斷直流電源供應器來自於電源的線電壓。

第13-3 節 隨堂測驗

1. 如果圖 13-17 中的電位計設定在它的中間點，在輸入週期中的哪一個位置 SCR 會導通?
2. 在圖 13-21 中，二極體 D_3 的用途爲何?

13-4 雙向觸發二極體和雙向交流觸發三極體 (The Diac and Triac)

Diac 和 Triac 是兩個方向都可以導通電流 (雙向導通) 的閘流體。這兩種元件的差別在於Diac有兩個端點，而Triac有第三個端點，那是用來觸發的閘極。Diac的動作基本上就像兩個並聯的四層二極體放置在不同的方向上。Triac就像兩個並聯的 SCR 放置在相反的方向上，但是共用同一個閘極端點。

在學習完本節的內容後，你應該能夠

- **說明 Diac 和 Triac 的基本構造與工作原理**
- 解釋雙向觸發二極體(Diac)的工作原理
  - 辨識電路符號
  - 描述特性曲線
  - 討論等效電路
- 解釋雙向交流觸發三極體(Triac)的工作原理
  - 辨識電路符號
  - 描述特性曲線
  - 討論等效電路
- 描述雙向交流觸發三極體的應用

雙向觸發二極體 (The Diac)

雙向觸發二極體 (Diac)(交流二極體的簡稱)是一個雙端閘流體元件，相當於背對背的反向四層二極體結構，當元件被啓動，兩個方向皆可導通電流。其基本構造與電路符號顯示於圖 13-23 中。請注意，它有兩個端點，標示爲 A_1 和 A_2，它們分別代表陽極 1 及陽極 2，兩個端點皆不稱爲陰極。在上下層都包含有 *n* 和 *p* 兩種材料。二極體的右邊可以視爲 *pnpn* 架構，與四層二極體有相同的特性，而左邊則可視爲*npnp* 架構的反相四層二極體。

當兩個端點之間的電壓在任一個極性上到達轉折電壓時，雙向觸發二極體就會導通。圖 13-24 的曲線說明了這個特性。一旦折轉發生後，電流的方向依據兩個端點上電壓的極性而定。當電流低於保持電流值時，這元件就會關閉。

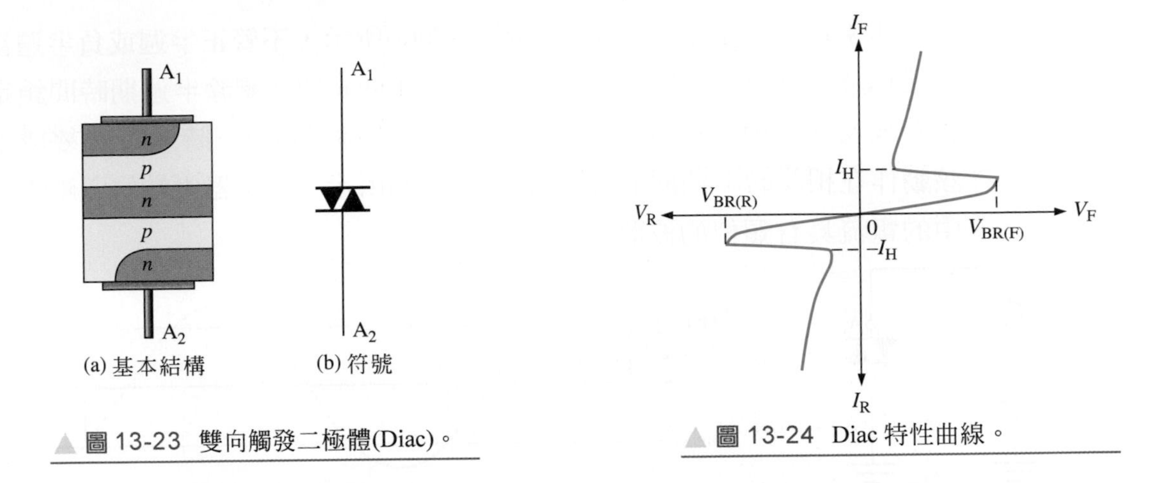

▲ 圖 13-23 雙向觸發二極體(Diac)。

▲ 圖 13-24 Diac 特性曲線。

Diac的等效電路由四個電晶體組成，其配置方式如圖 13-25(a)所示。當Diac如圖 13-25(b)中的方式偏壓時，從A_1到A_2的 *pnpn* 架構的工作過程，與四層二極體一樣。在等效電路中，Q_1和Q_2為順向偏壓，Q_3和Q_4為逆向偏壓。在這種偏壓情況下，元件是在圖 13-24 中特性曲線的右上方區域進行工作。當雙向觸發二極體的偏壓方式如圖 13-25(c)所示時，使用的是從A_2到A_1的 *pnpn* 架構。在等效電路中，Q_3和Q_4為順向偏壓，Q_1和Q_2為逆向偏壓。在這種偏壓情況下，元件是在圖 13-24 特性曲線的左下方區域進行工作。

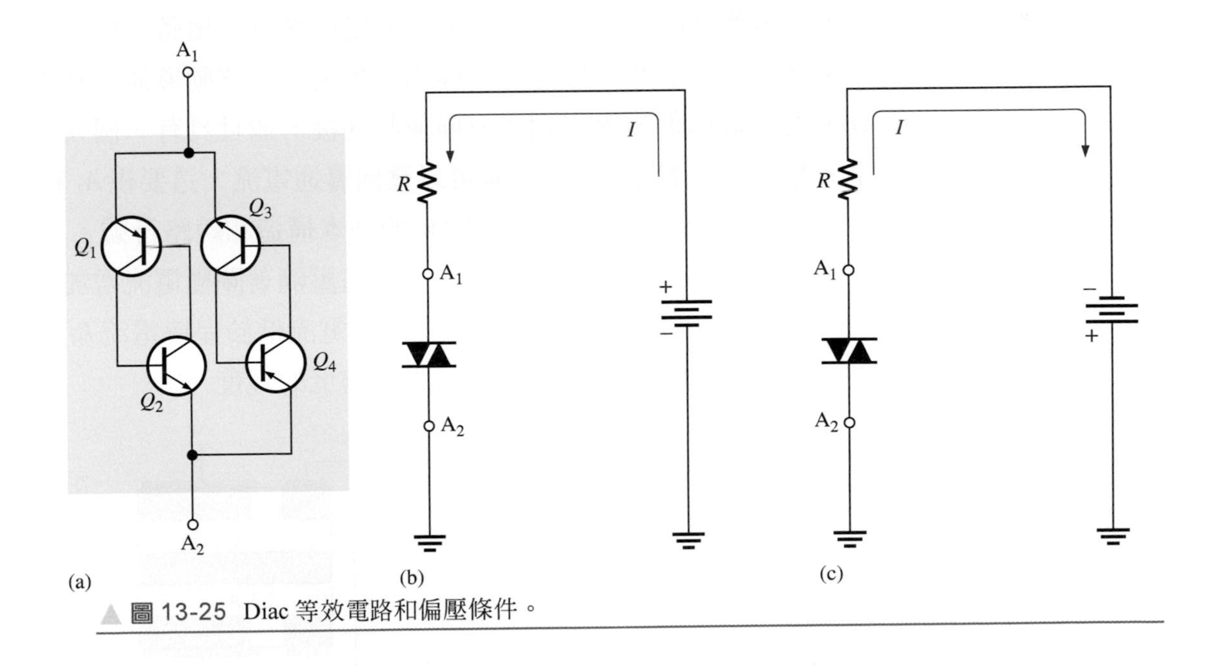

▲ 圖 13-25 Diac 等效電路和偏壓條件。

如果Diac由正弦波驅動，如圖 13-26(a)所示，不管正半週或負半週當正弦波到達V_{BR}時，Diac即被觸發。在觸發之後，Diac即在剩餘半週期時間鎖定，直到正弦波反轉方向，並且當電流下降到保持電流值I_H以下時，Diac 變成不導通。該動作在相反的半週期重複，如圖 13-26(b)所示。電阻器兩端的電壓(V_{R1})與電路中的電流具有類似的波形。

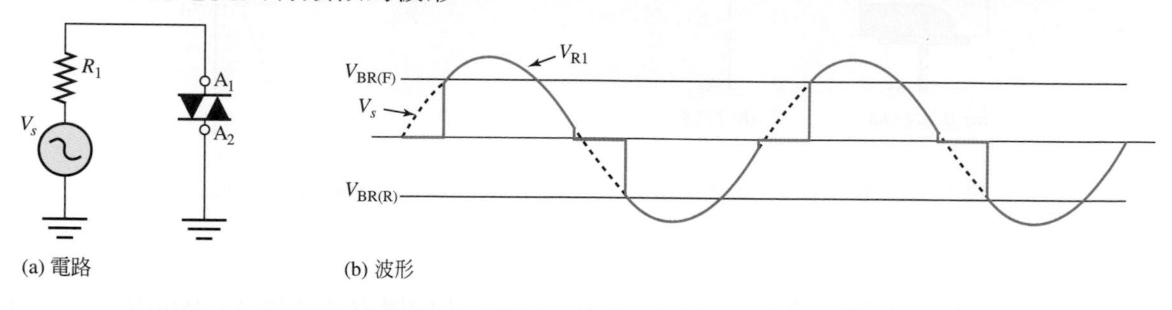

(a) 電路　(b) 波形

▲ 圖 13-26 以正弦波輸入之 Diac 電路

Diac 被設計用於快速切換每一個半週期波形，主要是因爲其內部接面通常摻雜的濃度水平相同，因此，在一個精確的切換點上，其切換波形一致，使其可作爲觸發元件。它很少單獨用於電路；最常見的用途是作爲雙向交流觸發三極體(Triac)的觸發裝置(下面介紹)。

雙向交流觸發三極體 (The Triac)

雙向交流觸發三極體 (Triac) 像是具有閘極端的雙向觸發二極體。Triac可以利用閘極電流脈衝開啓，而不需要像 Diac 一樣用折轉電壓來啓動導通。基本上，我們可以將Triac想像成兩個SCR以相反方向並聯連接，並且具有一個共用的閘極端點。不像SCR，在觸發開啓後，Triac可以雙向導通電流，這要視A_1和A_2端點之間的電壓極性而定。圖 13-27 顯示出 Triac 的基本構造和線路符號。

其特性曲線如圖 13-28 所示。請注意，折轉電壓隨著閘極電流增加而減少，就像SCR一樣。與其他閘流體一樣，Triac在陽極電流低於保持電流 I_H 時會停止導通。關閉 Triac 唯一的方法就是將電流降低到夠低的程度。

▶ 圖 13-27

雙向交流觸發三極體。

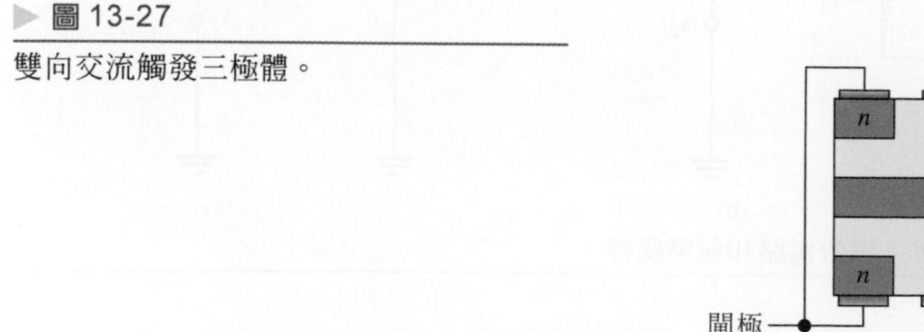

(a) 基本結構　(b) 符號

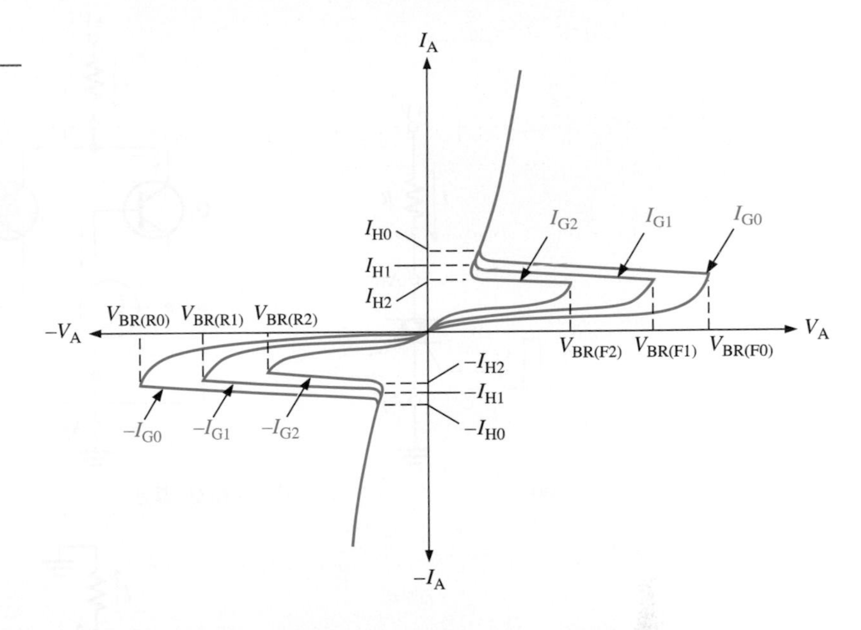

▶ 圖 13-28

Triac 特性曲線。

圖 13-29 顯示出將 Triac 雙向觸發導通的情形。圖(a)中，使端點 A_1 相對於 A_2 具有較高的偏壓電壓，因此當 Triac 在閘極以正脈衝觸發時，會如圖所示般導通。在圖(b)電晶體等效電路中，則顯示當閘極以正脈衝觸發時，Q_1 和 Q_2 將會導通。在圖(c)中，使端點 A_2 相對於 A_1 具有較高的偏壓電壓。在這種情況下，當有正觸發脈衝出現時，Q_3 和 Q_4 將會導通，如圖(d)中所示。

應用電路 (Applications)

與 SCR 一樣，Triac 也可以利用相位控制的方式，用來控制送到負載的平均功率。我們可以觸發 Triac 以便控制交流電源，使每個半波週期的特定部分才能將交流功率施加到負載上。在交流電壓的每個正半週期間的一段特定時間內 Triac 會關閉，稱爲*延遲角 (Delay angle)*，單位爲度，然後在正半週期的其餘部分，稱爲*導通角(Conduction angle)*，Triac 會被觸發開啓並且開始導通電流通過負載。在負半週期也有類似的動作過程，當然除了電流通過負載的方向是相反的之外。圖 13-30 說明這個動作過程。

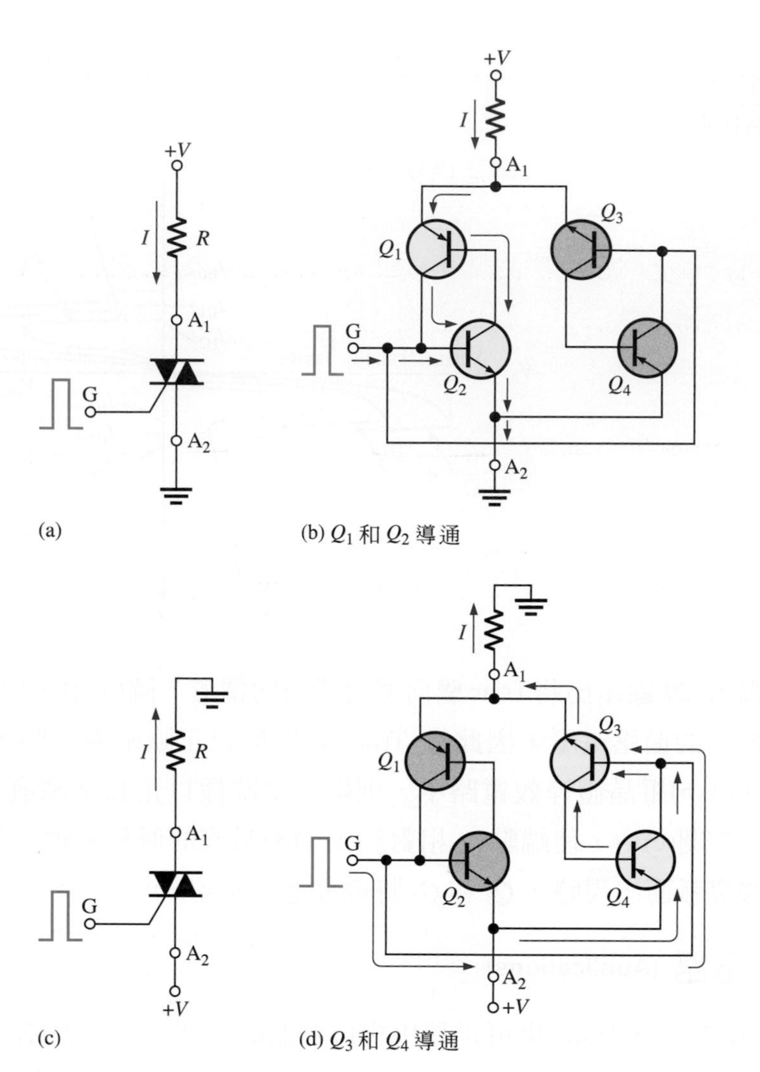

▲ 圖 13-29 Triac 的雙向工作原理。

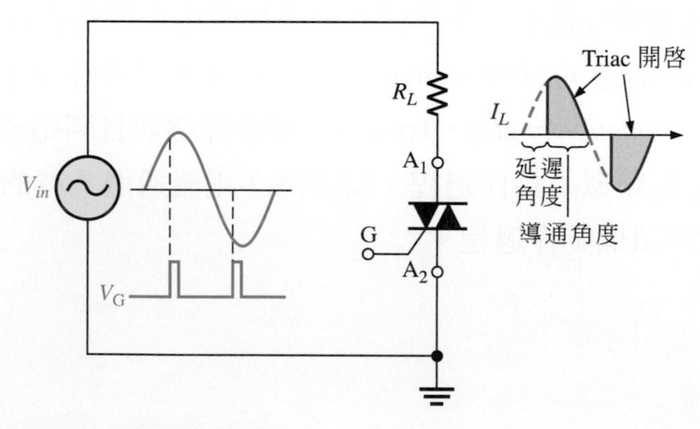

▲ 圖 13-30 基本的 Triac 相位控制。

圖 13-31 說明了一個運用 Triac 以相位控制方式調光的範例電路。在這電路中，Diac用於提供一個一致的觸發信號給Triac。R_1 和 R_2 組成一個分壓器，對交流輸入進行採樣；Diac爲提供快速上升的觸發信號。C_1 將任何雜散信號分流接地。R_4 和 C_2 組成 R_C 緩衝電路(snubber)。這種串聯的 R_C 電路，可以抑制雜訊，否則可能導致 Triac 的誤動作觸發(通常在電感性雜訊的情況下，您經常會看到一個二極體用於防止快速暫態變化)。

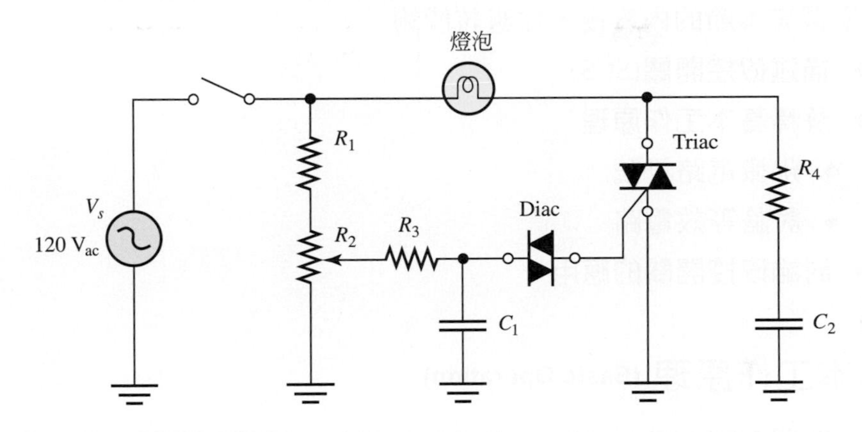

▲ 圖 13-31 調光器應用。

如果在交流的每次正向和每次負向交替期間滿足觸發條件，則 Diac 觸發 Triac，並且導通Triac直到其到達電流不足以維持導通的點，該點的位準是由前面描述的保持電流 I_H 所設定。圖 13-32 爲燈泡兩端的波形，顯示了可變觸發點和保持電流不足時的電位。

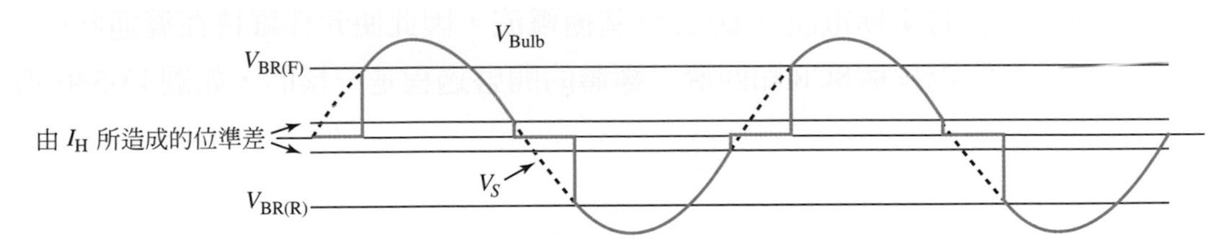

▲ 圖 13-32 圖 13-31 電路中燈泡兩端的電壓波形(藍色)。觸發位準位於 $V_{BR(F)}$ 和 $V_{BR(R)}$，由可變電阻 R_2 決定。

第13-4 節 隨堂測驗

1. 比較 Diac 和四層二極體的基本工作原理。
2. 比較 Triac 和 SCR 的基本工作原理。
3. Diac 和 Triac 有何不同？
4. 緩衝電路(Snubber)的目的爲何？

13-5 矽控開關 (The Silicon-Controlled Switch, SCS)

矽控開關 (SCS) 的構造與 SCR 類似。不過 SCS 有兩個閘極端點，分別是陰極閘和陽極閘。我們可以使用任何一個閘極端點來關閉或開啓 SCS。請記得 SCR 的閘極端點只能用來觸發元件導通。一般而言，SCS 適用在功率額定值比 SCR 低的場合。

在學習完本節的內容後，你應該能夠

- 描述矽控開關(SCS)
- 解釋基本工作原理
  - 辨識電路符號
  - 討論等效電路
- 討論矽控開關的應用

基本工作原理 (Basic Operation)

矽控開關 **SCS (Silicon-Controlled Switch)** 是一四端子的閘流體，其中二個端點用來觸發元件開與關的閘極，SCS 的符號和端點標識如圖 13-33 所示。與 SCR 的情況一樣，它基本上是一個整流器維持(電流在一個方向上流動)。

和前面的閘流體一樣，藉由參考電晶體等效電路可以瞭解 SCS 的工作原理，如圖 13-34 所示。開始的時候，假設 Q_1 和 Q_2 均爲截止狀態，所以 SCS 尚未導通。陰極閘上的正脈衝使 Q_2 導通，因而提供一條路徑讓 Q_1 的基極電流通過。當 Q_1 導通後，它的集極電流爲 Q_2 提供基極電流，因此使元件維持在導通狀態。這種互相引發的過程與 SCR 和四層二極體的開啓過程是一樣的，如圖 13-34(a)所示。

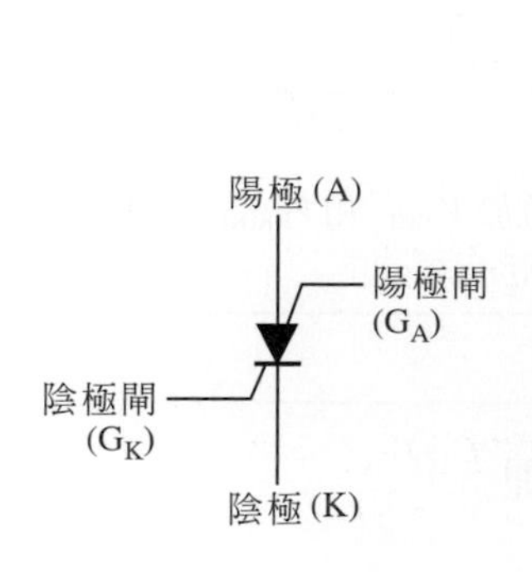

▲ 圖 13-33 矽控開關 (SCS)。

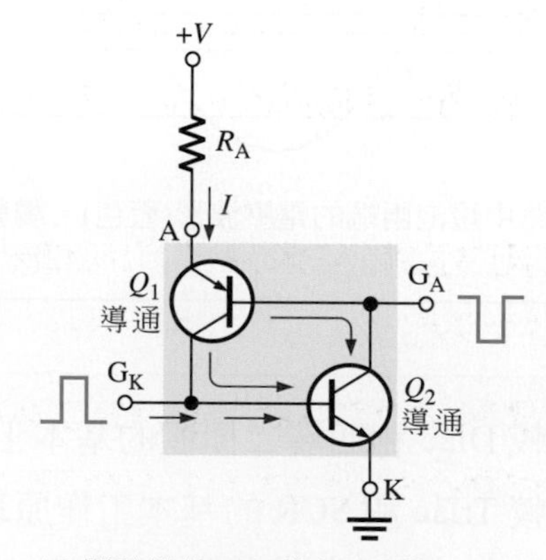

(a) 開啓條件：G_K 施加正脈衝或 G_A 施加負脈衝

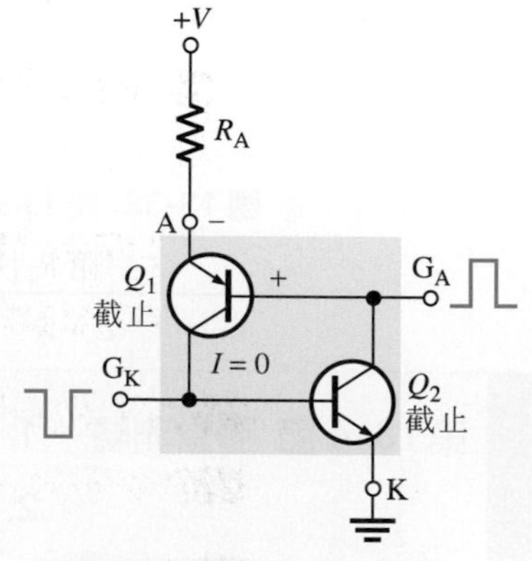

(b) 關閉條件：G_A 施加正脈衝或 G_K 施加負脈衝

▲ 圖 13-34 SCS 的工作原理。

SCS也可由陽極閘上施加負脈衝來開啓，如圖 13-34(a)所示。這樣作可使 Q_1 導通，進而提供 Q_2 基極電流。一旦 Q_2 導通，它會為 Q_1 基極電流提供一條路徑，因而使元件維持*導通*狀態。

若要關閉 SCS，一般方法是在陽極閘施加一個正脈衝。這樣可以使 Q_1 的基極-射極接面逆向偏壓，並且將電晶體 Q_1 關閉。然後 Q_2 會截止，使得 SCS 停止導通，如圖 13-34(b)所示。當 R_A 具有一定的值，我們也可以在陰極閘上施加負脈衝來關閉 SCS，如圖(b)中所示。一般而言，SCS 的關閉時間比 SCR 快。

除了陽極閘上施加正脈衝或陰極閘上施加負脈衝外，還有其它方法可以關閉SCS。圖 13-35(a)和(b)顯示了兩種關閉的方法，可以將陽極電流降到低於保持電流。在這兩種情況下，雙極接面電晶體 (BJT) 的動作就像開關一樣，中斷陽極電流。

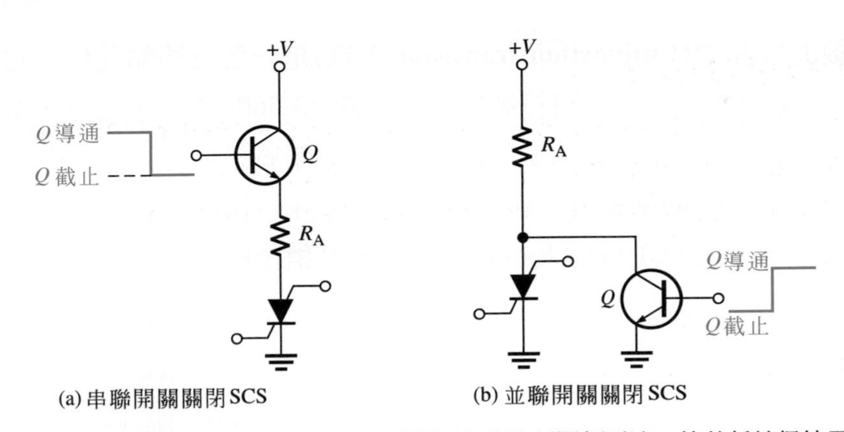

(a) 串聯開關關閉SCS (b) 並聯開關關閉 SCS

▲ 圖 13-35 串聯或並聯情況下的電晶體開關都能降低陽極電流，使其低於保持電流並且關閉SCS。

應用電路 (Applications)

SCS 和 SCR 可以使用在相似的應用電路中。SCS 的優點是將脈衝施加在任何一個閘極端點，它都有較快的關閉速度，不過它在最大電流和電壓額定值上，也有較大的限制。而且，SCS 有時會使用在數位應用電路中，如計數器、暫存器和時脈電路。

第13-5節 隨堂測驗

1. 解釋 SCS 和 SCR 的不同。
2. 如何將 SCS 開啓？
3. 說明關閉 SCS 的三種方法。

13-6 單接面電晶體 (The Unijunction Transistor, UJT)

因為單接面電晶體沒有四層的構造，所以它並不屬於閘流體家族。*單接面電晶體*這個名詞意指UJT擁有單一*pn*接面這個事實。UJT在一些振盪器應用電路裡很有用，也可以當作閘流體電路中的觸發元件。

在學習完本節的內容後，你應該能夠

- **描述單接面電晶體的基本結構和工作原理**
  - 辨識電路符號
- 使用等效電路來描述基本工作原理
- 定義和討論*內分比(standoff ratio)*
- 討論 UJT 的應用

單接面電晶體**(Unijunction transistor, UJT)**是一個三端點元件，它的基本構造如圖 13-36(a)所示；而線路符號則表示在圖 13-36(b)中。請注意，端點的名稱分別為射極 (E)，基極 1 (B_1)，和基極 2 (B_2)。不要將這些符號和JFET的符號混淆了；其差異是 UJT 的箭頭有一個角度。UJT 只有一個*pn*接面，所以這個元件的特性曲線和 BJT 或 FET 有很大不同，這些差異稍後將會討論。

▶ 圖 13-36

單接面電晶體 (UJT)。

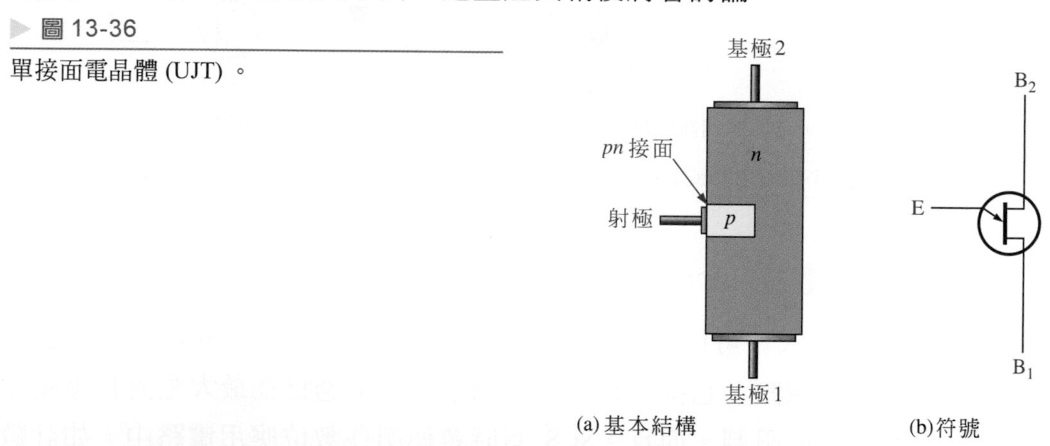

等效電路 (Equivalent Circuit)

UJT的等效電路顯示在圖 13-37(a)，這將有助於瞭解它的基本工作原理。圖中的二極體代表*pn*接面，r'_{B1} 表示射極和基極 1 之間矽晶的內部動態電阻，而 r'_{B2} 則表示射極和基極 2 之間的動態電阻。$r'_{B1}+r'_{B2}$ 代表兩個基極端點間的電阻總和，

▶ 圖 13-37
UJT 等效電路。

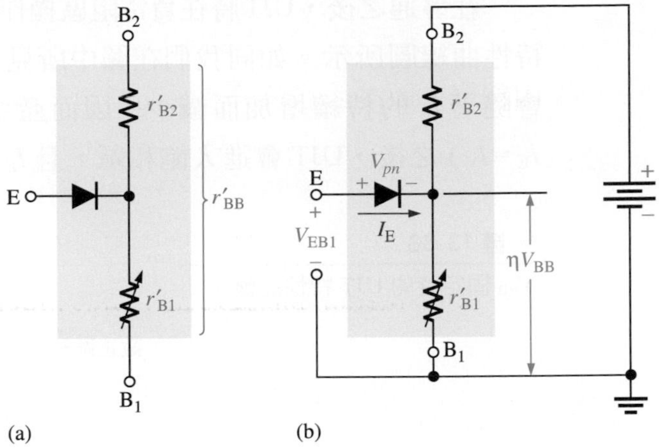

稱爲*基極間電阻* (*Interbase resistance*) r'_{BB} 。

$$r'_{BB} = r'_{B1} + r'_{B2}$$

r'_{B1} 的值和射極電流 I_E 成反比，因此將它表示爲可變電阻。隨著 I_E 值的不同，r'_{B1} 的值可在幾千歐姆到幾十歐姆之間變動。內部電阻 r'_{B1} 和 r'_{B2} 在元件受到偏壓時可以視爲一個分壓器，如圖 13-37(b)所示。電阻 r'_{B1} 兩端的電壓可表示爲

$$V_{r'_{B1}} = \left(\frac{r'_{B1}}{r'_{BB}}\right)V_{BB}$$

內分比 (Standoff Ratio)

r'_{B1}/r'_{BB} 的比值是 UJT 的一個特性，稱爲本質的內分比**(Standoff ratio)**，並且以 η (希臘字母 *eta*) 表示。

$$\boldsymbol{\eta = \frac{r'_{B1}}{r'_{BB}}} \quad \text{公式 13-1}$$

只要施加的射極電壓 V_{EB1} 小於 $V_{r'_{B1}} + V_{pn}$ ，就不會產生射極電流，這是因爲 *pn* 接面並不是順向偏壓 (V_{pn} 爲 *pn* 接面的障壁電壓) 的緣故。讓 *pn* 接面變成順向偏壓的射極電壓值稱爲 V_P (峰點電壓) 且可表示爲

$$\boldsymbol{V_P = \eta V_{BB} + V_{pn}} \quad \text{公式 13-2}$$

當 V_{EB1} 達到 V_P 的值時，*pn* 接面將變成順向偏壓，使 I_E 開始產生。電洞從 *p* 型射極注入到 *n* 型基極區域。電洞的增加引起自由電子的增加，因而使射極和 B_1 之間的導電性增加 (r'_{B1} 減少)。

在導通之後，UJT 將在負電阻區操作直到電流到達特定的 I_E 值後，如圖 13-38 特性曲線圖所示。如同我們在圖中所見，在峰值點 ($V_E = V_P$ 和 $I_E = I_P$) 之後，V_E 會隨著 I_E 的持續增加而減少，因而產生負電阻特性。超過谷底點 ($V_E = V_V$ 和 $I_E = I_V$) 之後，UJT 會進入飽和區，且 I_E 持續增加時 V_E 只會有少許增加。

▶ 圖 13-38

V_{BB} 固定時的 UJT 特性曲線。

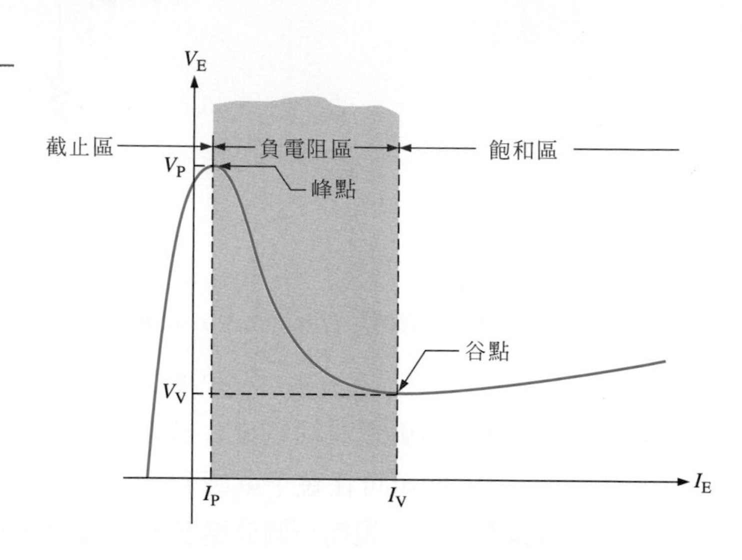

例 題 13-3 某個特定 UJT 的特性資料表提供的數據爲 $\eta = 0.6$。若 $V_{BB} = 20$ V，試求它的峰點射極電壓 V_P。

解

$$V_P = \eta V_{BB} + V_{pn} = 0.6(20\text{ V}) + 0.7\text{ V} = \mathbf{12.7\text{ V}}$$

相關問題 如何才能增加 UJT 的峰點射極電壓？

UJT 應用電路 (A UJT Application)

UJT 可以當作 SCR 與 Triac 的觸發元件。其它的應用還包括非正弦波振盪器、鋸齒波產生器、相位控制、和時脈電路。圖 13-39 利用 UJT 弛緩振盪器當作應用範例。

工作原理如下。當加上直流電源後，電容 C 會經由 R_1 以指數曲線方式充電，直到其電壓到達峰點電壓 V_P。此時 pn 接面會變成順向偏壓，而射極的特性則進入負電阻區域 (V_E 減少而 I_E 增加)。然後電容會迅速地透過順向偏壓接面、r'_B 和 R_2 放電。當電容器電壓降低到谷底電壓 V_V 時，UJT 關閉，此時電容又再一次開始充電，這個循環會不斷地重複，如圖 13-40 (上方) 的射極電壓波形所示。在電容放電的期間，UJT 呈現導通狀態。所以在 R_2 兩端會產生一個電壓，如圖 13-40 (下方) 的波形圖所示。

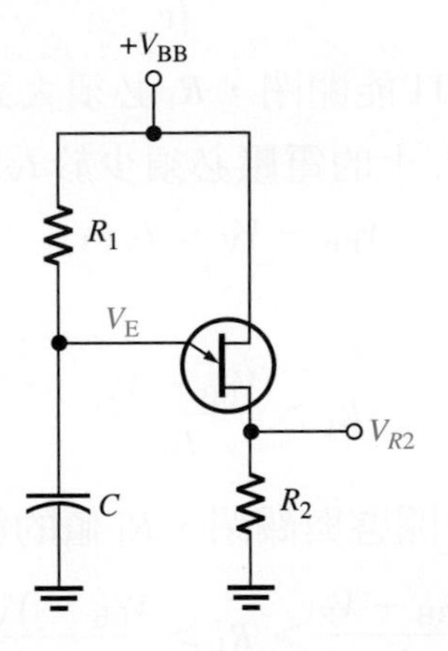

▲ 圖 13-39　弛緩振盪器。

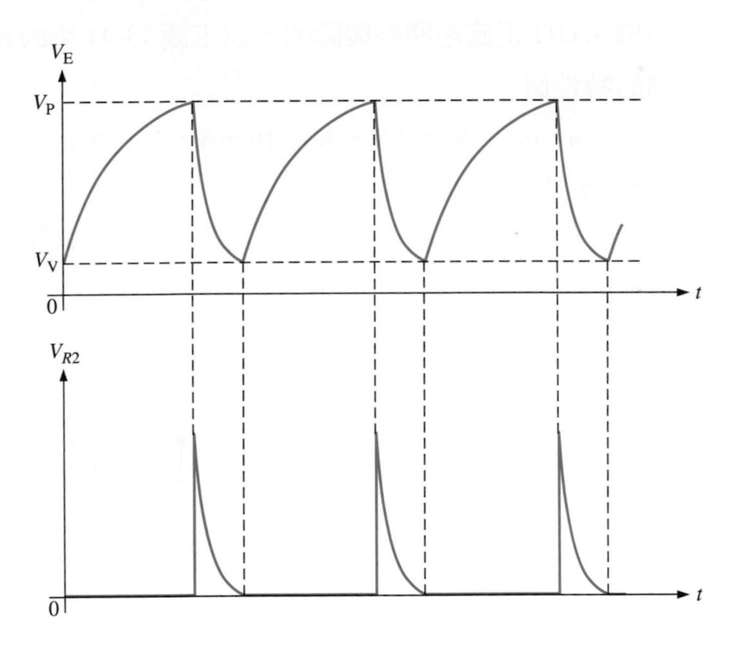

▲ 圖 13-40　UJT 弛緩振盪器的波形。

開啓與關閉的條件 (Conditions for Turn-On and Turn-Off)

在圖 13-39 的弛緩振盪器，要讓UJT可以確實地開啓和關閉，電路必須滿足一些條件。首先，要確保 UJT 開啓，在峰值電壓處，R_1 必須不能將 I_E 限制成低於 I_P。為確保如此，處於峰點時 R_1 上的電壓降必須大於 $I_P R_1$。因此，導通的條件為

$$V_{BB} - V_P > I_P R_1$$

或

$$R_1 < \frac{V_{BB} - V_P}{I_P}$$

爲確保在谷點時UJT能關閉，R_1 必須大到足夠使 I_E (在谷點) 會低於特定值 I_V。這代表谷底時在 R_1 上的電壓必須少於 $I_V R_1$。因此，關閉的條件爲

$$V_{BB} - V_V < I_V R_1$$

或

$$R_1 > \frac{V_{BB} - V_V}{I_V}$$

因此，爲了確保正確的開啓與關閉，R_1 值的範圍必須落在

$$\frac{V_{BB} - V_P}{I_P} > R_1 > \frac{V_{BB} - V_V}{I_V}$$

例題 13-4 爲確保UJT正確地開啓與關閉，試求圖 13-41 中的 R_1 值。UJT具有下列的特性值：

$\eta = 0.5$，$V_V = 1\text{ V}$，$I_V = 10\text{ mA}$，$I_P = 20\ \mu\text{A}$，且 $V_P = 14\text{ V}$。

▶ 圖 13-41

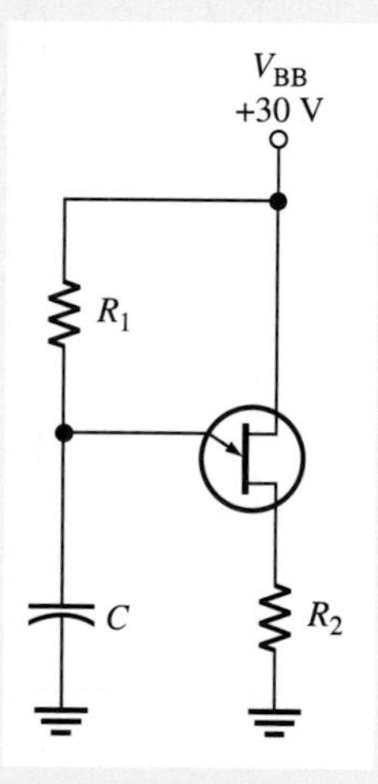

解

$$\frac{V_{BB} - V_P}{I_P} > R_1 > \frac{V_{BB} - V_V}{I_V}$$

$$\frac{30\text{ V} - 14\text{ V}}{20\ \mu\text{A}} > R_1 > \frac{30\text{ V} - 1\text{ V}}{10\text{ mA}}$$

$$\mathbf{800\ k\Omega} > R_1 > \mathbf{2.9\ k\Omega}$$

由結果可以看出，R_1 有著相當大的範圍可供選擇。

相關習題 依據下列的特性值，求出圖 13-41 中可確保UJT正確開啓與關閉的 R_1 值：$\eta = 0.33$，$V_V = 0.8\text{ V}$，$I_V = 15\text{ mA}$，$I_P = 35\ \mu\text{A}$，且 $V_P = 18\text{ V}$。

第13-6節 隨堂測驗

1. 試說出 UJT 端點名稱。
2. 什麼是本質的內分比？
3. 如圖 13-39 中基本的 UJT 弛緩振盪器，有哪三個因素可以決定振盪週期？

13-7 可程式單接面電晶體 (PUT, The Programmable Unijunction Transistor)

可程式單接面電晶體(PUT)事實上是一種閘流體，而且在結構方面完全不像UJT。和UJT唯一相似的地方是PUT可以使用在一些振盪器的應用電路，以便取代UJT。PUT與SCR很相似，除了它的陽極－閘極電壓可以同時用來開啓或關閉元件。

在學習完本節的內容後，你應該能夠

- **描述可程式化 UJT 的基本結構和工作原理**
  - 辨識電路符號
  - 描述 PUT 與 SCR 有何不同
  - 比較 PUT 和 UJT
- **解釋如何設定觸發電壓**
- **討論 PUT 的應用**

PUT(Programmable Unijunction Transistor)是一種三端子閘流體，當陽極電壓大於閘極電壓時因觸發而導通。PUT 的構造比起 UJT 更相似於 SCR (四層)，除了它的閘極是在如圖 13-42 所示的位置。請注意，閘極是連接到緊鄰陽極的 *n* 型區域。這個 *pn* 接面可以控制此元件的*導通*與*截止*狀態。閘極的偏壓電位必須比陰極高。當陽極電壓超過閘極電壓大約 0.7 V 時，此 *pn* 接面會順向偏壓而使 PUT 開啓。PUT 會停留在導通狀態直到陽極電壓落到低於這個位準，然後 PUT 才關閉。

設定觸發電壓 (Setting the Trigger Voltage)

閘極可以利用外部的分壓器將其偏壓設定爲所需的電壓位準，如圖 13-43(a)所示，因此當陽極電壓超過這個 "經程式設定的" 位準，PUT 就會開啓。

▶ 圖 13-42
可程式單接面電晶體 (PUT)。

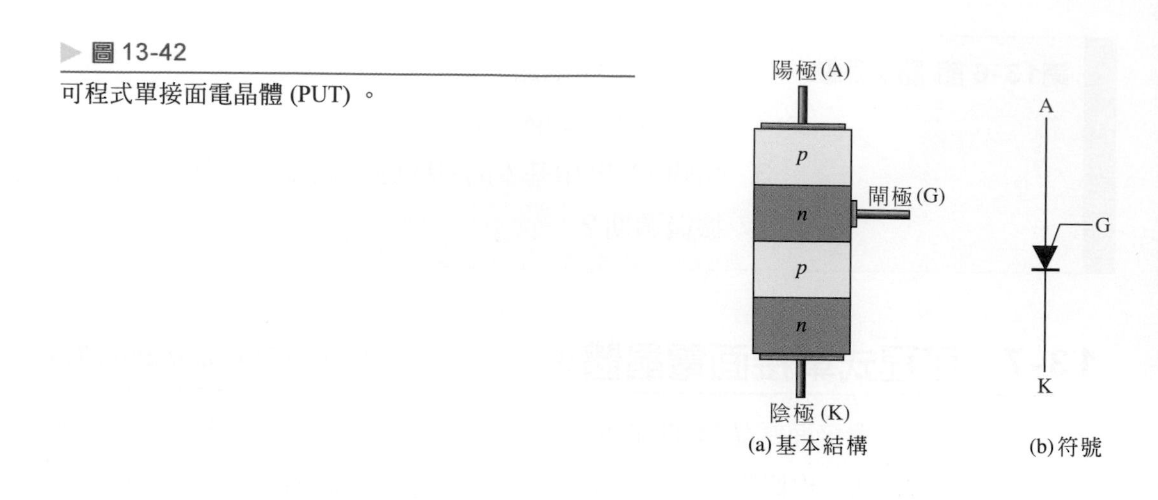

(a) 基本結構 (b) 符號

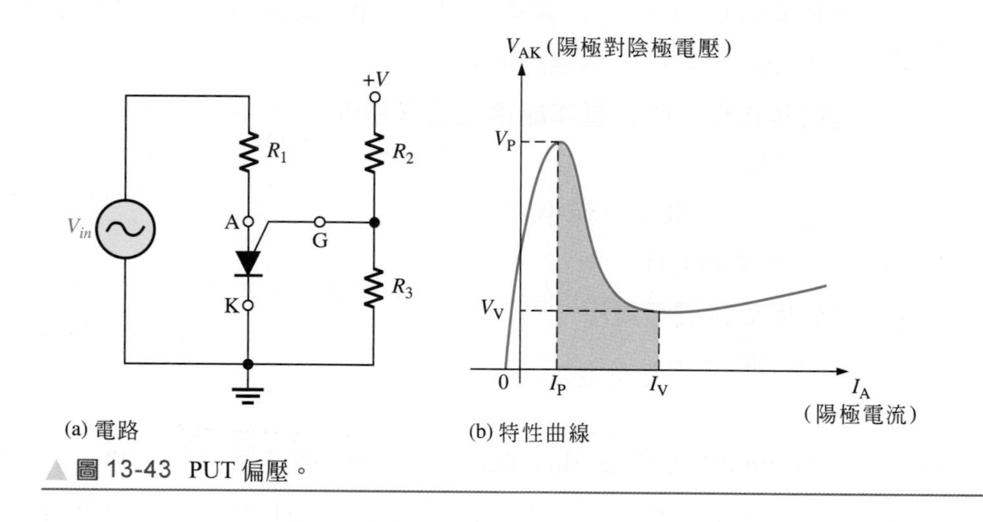

(a) 電路 (b) 特性曲線

▲ 圖 13-43 PUT 偏壓。

應用電路 (An Application)

陽極－陰極電壓 V_{AK} 相對於陽極電流 I_A 的圖形如圖 13-43(b)所示，可以看出它的特性曲線和 UJT 很相似。因此，PUT 在許多應用電路中可以取代 UJT。其中一個應用就是圖 13-44(a)中的弛緩振盪器。基本的工作原理如下。

利用電阻 R_2 和 R_3 組成的分壓器將閘極偏壓設在＋9 V。當加上直流電源後，PUT 爲截止狀態而且電容器經由 R_1 充電至+18V。當電容器電壓達到 $V_G + 0.7$ V 時，PUT 會開啓而電容會迅速經由 PUT 微小的*導通*電阻和 R_4 放電。在放電期間，在 R_4 兩端會形成一個電壓尖峰。一旦電容器放電完畢，PUT 關閉而充電週期又會開始，如圖 13-44(b)波形所示。

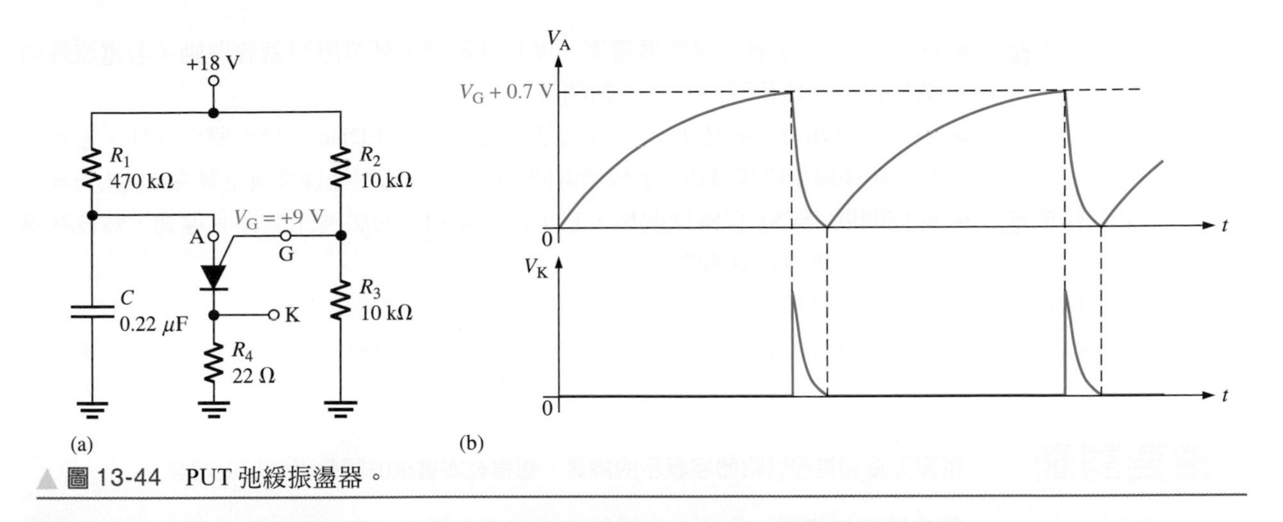

▲圖 13-44 PUT 弛緩振盪器。

第13-7節 隨堂測驗

1. 在可程式單接面電晶體 (PUT) 中的*可程式(Programmable)*代表的是什麼意思？
2. 比較 PUT 和其他元件如 UJT 和 SCR 的構造與工作原理。

閘流體符號的摘要 (Summary of Thyristor Symbols)

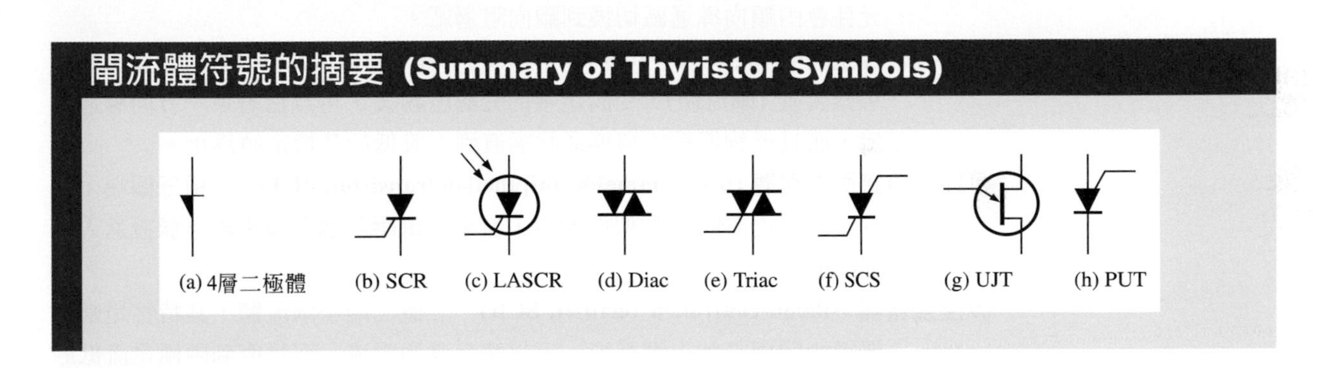

本章摘要

第 13-1 節
- ◆ 閘流體是由四層半導體 (*pnpn*) 所組成的元件。
- ◆ 閘流體包含四層二極體、SCR、LASCR、Diac、Triac、SCS 和 PUT。
- ◆ 四層二極體是一種閘流體，當它的端點之間電壓超過折轉電壓時，就會導通。

第 13-2 節
- ◆ 矽控整流器可以由閘極的脈波訊號加以觸發，使其導通，可將陽極電流降到低於特定的保持電流，就可關閉矽控整流器。
- ◆ 在光激發 SCR (LASCR) 中，光能扮演觸發源的角色。

第 13-3 節
- ◆ 矽控整流器(SCR)有許多應用，如開/關電流控制、半波功率控制、備援照明和過電壓保護。

第 13-4 節 ◆ Diac 可以在兩個方向傳導電流，而且當超過折轉電壓時就會啓動。若電流降到低於保持電流值時，它就會關閉。

◆ 雙向交流觸發三極體 Triac，就像雙向觸發二極體 Diac 一樣是雙向元件。它可以利用閘極脈衝使其導通，並根據兩個陽極端點的電壓極性來決定傳導電流的方向。

第 13-5 節 ◆ 矽控開關 (SCS) 有兩個閘極，它可以由陰極閘的脈波訊號使其導通，然後在陽極閘加上脈波使其關閉。

第 13-6 節 ◆ 單接面電晶體 (UJT) 的本質內分比決定了元件的觸發電壓。

第 13-7 節 ◆ 可程式單接面電晶體 (PUT) 可由外部以程式設定啓動時所需要的陽極-閘極電壓。

重要詞彙

重要詞彙和其他以粗體字表示的詞彙，都會在本書末的詞彙表中加以定義。

雙向觸發二極體 (Diac) 一種雙端子四層半導體裝置 (閘流體)，經過適當的啓動程序可以雙向導通電流。

順向折轉電壓 (forward-breakover voltage, $V_{BR(F)}$) 使元件進入順向導通區的電壓。

四層二極體 (four-layer diode) 一種兩個端點的閘流體，當陽極到陰極電壓達到特定折轉電壓時，開始導通電流。

保持電流 (holding current, I_H) 陽極電流的特定值，當陽極電流低於此數值時，元件會由順向導通區切換到順向阻遏區。

光觸發矽控整流器 (light-activated silicon-controlled rectifier, LASCR) 一種四層半導體裝置 (閘流體)，受到足量的光線啓動後，可以沿著單一方向導通電流，而且能夠繼續維持導通狀態直到電流低於某特定值爲止。

可程式單接面電晶體 (programmable unijunction transistor, PUT) 一種三個端子的閘流體，比 UJT 更類似於 SCR，當陽極電壓超過閘極電壓會觸發進入導通狀態。

矽控整流器 (silicon-controlled rectifier, SCR) 一種三端子閘流體，其特性是當在單獨的閘極端加上電壓後，可以觸發導通電流，而且直到陽極電流低於特定值前都維持導通狀態。

矽控開關 (silicon-controlled switch, SCS) 具有兩個閘極端用來觸發此四端子閘流體元件的開與關。

內分比 (standoff ratio) 可以決定 UJT 導通點的特性。

閘流體 (thyristor) 一種四層 (*pnpn*) 半導體裝置。

雙向交流觸發三極體 (Triac) 在正確啓動的條件下，可以雙向導通電流的三端子閘流體。

單接面電晶體 (unijunction transistor, UJT) 具有負阻抗特性的三端子單一 *pn* 接面裝置。

重要公式

13-1 $\eta = \dfrac{r'_{B1}}{r'_{BB}}$ 單接面電晶體本質的內分比

13-2 $V_P = \eta V_{BB} + V_{pn}$ 單接面電晶體峰點電壓

是非題測驗 答案可以在以下的網站找到 www.pearsonglobaleditions.com/Floyd

1. 蕭克萊(Shockley)二極體是閘流體(thyristor)的一種。
2. SCR 是一種矽質導通整流器。
3. 矽控整流器(Silicon-controlled rectifier)是一個雙層*pnpn*元件。
4. 關閉 SCR 的其中一種方法稱為強迫換向。
5. LASCR 為一四層結構之半導體裝置。
6. Triac(雙向交流觸發三極體)可單向導通電流。
7. 雙向觸發二極體有兩個端點。
8. 雙向交流觸發三極體有四個端點。
9. SCS 是一種矽控開關。
10. 單接面電晶體(uni junction transistor, UJT)為一具有三端點之元件。
11. PUT 為三個端點的閘流體，可由閘極電壓來控制其開啓與關閉。
12. PUT 代表非反相單接面電晶體。

電路動作測驗 答案可以在以下的網站找到 www.pearsonglobaleditions.com/Floyd

1. 若圖 13-18 的電位計從接近底部的設定(接觸點到接地，低阻抗)調整到接近頂部的設定(接觸點到接地，較高的阻抗)，則流經 R_L 的平均電流將會
   (a)增加 (b)減少 (c)不變
2. 若圖 13-18 的二極體開路，則 R_L 兩端的電壓將會
   (a)增加 (b)減少 (c)不變
3. 假設圖 13-20 的電池充飽，且交流電源關閉。若 D_3 開路，則流經燈泡的電流將立即
   (a)增加 (b)減少 (c)不變
4. 若圖 13-44 的電容短路到接地，則 PUT 陰極的電壓將會
   (a)增加 (b)減少 (c)不變

自我測驗 答案可以在以下的網站找到 www.pearsonglobaleditions.com/Floyd

第 13-1 節

1. 閘流體有
   (a) 兩個 *pn* 接面 **(b)** 三個 *pn* 接面 **(c)** 四個 *pn* 接面 (d) 只有兩個端點

2. 閘流體常見的種類包含
   (a) BJT 和 SCR (b) UJT 和 PUT (c) FET 和 triac (d) diac 和 triac
3. 當陽極-陰極的電壓超過什麼電壓時，四層二極體將會導通
   (a) 0.7 V (b) 閘極電壓 (c) 順向折轉電壓 (d) 順向阻遏電壓
4. 一旦四層二極體導通後，可以利用什麼方法使其關閉
   (a) 使電流低於特定值 (b) 切斷陽極電壓
   (c) 答案(a)和(b)均正確 (d) 答案(a)和(b)皆非

第 13-2 節

5. SCR 與四層二極體的差異是
   (a) 它有一個閘極端點 (b) 它不是閘流體
   (c) 它沒有四層結構 (d) 不能將它開啓與關閉
6. SCR 可以藉由什麼方式使其關閉
   (a) 強迫換向 (b) 在閘極上加負脈衝
   (c) 陽極電流中斷 (d) 答案(a)，(b)和(c)均正確
   (e) 答案(a)和(c)均正確
7. 在順向阻遏區，SCR 爲
   (a) 逆向偏壓 (b) 處於截止狀態
   (c) 處於導通狀態 (d) 位於崩潰點
8. SCR 的保持電流值意指
   (a) 當陽極電流超過這個數值，元件就會開啓
   (b) 當陽極電流低於這個數值，元件就會關閉
   (c) 如果陽極電流超過這個數值，元件可能會損壞
   (d) 閘極電流必須大於或等於這個數值才能開啓元件

第 13-3 節

9. SCR 代表
   (a) 矽耦合整流器(silicon coupled rectifier)
   (b) 矽控整流器(silicon controlled rectifier)
   (c) 矽控調整器(silicon controlled regulator)
   (d) 矽控重覆器(switch controlled repeater)
10. SCR 使用於
   (a) 馬達控制應用(motor controls applications)
   (b) 時間-延遲電路應用(time-delay circuit applications)
   (c) 相位控制應用(phase controls applications)
   (d) 答案(a), (b) 和 (c)均正確

第 13-4 節

11. Diac 爲
   (a) 閘流體
   (b) 具有兩個端子的雙向導通元件
   (c) 像兩個並聯的四層二極體以相反方向連接
   (d) 答案(a)，(b)和(c)均正確

12. Triac 爲

(a) 像雙向導通的 SCR

(b) 四端子元件

(c) 不是閘流體

(d) 答案(a)和(b)均正確

第 13-5 節

13. SCS 使用於

(a) 計數器應用(counters applications)

(b) 暫存器應用(registers applications)

(c) 計時電路應用(timing circuits applications)

(d) (a), (b) 和 (c)皆可

14. SCS 可以如何開啓

(a) 超過順向折轉電壓的陽極電壓

(b) 陰極閘上施加正脈衝

(c) 陽極閘上施加負脈衝

(d) 答案(b)或(c)正確

15. SCS 可以利用什麼方式關閉

(a) 陰極閘上施加負脈衝或陽極閘上施加正脈衝

(b) 使陽極電流低於保持電流值

(c) 答案(a)和(b)均正確

(d) 陰極閘上施加正脈衝或陽極閘上施加負脈衝

第 13-6 節

16. 本質性內分比(intrinsic standoff ratio) 以何符號表示？

(a) r'_{B1} **(b)** r'_{BB}

(c) r'_{BB} / r'_{B1} **(d)** r'_{B1} / r'_{BB}

第 13-7 節

17. PUT

(a) 很像 UJT

(b) 不是閘流體

(c) 利用閘極到陽極電壓來觸發開啓或關閉

(d) 不是四層元件

習 題

所有的答案都在本書末。

基本習題

第 13-1 節 基本四層二極體

1. 將圖 13-45 中的四層二極體施加偏壓，使它處於順向導通區。當 $V_{BR(F)} = 20$ V，$V_{BE} = 0.7$ V 且 $V_{CE(sat)} = 0.2$ V，試求陽極電流。

▶ 圖 13-45

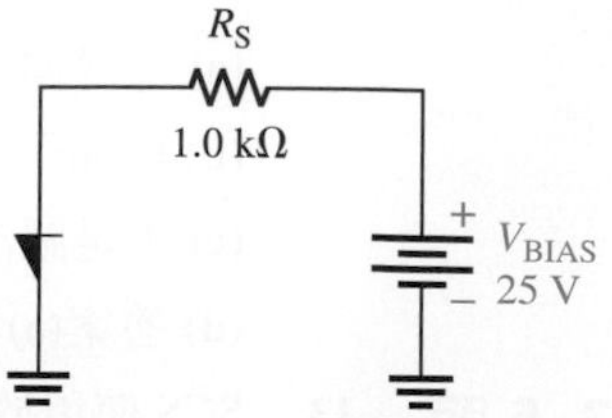

2. (a) 假如 $V_{AK}=15\text{ V}$ 以及 $I_A=1\,\mu\text{A}$，試求特定四層二極體在順向阻遏區時的電阻。

   (b) 如果順向折轉電壓為 50 V，V_{AK} 必須增加到多少才能將二極體切換到順向導通區？

第 13-2 節 矽控整流器 (SCR)

3. 用 SCR 的電晶體等效電路來解釋它的工作原理。

4. 圖 13-46 中的可變電阻必須調整到何值才能讓 SCR 關閉? 假設 $I_H=10\text{ mA}$ 且 $V_{AK}=0.7\text{ V}$。

▲ 圖 13-46

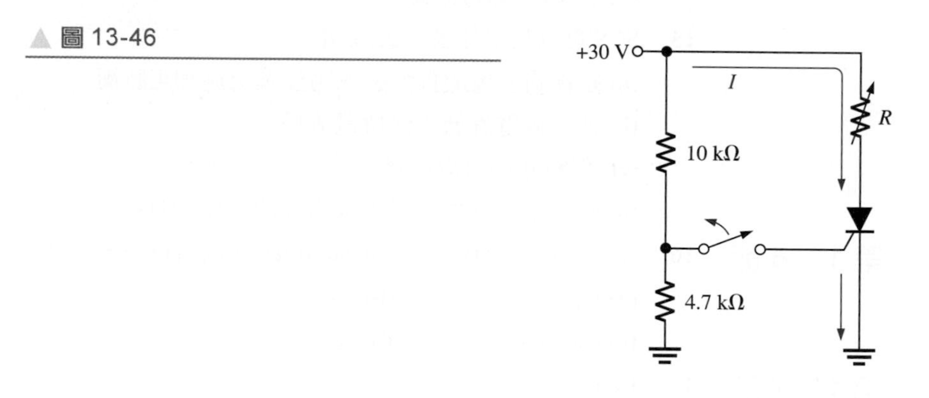

5. 藉由檢視圖 13-47 中的電路，說明它的功用與基本工作原理。

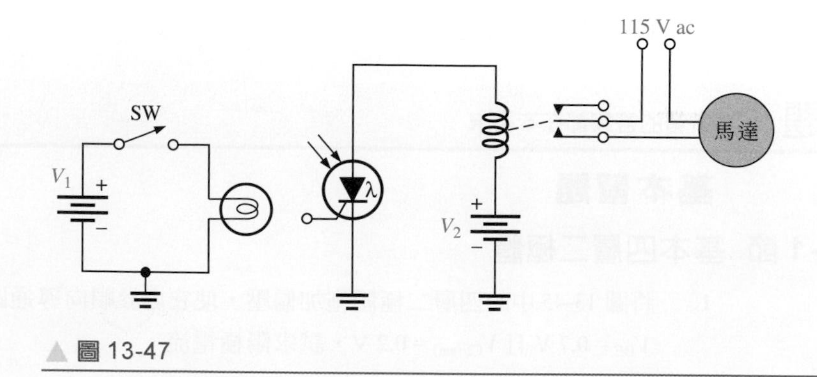

▲ 圖 13-47

6. 試求圖 13-48 中 R_K 兩端的電壓波形。

▶ 圖 13-48

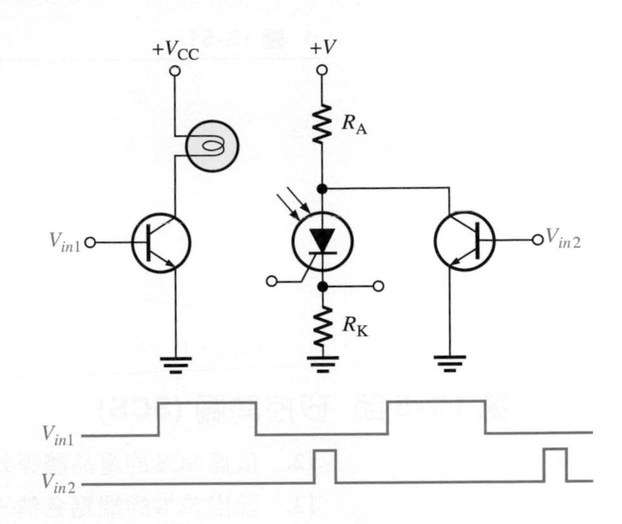

第 13-3 節 SCR 的應用

7. 說明如何修改圖 13-17 中的電路，才能讓SCR觸發並且在輸入的負半週期導通。

8. 圖 13-21 中的二極體 D_1 和 D_2 的功能為何？

9. 根據指定輸入波形所顯示的關係，描繪出圖 13-49 電路中 V_R 的波形。

▶ 圖 13-49

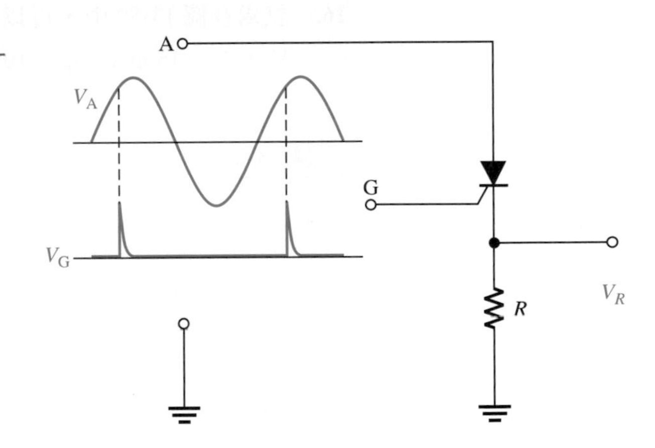

第 13-4 節 雙向觸發二極體 (Diac)和雙向交流觸發三極體 (Triac)

10. 試繪出圖 13-50 中電路的電流波形。Diac 的折轉電壓為 20 V。I_H = 20 mA。

▶ 圖 13-50

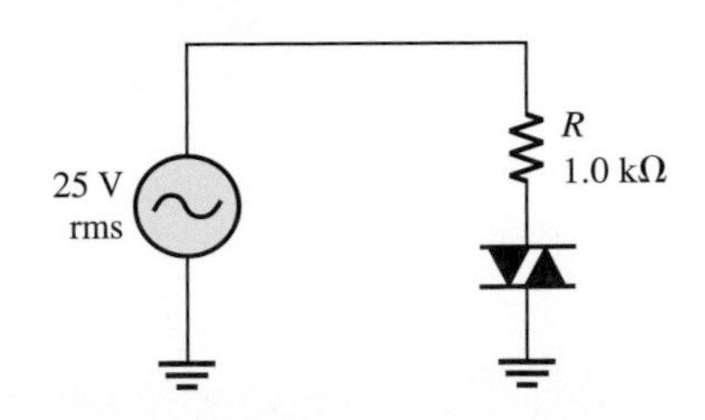

11. 重作習題 10，但是電路圖爲圖 13-51 中 Traic 電路。折轉電壓爲 25V 且 I_H =1 mA。

▶ 圖 13-51

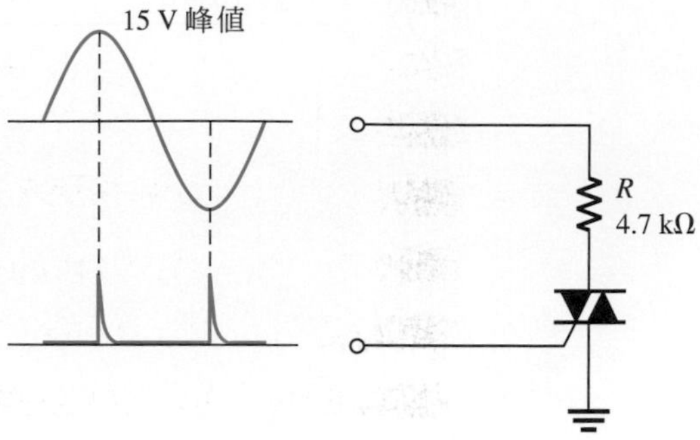

15 V 峰值

R
4.7 kΩ

第 13-5 節 矽控開關 (SCS)

12. 依據 SCS 的電晶體等效電路，說明它的開啓和關閉工作原理。

13. 說出 SCS 的端點名稱。

第 13-6 節 單接面電晶體 (UJT)

14. 在某一個 UJT 中，r'_{B1} = 2.5 kΩ，r'_{B2} = 4 kΩ。則它的本質內分比爲多少？

15. 若 V_{BB} = 15V，試求習題 14 中 UJT 的峰點電壓爲何。

16. 試求在圖 13-52 中，可以使 UJT 正確開啓與關閉的 R_1 範圍。$\eta = 0.68$，$V_V = 0.8$ V，I_V = 15 mA，I_P = 10 μA，且 V_P = 10 V。

▶ 圖 13-52

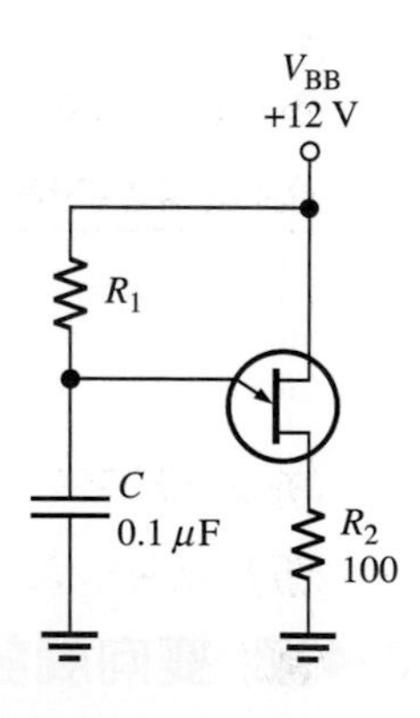

第 13-7 節 可程式單接面電晶體 (PUT)

17. 陽極電壓(V_A)為多少時，圖 13-53 中每一個 PUT 會開始導通？

18. 當陽極上的正弦波峰值為 10 V 時，試繪出圖中每個電路的電流波形。忽略 PUT 的順向電壓。

19. 對照輸入電壓波形，試繪出圖 13-54 中 R_1 兩端的電壓波形。

20. 若將 R_3 增加到 15kΩ，重覆習題 19 的計算。

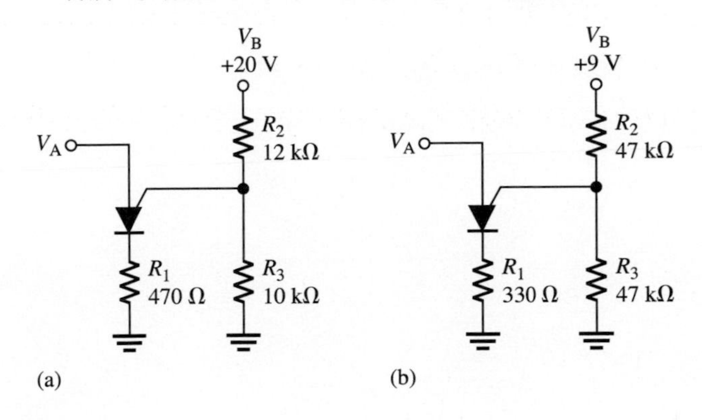

▲ 圖 13-53

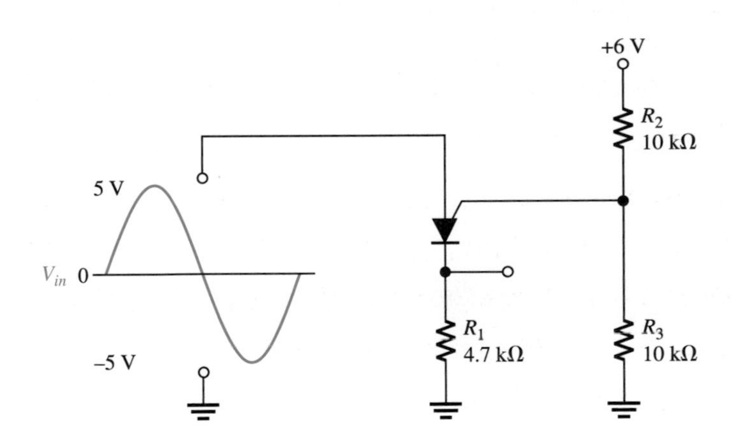

▲ 圖 13-54

特殊用途積體電路 (Special-Purpose Integrated Circuits) 14

本章大綱

本章學習目標

- 解釋與分析儀表放大器的工作原理
- 解釋與分析隔離放大器的工作原理
- 解釋與分析運算跨導放大器(OTA)的工作原理
- 解釋與分析對數與反對數放大器的工作原理
- 解釋與分析其他類型積體電路

可參訪教學專用網站

有關這一章的學習輔助資訊可以在以下的網站找到

http://www.pearsonglobaleditions.com/Floyd

重要詞彙

- 儀表放大器 (Instrumentation amplifier)
- 隔離放大器 (Isolation amplifier)
- 運算跨導放大器 (Operational transconductance amplifier, OTA)
- 跨導 (Transconductance)
- 自然對數 (Natural logarithm)

簡　介

一般用途的運算放大器，例如 LM741，是一種多功能且應用廣泛的元件。不過，市面上還是有一些特殊用途IC放大器。實際上這些元件大部分是從基本運算放大器發展而來。這些特殊電路包括在高雜訊環境下使用的儀表放大器，高電壓與醫療用途的隔離放大器，能將電壓轉換為電流的運算跨導放大器 (Operational Transconductance Amplifier, OTA) 以及能將某些類型的輸入訊號線性化，以便進行數學運算的對數放大器。對數放大器也被用於通訊系統，其中包括採用光纖的系統。

14-1 儀表放大器 (Instrumentation Amplifiers)

儀表放大器通常使用在高共模雜訊的環境下，例如一個必須感測遠端輸入變數的資料接收系統。

在學習完本節的內容後，你應該能夠

- **解釋與分析儀表放大器的工作原理**
- 示出如何將運算放大器連接成儀表放大器
  - 設定電壓增益
  - 解釋電容如何充電
  - 討論應用
- 描述一個特定的儀表放大器之特徵
  - 討論 AD622
  - 計算增益設定電阻的值
  - 描述增益如何隨頻率變動
- 討論儀表放大器中雜訊的影響
  - 定義*防護 (guarding)*
  - 描述 AD522 儀表放大器具有防護輸出

儀表放大器 **(Instrumentation amplifier)**是具有差動電壓增益的裝置，它可以將兩個輸入端之間的電壓差值加以放大。儀表放大器的主要用途是放大可能疊加在大共模電壓上的小信號。其重要特性爲：高輸入阻抗、高共模拒斥、低輸出抵補和低輸出阻抗。基本的儀表放大器是由三個運算放大器與幾個電阻組成。電壓增益由一個外接電阻決定。

如圖 14-1 所示爲一個基本儀表放大器。運算放大器 A1 和 A2 皆爲可以提供

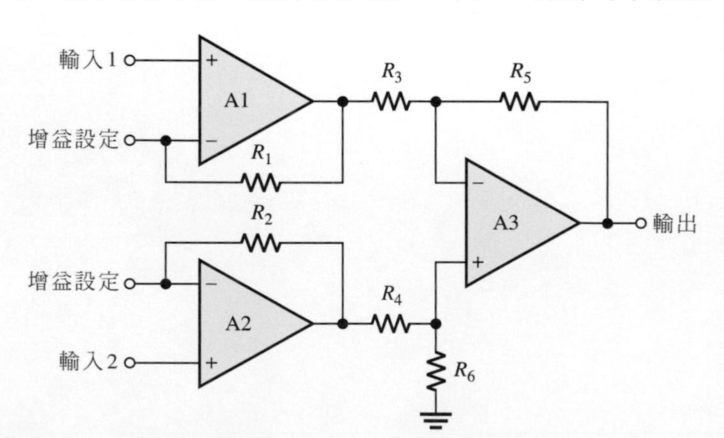

圖 14-1 由三個運算放大器組成的基本儀表放大器。

高輸入阻抗及高電壓增益的非反相放大器電路。運算放大器A3則當作單位增益差動放大器使用，儀表放大器中所使用的電阻都是相同的($R_3=R_4=R_5=R_6$)精密電阻。

增益設定電阻 R_G 爲一個外接電阻，如圖 14-2 所示。運算放大器 A1 在其非反相 (+) 輸入端接收差動輸入信號 V_{in1}，並以下述的電壓增益將它放大：

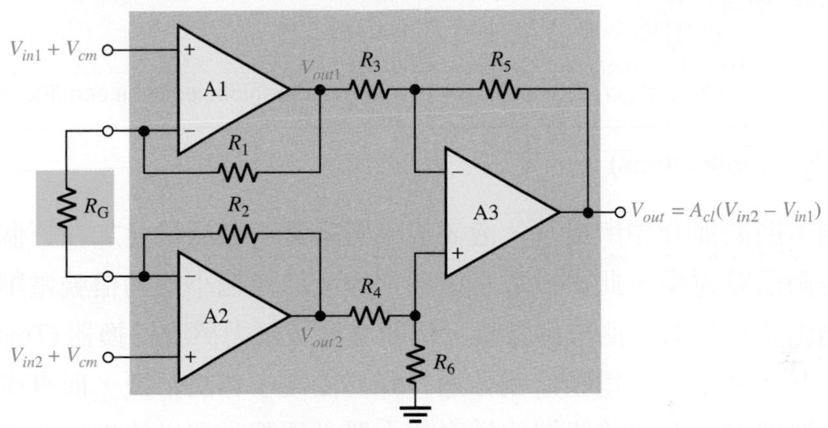

▲ 圖 14-2　具有外接增益設定電阻 R_G 的儀表放大器。差動及共模信號如圖所示。

$$A_v = 1 + \frac{R_1}{R_G}$$

經由運算放大器A2 以及 R_2 和 R_G 形成的路徑，運算放大器A1 在其反相(−)輸入端也會接收到輸入信號 V_{in2}。運算放大器 A1 將輸入信號 V_{in2} 放大，其電壓增益爲

$$A_v = \frac{R_1}{R_G}$$

儀表放大器的總閉迴路增益爲

$$\mathbf{A_{cl} = 1 + \frac{2R}{R_G}}$$ **公式 14-1**

其中 $R_1=R_2=R$。由 14-1 式可知，當 R_1 與 R_2 爲已知的固定值時，此儀表放大器的增益可由外接電阻 R_G 來設定。參見在網站 www.pearsonglobaleditions.com/Floyd 中的 "Derivations of Selected Equations" 推導。

在電壓增益值已知的情況下，利用公式 14-1，可以求出此外接增益設定電阻 R_G 的值。

$$\mathbf{R_G = \frac{2R}{A_{cl} - 1}}$$ **公式 14-2**

利用二進位輸入值而非電阻來設定儀表放大器的增益，也是可行的。

例 題 14-1 某個 IC 儀表放大器的 $R_1 = R_2 = 25\ \text{k}\Omega$，試求外部增益設定電阻 R_G 的值。閉迴路電壓增益為 500。

解

$$R_G = \frac{2R}{A_{cl} - 1} = \frac{50\ \text{k}\Omega}{500 - 1} \cong \mathbf{100\ \Omega}$$

相關習題* 考慮某個儀表放大器，其中 $R_1 = R_2 = 39\ \text{k}\Omega$，則外部增益設定電阻值必須為多少才能使電路增益為 325？

*答案可以在以下的網站找到 www.pearsonglobaleditions.com/Floyd

應用 (Applications)

如同本節的簡介中所提及，儀表放大器通常用來測量疊加在一個共模電壓上的小差動信號電壓，此共模電壓值通常遠大於這個小差動信號電壓。其應用場合包括由遠端裝置量測一個數量，例如溫度或壓力感應轉換器 (Transducer) 的量測值，其所產生的小電壓信號經過一條易受電子雜訊干擾，而會產生共模電壓的長線路傳送。在線路終端的儀表放大器必須將這個從遠端感應器傳送來的小信號加以放大，並排拒大共模電壓。如圖 14-3 所示。

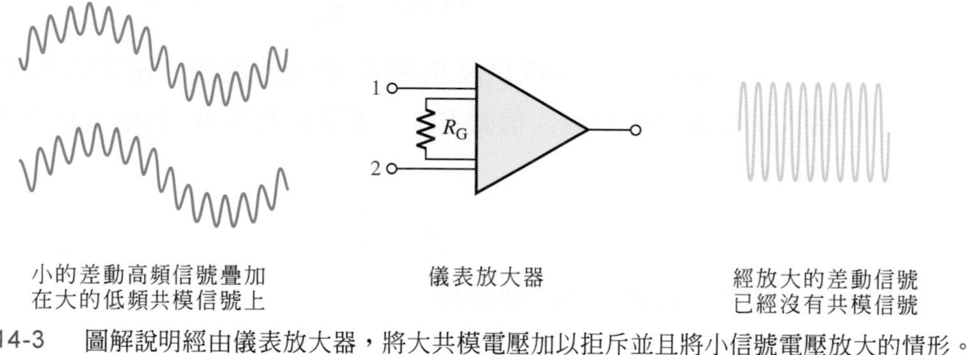

▲ 圖 14-3 圖解說明經由儀表放大器，將大共模電壓加以拒斥並且將小信號電壓放大的情形。

特定的儀表放大器 (A Specific Instrumentation Amplifier)

對於儀表放大器如何運作，我們已經有了基本的概念，現在讓我們來檢視一個特定元件。如圖 14-4 所示為具代表性的元件 AD622，其中所顯示的 IC 接腳號碼只是作為參考之用。如同先前已經討論過的，這個儀表放大器是以傳統的三個運算放大器結構作為設計基礎。

AD622 的一些特性如下所述。利用外部電阻 R_G，可以將電壓增益從 2 調整到 1000。沒有連接外部電阻時的增益值則為 1。輸入阻抗為 10 GΩ。共模拒斥比 (CMRR, Common-Mode Rejection Ratio) 的最小值為 66 dB。已知較高的 CMRR 具

▶ 圖 14-4 AD622 儀表放大器。

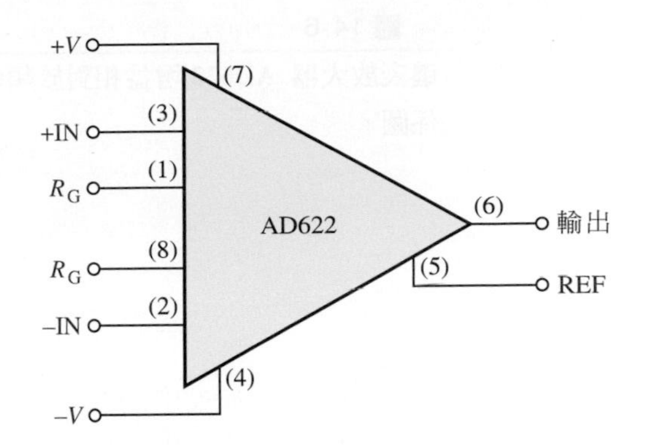

有較好的共模電壓拒斥能力。當增益為 10 且轉動率 (Slew rate) 為 1.2 V/μs 時，AD622 的頻寬為 800 kHz。

設定電壓增益 (Setting the Voltage Gain) 對 AD622 而言，要使電壓增益大於 1，必須使用外部電阻，如圖 14-5 所示。電阻 R_G 接在兩個 R_G 接點之間。(接腳 1 與接腳 8)。如果增益為 1，則不需要外接電阻。如果要得到所想要的增益值，可以依照下列公式求出 R_G 的值：

$$R_G = \frac{50.5\ \text{k}\Omega}{A_v - 1}$$

請注意，這個公式與傳統的三個運算放大器線路型態的公式 14-2 一樣，只是其中 R_1 以及 R_2 用 25.25 kΩ代入。

▶ 圖 14-5
具有增益設定電阻的 AD622。

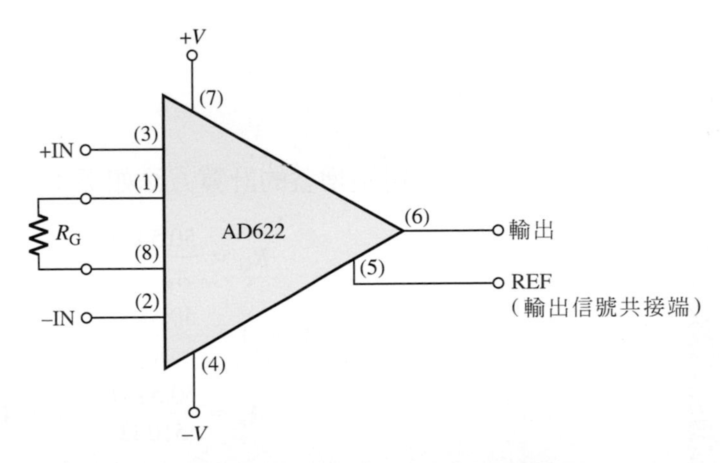

增益與頻率 (Gain versus Frequency) 圖 14-6 說明了增益如何隨頻率而變化，其中增益分別為 1、10、100 及 1000。如同曲線所示，頻寬會隨著增益的增加而減小。

▶ 圖 14-6

儀表放大器 AD622 增益相對於頻率的關係圖。

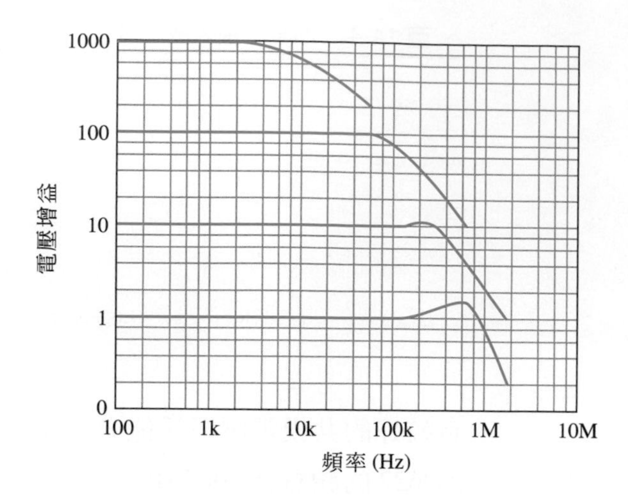

例 題 14-2 利用圖 14-6，試計算圖 14-7 中儀表放大器的電壓增益，並求出其頻寬。

▶ 圖 14-7

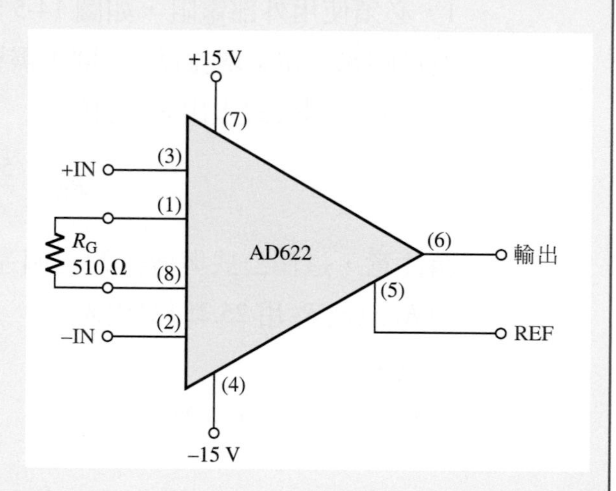

解 電壓增益的計算方法如下：

$$R_G = \frac{50.5\ \text{k}\Omega}{A_v - 1}$$

$$A_v - 1 = \frac{50.5\ \text{k}\Omega}{R_G}$$

$$A_v = \frac{50.5\ \text{k}\Omega}{510\ \Omega} + 1 = \mathbf{100}$$

從圖 14-6 曲線開始下降的點計算大約的頻寬值。

$$BW \approx \mathbf{80\ kHz}$$

相關習題 如果希望得到大約 45 的增益值，試修改圖 14-7 的電路。

儀表放大器應用中雜訊的影響
(Noise Effects in Instrumentation Amplifier Applications)

在各式各樣的應用上，可以使用不同類型的轉換器來感應溫度、張力、壓力及其他參數。儀表放大器一般用來處理感應器產生的小電壓，通常是在高雜訊的工業環境中，用長電纜將感應器的輸出連接到儀表放大器的輸入。可以藉由同軸電纜將差動訊號線以金屬網來包覆，又稱為*屏蔽(Shield)*，將共模信號的雜訊降低，但還是無法完全除去。如你所知，在電氣雜訊的環境中，因為放大器輸入的兩端有相同的共模信號，所以由信號線感應引起的任何共模信號都會被放大器排斥。然而，使用有屏蔽的電纜，在信號線和屏蔽之間會產生雜散電容。這些雜散電容的差異，會在兩個共模信號之間產生相位移，尤其在高頻時，如圖 14-8 所示。此結果降低了放大器的共模拒斥，因為兩個信號不再是同相位，所以不會完全地抵銷，因此在放大器輸入端產生了差動電壓。

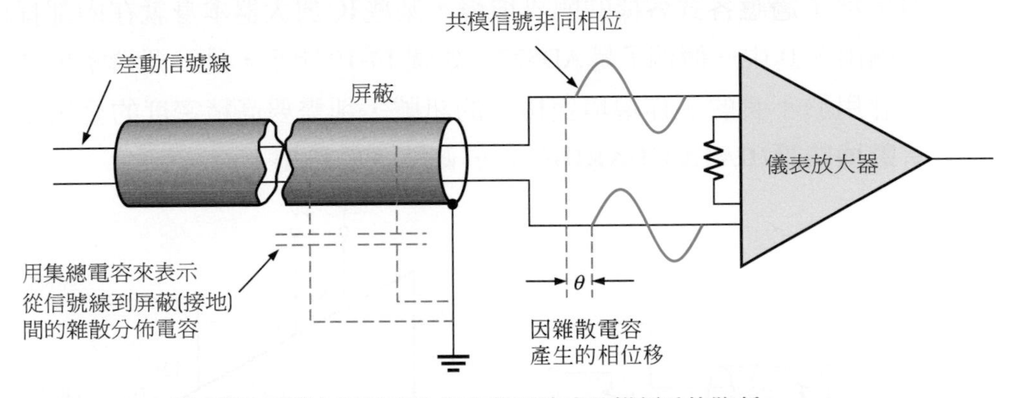

▲ 圖 14-8　有屏蔽的電纜會因為產生相位移而造成共模拒斥的降低。

屏蔽防護 (Shield Guard)　*防護(Guarding)*是將共模電壓連接到同軸電纜的屏蔽上。這種技術能將工作於臨界環境中之儀表放大器的共模運作雜訊影響降低。如圖 14-9 所示，藉由一個電壓隨耦器，將共模信號回授到屏蔽上。其主要目的是要消除信號線與屏蔽之間的電位差。虛擬地消除漏電流及抵消分佈電容產生的效應，所以兩條信號線上的共模電壓是相同的。

電壓隨耦器是一種低阻抗信號源，用來驅動共模信號至屏蔽上，以消除信號線及屏蔽之間的電位差。當各信號線與屏蔽之間的電位差等於零的時候，漏電流的值也等於零，且電容的電抗值變成無限大。無限大 X_C 意味著零電容值。

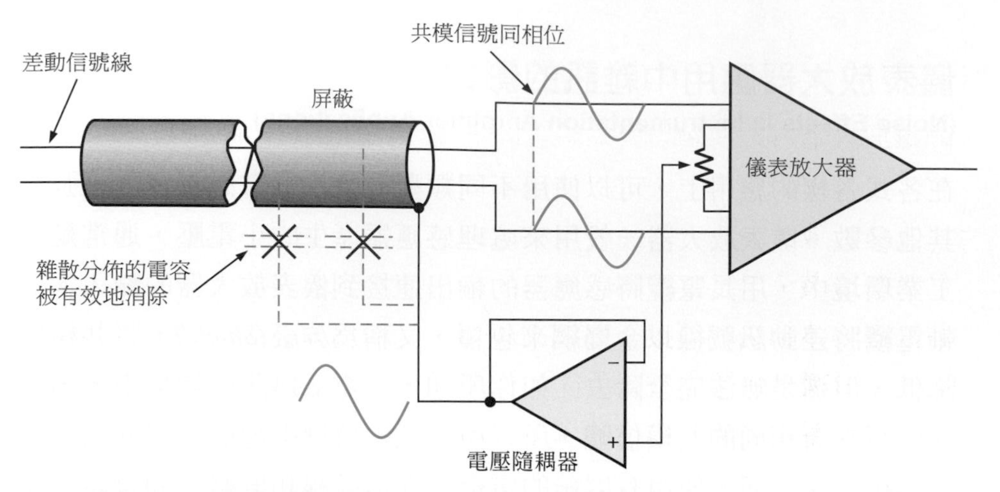

▲ 圖 14-9 具有屏蔽防護的儀表放大器可以避免共模拒斥的降低。

有防護輸出的特殊用途儀表放大器 (A Specific Instrumentation Amplifier with a Guard Output) 大部分的儀表放大器可以從外部組裝提供屏蔽防護驅動級。但是為了適應各式各樣的臨界環境，某些IC放大器本身就在內部提供屏蔽防護的輸出。其中一個例子是AD522，如圖 14-10 所示，是一個精密IC儀表放大器，設計用於不良的工作環境與極小的訊號，卻需要高精密度的應用中。接腳上標有**數據防護(DATA GUARD)**就是屏蔽防護的輸出。

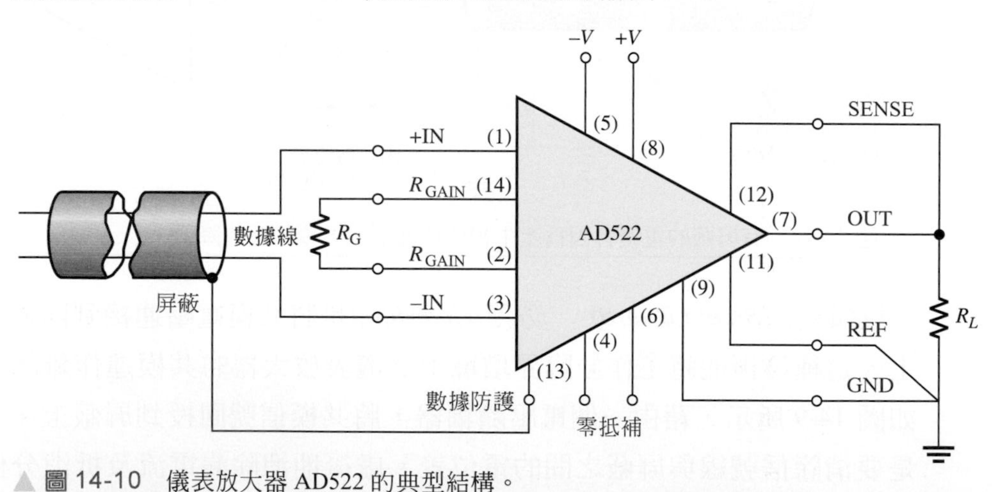

▲ 圖 14-10 儀表放大器 AD522 的典型結構。

第14-1 節 隨堂測驗

答案可以在以下的網站找到
www.pearsonglobaleditions.com/Floyd

1. 儀表放大器的主要用途為何？它的三個重要特性為何？
2. 要建構一個基本儀表放大器，需要哪些元件？
3. 在基本儀表放大器中，如何決定其增益值？
4. 在某一個AD622的電路中，R_G=10 kΩ。則其電壓增益為多少？
5. 說明屏蔽防護的用處。

14-2 隔離放大器 (Isolation Amplifiers)

隔離放大器可以在輸入與輸出之間提供直流隔離的功能，在一些可能存在電源漏電或是瞬間高壓的危險場合中，可以用來保護人的生命或避免敏感的儀器受損。隔離放大器的主要應用領域爲醫療儀器、發電廠設備、工業加工裝置和自動化測試裝備。

在學習完本節的內容後，你應該能夠

- **解釋與分析隔離放大器的工作原理**
- 描述基本的電容耦合隔離放大器
  - 說明方塊圖
  - 定義調變
  - 討論調變的過程
  - 以 ISO124 爲例，描述隔離放大器
- 描述變壓器耦合的隔離放大器
  - 討論 3656KG
  - 建立電壓增益
  - 描述醫療的應用

基本的電容耦合隔離放大器
(A Basic Capacitor-Coupled Isolation Amplifier)

隔離放大器**(isolation amplifier)**是由彼此互相電氣隔離的前後兩級所組成的一個元件，在輸入級及輸出級之間用一個隔離障礙將彼此分開，因此訊號耦合必須經過處理以便跨過這個隔離障礙。有些隔離放大器使用光耦合器或變壓器耦合來提供前後兩級的隔離，但不管如何，現代許多的隔離放大器是使用電容性耦合來作隔離。首先，每一級都要有各自獨立分離的電源電壓及接地，以確保彼此沒有共接。一個簡化的典型隔離放大器方塊圖如圖 14-11 所示。值得注意，圖中使用兩個不同的接地符號，以強調前後兩級隔離的觀念。

在輸入級，包含一個放大器、一個振盪器、及一個調變器，**調變(Modulation)**是指允許一個包含資訊的訊號，用以修飾另一個訊號的某一個特性：如振幅、頻率、或脈波寬度等。如此，第一級的資訊依舊被包含在第二級，在這個例子中，調變使用一個高頻的方波振盪器修飾原先的訊號。在隔離障礙中使用一個

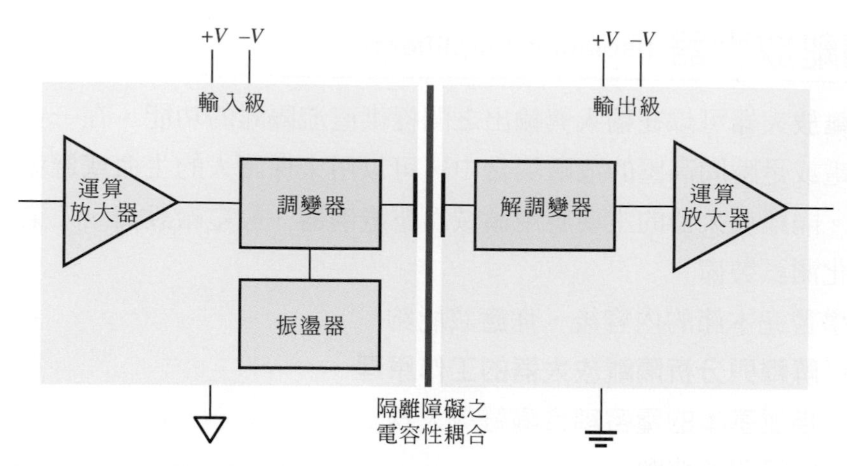

▲ 圖 14-11 簡化的典型隔離放大器方塊圖。

容值較小的電容(2pF)，用以耦合從輸入到輸出之間的低頻調變訊號或直流電壓。但若沒有調變，則原本禁止的高容值電容就勢必需要，而導致級與級之間的隔離效果降低。輸出級包括一個解調變器，以便從被調變過的訊號中擷取出原輸入級的訊號，使原先從輸入級來的訊號回到其原有的形式。

在圖 14-11 中的高頻振盪器(振盪器將於十六章介紹)輸出，可將輸入放大器訊號，作振幅或脈寬調變。若使用振幅調變，振盪器輸出的振幅將隨輸入訊號的變化而變化，如圖 14-12(a)以一個完整週期的正弦波來表示。若使用脈寬調變，振盪器輸出的工作週期將隨輸入訊號的變化而改變脈波寬度，在圖 14-12(b)中表示一個使用脈寬調變的隔離放大器。

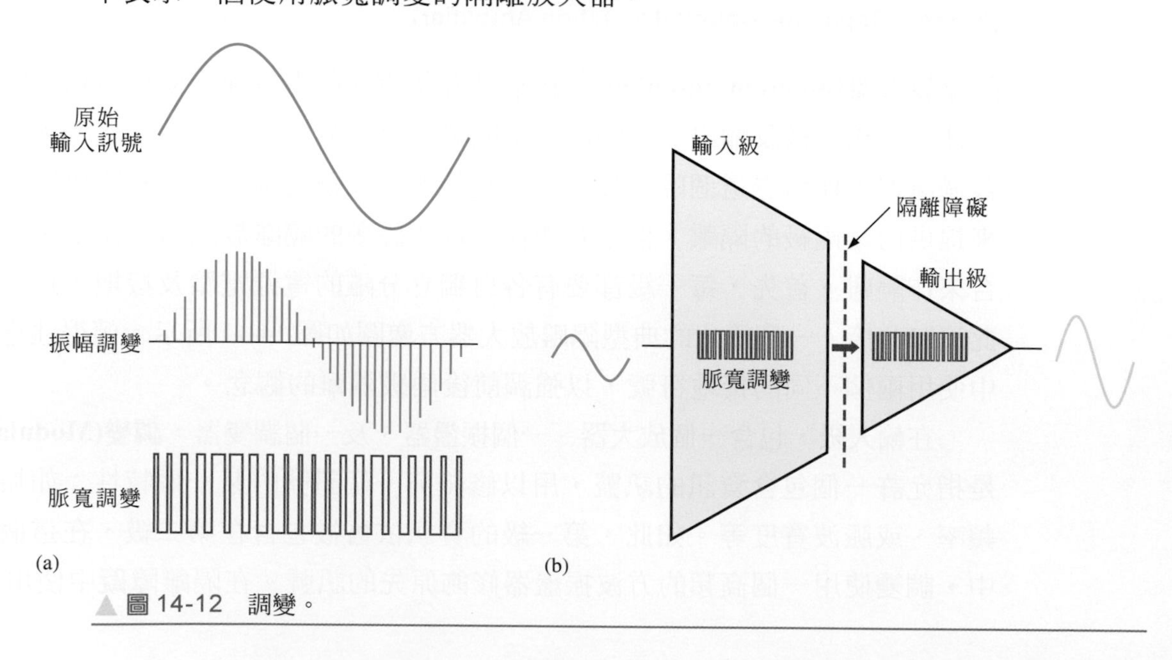

▲ 圖 14-12 調變。

雖然內部使用了相當複雜的電路處理，隔離放大器仍然是一個易於使用的放大器。當分開供應直流電壓及輸入訊號之後，就可得到放大的輸出訊號，我們看不到也不必理會其隔離的過程。

例題 14-3 ISO124是一個積體電路隔離放大器，其電壓增益爲1，且前後兩級都在正負直流電源電壓下工作，它以500 kHz 頻率作脈寬調變(有時稱爲工作週期調變)。通常被建議以外部電容器將電源供應電壓去耦合(Decouple)以減少雜訊。請畫出其適當的接線圖。

解 製造商建議以一個1 μF的鉭質電容器(因其漏電流較小)跨在電源腳位與接地腳位之間，如圖14-13所示。其中供應的電源電壓是±15V。

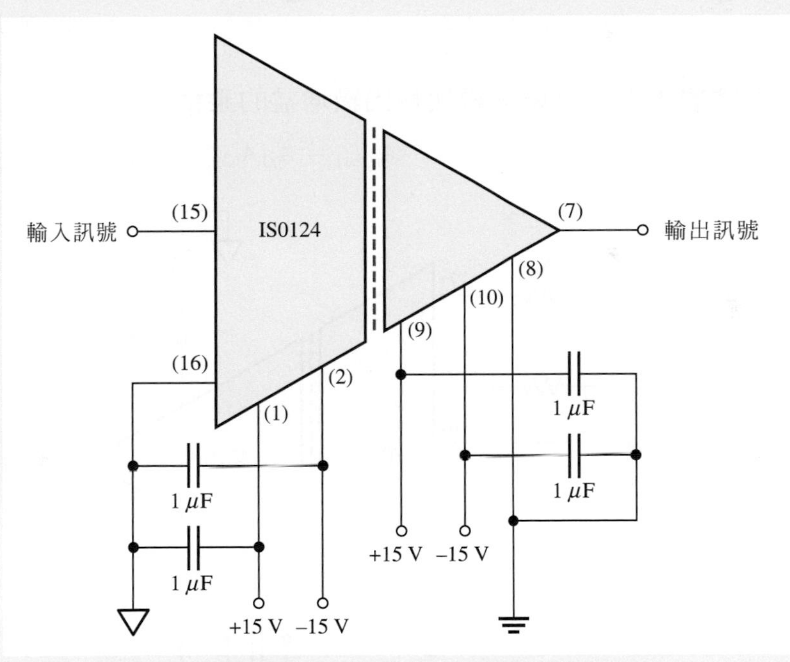

▲ 圖 14-13 ISO124 隔離放大器的基本訊號與電源接線圖。

相關習題 輸出訊號可能含有一些因解調變過程所引起的漣波，如何移除這些漣波？

變壓器耦合隔離放大器 (A Transformer-Coupled Isolation Amplifier)

德州儀器公司的Burr-Brown 3656KG是使用變壓器耦合來隔離前後級的隔離放大器的一個範例。ISO124 是固定的單位電壓增益，3656KG 則提供外部調整的方式，來調整前後兩級的電壓增益。圖 14-14 顯示一個具外部增益電阻的 3656KG 及其去耦合電容器。

輸入級與輸出級兩者的電壓增益，可以用如圖所示連接的外部電阻來設定。輸入級的增益爲

公式 14-3

$$\boldsymbol{A_{v1} = \frac{R_{f1}}{R_{i1}} + 1}$$

輸出級的增益爲

公式 14-4

$$\boldsymbol{A_{v2} = \frac{R_{f2}}{R_{i2}} + 1}$$

而總放大增益爲輸入級與輸出級增益的乘積

$$A_{v(tot)} = A_{v1}A_{v2}$$

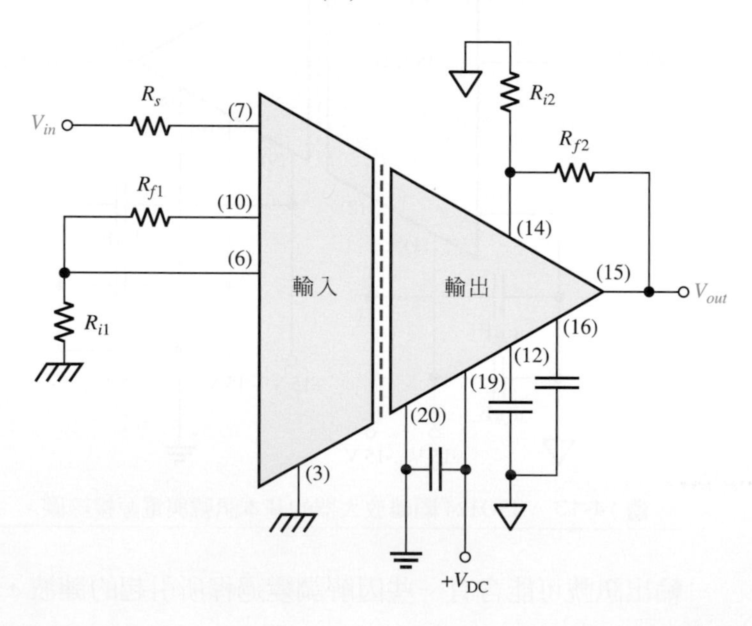

▲ 圖 14-14 3656KG 隔離放大器。

例 題 14-4 試求圖 14-15 隔離放大器 3656KG 之總電壓增益。

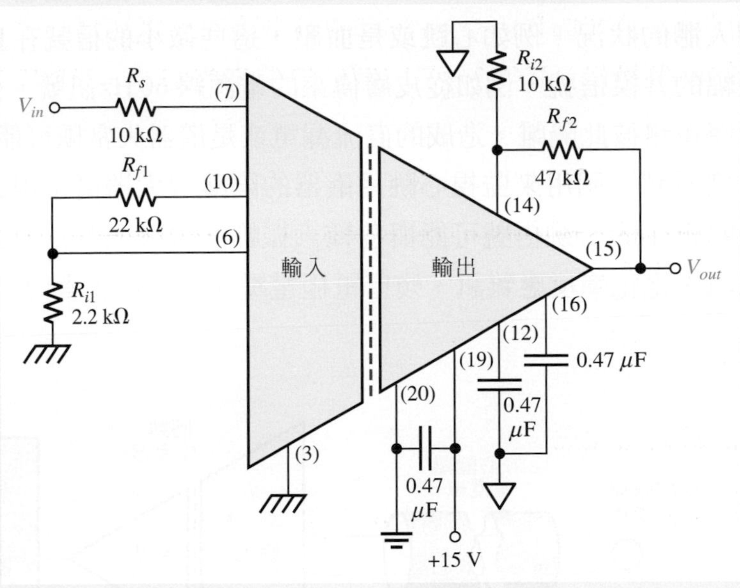

▲ 圖 14-15

解 輸入級電壓增益為

$$A_{v1} = \frac{R_{f1}}{R_{i1}} + 1 = \frac{22\ \text{k}\Omega}{2.2\ \text{k}\Omega} + 1 = 10 + 1 = 11$$

輸出級的電壓增益為

$$A_{v2} = \frac{R_{f2}}{R_{i2}} + 1 = \frac{47\ \text{k}\Omega}{10\ \text{k}\Omega} + 1 = 4.7 + 1 = 5.7$$

隔離放大器的總電壓增益則為

$$A_{v(tot)} = A_{v1}A_{v2} = (11)(5.7) = \mathbf{62.7}$$

相關習題 試選定圖 14-15 中的電阻值，使總電壓增益大約為 100。

應用 (Applications)

如同前面所提到的，隔離放大器的應用場合是在轉換器 (Transducer) 與處理電路之間不需要共同的接地端，而該處理電路卻需要隔著介面電路與高感度的裝置連接。舉例來說，在化學、核子、或是金屬加工業中，毫伏特 (mV) 等級的信號往往疊加在高達數千伏特的共模信號 (Common mode signal) 上。在這種類型的環境中，隔離放大器可以從高雜訊的裝置中放大微小訊號，然後提供安全的輸出給像電腦之類的敏感裝置。

另一個非常重要的應用場合是各種類型的醫療儀器。醫療儀器往往用來監測人體的狀況，例如心跳或是血壓，這些微小的信號在量測過程會結合一些大振幅的共模信號，例如從皮膚傳來的電源線 60 Hz 訊號。這些情況之下，如果沒有將電路彼此隔離，造成的直流漏電或是儀器失常極可能使人致命。圖 14-16 中我們看到一個用來監視心跳用儀器的隔離放大器簡化線路圖。在這個情況下，振幅很小的心跳信號可能與各種大振幅的共模訊號結合在一起，例如肌肉運動雜訊、電化學反應雜訊、殘留電極電壓、以及從皮膚傳來的電源線 60 Hz 信號。

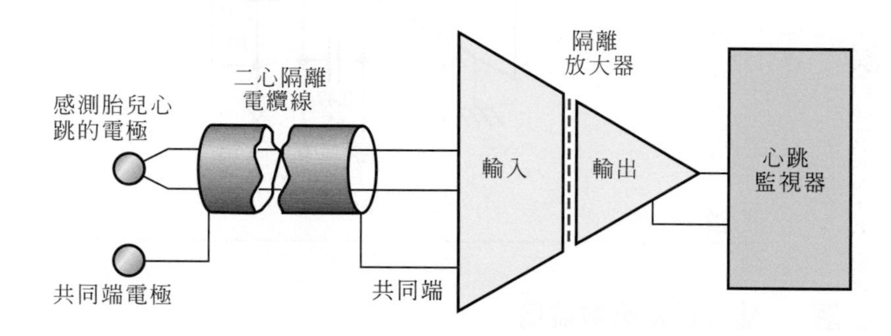

▲ 圖 14-16 使用隔離放大器監看胎兒的心跳。圖中被分割爲二部分的三角形是隔離放大器的一種表示法，意指輸入級及輸出級以變壓器耦合的方式加以隔離。

監看胎兒心跳時非常需要使用隔離放大器的心跳監視儀器，因爲胎兒的心跳信號一般約 50 μV，而同時量測到的母親心跳可產生 1 mV 的電壓訊號。共模訊號電壓可以有 1 mV 至 100 mV 的變化範圍。藉由隔離放大器的共模拒斥 (common-mode rejection, CMR) 能力可以將胎兒心跳的信號自母親心跳以及共模信號中分離出來。如此一來，監測設備所接收到的信號就只有胎兒的心跳訊號而已。

第14-2 節 隨堂測驗

1. 隔離放大器通常使用在哪些類型的應用？
2. 一個標準的隔離放大器有那兩級，而要有兩級的目的是什麼？
3. 在隔離放大器中，級與級之間是如何連接？
4. 隔離放大器中的振盪器有何用途？

14-3 運算跨導放大器 (Operational Transconductance Amplifiers, OTAs)

如同我們之前所看到的，傳統的運算放大器基本上是電壓放大器：輸出電壓值為差分輸入電壓乘以增益值。而運算跨導放大器 **(Operational Transconductance Amplifier , OTA)** 則為一種電壓轉電流放大器，其輸出電流為差分輸入電壓乘以增益值。由於它可以提供或沉降輸出電流，因此可以作為各種應用的極佳電流源，並且通常被稱為電壓控制電流源。

在學習完本節的內容後，你應該能夠

- **解釋與分析運算跨導放大器(OTA)的工作原理**
  - 辨識 OTA 電路符號
- 討論 OTA 的增益
  - 定義*跨導 (transconductance)*
  - 解釋跨導與偏壓電流的函數關係
- 描述一些 OTA 電路
  - 討論 OTA 作為反相放大器
  - 討論具有阻抗控制增益之 OTA
  - 討論具有電壓控制增益之 OTA
- 描述以 LM13700 為例之特定 OTA
  - 描述輸入與輸出阻抗如何隨著偏壓電流改變
- 討論 OTA 的兩種應用
  - 描述調幅
  - 描述史密特觸發器

圖 14-17 所示為一個運算跨導放大器 **(Operational transconductance amplifier, OTA)** 的符號，在輸出端的雙圓圈符號代表一個由偏壓電流決定其值的輸出電流源。和傳統的運算放大器一樣，OTA 具有兩個差動輸入端，高輸入阻抗，以及高共模拒斥比 (CMRR) 等特性。不過OTA有一個偏壓電流輸入端，高輸出阻抗，以及非固定開迴路電壓增益的特性，則與傳統運算放大器不同。

▶ 圖 14-17　運算跨導放大器 (OTA) 的符號。

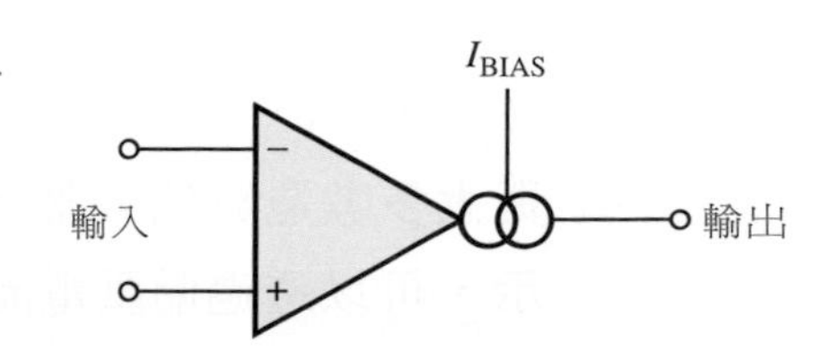

跨導 (Transconductance)

依照定義，電子元件的跨導 **(Transconductance)** 是其輸出電流與輸入電壓的比值。對一個 OTA 而言，輸入是差分電壓，而輸出則是電流；因此，輸出電流與輸入電壓的比值也就是 OTA 的一種增益值。結果，OTA 的電壓轉電流的增益即為其跨導，記作 g_m。因為它是運算放大器，所放大的輸入電壓實際上是兩輸入之間的電壓差；因此，若以 V_{in} 表示等式中的電壓差，則其跨導為：

公式 14-5

$$g_m = \frac{I_{out}}{V_{in}}$$

在一個OTA中，跨導的大小取決於常數 K 以及偏壓電流 I_{BIAS} 的乘積，如公式 14-6 所示。常數 K 的值則由其內部電路的設計來決定。

公式 14-6

$$g_m = KI_{\mathrm{BIAS}}$$

輸出電流由輸入電壓及偏壓電流來控制，其關係式如下：

$$I_{out} = g_m V_{in} = KI_{\mathrm{BIAS}} V_{in}$$

跨導值與偏壓電流間的關係是 OTA 的一項重要特性。圖 14-18 所示即為一個標準的關係曲線。請注意，圖中的跨導隨著偏壓電流線性增加。而比例常數 K 即為該直線的斜率。在這個例子中，K 的值大約是 16 μS/μA。常數 K 在某種程度上與溫度有關，當溫度升高時 K 值會變小，這可能會影響電路的表現。

▶ 圖 14-18

標準 OTA 的跨導與偏壓電流關係曲線的圖形範例。

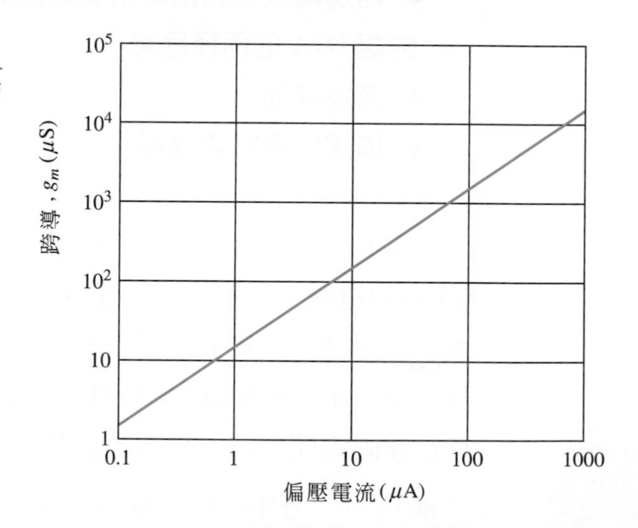

與大多數運算放大器電路不同，OTA 在沒有回授的情況下使用。如圖 14-18 所示，可以透過偏壓電流在一定限度內調節跨導，從而調節輸出電流。

例 題 14-5 假設某一個 OTA 的 g_m 爲 1000 μS，則當其輸入電壓爲 25 mV 時，輸出電流爲多少？

解 $I_{out} = g_m V_{in} = (1000\,\mu\text{S})(25\,\text{mV}) = \mathbf{25\,\mu A}$

相關習題 假設 $K \cong 16\ \mu\text{S}/\mu\text{A}$，試計算 $g_m = 1000\ \mu\text{S}$ 時所需的偏壓電流值。

運算跨導放大器的基本電路 (Basic OTA Circuits)

圖 14-19 顯示一個具有固定電壓增益的 OTA 反相放大器。其電壓增益由跨導以及負載電阻依下列公式決定。

$$V_{out} = I_{out} R_L$$

兩邊同除 V_{in}，

$$\frac{V_{out}}{V_{in}} = \left(\frac{I_{out}}{V_{in}}\right) R_L$$

因爲 V_{out} / V_{in} 爲電壓增益，且 $I_{out} / V_{in} = g_m$，

$$A_v = g_m R_L$$

▶ 圖 14-19

具有固定電壓增益的 OTA 反相放大器。

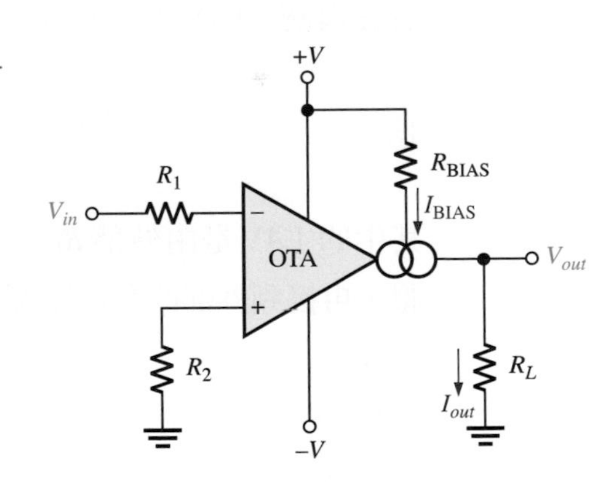

圖 14-19 中放大器的跨導值取決於偏壓電流的大小；偏壓電流則由直流電源電壓以及偏壓電阻 R_{BIAS} 決定。

OTA 最有用的一項特性是可用偏壓電流來控制電壓增益值。如圖 14-20(a)所示，在圖 14-19 中加上一個與 R_{BIAS} 串聯的可變電阻，我們可以手動調整其電壓增益。當可變電阻值改變時，I_{BIAS} 跟著改變，連帶也改變了跨導值。而跨導值改變將影響電壓增益。另外也可以藉著改變外部電源電壓來控制電壓增益，如圖 14-20 (b) 所示。改變偏壓電壓將直接改變偏壓電流值。

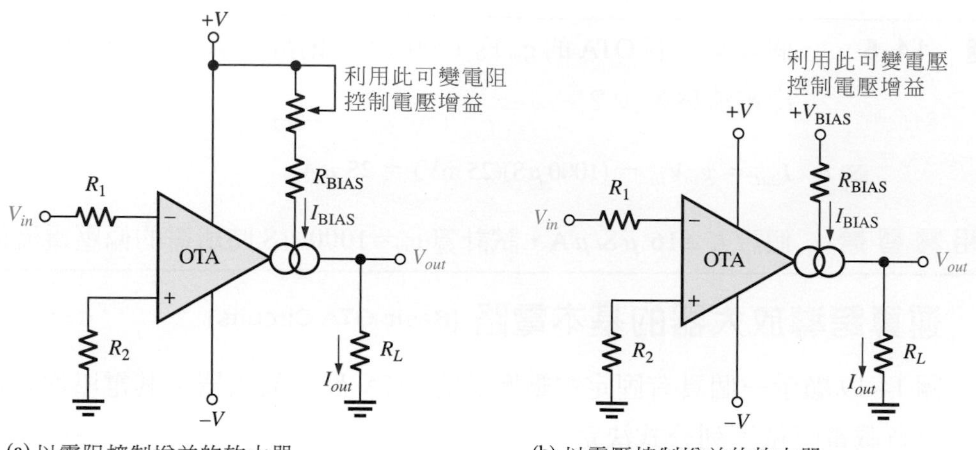

(a) 以電阻控制增益的放大器　　(b) 以電壓控制增益的放大器

▲ 圖 14-20　具有可變電壓增益的 OTA 反相放大器。

特殊 OTA (A Specific OTA)

LM13700 是一個標準的運算跨導放大器，而且是具有代表性的元件。LM13700 採用雙元件封裝方式，它包含兩個 OTA 及輸出緩衝電路。圖 14-21 顯示封裝中的一個 OTA 的接腳配置。其可容許的最高直流電源電壓為 ±18 V，且跨導特性恰好與圖 14-18 所示相同。LM13700 的偏壓電流則由下式決定：

$$I_{BIAS} = \frac{+V_{BIAS} - (-V) - 1.4\text{ V}}{R_{BIAS}}$$

其中的 1.4V 是由外部 R_{BIAS}，連接到內部電路中的一個基極射極接面和一個二極體，再接到外部的負電壓源 − V。正偏壓電壓 + V_{BIAS} 則可由正電源電壓 + V 取得。

▶ 圖 14-21

LM13700 OTA。每個 LM13700 封裝中有兩顆 OTA。圖中並沒有顯示緩衝電晶體。括號中的數字為兩顆 OTA 的接腳編號。

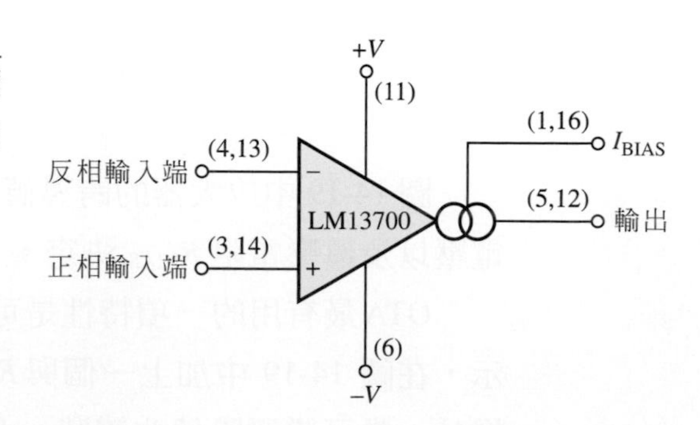

改變偏壓電流不僅會改變 OTA 跨導值，也會改變輸入及輸出電阻值。輸入及輸出電阻都隨著偏壓電流增加而減少，如圖 14-22 所示。

▶ 圖 14-22

輸出電阻和輸入電阻相對於偏壓電流的範例圖形。

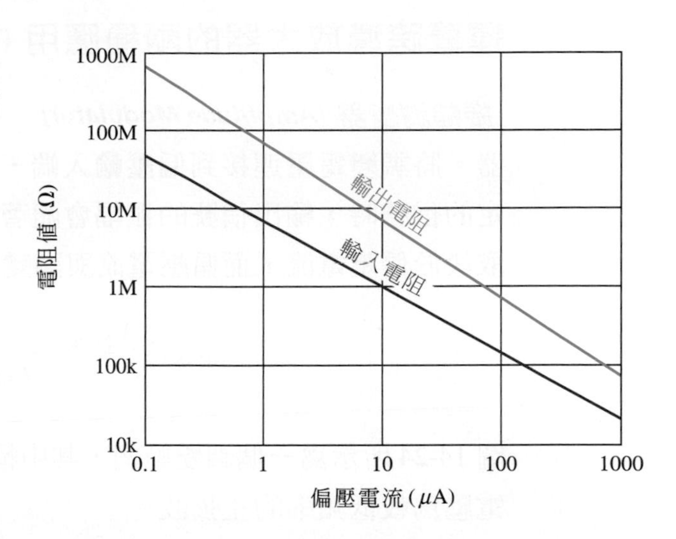

例 題 14-6 圖 14-23 的 OTA 經過連線形成一個具有固定增益的反相放大器，其中 $+V_{BIAS}=+V$。試求其電壓增益的概略值。

▶ 圖 14-23

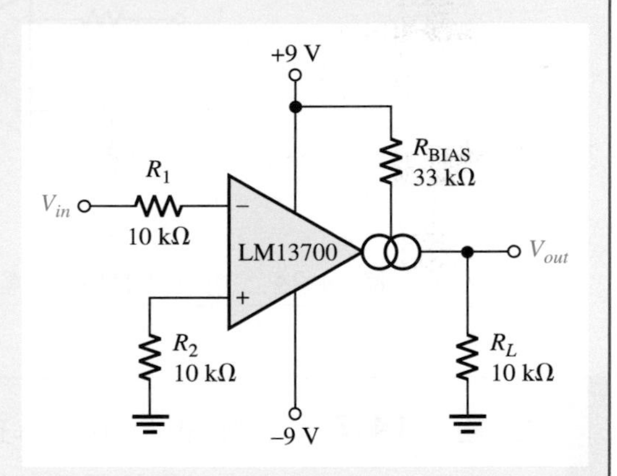

解 偏壓電流計算如下：

$$I_{BIAS}=\frac{+V_{BIAS}-(-V)-1.4\text{ V}}{R_{BIAS}}=\frac{9\text{ V}-(-9\text{ V})-1.4\text{ V}}{33\text{ k}\Omega}=503\ \mu\text{A}$$

使用由圖 14-18 中取得的 $K\cong 16\ \mu\text{S}/\mu\text{A}$；對應於 $I_{BIAS}=503\ \mu\text{A}$ 的跨導值約爲

$$g_m=KI_{BIAS}\cong(16\ \mu\text{S}/\mu\text{A})(503\ \mu\text{A})=8.05\times10^3\ \mu\text{S}$$

使用此跨導值 g_m，即可計算電壓增益。

$$A_v=g_mR_L\cong(8.05\times10^3\ \mu\text{S})(10\text{ k}\Omega)=\mathbf{80.5}$$

相關習題 如果圖 14-23 中的 OTA 在 ±12 V 的直流電源電壓條件下操作，如此是否會改變原先的電壓增益？如果是，其值會是多少？

運算跨導放大器的兩種應用 (Two OTA Applications)

振幅調變器 (Amplitude Modulator) 圖 14-24 中所示為由 OTA 構成的振幅調變器。將調變電壓連接到偏壓輸入端，就可以改變電壓增益。當輸入一個振幅固定的信號時，輸出信號的振幅會隨著偏壓輸入端的調變電壓而改變。其增益值取決於偏壓電流，而偏壓電流與調變電壓的關係如下式所示：

$$I_{\text{BIAS}} = \frac{V_{\text{MOD}} - (-V) - 1.4\text{ V}}{R_{\text{BIAS}}}$$

圖 14-24 所示為一個調變範例，其中輸入電壓信號為較高頻率的正弦波，而調變電壓為較低頻率的正弦波。

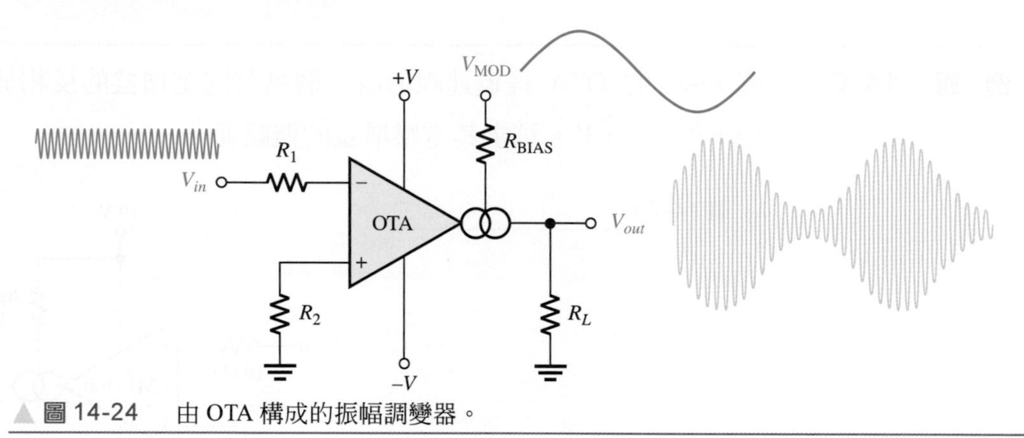

▲圖 14-24 由 OTA 構成的振幅調變器。

例 題 14-7 圖 14-25 中 OTA 振幅調變器的輸入為峰對峰值 50 mV、1 MHz 的正弦波。調變電壓如圖所示，試求其輸出信號。

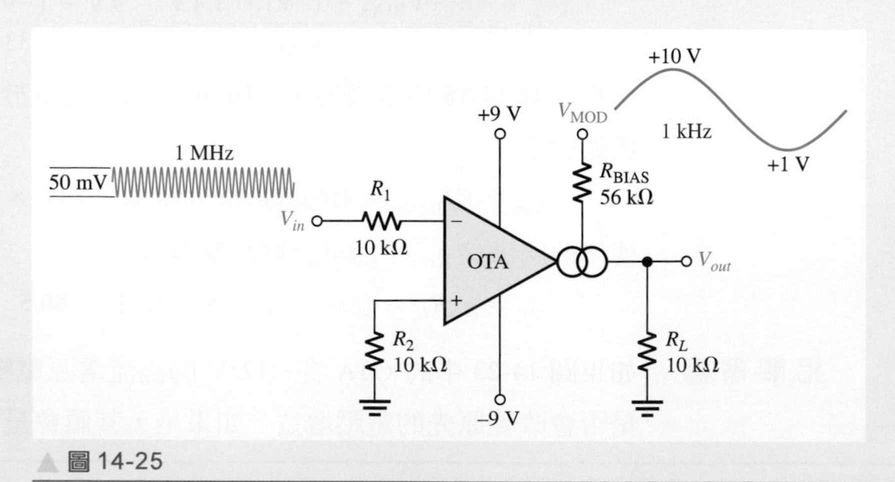

▲圖 14-25

解　當 I_{BIAS} 是最大值時，亦即 g_m 爲最大值時，電壓增益也爲最大值。這發生在調變電壓 V_{MOD} 最大峰值的時候。

$$I_{BIAS(max)} = \frac{V_{MOD(max)} - (-V) - 1.4\,V}{R_{BIAS}} = \frac{10\,V - (-9\,V) - 1.4\,V}{56\,k\Omega} = 314\,\mu A$$

依照圖 14-18 的圖形可以得到 K 值大約爲 16 μS/μA。

$$g_m = KI_{BIAS(max)} \cong (16\,\mu S/\mu A)(314\,\mu A) = 5.02\,mS$$
$$A_{v(max)} = g_m R_L \cong (5.02\,mS)(10\,k\Omega) = 50.2$$
$$V_{out(max)} = A_{v(max)} V_{in} \cong (50.2)(50\,mV) = 2.51\,V$$

最小的輸出電壓計算如下：

$$I_{BIAS(min)} = \frac{V_{MOD(min)} - (-V) - 1.4\,V}{R_{BIAS}} = \frac{1\,V - (-9\,V) - 1.4\,V}{56\,k\Omega} = 154\,\mu A$$
$$g_m = KI_{BIAS(min)} \cong (16\,\mu S/\mu A)(154\,\mu A) = 2.46\,mS$$
$$A_{v(min)} = g_m R_L \cong (2.46\,mS)(10\,k\Omega) = 24.6$$
$$V_{out(min)} = A_{v(min)} V_{in} \cong (24.6)(50\,mV) = 1.23\,V$$

所造成的輸出電壓波形顯示在圖 14-26 中。

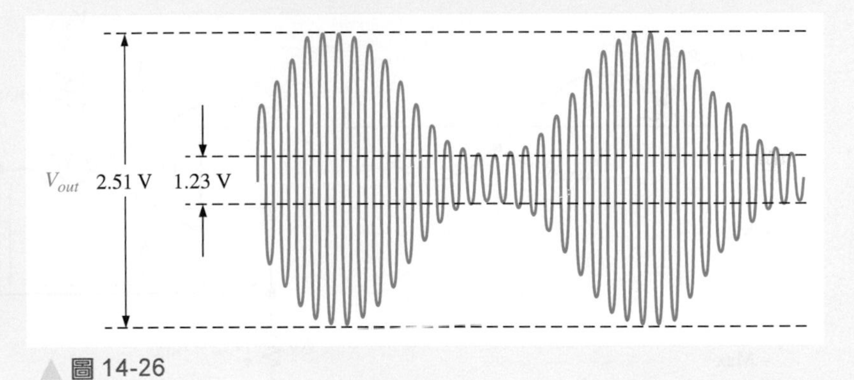

▲ 圖 14-26

相關習題　將調變信號從正弦波換成一個具有相同極大值和極小值的方波，且偏壓電阻爲 39 kΩ，然後重作此例題。

史密特觸發器 (Schmitt Trigger)　圖 14-27 爲由 OTA 構成的史密特觸發電路。史密特觸發器基本上是一個具有磁滯現象的比較器，且其輸入電壓的大小足以使元件達到飽和狀態。當輸入電壓超過某個臨界電壓或觸發點時，此元件就會切換至兩個飽和輸出狀態中的個。而當輸入降到低於另一個臨界電壓時，元件就會再切換至另外一個飽和輸出狀態。

▶ 圖 14-27 由 OTA 構成的史密特觸發器。

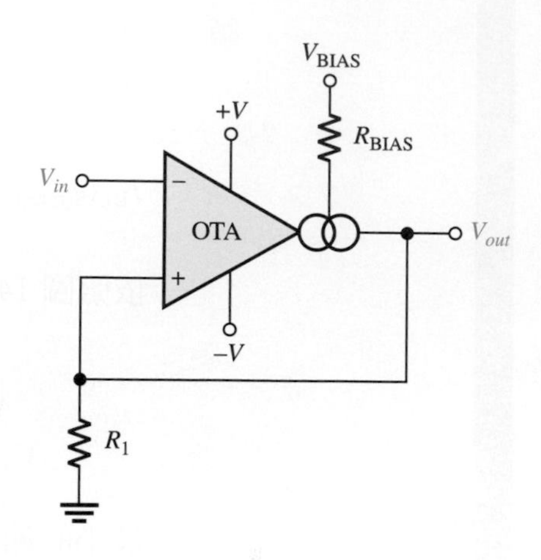

在OTA史密特觸發器的例子裡，臨界電壓是利用流過 R_1 的電流值來設定。由於 OTA 最大的輸出電流等於其偏壓電流。因此，在任何一個飽和輸出狀態下，$I_{out} = I_{BIAS}$。最大正輸出電壓等於 $I_{out}R_1$，而這個值正好是正臨界電壓，或上觸發點。當輸入電壓超過此臨界電壓時，會使輸出切換到負電壓最大值，它等於 $-I_{out}R_1$。且既然 $I_{out} = I_{BIAS}$，觸發點的位準可利用偏壓電流來控制。圖 14-28 說明這個工作過程。

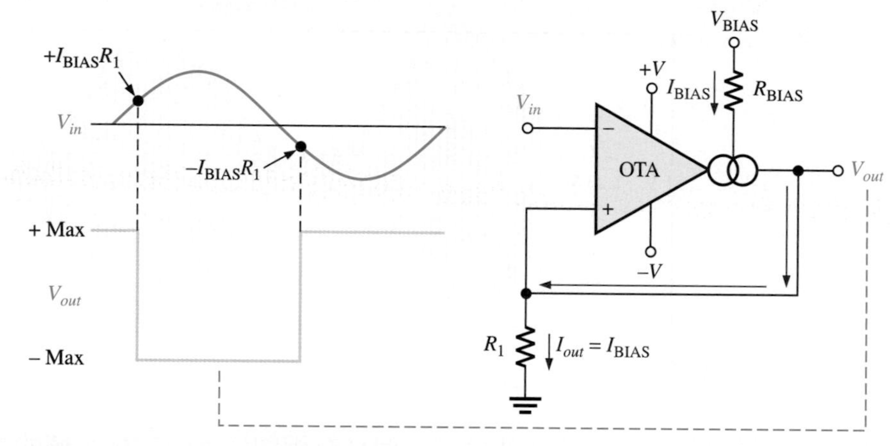

▲ 圖 14-28 OTA 史密特觸發器的基本工作原理。

第14-3節 隨堂測驗

1. OTA 是什麼樣的元件？
2. 如果增加 OTA 的偏壓電流，則其跨導值將會增加還是減少？
3. 如果將 OTA 連接成一個固定增益電壓放大器，若增加電源電壓，則會對電壓增益有什麼影響？
4. 如果將 OTA 連接成增益可調整的電壓放大器，且偏壓端的電壓減少，則電壓增益會有什麼樣的改變？

14-4 對數與反對數放大器 (Log and Antilog Amplifiers)

對數與反對數放大器的應用場合為：類比輸入信號資料需要壓縮，將轉換器的指數型輸出值加以線性化表示，以及類比訊號的乘法或除法等。通常用於高頻通訊系統中，包括用來處理大動態範圍信號的光纖系統。

在學習完本節的內容後，你應該能夠

- **解釋與分析 FET 對數以及反對數放大器的工作原理**
  - 定義對數
- 描述基本對數放大器
  - 定義*自然對數 (Natural logarithm)*
  - 解釋二極體如何提供對數特性
  - 描述於回授迴路具有二極體之對數放大器的工作原理
  - 描述於回授迴路具有 BJT 之對數放大器的工作原理
- 描述基本反對數放大器
  - 定義*反對數 (antilogarithm)*
  - 解釋二極體或電晶體如何連接成反對數放大器
- 討論使用對數放大器作為信號壓縮
  - 描述線性與對數信號壓縮之間的差異

一個數值的**對數 (Logarithm)** 代表該底數所需的次方數，使其乘冪後的數值等於該數值。對數 (log) 放大器的輸出值正比於輸入的對數值，而反對數 (Antilogarithmic , antilog) 放大器的輸出是輸入的反對數值或逆對數值。

基本對數放大器 (The Basic Logarithmic Amplifier)

對數放大器的關鍵元件是一個具有對數特性的元件，將此元件放在運算放大器回授迴路上，將產生對數型輸出。這意謂著對數放大器的輸出電壓為輸入電壓的對數函數，如下列的一般方程式所示。

$$V_{out} = -K\ln(V_{in})$$ **公式 14-7**

其中 K 為常數，ln 則表示以 e 為底的自然對數。自然對數**(Natural logarithm)** 是一個藉基底 e 來升高，以便等於所給定的數值的冪次方。雖然在本節中的方程式都使用自然對數，但是只要使用 $\ln x = 2.3 \log_{10} x$ 的關係式，每一個數學式都可以轉換成以 10 為底的對數 ($\log_{10}$)。

不論是二極體，還是雙極接面電晶體的基極射極接面，這些半導體的 *pn* 接面都呈現出對數的特性。在此，我們回想前面二極體在順向電壓 0.7V 以下所表現的非線性特性。圖 14-29 所示爲二極體的特性曲線，其中 V_F 爲順向二極體電壓，I_F 爲順向二極體電流。

從圖中可以看出，二極體的特性曲線爲非線性。這個特性曲線不只是非線性的，它還是對數函數，我們可以用下列方程式加以定義：

$$I_F \cong I_R e^{qV_F/kT}$$

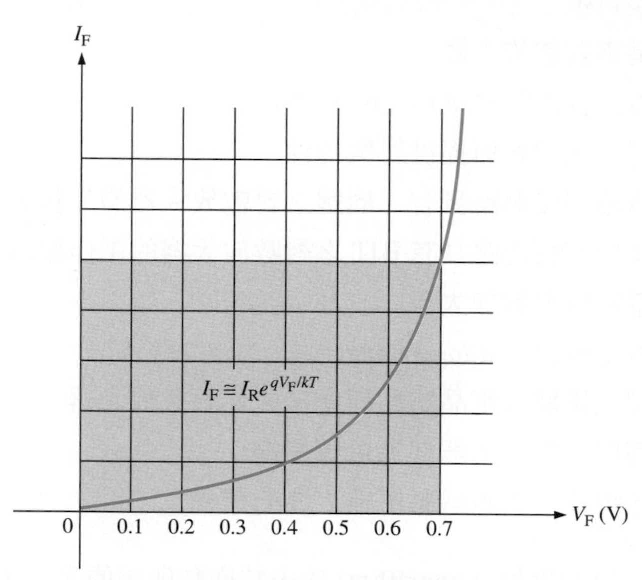

▲ 圖 14-29 二極體 *pn* 接面的特性曲線（V_F 相對於 I_F）。

其中 I_R 爲逆向漏電流，q 是電子的電荷，k 爲波茲曼常數 (Boltzmann's constant)，T 則爲以凱氏溫標表示的絕對溫度。依據前面的方程式，二極體順向電壓 V_F 可用以下方式得到。將上述式子兩邊同取自然對數 (ln 表示以 e 爲底的自然對數)。

$$\ln I_F = \ln I_R e^{qV_F/kT}$$

兩個項的乘積對數值等於兩個項分別取對數值的和。

$$\ln I_F = \ln I_R + \ln e^{qV_F/kT} = \ln I_R + \frac{qV_F}{kT}$$

$$\ln I_F - \ln I_R = \frac{qV_F}{kT}$$

而兩個項取對數值的差值則等於兩個項相除再取對數值。

$$\ln\left(\frac{I_F}{I_R}\right) = \frac{qV_F}{kT}$$

求解 V_F，可以得到

$$V_F = \left(\frac{kT}{q}\right)\ln\left(\frac{I_F}{I_R}\right)$$

使用二極體構成對數放大器 (Log Amplifier with a Diode) 當我們依照圖 14-30 把一個二極體放在運算放大器的回授迴路上，這樣就組成了一個基本對數放大器。因為反相輸入端為虛接地 (0 V)，所以當輸入為正電壓時，輸出為 $-V_F$。因為 V_F 為對數型式，所以 V_{out} 也是對數型式。由於只有在 0.7V 以下時二極體的特性曲線才是對數型，因此輸出電壓的最大值會限制在大約 -0.7V。同樣地，如果將二極體以圖中的方向連接，則輸入必須是正電壓。反之如果要處理負輸入電壓，就必須將二極體的方向倒轉。

▶ 圖 14-30

使用二極體當作回授元件的基本對數放大器。

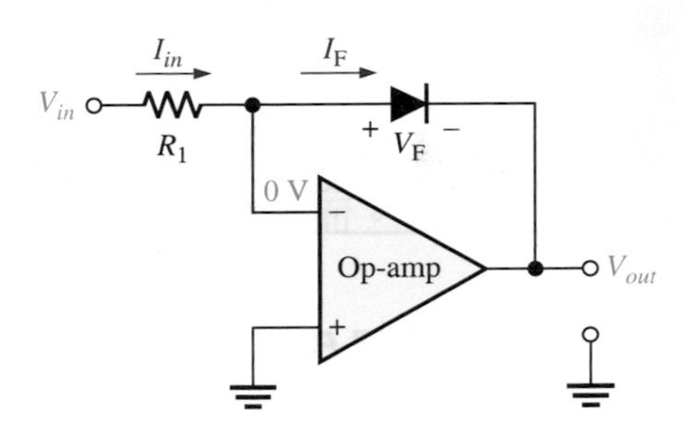

根據 $V_{out} = -V_F$ 以及 $I_F = I_{in}$，這是因為反相輸入端沒有電流流入，所以圖 14-30 電路的分析如下。

$$V_{out} = -V_F$$

$$I_F = I_{in} = \frac{V_{in}}{R_1}$$

代入方程式中的 V_F 後，

$$V_{out} = -\left(\frac{kT}{q}\right)\ln\left(\frac{V_{in}}{I_R R_1}\right)$$

kT/q 為常數，在 25℃時其值大約為 25 mV。所以輸出電壓可以表示為

$$\mathbf{V_{out} \cong -(0.025\ V)\ln\left(\frac{V_{in}}{I_R R_1}\right)} \qquad \text{公式 14-8}$$

依據公式 14-8，我們可以知道輸出電壓為輸入電壓的負對數函數值。利用電阻 R_1 以及輸入電壓值可以控制輸出電壓值。對於指定的二極體而言，另一個因子 I_R 也是常數。

第14-4 節 隨堂測驗

1. 位於對數放大器回授迴路上的二極體或電晶體，其用途是什麼？
2. 爲什麼對數放大器的輸出會限制在 0.7 V 內？
3. 會影響基本對數放大器輸出電壓的因素有哪些？
4. 從實作的觀點來看，基本反對數放大器與基本對數放大器的不同點在哪裡？

14-5 轉換器與其他積體電路 (Converters and other Integrated Circuits)

這一節將介紹更多由運算放大器及線性積體電路構成的基本應用裝置。我們會學到定電流源、電流轉電壓轉換器、電壓轉電流轉換器、峰值檢測器及 LM386 音頻放大器，這些只是試圖介紹一些常見的基本應用。

在學習完本節的內容後，你應該能夠

- ◆ **解釋與分析其他類型的積體電路**
- ◆ 描述定電流源
- ◆ 解釋電流轉電壓轉換器
- ◆ 討論電壓轉電流轉換器
- ◆ 解釋峰值檢測器如何工作
- ◆ 討論特定的音頻放大器

定電流源 (Constant-Current Source)

回顧第 14-3 節中所討論的 OTA，所謂定電流源的功用，在於不論負載的大小爲何，都能提供固定的電流輸出。如圖 14-36 所示運算放大器電路中，穩定的電壓源 V_{IN} 能夠提供穩定的電流 I_i 流過 R_i。由於運算放大器的反相輸入 (−) 端爲虛接地 (0 V)，電流 I_i 的值可以利用 V_{IN} 和 R_i 如下求出

$$I_i = \frac{V_{IN}}{R_i}$$

▶ 圖 14-36 基本定電流源。

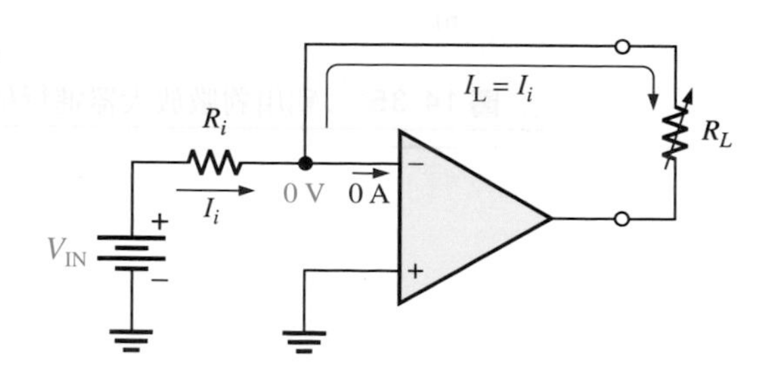

現在，既然運算放大器的內部輸入阻抗非常大 (理論上是無限大)，實際上 I_i 會全部流經在回授路徑上的 R_L。因為 $I_i = I_L$，

$$I_L = \frac{V_{IN}}{R_i}$$

公式 14-11

如果 R_L 改變，則只要 V_{IN} 以及 R_i 保持不變，I_L 會維持固定值。

電流轉電壓轉換器 (Current-to-Voltage Converter)

電流轉電壓轉換器可以將輸入電流的變化轉換為成比例的輸出電壓。圖 14-37 (a) 是一個能夠完成這種功能的基本電路。因為 I_i 實際上會全部流經回授路徑，所以 R_f 兩端的電壓降為 I_iR_f。且由於 R_f 的左端虛接地 (0 V)，輸出電壓會等於 R_f 兩端的電壓降，且此電壓降正比於 I_i。

$$V_{out} = I_iR_f$$

公式 14-12

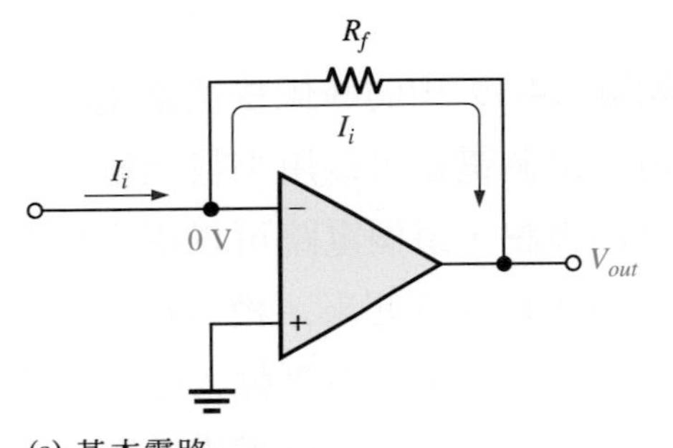

(a) 基本電路

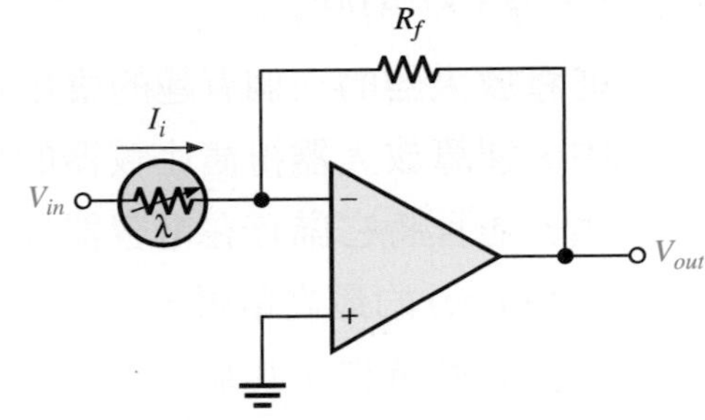

(b) 用來感測光度強弱和將它按比例轉換成輸出電壓的電路

▲ 圖 14-37　電流轉電壓轉換器。

圖 14-37(b)提供一個這種轉換器的應用電路，電路中的光導元件 (Photoconductive cell) 可以偵測到光度的變化。當光度改變時，光導元件的電阻值會跟著改變，使得流過元件的電流產生變化。因此光導元件阻抗的改變會使輸出電壓產生成比例的變動量 ($\Delta V_{out} = \Delta I_iR_f$)。

電壓轉電流轉換器 (Voltage-to-Current Converter)

圖 14-38 所示為基本電壓轉電流轉換器電路。與 OTA 一樣，它可以應用在需要利用輸入電壓來控制輸出 (負載) 電流的電路上。該電路的缺點是負載沒有接地。

▶ 圖 14-38 電壓轉電流轉換器。

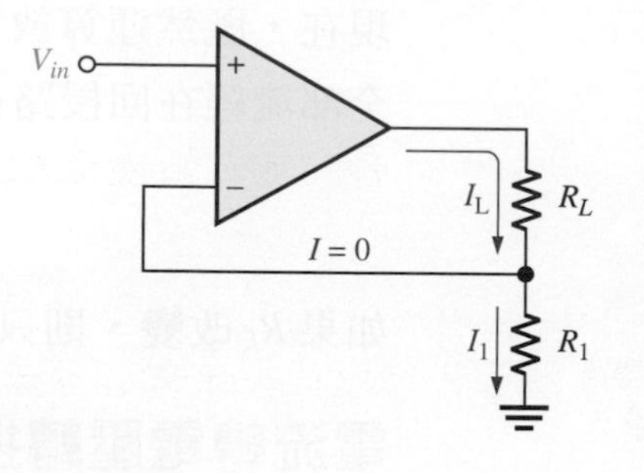

倘若忽略輸入抵補電壓，運算放大器的非反相以及反相輸入端的電壓都會等於 V_{in}。因此，R_1 兩端的電壓等於 V_{in}。既然流經反相輸入端的電流小到可以忽略不計，流經 R_1 的電流會等於流過 R_L 的電流；因此

公式 14-13

$$I_L = \frac{V_{in}}{R_1}$$

峰值檢測器 (Peak Detector)

運算放大器的一個有趣的應用是如圖 14-39 中的峰值檢測器電路。在這個應用中，運算放大器扮演比較器的角色。這個電路可以用來找出輸入信號的峰值電壓，並且將它儲存在電容器裡。舉例來說，這個電路可以用來檢測一個突波電壓 (Surge) 的最高電壓，並且將這個電壓值儲存起來，稍後可以使用伏特計或記錄裝置測量它。其基本工作原理如下。當一個正電壓輸入運算放大器非反相輸入端時，運算放大器的輸出電壓為高位準，使得二極體處於順向偏壓並且對電容器充電。這個充電過程會持續到電容的電壓與輸入電壓相等為止，此時運算放大器的兩個輸入端電壓相等。在這個時候，運算放大器比較器會切換輸出狀態，使輸出電壓變成低位準。導致二極體逆向偏壓，且停止對電容的充電。這個過程使電容兩端的電壓達到 V_{in} 的峰值，而且會一直維持到漏電完畢或是直到經由一個開關來重置為止。如果有另外一個更高的電壓輸入，電容會充電到新的峰值。

▶ 圖 14-39 基本峰值檢測器。

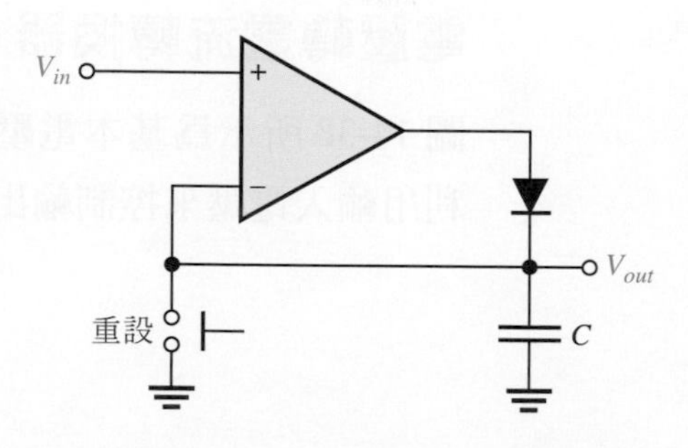

音頻放大器(Audio Amplifiers)

音頻放大器廣泛地應用於眾多場合，並且經常已經包裝成積體電路以提供完整系統使用。一種常見的應用是用於無線電或電視的接收器系統，來自無線電或電視的信號以嵌入在射頻信號中的編碼信號形式發送，接收器從射頻信號中復原音頻信號，它用小功率放大器放大並驅動揚聲器，音頻放大器的頻寬取決於系統的需求，通常為 3 kHz 至 15 kHz， IC 音頻放大器在一定能力範圍內已經上市可直接利用。

LM386 音頻功率放大器(The LM386 Audio Power Amplifier) 這個裝置是一個低功率音頻放大器的例子，能夠為揚聲器提供數百毫瓦的功率。它可以 4 V 至 12 V 範圍內的任何直流電源供電，是可攜式或電池供電設計的理想選擇。 LM386 的接腳配置如圖 14-40(a)所示。沒有外部連接到增益端子時，LM386 的電壓增益為 20，如圖 14-40(b)所示。在接腳 1 和接腳 8 之間連接一個電容可以獲得 200 的電壓增益，如圖 14-40(c)所示。在接腳 1 到接腳 8 之間串聯電阻和電容可以實現 20 到 200 的電壓增益，如圖 14-40(d)所示。這些外部元件實際上是與內部增益設置電阻並聯。

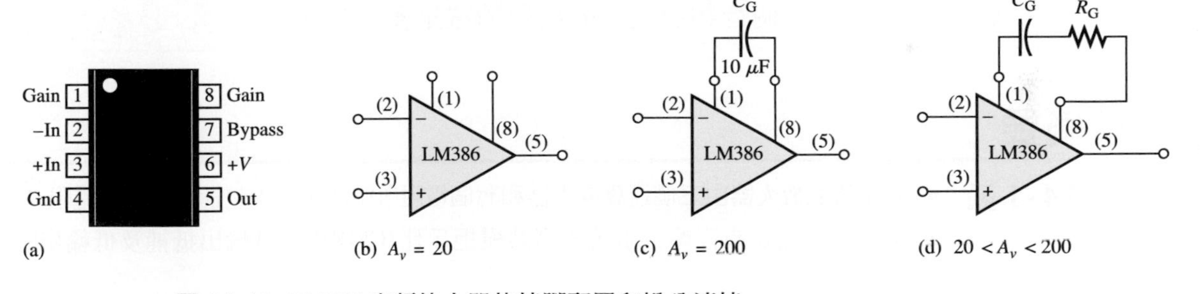

▲ 圖 14-40 LM386 音頻放大器的接腳配置和增益連接

LM386 作為功率放大器的典型應用如圖 14-41 所示，這是無線電接收器的最後一個階段。圖中的音頻信號透過音量控制電位計反相饋入。在無線電接收器中，你可以看到一個如R_2和C_3所形成的額外濾波器，用來去除任何不需要的殘留高頻載波信號。R_3和C_6在音頻信號透過耦合電容器C_7施加到揚聲器之前提供額外的濾波。

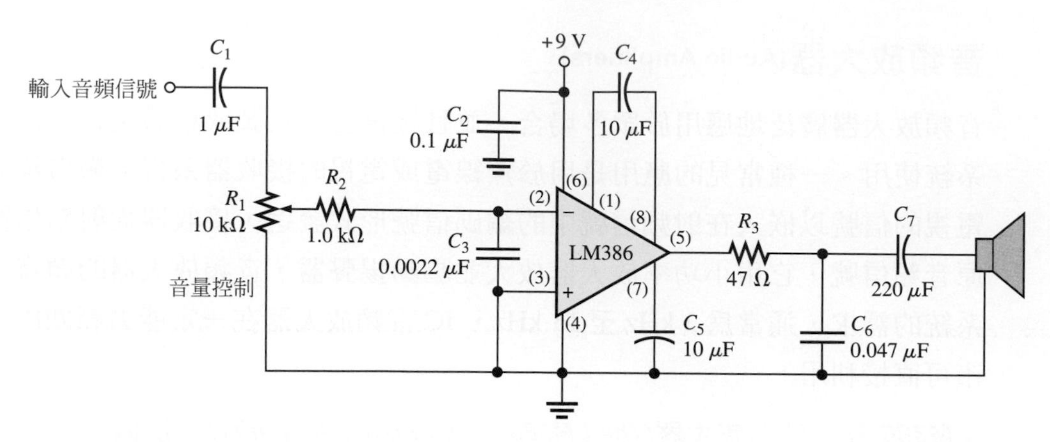

▲ 圖 14-41 以 LM386 設計的音頻功率放大器。

第14-5 節 隨堂測驗

1. 在圖 14-36 中，定電流源的輸入參考電壓爲 6.8 V，R_i 爲 10 kΩ。如果負載爲 1.0 kΩ，則這個定電流源供應負載的固定電流是多少？ 當負載變爲 5 kΩ時，又會是多少？
2. 對一個電流轉電壓轉換器而言，輸入電流與輸出電壓之間的比例常數由哪一個元件決定？
3. 一個音頻放大器的典型頻寬是多少？

本章摘要

第 14-1 節

- 基本儀表放大器由三個運算放大器和七個電阻所組成，其中包括增益設定電阻 R_G。
- 儀表放大器具有高輸入阻抗、高共模拒斥比 (CMRR)、低輸出抵補及低輸出阻抗等特性。
- 基本儀表放大器的電壓增益是由一個外部電阻設定。
- 儀表放大器在小信號混雜在大振幅共模雜訊中的場合，是很有用的。

第 14-2 節

- 基本隔離放大器具彼此電氣隔離的輸入級與輸出級。
- 隔離放大器以電容、光電、或變壓器耦合的方式來達到隔離的作用。
- 在高電壓環境下，隔離放大器可以用來當作與敏感設備連接的介面，且在某些醫療應用上可以保護相關人員免於觸電。

第 14-3 節

- 運算跨導放大器是一種電壓轉電流放大器。
- 運算跨導放大器的輸出電流等於差分輸入電壓乘以跨導值。
- 對一個運算跨導放大器而言，跨導值會隨著偏壓電流的不同而變化，因此，運算跨導放大器的增益可以利用偏壓電壓或可變電阻來調整。

第 14-4 節
- 對數和反對數放大器的工作原理是以 *pn* 接面的非線性 (對數) 特性為基礎。
- 對數放大器在其回授迴路上有一個 *pn* 接面，而反對數放大器在輸入端有一個串聯的 *pn* 接面。

第 14-5 節
- 不論負載阻抗值的大小(只要在範圍內)，定電流源均提供相同的負載電流。
- 在峰值檢測器中，利用運算放大器做為比較器，經由二極體對電容充電至輸入電壓的峰值。這個裝置對測量突波電壓的峰值非常有用。

重要詞彙

重要詞彙和其他以粗體字表示的詞彙，都會在本書書末的詞彙表中加以定義。

儀表放大器 (instrumentation amplifier) 一種放大器用來放大疊加在大振幅共模電壓上小信號。

隔離放大器 (isolation amplifier) 就電氣特性而言，內部各級相互隔離的放大器。

自然對數 (natural logarithm) 底數 e (e= 2.71828) 所需計算的次方數，使計算的結果等於某數。

運算跨導放大器 (operational transconductance amplifier, OTA) 一種將電壓轉換成電流的放大器。

跨導 (transconductance) 在某個電子元件中，輸出電流對輸入電壓的比值。

重要公式

儀表放大器

14-1 $$A_{cl} = 1 + \frac{2R}{R_G}$$

14-2 $$R_G = \frac{2R}{A_{cl} - 1}$$

隔離放大器

14-3 $$A_{v1} = \frac{R_{f1}}{R_{i1}} + 1$$

14-4 $$A_{v2} = \frac{R_{f2}}{R_{i2}} + 1$$

運算跨導放大器 (OTA)

14-5 $$g_m = \frac{I_{out}}{V_{in}}$$

14-6 $$g_m = KI_{BIAS}$$

對數與反對數放大器

14-7 $V_{out} = -K\ln(V_{in})$

14-8 $V_{out} \cong -(0.025\,\text{V})\ln\left(\dfrac{V_{in}}{I_R R_1}\right)$

14-9 $V_{out} = -(0.025\,\text{V})\ln\left(\dfrac{V_{in}}{I_{EBO} R_1}\right)$

14-10 $V_{out} = -R_f I_{EBO}\,\text{antilog}\left(\dfrac{V_{in}}{25\,\text{mV}}\right)$

轉換器與其他運算放大器電路

14-11 $I_L = \dfrac{V_{IN}}{R_i}$ 定電流源

14-12 $V_{out} = I_i R_f$ 電流轉電壓轉換器

14-13 $I_L = \dfrac{V_{in}}{R_1}$ 電壓轉電流轉換器

是非題測驗 答案可以在以下的網站找到 www.pearsonglobaleditions.com/Floyd

1. 儀表放大器放大了兩個輸入端之間所存在的電流差異。
2. 儀表放大器具有低輸入阻抗和低共模拒斥性能。
3. 基本儀表放大器由數個電容器所組成。
4. 在隔離放大器中，輸入級及輸出級之間透過一個隔離障礙將彼此分開。
5. 隔離放大器由電氣上相絕緣的兩級所組成。
6. 所有隔離放大器都使用光耦合。
7. OTA 基本上是一個電流轉電壓放大器。
8. 在 OTA 中，差分電壓是輸入變數，而電流是輸出變數。
9. 雙極接面電晶體的基射極接面具有對數特性。
10. 峰值檢測器是使用一個二極體及一個電容的電路，用來產生與輸入信號峰值等值的直流電壓。

電路動作測驗 答案可以在以下的網站找到 www.pearsonglobaleditions.com/Floyd

1. 若圖 14-7 的 R_G 值增加，則電壓增益將會
   (a)增加 (b)減少 (c)不變
2. 若圖 14-7 儀器放大器的電壓增益在 1 kHz 時設爲 10，若頻率增加到 100 kHz，則電壓增益將會
   (a)增加 (b)減少 (c)不變

3. 若圖 14-7 儀器放大器的電壓增益從 10 增加到 100，其頻寬將會
(a)增加 (b)減少 (c)不變
4. 若圖 14-15 隔離放大器的 R_{f1} 增加到 33 kΩ，則總電壓增益將會
(a)增加 (b)減少 (c)不變
5. 若圖 14-15 的所有電容值都改變成 0.68 μF，則輸出級的電壓增益將會
(a)增加 (b)減少 (c)不變
6. 若圖 14-23 OTA 的 R_L 值減少，則電壓增益將會
(a)增加 (b)減少 (c)不變
7. 若圖 14-23 OTA 的偏壓電流增加，則電壓增益將會
(a)增加 (b)減少 (c)不變
8. 在圖 14-31 對數放大器中，R_1 值若減少，則輸出電壓將會
(a)增加 (b)減少 (c)不變

自我測驗

答案可以在以下的網站找到 www.pearsonglobaleditions.com/Floyd

第 14-1 節

1. 要製作一個基本儀表放大器，需要
(a)一個具有某種回授線路配置的運算放大器。
(b)兩個運算放大器和七個電阻
(c)三個運算放大器和七個電容
(d)三個運算放大器和七個電阻
2. 儀表放大器通常具有一個外部電阻用來
(a)建立輸入阻抗 (b)設定電壓增益
(c)設定電流增益 (d)作爲與儀器連接的介面 (interfacing)
3. 儀表放大器主要使用在
(a)高雜訊環境 (b)醫療儀器
(c)測量儀器 (d)濾波電路

第 14-2 節

4. 隔離放大器的每個階段
(a)僅有獨立的電源電壓
(b)有獨立的電源電壓和接地
(c)只有單獨的接地
(d)有單獨的電源和共同的接地
(e)以上皆非
5. 在隔離放大器中，要將低的調頻信號從輸入耦合到輸出，我們需要
(a)小值電容器 (b)大值電容器
(c)小值電阻器 (d)大值電阻器

6. 大部分的隔離放大器，其各級電路是以什麼方式連接？
(a)銅片 (b)變壓器
(c)微波連接 (d)電流迴路

7. 隔離放大器的哪一種特性，使其能夠從很多雜訊中將小信號加以放大？
(a)CMRR (b)高增益
(c)高輸入阻抗 (d)輸入與輸出間的磁耦合

第 14-3 節

8. 專有名詞 OTA 指的是
(a)運算電晶體放大器 (b)運算變壓器放大器
(c)運算跨導放大器 (d)輸出跨導放大器

9. OTA 有
(a)偏壓電流輸入端 (b)高輸出阻抗
(c)非固定開迴路電壓增益 (d)以上皆是

10. OTA 有
(a)高輸入阻抗 (b)高 CMRR
(c)以上皆是 (d)以上皆非

11. ______不是 OTA 的應用。
(a)振幅調變器 (b)史密特觸發器
(c)多工器 (d)以上皆非

第 14-4 節

12. 反對數放大器的輸入元件是
(a)電晶體 (b)二極體
(c)電晶體或二極體 (d)以上皆非

13. 假設對數放大器的輸入為 x，則其輸出與下列何者成正比？
(a) e^x (b)$\ln x$ (c) $\log_{10}^x$ (d)$2.3\log_{10}^x$
(e)答案(a)和(c)皆正確 (f)答案(b)和(d)皆正確

14. 假設反對數放大器的輸入為 x，則其輸出與下列何者成正比？
(a) $e^{\ln x}$ (b) e^x (c)$\ln x$ (d) e^{-x}

第 14-5 節

15. 在峰值檢測器中，運算放大器用作
(a)比較器
(b)電阻器
(c)轉換器

16. 音頻放大器的頻寬通常介於何者之間
(a)3 MHz～15 MHz (b)3 kHz～15 kHz
(c)300 kHz～1,500 kHz (d)0.3 kHz～1.5 kHz

習 題　所有的答案都在本書末。

基本習題

第 14-1 節　儀表放大器

1. 試求圖 14-42 儀表放大器中運算放大器 A1 與 A2 的電壓增益。

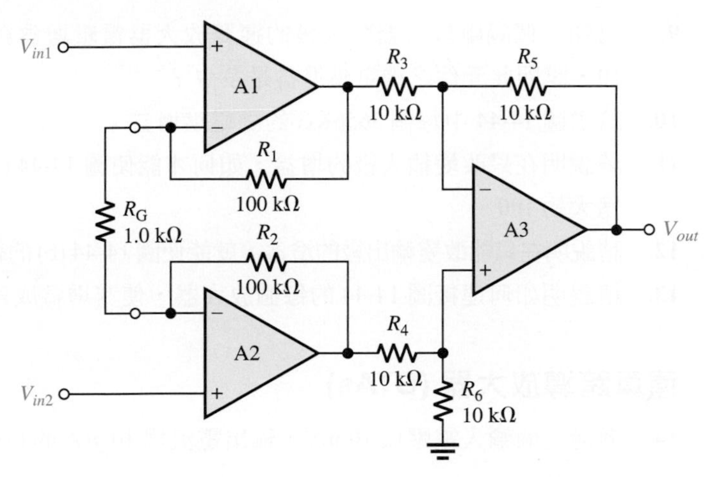

▲ 圖 14-42

2. 試求圖 14-42 中儀表放大器的總電壓增益。
3. 將下列電壓施加在圖 14-42 中的儀表放大器：V_{in1} = 5 mV、V_{in2} = 10 mV 及 V_{cm} = 225 mV。試求最後的輸出電壓。
4. R_G 之值應為多少，才能使圖 14-42 中的儀表放大器的增益變為 1000？
5. 圖 14-43 中儀表放大器 AD622 的電壓增益是多少？

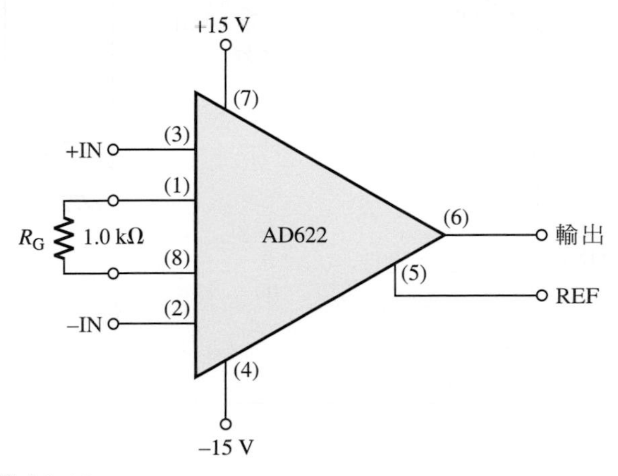

▲ 圖 14-43

6. 假設電壓增益爲 10，試求圖 14-43 中放大器頻寬大約爲多少。利用圖 14-6 的圖表。
7. 請說明要如何製作，才能將圖 14-43 中放大器的增益改爲 24。
8. 假設電壓增益爲 20，試求圖 14-43 中 R_G 的值。

第 14-2 節 隔離放大器

9. 已知一個隔離放大器輸入級的運算放大器電壓增益爲 30。輸出級增益設爲 10，試問此元件之總電壓增益是多少？
10. 試求圖 14-44 中每個 3656KG 的總電壓增益。
11. 請說明在只改變輸入級的增益，如何才能使圖 14-44 (a) 之放大器總增益值變爲大約 100。
12. 請說明在只能改變輸出級的增益，就能使圖 14-44 (b) 的總增益值變爲大約 440。
13. 請說明如何連接圖 14-44 的每個放大器，使其增益成爲 1。

第 14-3 節 運算跨導放大器 (OTAs)

14. 考慮一個輸入電壓爲 10 mV，輸出電流爲 10 μA 的 OTA。試問它的跨導值是多少？

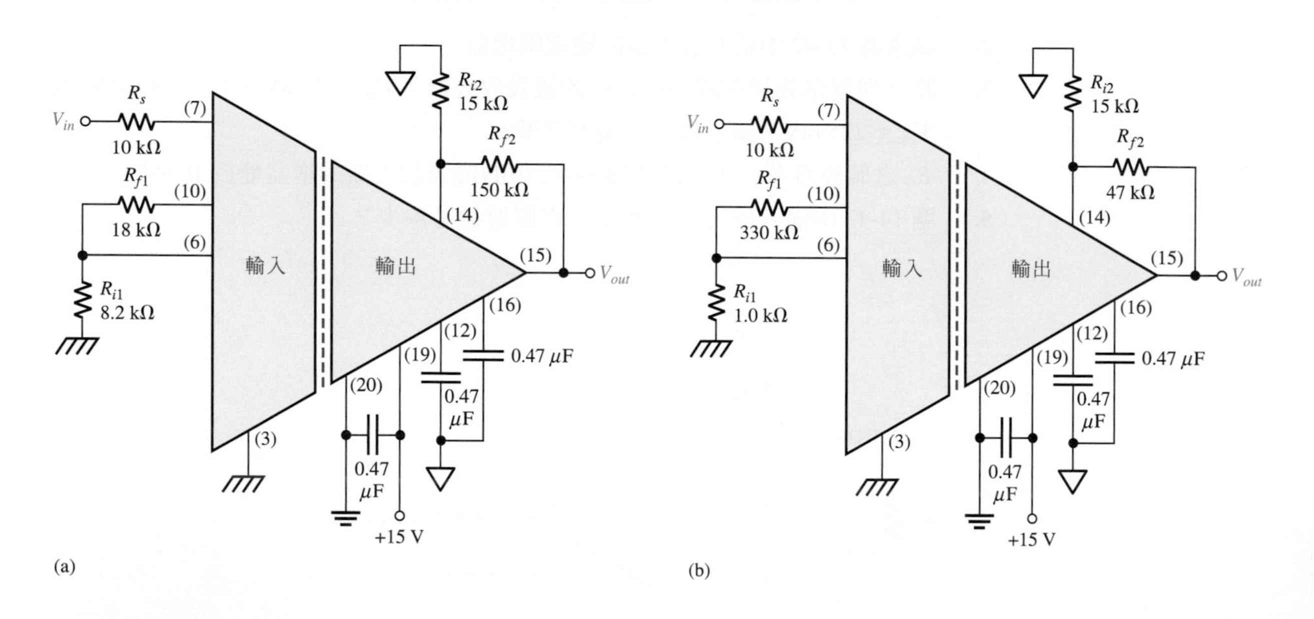

▲ 圖 14-44

15. 考慮一個跨導為 5000 μS，負載電阻為 10 kΩ的 OTA。假設輸入電壓為 100 mV，試問輸出電流是多少？又輸出電壓是多少？
16. 某一個OTA具有負載電阻，且輸出電壓為3.5 V。假設其跨導為4000 μS，輸入電壓為100 mV，則負載電阻的值是多少？
17. 試求圖 14-45 中 OTA 的電壓增益。假設圖 14-46 中的 $K=16\mu S/\mu A$。
18. 如果將一個10 kΩ的變阻器與圖14-45中的偏壓電阻串接，試問電壓增益的最大值與最小值分別是多少？

圖 14-45

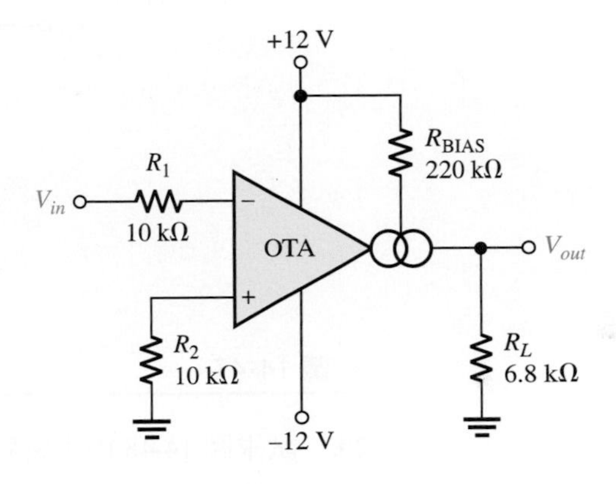

圖 14-46

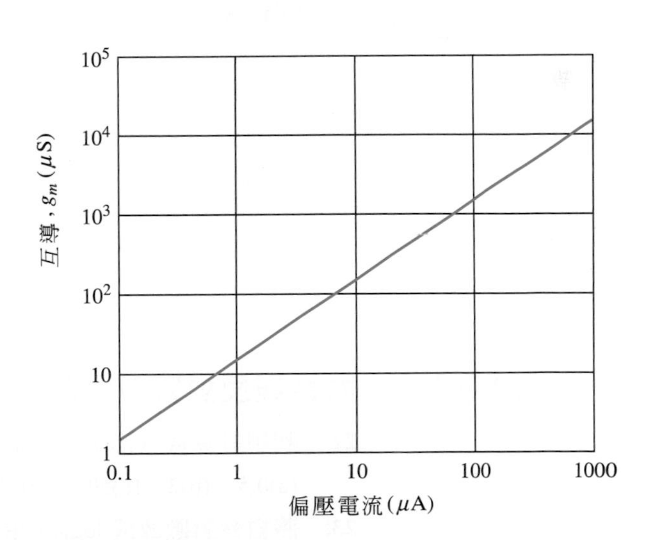

19. 圖 14-47 的 OTA 當作振幅調變電路使用。假設 $K=16\ \mu S/\mu A$，試問輸入指定波形後的輸出電壓波形為何。

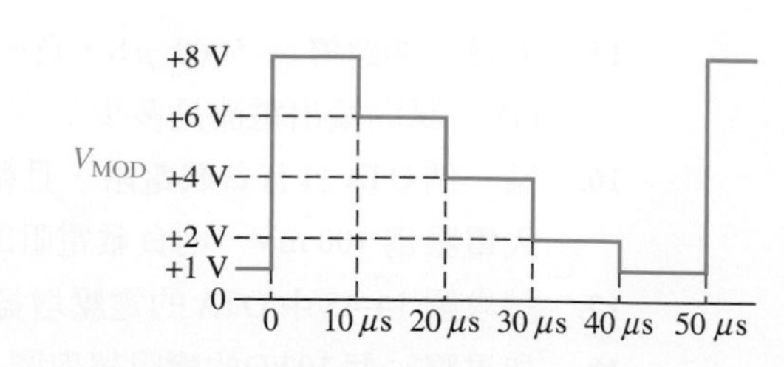

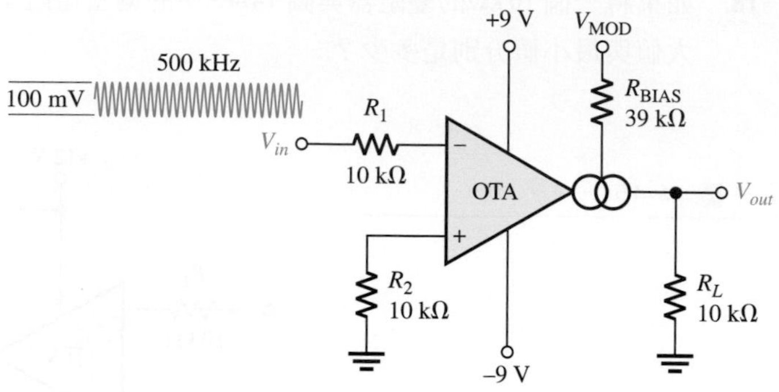

▲ 圖 14-47

20. 試求圖 14-48 中史密特觸發電路的觸發點。

21. 當輸入頻率爲 1 kHz、峰值爲 ± 10 V 的正弦波時，試求圖 14-48 中史密特觸發電路的輸出電壓波形。

▶ 圖 14-48

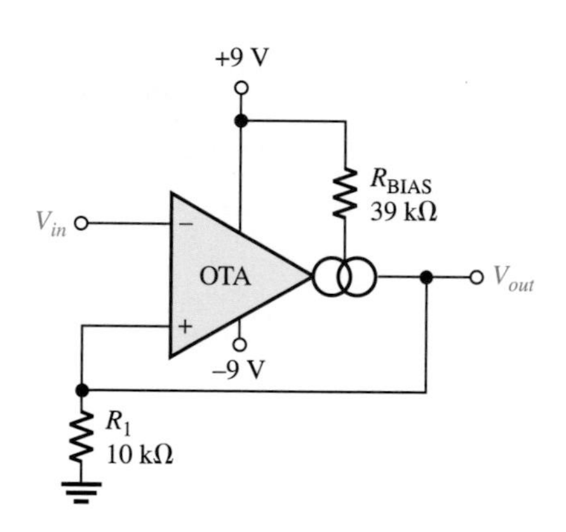

第 14-4 節 對數與反對數放大器

22. 利用計算機求出下列每個數的自然對數 (ln) 值：

(a)0.5 (b)2 (c)50 (d)130

23. 將自然對數改成 $\log_{10}$，重作習題 22。

24. 試問 1.6 的反對數是多少？

25. 試解釋爲什麼對數放大器的輸出被限制在大約 0.7 V 以內。

26. 某一個對數放大器在其回授路徑上有一個二極體，當輸入電壓爲 3 V 時，試問其輸出電壓是多少？其中輸入電阻爲 82 kΩ，逆向漏電流爲 100 nA。

27. 試求圖 14-49 中放大器的輸出電壓。假設 I_{EBO} = 60 nA。

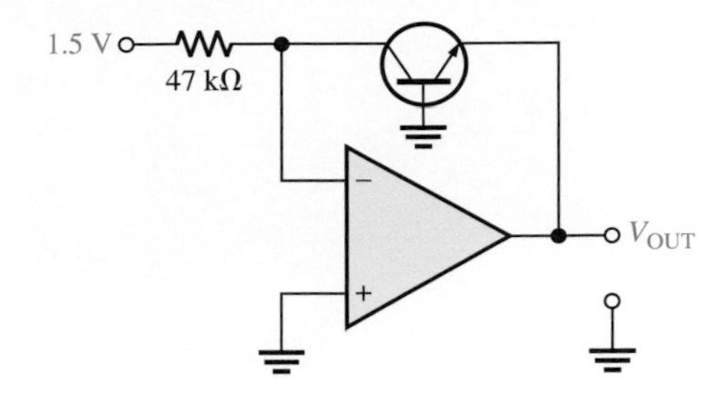

28. 試求圖 14-50 中放大器的輸出電壓。假設 $I_{EBO} = 60$ nA。

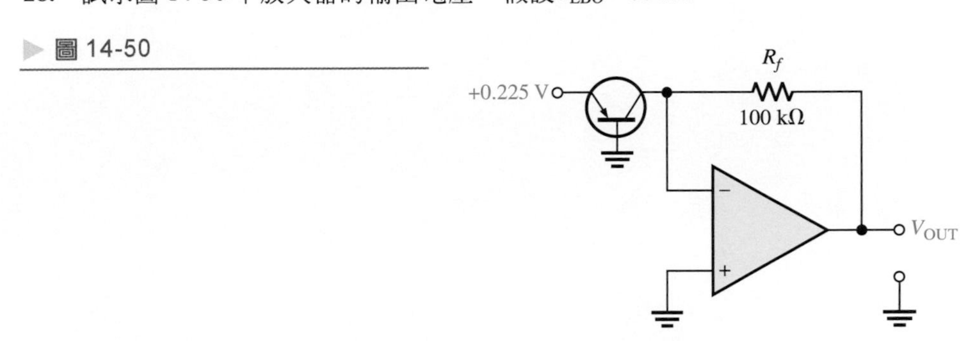

29. 壓縮信號是對數放大器的一種應用。將最大電壓爲 1 V，最小電壓爲 100 mV 的音頻信號輸入圖 14-49 中的對數放大器。試問此時輸出電壓的最大值及最小值是多少？由上面的結果，可以推導出什麼結論？

第 14-5 節 轉換器與其他積體電路

30. 試求圖 14-51 中每個電路的負載電流。
31. 試設計能遠端感應溫度的電路，產生成比例的電壓，然後將它轉換成數位形式顯示。可以使用熱敏電阻 (thermistor) 當作溫度感應元件。

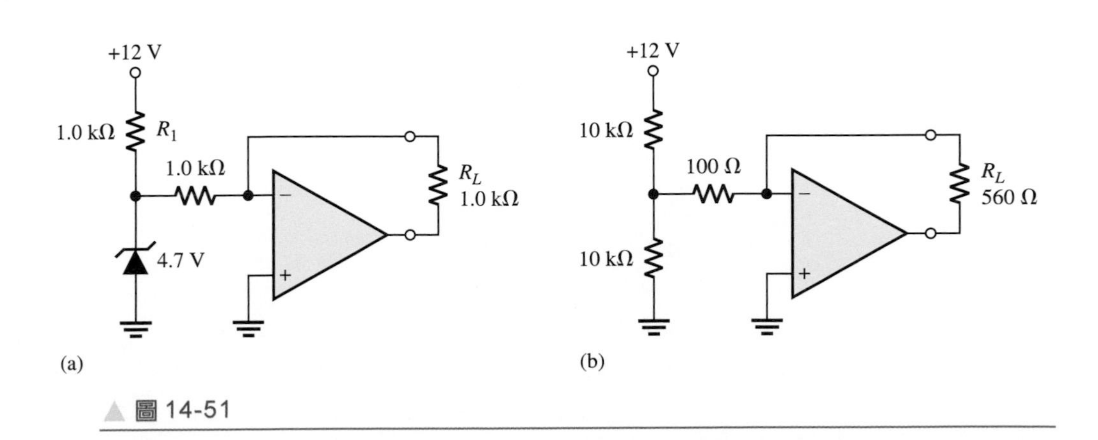

▲ 圖 14-51

主動濾波器 (Active Filters)

15

本章大綱

本章學習目標

- 描述與分析基本濾波器增益對頻率響應的關係
- 描述三種濾波器響應特性與其他參數
- 辨識與分析主動低通濾波器
- 辨識與分析主動高通濾波器
- 分析主動帶通濾波器的基本類型
- 描述主動帶阻濾波器的基本類型
- 討論兩種量測頻率響應的方法

可參訪教學專用網站

有關這一章的學習輔助資訊可以在以下的網站找到

http://www.pearsonglobaleditions.com/Floyd

重要詞彙

- 濾波器 (Filter)
- 低通濾波器 (Low-pass filter)
- 極點 (Pole)
- 下降率 (Roll-off)
- 高通濾波器 (High-pass filter)
- 帶通濾波器 (Band-pass filter)
- 帶止濾波器 (Band-stop filter)
- 阻尼係數 (Damping factor)

簡　介

在基礎理論第二章中，我們已經介紹過電源供應器使用的濾波器。本章將介紹用於信號處理的主動濾波器。濾波器是一種讓某些頻率的信號通過，並排拒其它頻率信號通過的電路。這種性質稱為*選擇性(selectivity)*。

主動濾波器使用電晶體或運算放大器，並結合 *RC*、*RL* 或 *RLC* 等被動元件的電路。主動元件提供電壓增益，而被動電路部分則提供頻率的選擇性。儘管電感器也使用於被動濾波器，但因為電感器往往體積龐大、比電容器更昂貴、而且不易整合，所以在主動濾波器中儘量避免使用。就頻率響應的一般性質而言，四種基本主動濾波器分別為低通、高通、帶通以及帶止。在本章中，我們將學習使用運算放大器以及 *RC* 電路的主動濾波器。

下降的詳細圖形。請注意，在臨界頻率之前，增益呈現緩慢下降的現象；其後，增益會迅速下降。

對基本 RC 濾波器的增益而言，其 -20 dB/decade 的下降率 **(Roll-off)** 指的是當頻率增爲 f_c 的 10 倍時，輸出會是輸入的 -20 dB (10%)。對濾波器而言，如此緩慢的下降率並不是好的濾波器特性，這是因爲這樣會使許多不必要的信號頻率 (超過通帶以上的頻率) 會通過濾波器。

簡單低通 RC 濾波器的臨界頻率發生在 $X_C = R$ 時，其中

$$f_c = \frac{1}{2\pi RC}$$

請回想一下基本直流/交流課程中，臨界頻率的輸出爲輸入的 70.7%。此頻率響應等於 -3 dB 的衰減。

圖 15-1 (c) 說明幾個理想的低通頻率響應曲線，其中包含基本的單極點頻率響應 (-20 dB/decade)。其近似頻率響應圖形顯示在截止頻率之前呈現一個*平坦 (flat)* 的頻率響應曲線，在截止頻率之後，呈現固定的下降率。實際濾波器在截止頻率之前並不是一個完全平坦的頻率響應曲線，而是如前面所述在截止頻率時會下降到 -3dB。

圖 15-1 中的簡易單一極點 RC 濾波器爲被動濾波器，因爲它僅由被動元件所組成。添加更多的極點可增加過渡區域的陡峭度，但缺點是由於負載效應，濾波器的精確度較低。若要產生具有更陡峭過渡區域的濾波器，比較好的方法是在基本濾波器添加主動電路(例如放大器)。在過渡區的頻率響應衰減想要大於 -20 dB/decade，是不能只靠串接相同的 RC 電路就能得到 (因爲負載效應的關係)。不過，藉著將運算放大器與具頻率選擇性的迴授電路結合在一起，可以設計出下降率爲 -40 dB/decade、-60 dB/decade或更多衰減量的濾波器。包含一個或多個運算放大器的濾波器，稱爲**主動濾波器 (Active filters)**。這些濾波器利用特殊濾波器設計，可以使下降率或其它特性最佳化 (例如相位頻率響應)。一般而言，濾波器的極點愈多，過渡區會愈陡峭。精確的頻率響應由濾波器的種類和極點的數目來決定。

高通濾波器的頻率響應 (High-Pass Filter Response)

高通濾波器 **(High-pass filter)** 可以明顯衰減所有低於 f_c 的頻率或拒絕讓它通過，只讓頻率高於 f_c 的信號通過。再一次提醒，臨界頻率是輸出爲輸入的 70.7% (或 -3dB) 時的頻率，如圖 15-2 (a) 所示。藍色陰影部分所表示的理想頻率響應，在 f_c 會瞬間垂直下降，而實際上這樣的情形是無法達到的。理想上，高通濾波

器的通帶指的是高於臨界頻率的所有頻率。實際電路的高頻頻率響應，會受到主動元件的有限頻寬和構成濾波器的元件中不期望的雜散電容的限制。

簡易 RC 電路由一個電阻和一個電容組成，可以藉由從電阻的兩端取得輸出，而形成高通濾波器，如圖 15-2 (b) 所示。與低通濾波器的情況相同，基本 RC 電路的下降率也是 -20 dB/decade，如圖 15-2 (a) 中的藍線所示。同樣的，基本高通濾波器的臨界頻率發生在 $X_C = R$ 時，其中

$$f_c = \frac{1}{2\pi RC}$$

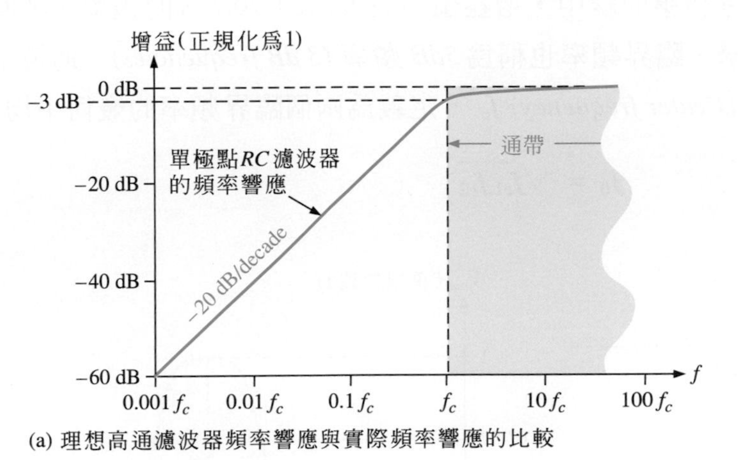

(a) 理想高通濾波器頻率響應與實際頻率響應的比較

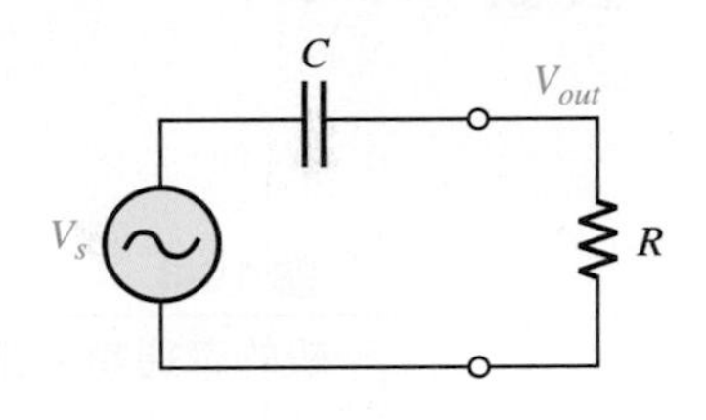

(b) 基本高通濾波器電路

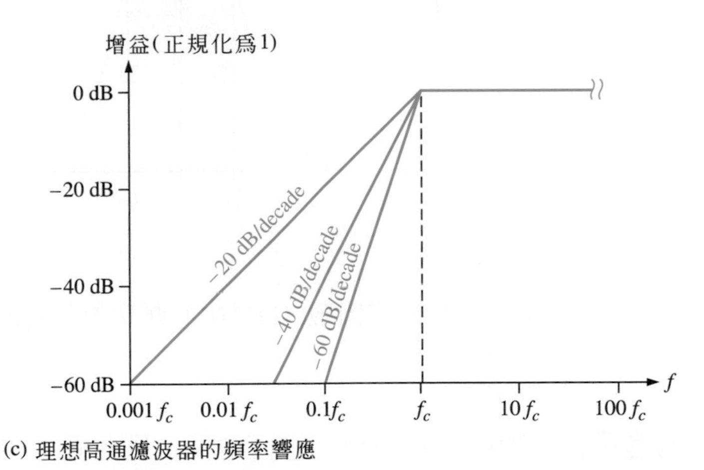

(c) 理想高通濾波器的頻率響應

▲ 圖 15-2　高通濾波器頻率響應。

圖 15-2 (c) 中顯示幾個理想的高通頻率響應曲線，其中包含基本 RC 電路的單一極點的頻率響應 (-20 dB/decade)。與低通濾波器的情形一樣，近似曲線在截止頻率之前，呈現平坦的頻率響應，但在截止頻率之後，呈現固定的下降率。實際的高通濾波器並不會有完全平坦的頻率響應或如圖示的準確下降率。同樣地，利用被動和主動高通濾波器可以在過渡區域獲得比 -20 dB/decade 陡峭的下降率；且特殊的頻率響應可由濾波器的種類以及極點的數目決定。

帶通濾波器的頻率響應 (Band-Pass Filter Response)

帶通濾波器 **(Band-pass filter)** 能讓下限頻率和上限頻率之間的所有信號頻率通過，並阻止其它在指定頻帶之外的頻率通過。一般的帶通頻率響應曲線，如圖 15-3 所示。頻寬 (*BW*) 的定義爲上臨界頻率 (f_{c2}) 和下臨界頻率 (f_{c1}) 的頻率差。

公式 15-2

$$BW = f_{c2} - f_{c1}$$

臨界頻率當然是頻率響應曲線中，增益值是最大值的 70.7 %的頻率。請回想基礎理論第 9 章中所學，臨界頻率也稱爲 *3dB 頻率 (3 dB frequencies)*。通帶中點的頻率稱爲*中心頻率 (Center frequency)* f_0，定義爲兩個臨界頻率的幾何平均數。

公式 15-3

$$f_0 = \sqrt{f_{c1} f_{c2}}$$

圖 15-3

一般的帶通頻率響應曲線。

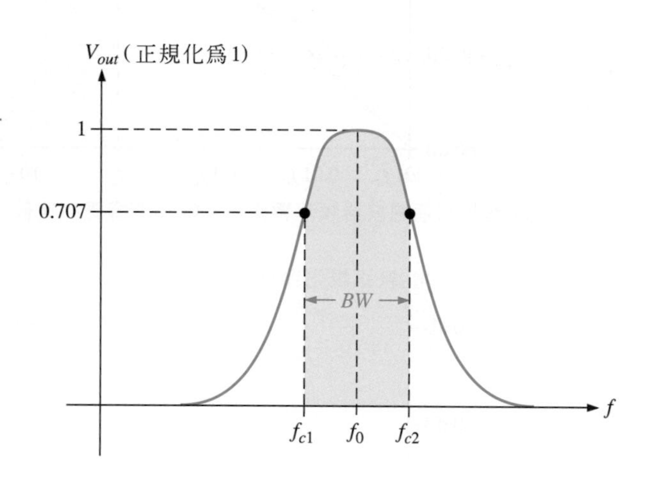

品質因數(Quality Factor) 帶通濾波器的**品質因數(Q)**是中心頻率對頻寬的比值。

公式 15-4

$$Q = \frac{f_0}{BW}$$

Q 值是帶通濾波器選擇性好壞的一項指標。Q 值愈高，則頻寬愈窄，而針對指定頻率 f_0 的選擇性愈好。帶通濾波器有時候分成窄頻帶 ($Q>10$) 或寬頻帶 ($Q<10$)兩種。品質因數 (Q) 也可以用濾波器的阻尼係數 (Damping Factor, *DF*) 表示成

$$Q = \frac{1}{DF}$$

我們將會在 15-2 節中學習阻尼係數。

例 題 15-1 某一個特定帶通濾波器的中心頻率是 15 kHz，頻寬爲 1 kHz。試求 Q 值，並判斷濾波器應該是窄頻帶或寬頻帶。

解

$$Q = \frac{f_0}{BW} = \frac{15\text{ kHz}}{1\text{ kHz}} = \mathbf{15}$$

因爲 $Q>10$，所以這是窄頻帶濾波器。

相關習題* 如果濾波器的品質因數變爲兩倍，則頻寬是多少？

*答案可以在以下的網站找到 www.pearsonglobaleditions.com/Floyd

帶止濾波器的頻率響應 (Band-Stop Filter Response)

另一個主動濾波器種類爲帶止濾波器 **(Band-stop filter)**，另稱 *Notch*、*Band-reject* 或 *Band-elimination* 濾波器。因爲在某一個頻寬內的頻率被阻止通過，而此頻寬外的頻率則允許通過，所以可以將它想成是帶通濾波器的相反操作。一般帶止濾波器的頻率響應曲線，如圖 15-4 所示。請注意，頻寬爲介於 −3 dB 頻率之間的頻帶，如同帶通濾波器頻率響應的規定一樣。

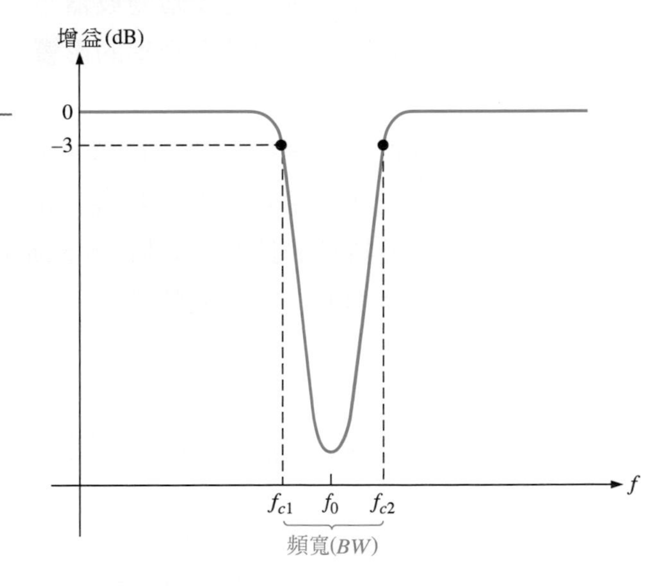

一般帶止濾波器的頻率響應。

第15-1節 隨堂測驗

答案可以在以下的網站找到 www.pearsonglobaleditions.com/Floyd

1. 低通濾波器的頻寬是由哪個因素決定？
2. 主動高通濾波器的通帶是由誰限制？
3. 帶通濾波器的 Q 值和頻寬有什麼關係？試解釋濾波器的 Q 值如何影響濾波器的選擇性。

15-2 濾波器頻率響應的特性 (Filter Response Characteristics)

我們可以調整電路元件值，使每一個濾波器頻率響應的類型 (低通、高通、帶通或帶止) 具有巴特沃 (Butterworth)、契比雪夫 (Chebyshev) 或貝索 (Bessel) 特性。這些特性中的每一個都可以由頻率響應曲線的形狀加以辨識，而且在某些應用上各有其優點。

在學習完本節的內容後，你應該能夠

- **描述三種濾波器響應特性與其他參數**
- 討論巴特沃特性
- 描述契比雪夫特性
- 討論貝索特性
- 定義*阻尼係數 (Damping factor)*
  - 計算阻尼係數
  - 說明主動濾波器的方塊圖
- 分析濾波器的臨界頻率和下降率
  - 解釋如何獲得多階濾波器
  - 描述串接對於下降率的影響

透過適當選擇某些元件值，大部分的主動濾波器電路都可以符合巴特沃、契比雪夫或貝索頻率響應特性。這三個頻率響應特性在低通濾波器頻率響應曲線上一般特性的比較，如圖 15-5 所示。高通以及帶通濾波器也可以設計成具有這些特性中的任何一個特性。

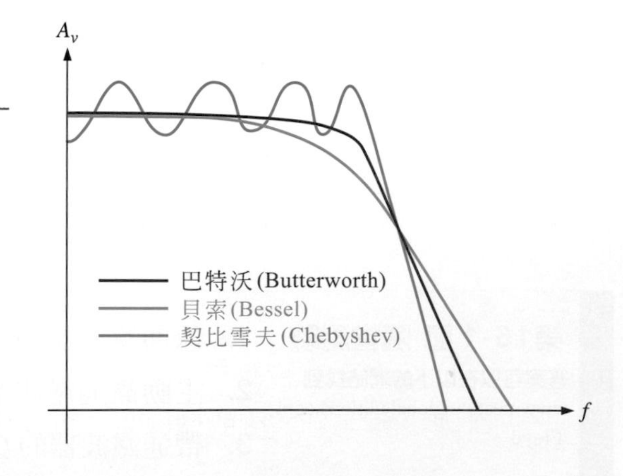

▶ 圖 15-5

三種類型的濾波器頻率響應特性的比較圖。

巴特沃特性 (The Butterworth Characteristic) **巴特沃(Butterworth)**特性在通帶上具有非常平坦的頻率響應，且下降率爲每個極點 − 20 dB/decade。不過相位移的頻率響應並不是線性的，也就是說，通過濾波器的信號，其相位移 (即時間上的延遲) 會隨著頻率呈現非線性變化。因此，當一個脈衝輸入具有巴特沃頻率響應的濾波器時，將會使輸出產生超越 (overshoots) 的現象，這是因爲每一個脈衝的上昇和下降邊緣的組成頻率會經歷不同的時間延遲。具有巴特沃頻率響應的濾波器，通常應用於通帶內所有的頻率必須具有相同增益值的場合。巴特沃頻率響應也常常稱爲最平坦頻率響應 (Maximally flat response)。

契比雪夫特性 (The Chebyshev Characteristic) 具有**契比雪夫(Chebyshev)**頻率響應特性的濾波器，主要應用於需要快速下降率的場合，這是因爲它每個極點的下降率可以大於 − 20 dB/decade。這個下降率比巴特沃特性的下降率大，所以契比雪夫頻率響應的濾波器，可以用比較少的極點，和比較簡單的電路，來達成指定的下降率需求。這一類濾波器頻率響應的特徵，是在通帶內具有超越或漣波 (依極點數目而定) 現象，而且其相位移的非線性響應比巴特沃更明顯。

貝索特性 (The Bessel Characteristic) **貝索(Bessel)**頻率響應則顯現相位的線性響應特性，意指相位移會隨著頻率線性增加。結果使得一個脈衝訊號施加在輸入端時，輸出端幾乎沒有超越的現象。因此，具有貝索頻率響應的濾波器可以用來過濾脈衝信號，而不會使波形的失真。

阻尼係數 (The Damping Factor)

如同前面所提及的，主動濾波器可以設計成具有巴特沃、契比雪夫或貝索頻率響應特性，不論它是低通、高通、帶通或帶止類型。主動濾波器電路的阻尼係數 **(damping factor, *DF*)**，可以決定濾波器能顯示出哪一種頻率響應特性。爲了解釋基本觀念，圖 15-6 所示爲一般的主動濾波器。它包含放大器，負回授電路，以及具濾波作用的部分電路。放大器和迴授電路連接成非反相放大線路型態。阻尼係數則由負回授電路決定，並以下面的公式加以定義：

$$DF = 2 - \frac{R_1}{R_2} \qquad \text{公式 15-5}$$

基本上，阻尼係數會透過負回授的作用，影響濾波器的頻率響應。當輸出電壓有增加或減少的傾向時，可以藉由負回授導引入相反的電壓訊號，使得輸出電壓的變動受到抑制。假設阻尼係數值正確設定，這樣做可以使濾波器通帶的頻率響應

▶ 圖 15-6 主動濾波器的一般方塊圖。

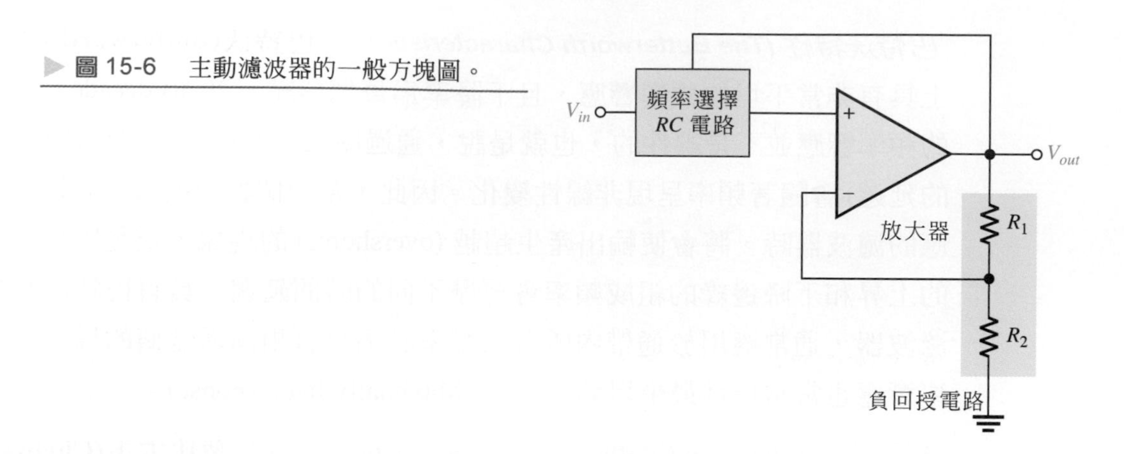

曲線趨於平坦。雖然高等數學不屬於我們討論的範圍，但是利用相關的高等數學理論，我們可以針對不同階數的濾波器導出所需阻尼係數，因而達到最平坦具有巴特沃特性的頻率響應。

產生想要的頻率響應特性，所需要的阻尼係數會依濾波器的**階數** (極點的數目) 而有所不同。在數學中，極點是讓函數接近無窮大的點，而對於濾波器而言，極點由現存的電阻和電容所決定。例如：具有一個電阻器和一個用於影響頻率響應的電容器的濾波器電路是一個單一極點濾波器。濾波器具有愈多極點，它的下降率就愈快。舉例來說，要得到二階巴特沃的頻率響應，阻尼係數必須是 1.414。而要實作出這個阻尼係數值，回授電阻的比值必須是

$$\frac{R_1}{R_2} = 2 - DF = 2 - 1.414 = 0.586$$

這個比值使得非反相主動濾波器的閉環路增益 $A_{cl(\mathrm{NI})}$ 等於 1.586，其推導方式如下：

$$A_{cl(\mathrm{NI})} = \frac{1}{B} = \frac{1}{R_2/(R_1 + R_2)} = \frac{R_1 + R_2}{R_2} = \frac{R_1}{R_2} + 1 = 0.586 + 1 = 1.586$$

例 題 15-2 如果圖 15-6 中的主動式單極點濾波器內，回授電路的電阻 R_2 爲 10 kΩ，則 R_1 值必須是多少，才可以得到最平坦的巴特沃頻率響應？

解

$$\frac{R_1}{R_2} = 0.586$$

$$R_1 = 0.586R_2 = 0.586(10\,\mathrm{k\Omega}) = \mathbf{5.86\,k\Omega}$$

使用最接近的電阻值 5.6 kΩ，其誤差爲 5.86 kΩ的 5% 標準內，即可得到非常接近理想巴特沃的頻率響應。

相關習題 如果 $R_2 = 10$ kΩ、$R_1 = 5.6$ kΩ，則阻尼係數會是多少？

臨界頻率和下降率 (Critical Frequency and Roll-Off Rate)

臨界頻率是由頻率選擇 *RC* 電路內的電阻和電容值來決定，如圖 15-6 所示。對於如圖 15-7 所示的單極點 (一階) 濾波器，臨界頻率為

$$f_c = \frac{1}{2\pi RC}$$

雖然圖中顯示的是低通濾波器電路型態，但是同樣的公式可以應用於單極點高通濾波器的f_c 。極點的數目決定濾波器的下降率。巴特沃頻率響應的每一個極點會產生 − 20 dB/decade的下降率。所以，一階 (單極點) 濾波器有 − 20dB/decade 的下降率；二階 (兩個極點) 濾波器有 − 40 dB/decade的下降率；三階 (三個極點) 濾波器有 − 60 dB/ decade 的下降率；以此類推。

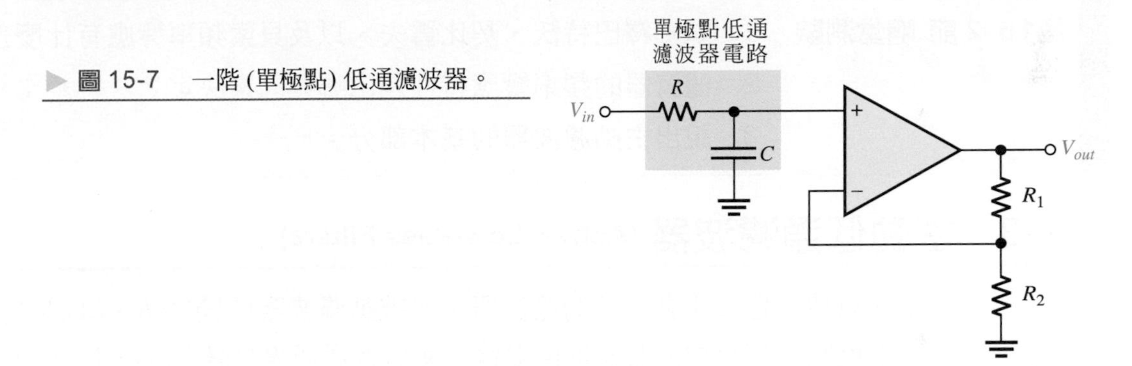

▶ 圖 15-7 一階 (單極點) 低通濾波器。

一般來說，要得到三個或是更多極點的濾波器，可以將單極點或雙極點濾波器串接起來，如圖 15-8 所示。例如要得到三個極點的濾波器，可以串接一個二階以及一個一階濾波器；要得到四階濾波器，可以串接兩個二階濾波器；以此類推。在串接電路架構中，每一個濾波器稱為*級 (stage)* 或是*節 (section)*。

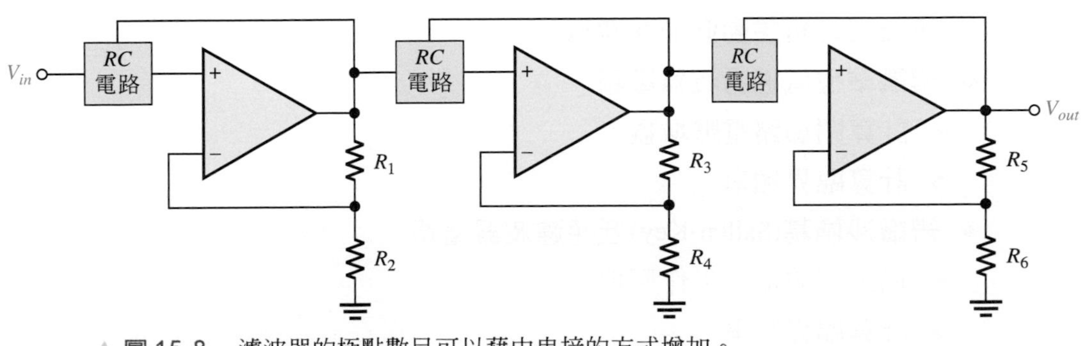

▲ 圖 15-8 濾波器的極點數目可以藉由串接的方式增加。

因為具有頻率響應最平坦的特性，所以巴特沃特性使用得最廣泛。因此在

說明基本的濾波器觀念時，我們都以巴特沃頻率響應當作解說的例子。表 15-1 所列的是一到六階巴特沃濾波器的下降率、阻尼係數以及回授電阻比值。

▼ 表 15-1 巴特沃頻率響應的值。

階數	下降率 DB/DECADE	第一級			第二級			第三級		
		極點數	阻尼係數	R_1/R_2	極點數	阻尼係數	R_3/R_4	極點數	阻尼係數	R_5/R_6
1	20	1	選用							
2	−40	2	1.414	0.586						
3	−60	2	1.00	1	1	1.00	1			
4	−80	2	1.848	0.152	2	0.765	1.235			
5	−100	2	1.00	1	2	1.618	0.382	1	0.618	1.382
6	−120	2	1.932	0.068	2	1.414	0.586	2	0.518	1.482

第15-2節 隨堂測驗

1. 試解釋巴特沃、契比雪夫、以及貝索頻率響應有什麼差別。
2. 濾波器的頻率響應特性是由哪些因素決定？
3. 說出主動濾波器的基本部分。

15-3 主動低通濾波器 (Active Low-Pass Filters)

使用運算放大器當主動元件的濾波器，比被動濾波器(只包含R、L以及C元件)具有若干優點。運算放大器能提供增益，使信號通過濾波器之後並不一定會產生衰減的現象。運算放大器的高輸入阻抗，能避免對它的驅動電路造成過大的負載效應，而運算放大器的低輸出阻抗，則能避免濾波器受到它所驅動的負載影響。主動濾波器也可以很容易地在較寬的頻率範圍內加以調整，而不會改變原來所預期的頻率響應。

在學習完本節的內容後，你應該能夠

- **辨識與分析主動低通濾波器**
- 辨識單極低通濾波器電路
  - 計算閉環路電壓增益
  - 計算臨界頻率
- 辨識沙倫基(Sallen-Key)低通濾波器電路
  - 描述濾波器的工作原理
  - 計算臨界頻率
- 分析串接低通濾波器
  - 解釋下降率如何受影響

單極點濾波器 (A Single-Pole Filter)

圖 15-9(a)顯示了具有單獨一個低通 RC 頻率選擇電路的主動濾波器，頻率高於臨界頻率的時候，它的下降率為−20 dB/decade，如圖 15-9(b)的頻率響應曲線所示。單極點濾波器的臨界頻率為 $f_c = 1/2\pi RC$。在這個濾波器中，運算放大器是以非反相放大器的方式連接，其中通帶的閉環路電壓增益是由 R_1 值和 R_2 值所設定。

$$A_{cl(NI)} = \frac{R_1}{R_2} + 1$$

公式 15-6

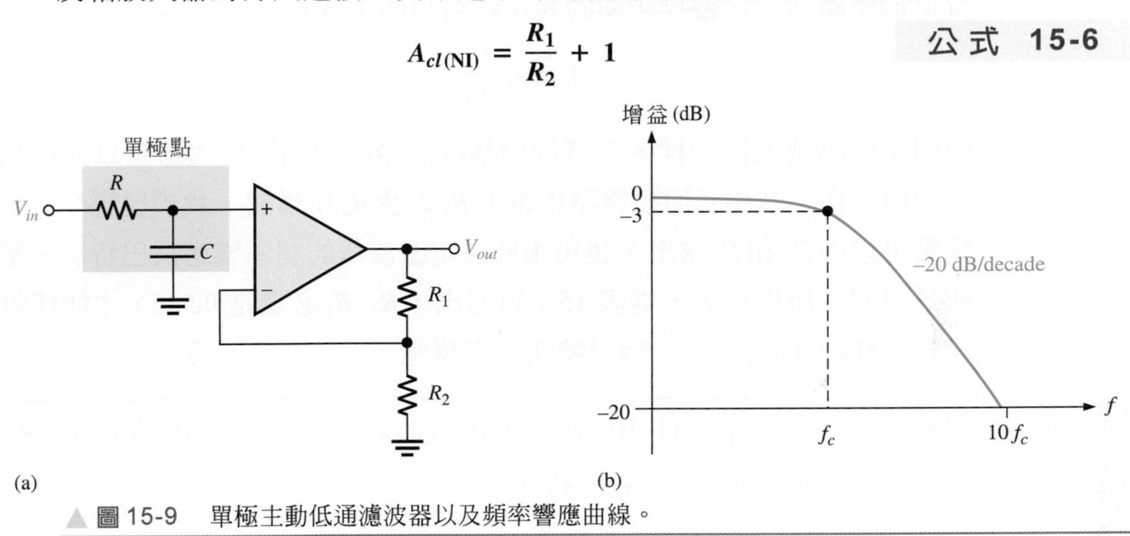

▲ 圖 15-9 單極主動低通濾波器以及頻率響應曲線。

沙倫基低通濾波器 (The Sallen-Key Low-Pass Filter)

沙倫基(Sallen-Key)是最常用的二階 (兩個極點) 濾波器電路型態之一。也稱為電壓控制電壓源 (voltage-controlled voltage source, VCVS) 濾波器。沙倫基的低通濾波器電路型態，如圖 15-10 所示。請注意，電路裡具有兩個低通 RC 電路，使得濾波器在臨界頻率以上的下降率為 − 40dB/decade(假設這是巴特沃特性濾波器)。其中一個 RC 電路由 R_A 以及 C_A 組成，而另一個電路由 R_B 以及 C_B 組成。這個電

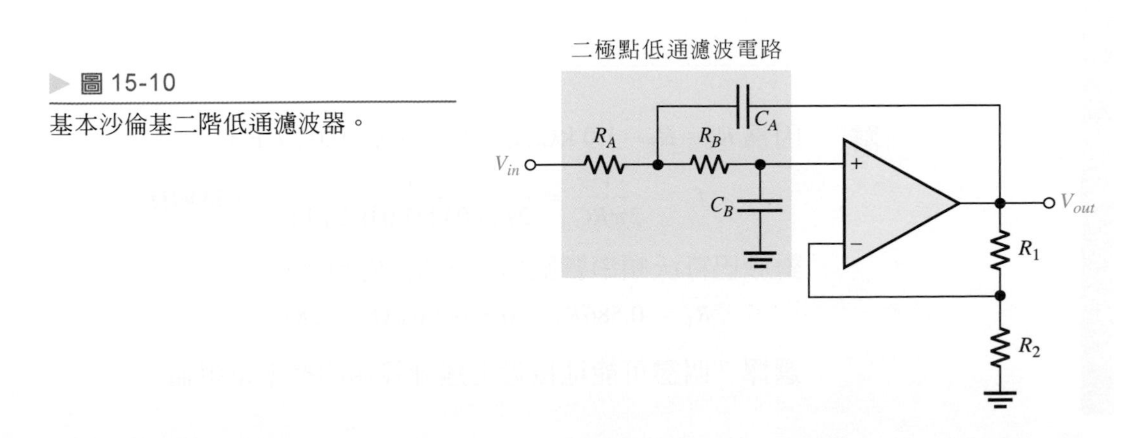

▶ 圖 15-10

基本沙倫基二階低通濾波器。

路的主要特色是電容 C_A 作爲回授元件，它可以在通帶的邊緣附近調整頻率響應曲線的形狀。二階沙倫基濾波器的臨界頻率爲

公式 15-7

$$f_c = \frac{1}{2\pi\sqrt{R_A R_B C_A C_B}}$$

爲了簡化起見，元件值可以設爲相等的數值，即 $R_A = R_B = R$，以及 $C_A = C_B = C$。就這個電路而言，臨界頻率的表示法可以簡化成

$$f_c = \frac{1}{2\pi RC}$$

如同單極點濾波器一樣，二階沙倫基濾波器內的運算放大器是以非反相放大器的型態工作，其中負回授電路由電阻 R_1 以及 R_2 所構成。我們已經學習過，阻尼係數可以由 R_1 和 R_2 求出，也可由此決定濾波器的頻率響應爲巴特沃、契比雪夫或是貝索。舉例來說，從表 15-1 可看出，R_1/R_2 必須是 0.586，才能使阻尼係數成爲 1.414，以便符合二階巴特沃頻率響應。

例 題 15-3 試求圖 15-11 中低通濾波器的臨界頻率，並設定 R_1 值，使濾波器的頻率響應近似巴特沃特性。

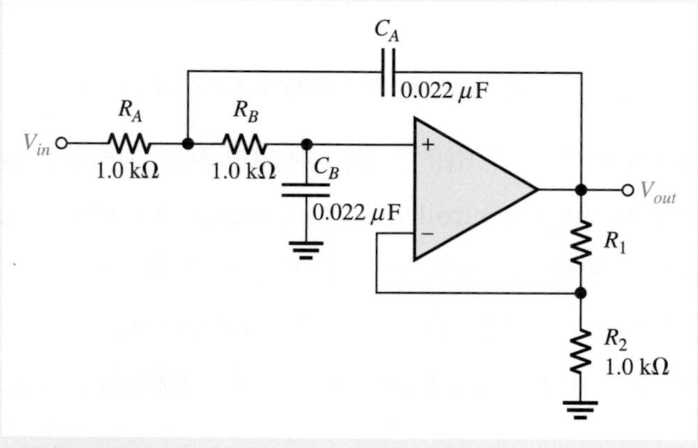

▲ 圖 15-11

解 因爲 $R_A = R_B = 1.0\ \text{k}\Omega$ 以及 $C_A = C_B = 0.02\ \mu\text{F}$，

$$f_c = \frac{1}{2\pi RC} = \frac{1}{2\pi(1.0\ \text{k}\Omega)(0.022\ \mu\text{F})} = \mathbf{7.23\ kHz}$$

對於巴特沃頻率響應而言，$R_1/R_2 = 0.586$。

$$R_1 = 0.586R_2 = 0.586(1.0\ \text{k}\Omega) = \mathbf{586\ \Omega}$$

選擇一個盡可能地接近上述計算值的標準電阻值。

相關習題 假設$R_A = R_B = R_2 = 2.2\,k\Omega$、$C_A = C_B = 0.01\,\mu F$，試求圖 15-11 的$f_c$ 。同時也求出R_1值，使濾波器具有巴特沃頻率響應。

串接低通濾波器 (Cascaded Low-Pass Filters)

如果要獲得三階低通頻率響應 (− 60 dB/decade)，則需要使用三極點濾波器。這可藉由串接一個二極點低通濾波器和一個單極點低通濾波器來完成，如圖 15-12 (a)所示。圖 15-12(b)則顯示由串接兩個二極點濾波器所形成四極點濾波器的電路型態。一般而言，四極點濾波器是比較受歡迎的，因爲它使用相同數目的運算放大器，而可產生較快的下降率。

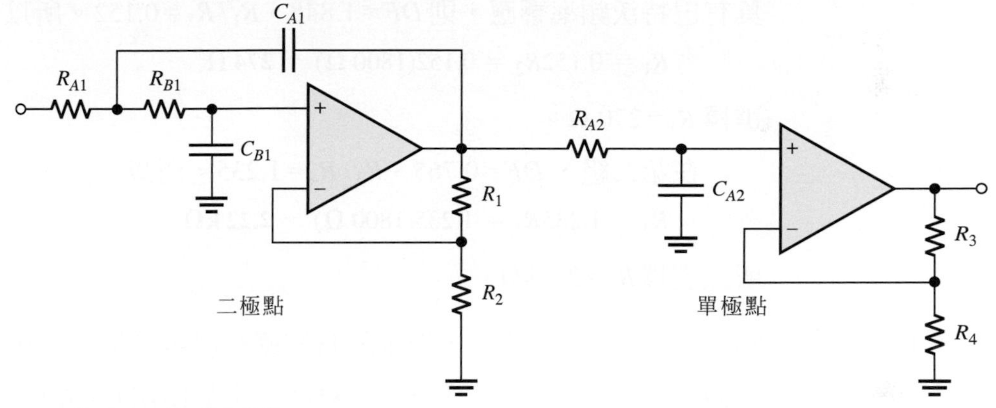

(a) 三階濾波器的電路型態

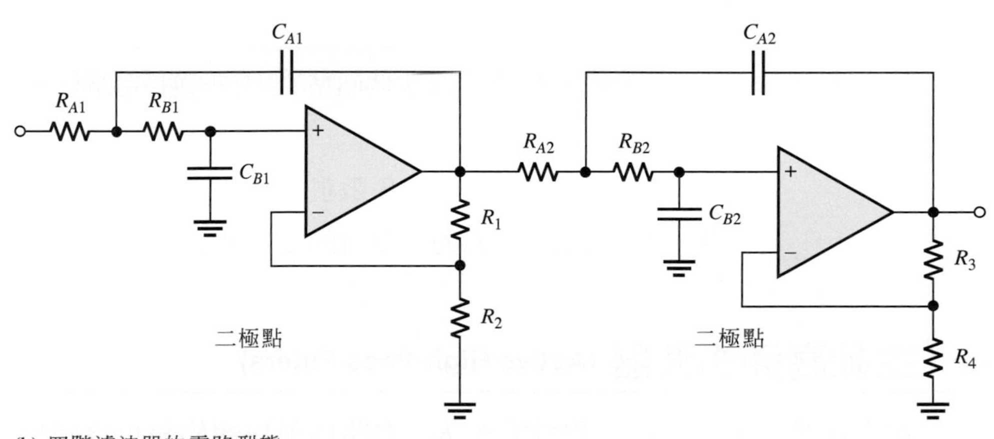

(b) 四階濾波器的電路型態

▲ 圖 15-12 串接的低通濾波器。

例 題 15-4 圖 15-12 (b) 的四極點濾波器中，假設 *RC* 低通電路內的所有電阻值都是 1.8 kΩ，如果要使臨界頻率為 2680 Hz，則試求此時的電容值。同時也求出使濾波器符合巴特沃頻率響應的回授電阻值。

解 這兩級都必須具有相同的 f_c。假設電容值相等，

$$f_c = \frac{1}{2\pi RC}$$

$$C = \frac{1}{2\pi R f_c} = \frac{1}{2\pi(1.8\,\text{k}\Omega)(2680\,\text{Hz})} = 0.033\,\mu\text{F}$$

$$C_{A1} = C_{B1} = C_{A2} = C_{B2} = \mathbf{0.033\,\mu F}$$

為簡化起見，$R_2 = R_4 = 1.8\text{ k}\Omega$。參照表 15-1。如果第一級濾波器具有巴特沃頻率響應，則 $DF = 1.848$、$R_1 / R_2 = 0.152$。所以，

$$R_1 = 0.152R_2 = 0.152(1800\,\Omega) = \mathbf{274\,\Omega}$$

選擇 $R_1 = 270\ \Omega$。

在第二級，$DF = 0.765$、$R_3 / R_4 = 1.235$。所以，

$$R_3 = 1.235R_4 = 1.235(1800\,\Omega) = \mathbf{2.22\,k\Omega}$$

所以選擇 $R_3 = 2.2\text{ k}\Omega$。

相關習題 圖 15-12(b)的濾波器中，如果所有的濾波器電阻都是 680 Ω，試求電容值應該為多少才可以使 $f_c = 1$ kHz。同時求出回授電阻值應該為多少才能使濾波器具有巴特沃頻率響應。

第15-3 節 隨堂測驗

1. 二階低通濾波器有多少個極點？其頻率選擇電路有多少個電阻和電容器？
2. 為什麼濾波器的阻尼係數很重要？
3. 串接低通濾波器的主要目的是什麼？

15-4 主動高通濾波器 (Active High-Pass Filters)

在高通濾波器中，電容和電阻在 *RC* 電路內所扮演的角色恰好相反。除此之外，基本參數和低通濾波器是一樣的。

在學習完本節的內容後，你應該能夠

- **辨識與分析主動高通濾波器**
- 辨識單極高通濾波器電路
  - 解釋在較高的帶通頻率之限制
- 辨識沙倫基高通濾波器電路
  - 描述濾波器的工作原理
  - 計算元件值
- 討論串接高通濾波器
  - 描述六極濾波器

單一極點濾波器 (A Single-Pole Filter)

圖 15-13(a)所示爲下降率等於 −20dB/decade 的主動高通濾波器。請注意，輸入電路是單極點高通 *RC* 電路。負回授電路和之前討論的低通濾波器電路相同。高通頻率響應曲線如圖 15-13(b)所示。

理想狀況，高通濾波器會讓頻率高於 f_c 以上的信號毫無限制地通過，如圖 15-14(a)所示，雖然實際上這是不可能的。我們已經學習過，所有運算放大器本身內部都有 *RC* 電路，它會在較高頻率範圍，限制放大器的頻率響應。因此，高通濾波器的頻率響應會有頻率上限 (Upper-frequency limit)，就效果而言，此頻率上限使高通濾波器變成頻寬很寬的帶通濾波器。在大多數應用中，我們通常會選擇內部高頻限制遠大於濾波器的臨界頻率，以忽略該內部高頻限制。在一些非常高頻率的應用中，離散電晶體或專用超高速運算放大器等增益元件，可用以增加這個高頻限制使濾波器超過標準運算放大器可實現的範圍。

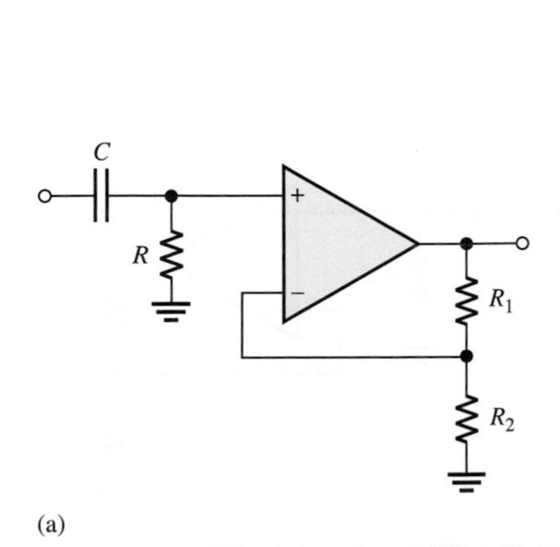

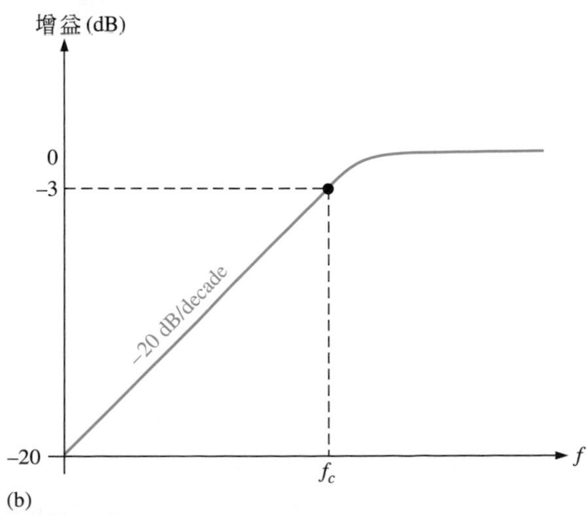

▲ 圖 15-13 單一極點主動高通濾波器和頻率響應曲線。

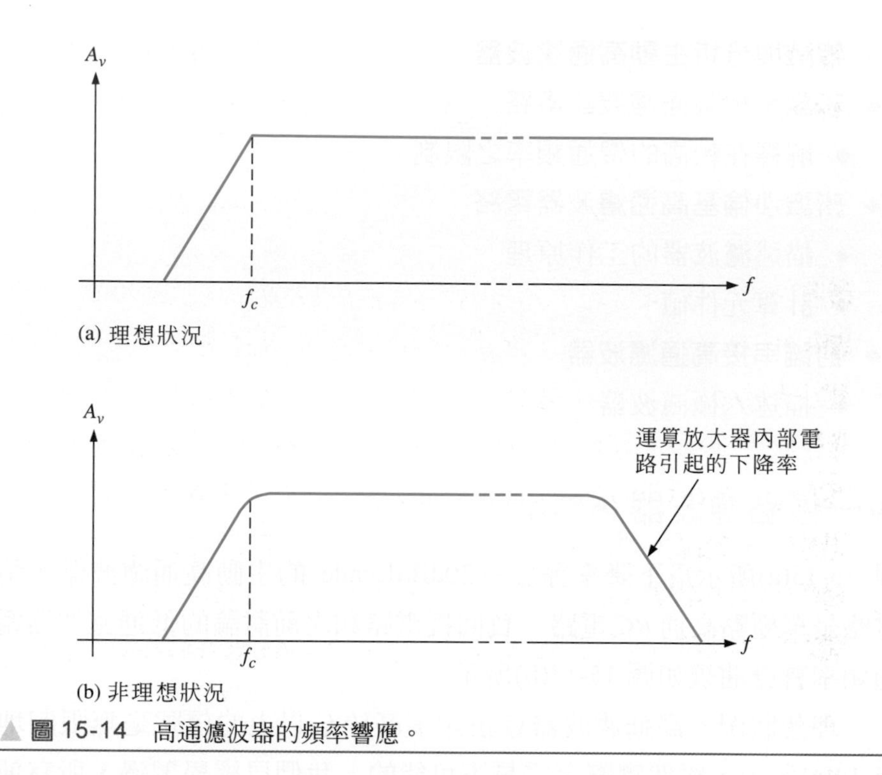

▲ 圖 15-14 高通濾波器的頻率響應。

沙倫基高通濾波器 (The Sallen-Key High-Pass Filter)

高通二階沙倫基(Sallen-Key)濾波器電路型態顯示於圖 15-15 中。元件 R_A、C_A、R_B 以及 C_B 形成二極點頻率選擇電路。請注意，在頻率選擇電路中，電阻和電容的位置，與低通濾波器電路型態相反。與其它的濾波器一樣，藉由選擇適當的回授電阻值 R_1 和 R_2，可以使頻率響應特性取得最佳化的效果。

▶ 圖 15-15

基本沙倫基二階高通濾波器。

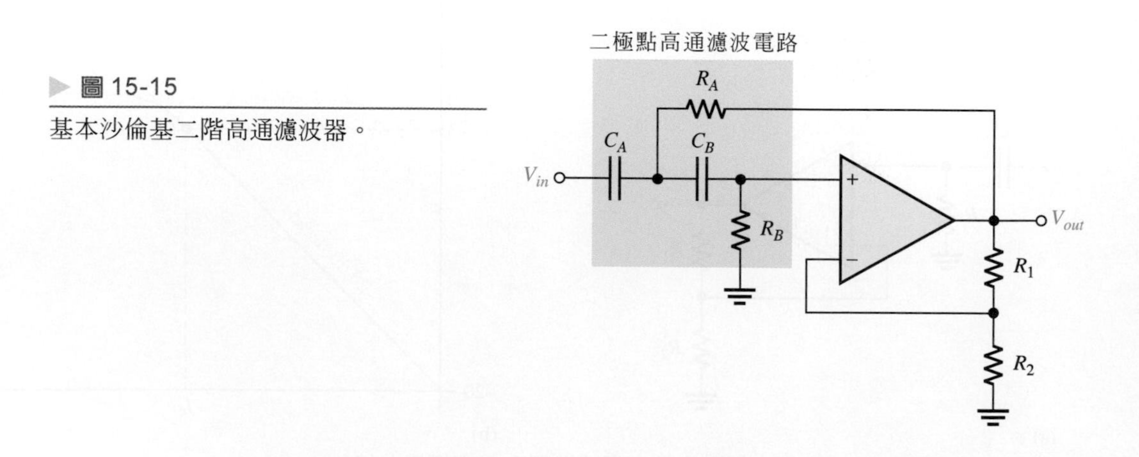

例 題 15-5 爲使圖 15-15 中的沙倫基高通濾波器符合二階巴特沃頻率響應，試選擇適當電阻與電容值，假設濾波器中所有的電阻值與電容值分別具有相等的數值，且臨界頻率約爲 10 kHz。

解 首先選擇電阻值 R_A 以及 R_B (爲了簡化起見，R_1 或 R_2 也可以和 R_A 和 R_B 一樣)。

$$R = R_A = R_B = R_2 = \mathbf{3.3\,k\Omega} \qquad \text{(任意選定的值)}$$

其次，利用 $f_c = 1/(2\pi RC)$ 計算電容值。

$$C = C_A = C_B = \frac{1}{2\pi R f_c} = \frac{1}{2\pi(3.3\,\text{k}\Omega)(10\,\text{kHz})} = \mathbf{0.0048\,\mu F}$$

對於巴特沃頻率響應而言，阻尼係數必須是 1.414，而 $R_1/R_2 = 0.586$。

$$R_1 = 0.586R_2 = 0.586(3.3\,\text{k}\Omega) = \mathbf{1.93\,k\Omega}$$

如果我們剛開始的選擇是 $R_1 = 3.3\text{K}\Omega$，則

$$R_2 = \frac{R_1}{0.586} = \frac{3.3\,\text{k}\Omega}{0.586} = 5.63\,\text{k}\Omega$$

不管使用哪一個方式，選擇最接近這些計算值的標準電阻與電容值，就能獲得近似巴特沃頻率響應的濾波器。

相關習題 試決定圖 15-15 高通濾波器中的所有元件値，以便使 $f_c = 300$ Hz。使用和 $R = 10\,\text{k}\Omega$ 的等値元件，並使濾波器具有最佳的巴特沃頻率響應。

串接高通濾波器 (Cascading High-Pass Filters)

如同低通濾波器電路型態一樣，可以將一階以及二階高通濾波器串接起來以便提供三個或更多極點的電路，因而獲得更快的下降率。圖 15-16 顯示了六個極點的高通濾波器，它由三個二極點濾波器組成。在這種電路型態下，最佳的巴特沃頻率響應可以具有 −120 dB/decade 下降率。

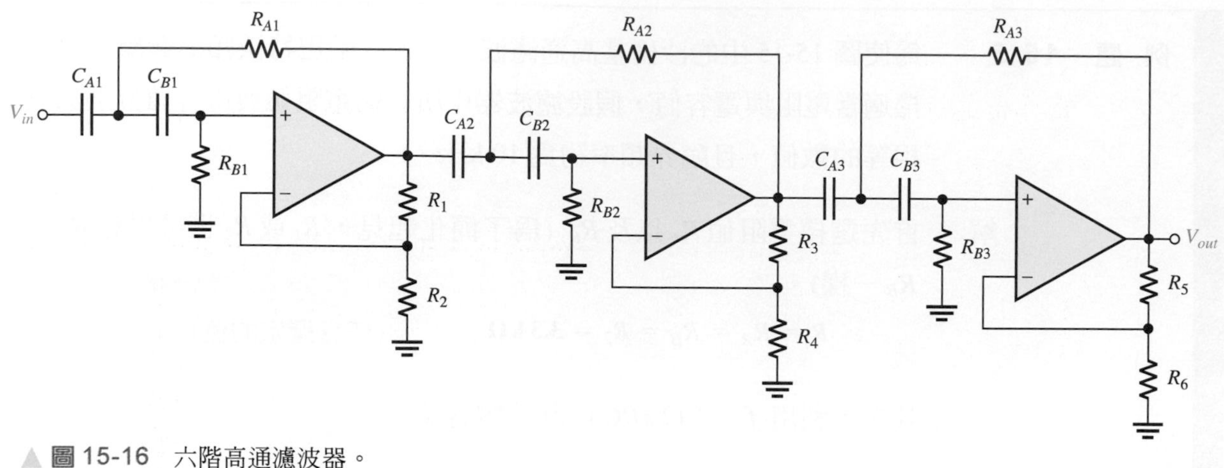

▲ 圖 15-16 六階高通濾波器。

第15-4 節 隨堂測驗

1. 高通沙倫基濾波器和低通的電路型態有何不同？
2. 要使高通濾波器的臨界頻率值增加，必須增加或減少電阻值？
3. 如果將三個二極點高通濾波器和一個單極點高通濾波器串接起來，則下降率會是多少？

15-5 主動帶通濾波器 (Active Band-Pass Filters)

如同前面所提及，帶通濾波器會讓下限頻率和上限頻率之間的所有頻率通過，並阻止這個範圍之外的其它頻率通過。帶通濾波器頻率響應可以想成是低通濾波器的頻率響應曲線，和高通濾波器的頻率響應曲線的重疊。

在學習完本節的內容後，你應該能夠

- **分析主動帶通濾波器的基本類型**
- 描述如何串接低通與高通濾波器來建立帶通濾波器
  - 計算臨界頻率與中心頻率
- 辨識與分析多重回授帶通濾波器
  - 試算中心頻率、品質因素(Q)以及頻寬
  - 計算電壓增益
- 辨識與描述狀態變數濾波器
  - 解釋基本濾波器的工作原理
  - 計算Q值
- 辨識與討論雙二次濾波器

串接低通和高通濾波器 (Cascaded Low-Pass and High-Pass Filters)

實作帶通濾波器的一種方法，是串接高通濾波器和低通濾波器，但是必須使濾波器的臨界頻率分開得足夠遠，如圖 15-17 (a) 所示。圖中顯示的每一個濾波器都是二極點沙倫基巴特沃的線路型態，其下降率爲 − 40 dB/decade，所合成的頻率響應曲線如圖 15-17(b)所示。每一個濾波器的臨界頻率都經過適當選擇，使得它們頻率響應曲線可以充分地重疊，如圖所示。高通濾波器的臨界頻率必須充分低於低通濾波器的臨界頻率。

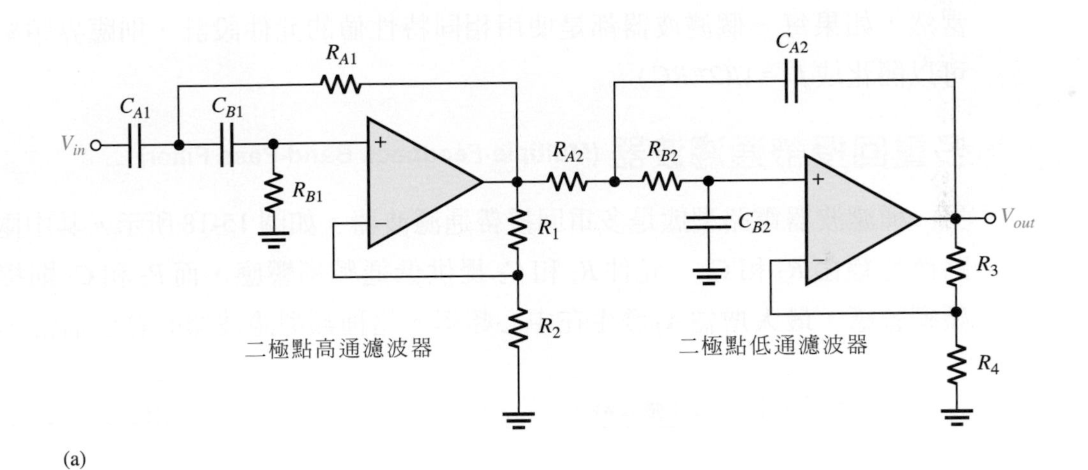

(a)

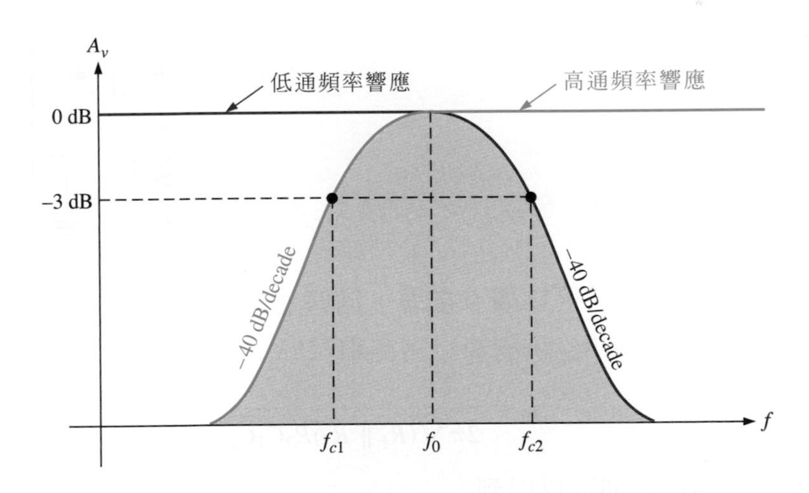

(b)

▲ 圖 15-17 串接二極點高通濾波器和二極點低通濾波器，所形成的帶通濾波器 (濾波器串接的順序不是很重要)。

通帶的下限頻率f_{c1} 為高通濾波器的臨界頻率。通帶的上限頻率f_{c2} 為低通濾波器的臨界頻率。理想狀況下，如同前面討論過，通帶的中心頻率f_0 為f_{c1} 和 f_{c2} 的幾何平均值。下面的公式用來表示圖 15-17 中帶通濾波器的這三個頻率值。

$$f_{c1} = \frac{1}{2\pi\sqrt{R_{A1}R_{B1}C_{A1}C_{B1}}}$$

$$f_{c2} = \frac{1}{2\pi\sqrt{R_{A2}R_{B2}C_{A2}C_{B2}}}$$

$$f_0 = \sqrt{f_{c1}f_{c2}}$$

當然，如果每一個濾波器都是使用相同特性值的元件設計，則臨界頻率的公式可以簡化成$f_c = 1/(2\pi RC)$。

多重回授帶通濾波器 (Multiple-Feedback Band-Pass Filter)

另一種濾波器電路型態是多重回授帶通濾波器，如圖 15-18 所示。其中兩個回授路徑是經由R_2 和C_1。元件R_1 和C_1 提供低通頻率響應，而R_2 和C_2 則提供高通頻率響應。最大增益A_0 發生在中心頻率。這種類型濾波器的Q 值通常小於 10。

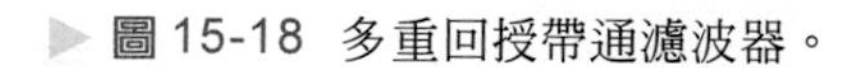
▶ 圖 15-18 多重回授帶通濾波器。

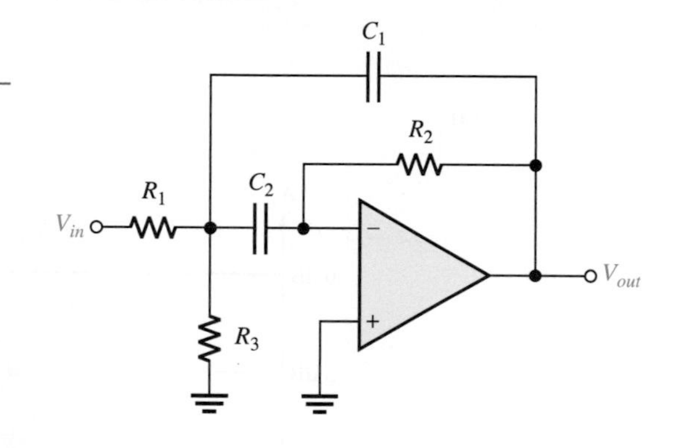

中心頻率的表示式可以如下推導，同時也要注意從C_1 回授路徑看R_1 和R_3 是呈並聯狀態 (此時將V_{in} 訊號源以短路取代)。

$$f_0 = \frac{1}{2\pi\sqrt{(R_1 \parallel R_3)R_2C_1C_2}}$$

使$C_1 = C_2 = C$，則可以得到

$$f_0 = \frac{1}{2\pi\sqrt{(R_1 \parallel R_3)R_2C^2}} = \frac{1}{2\pi C\sqrt{(R_1 \parallel R_3)R_2}}$$

$$= \frac{1}{2\pi C}\sqrt{\frac{1}{R_2(R_1 \parallel R_3)}} = \frac{1}{2\pi C}\sqrt{\left(\frac{1}{R_2}\right)\left(\frac{1}{R_1R_3 / R_1 + R_3}\right)}$$

$$\boldsymbol{f_0 = \frac{1}{2\pi C}\sqrt{\frac{R_1 + R_3}{R_1 R_2 R_3}}}$$ **公式 15-8**

首先選擇適當的電容值；然後根據所期望的 f_0、BW 和 A_0，求出三個電阻值。我們已經知道，Q 值可以由 $Q = f_0 / BW$ 的關係式計算出來。而電阻值可以用下面的公式計算出來 (在這裡不詳加推導)：

$$R_1 = \frac{Q}{2\pi f_0 C A_0}$$

$$R_2 = \frac{Q}{\pi f_0 C}$$

$$R_3 = \frac{Q}{2\pi f_0 C(2Q^2 - A_0)}$$

要導出增益的表示式，必須先由 R_1 和 R_2 的公式如下算出 Q 值：

$$Q = 2\pi f_0 A_0 C R_1$$

$$Q = \pi f_0 C R_2$$

然後，

$$2\pi f_0 A_0 C R_1 = \pi f_0 C R_2$$

代入消去後可得到

$$2A_0 R_1 = R_2$$

$$\boldsymbol{A_0 = \frac{R_2}{2R_1}}$$ **公式 15-9**

爲了使公式 $R_3 = Q/[2\pi f_0 C\ (2Q^2 - A_0)\ ]$ 的分母爲正値，必須讓 $A_0 < 2Q^2$，這樣就會使增益受到限制。

例 題 15-6 求出圖 15-19 中濾波器的中心頻率、最大增益和頻寬。

▶ 圖 15-19

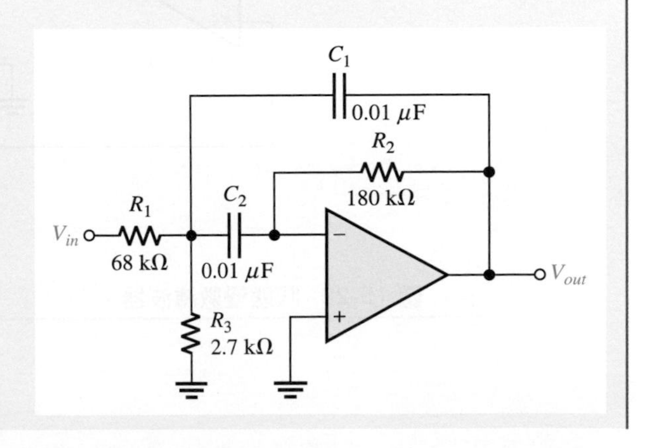

解

$$f_0 = \frac{1}{2\pi C}\sqrt{\frac{R_1 + R_3}{R_1 R_2 R_3}} = \frac{1}{2\pi(0.01\ \mu\text{F})}\sqrt{\frac{68\ \text{k}\Omega + 2.7\ \text{k}\Omega}{(68\ \text{k}\Omega)(180\ \text{k}\Omega)(2.7\ \text{k}\Omega)}} = \mathbf{736\ Hz}$$

$$A_0 = \frac{R_2}{2R_1} = \frac{180\ \text{k}\Omega}{2(68\ \text{k}\Omega)} = \mathbf{1.32}$$

$$Q = \pi f_0 C R_2 = \pi(736\ \text{Hz})(0.01\ \mu\text{F})(180\ \text{k}\Omega) = 4.16$$

$$BW = \frac{f_0}{Q} = \frac{736\ \text{Hz}}{4.16} = \mathbf{177\ Hz}$$

相關習題　如果圖 15-19 的 R_2 增加到 330 kΩ，試求濾波器的增益、中心頻率和頻寬？

狀態變數濾波器 (State-Variable Filter)

狀態變數主動濾波器又稱爲萬用 (universal) 主動濾波器，被廣泛地用於帶通濾波器的應用電路。如圖 15-20 所示，它由一個加法放大器和兩個運算放大器積分器 (當作單極點低通濾波器使用)，以串接的方式形成二階濾波器。雖然主要是當作帶通 (BP) 濾波器使用，但狀態變數電路型態同時也提供低通濾波器 (LP) 和高通 (HP) 濾波器的輸出。中心頻率可以由兩個積分器內的 *RC* 電路加以設定。當狀態變數濾波器當作帶通濾波器使用時，通常會使兩個積分器的臨界頻率值相等，因此也設定了帶通濾波器的中心頻率。

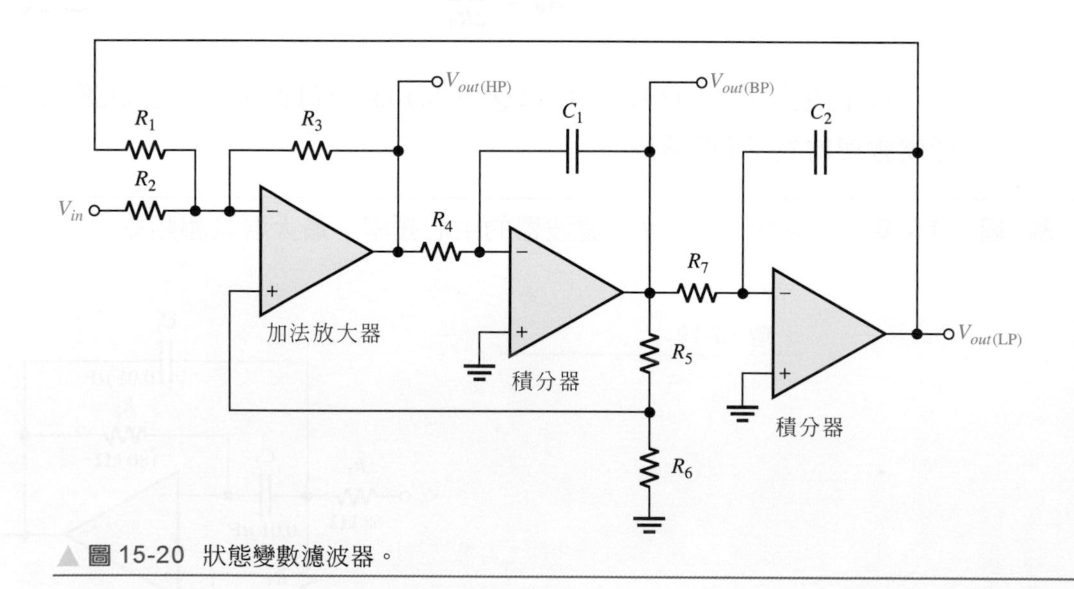

▲ 圖 15-20 狀態變數濾波器。

基本工作原理 (Basic Operation) 當輸入頻率小於 f_c 時，輸入信號會通過加法放大器和積分器，並且以 180°相位差回授回輸入端。因此，當頻率低於 f_c ，於 $V_{out(\mathrm{HP})}$ 端，回授訊號和輸入訊號會互相抵消。當積分器的低頻率成份開始減少時，回授信號會跟著減少，因此讓輸入信號通過而到達帶通濾波器輸出端。而當頻率高於 f_c ，低頻率成份消失，因此不讓輸入信號通過積分器。結果使得帶通濾波器輸出在頻率 f_c 處呈現明顯峰值，如圖 15-21 所示。利用這一類型的濾波器，穩定的 Q 值可以達到 100。根據下面的公式，Q 值是由回授電阻 R_5 和 R_6 所設定：

$$Q = \frac{1}{3}\left(\frac{R_5}{R_6} + 1\right)$$

狀態變數濾波器並不能同時成為最佳的低通(或高通)和窄帶通濾波器，這是因為：要成為最佳低通或高通巴特沃頻率響應，DF 必須等於 1.414。因為 $Q = 1/DF$，所以 $Q = 0.707$。這麼低的 Q 值使帶通頻率響應變得很寬 (BW 大，且選擇性差)。而要使窄帶通濾波器有最佳效果，必須有高的 Q 值。

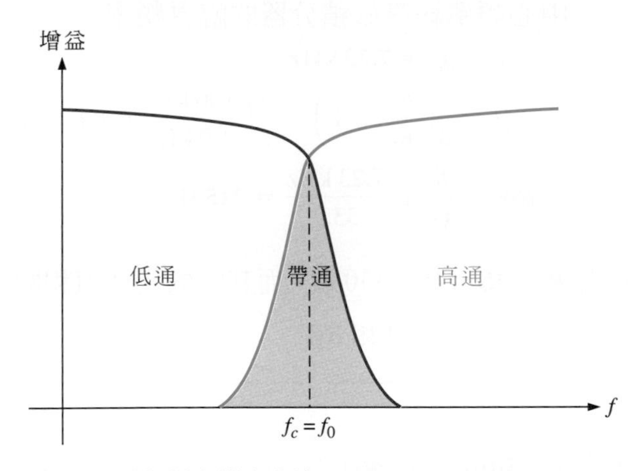

▲ 圖 15-21 一般狀態變數頻率響應曲線。

例 題 15-7 試求圖 15-22 狀態變數濾波器中帶通的中心頻率、Q 和 BW。

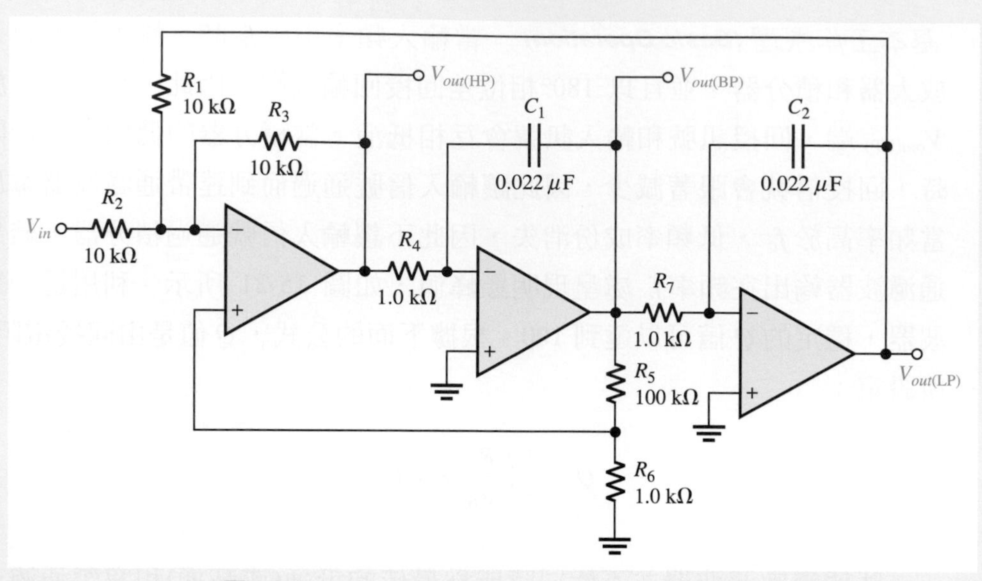

▲ 圖 15-22

解 對於每一個積分器而言，

$$f_c = \frac{1}{2\pi R_4 C_1} = \frac{1}{2\pi R_7 C_2} = \frac{1}{2\pi(1.0\,\text{k}\Omega)(0.022\,\mu\text{F})} = 7.23\,\text{kHz}$$

中心頻率約等於積分器的臨界頻率。

$$f_0 = f_c = \mathbf{7.23\,kHz}$$

$$Q = \frac{1}{3}\left(\frac{R_5}{R_6} + 1\right) = \frac{1}{3}\left(\frac{100\,\text{k}\Omega}{1.0\,\text{k}\Omega} + 1\right) = \mathbf{33.7}$$

$$BW = \frac{f_0}{Q} = \frac{7.23\,\text{kHz}}{33.7} = \mathbf{215\,Hz}$$

相關習題 假設 $R_4 = R_6 = R_7 = 330\,\Omega$，而其它的元件值和圖 15-22 所示者相同，試求濾波器的 f_0、Q 和 BW，

雙二次濾波器 (Biquad Filter)

雙二次濾波器與狀態變數濾波器結構相似，它是由一個積分器，跟著一個反相放大器，及另一個積分器所構成，如圖 15-23 所示。雖然雙二次濾波器與狀態變數濾波器都允許很高的 Q 值，但因在組態上的不同還是有一些操作上的相異處。雙二次濾波器的頻寬是獨立的而 Q 值則與臨界頻率有關；但這與狀態變數濾波器的狀況正好相反：頻寬與臨界頻率有關，但 Q 值則是獨立的。另外，雙二次濾波器只提供帶通及低通的輸出。

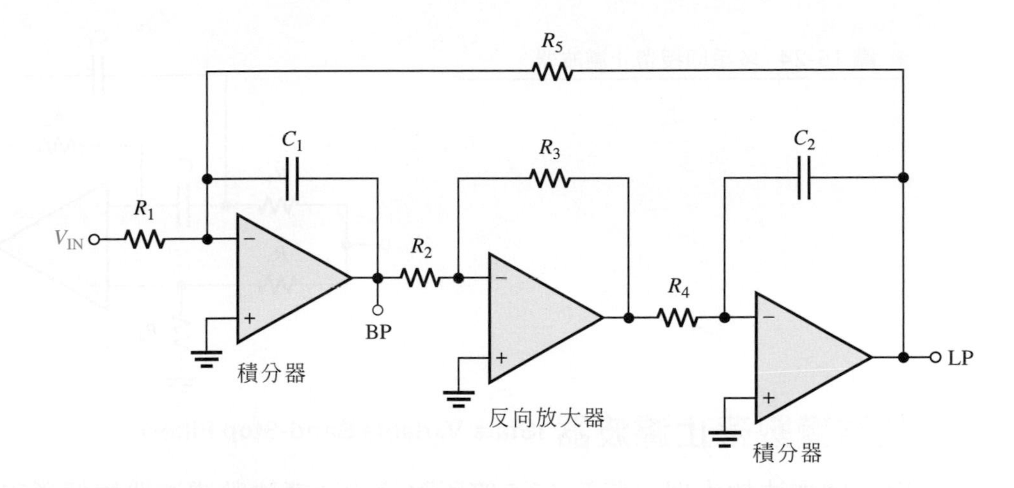

▲ 圖 15-23　雙二次濾波器。

第15-5節 隨堂測驗

1. 帶通濾波器的選擇性由什麼決定？
2. $Q = 5$ 的濾波器和 $Q = 25$ 的濾波器。哪一個頻寬比較窄？
3. 試列出構成狀態變數濾波器的主動元件。
4. 試列出構成雙二次濾波器的主動元件。

15-6 主動帶止濾波器 (Active Band-Stop Filters)

帶止濾波器能阻止頻率位於指定頻帶內的信號通過，並讓其它的頻率通過。其頻率響應和帶通濾波器相反。帶止濾波器有時稱爲凹口波濾波器(notch filter)

在學習完本節的內容後，你應該能夠

- **描述主動帶阻濾波器的基本類型**
- 辨識與描述多重回授帶阻濾波器
- 辨識與分析狀態變數濾波器

多重回授帶止濾波器 (Multiple-Feedback Band-Stop Filter)

圖 15-24 顯示了多重回授帶止濾波器。請注意，除了移動 R_3 位置以及加入 R_4 之外，它的電路型態和圖 15-18 的帶通濾波器很類似。

▶ 圖 15-24 多重回授帶止濾波器。

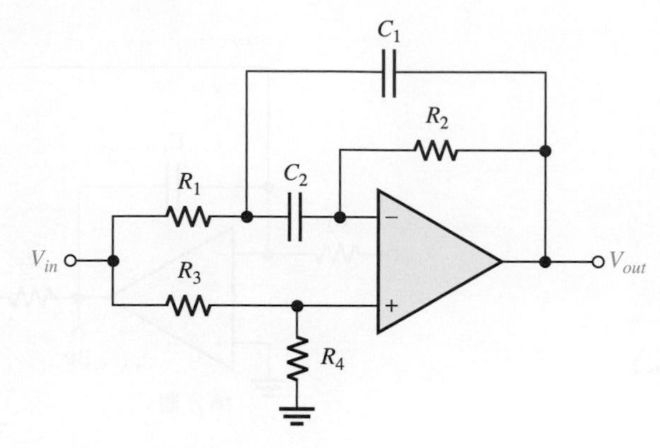

狀態變數帶止濾波器 (State-Variable Band-Stop Filter)

用一個加法放大器，將第 15-5 節所討論的狀態變數濾波器的低通和高通輸出之頻率響應加在一起，可以得到帶止濾波器，如圖 15-25 所示。這種濾波器的一個重要應用，是將中心頻率設定在 60 Hz，可以使音響系統中的 60 Hz 交流 "嗡嗡" 聲變得最小。

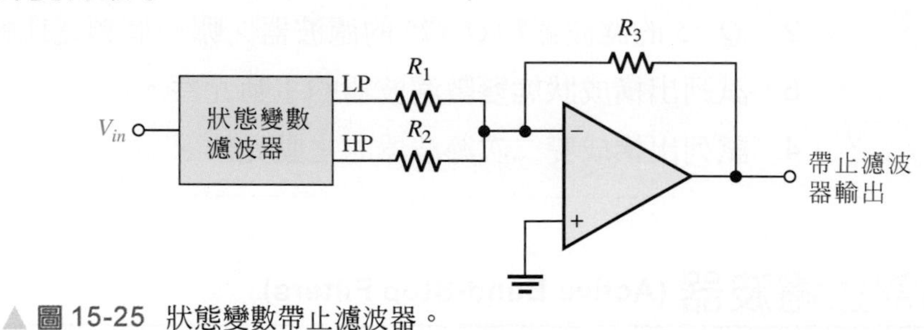

▲ 圖 15-25 狀態變數帶止濾波器。

例 題 15-8 驗證圖 15-26 帶止濾波器的中心頻率為 60 Hz，此濾波器最佳化成 Q 值為 10。

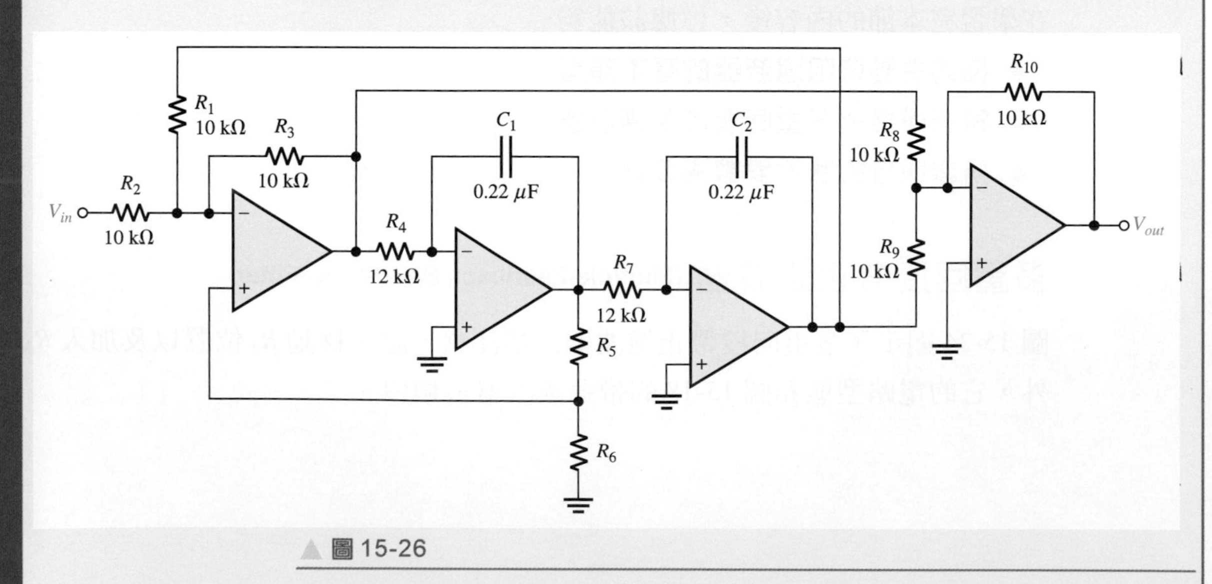

▲ 圖 15-26

解　f_0 等於積分器各級的 f_c。(實際上，元件特性值是相當重要的。)

$$f_0 = \frac{1}{2\pi R_4C_1} = \frac{1}{2\pi R_7C_2} = \frac{1}{2\pi(12\ \text{k}\Omega)(0.22\ \mu\text{F})} = \mathbf{60\ Hz}$$

藉由選擇 R_6，以及計算 R_5，我們可以得到 $Q=10$。

$$Q = \frac{1}{3}\left(\frac{R_5}{R_6}+1\right)$$

$$R_5 = (3Q-1)R_6$$

我們選擇 $R_6 = \mathbf{3.3\ k\Omega}$。然後

$$R_5 = [3(10)-1]3.3\ \text{k}\Omega = \mathbf{95.7\ k\Omega}$$

使用最接近 100 kΩ 的電阻標準值。

相關習題　如何將圖 15-26 的中心頻率改變到 120 Hz？

第15-6節 隨堂測驗

1. 帶止頻率響應和帶通頻率響應有什麼差別？
2. 如何將狀態變數帶通濾波器變成帶止濾波器？

15-7 濾波器頻率響應的量測 (Filter Response Measurements)

兩個利用測量方式決定濾波器頻率響應的方法，是離散點測量法(Discrete point measurement) 和掃瞄頻率量測法 (Swept frequency measurement)。

在學習完本節的內容後，你應該能夠

◆ **討論兩個量測頻率響應的方法**
- ◆ 解釋何謂離散點量測
  - ◆ 列出過程中的步驟
  - ◆ 說明測試設置
- ◆ 解釋掃瞄頻率量測
  - ◆ 依此方法使用頻譜分析儀說明測試設置
  - ◆ 依此方法使用示波器說明測試設置

本章摘要

第 15-1 節

- 濾波器的專門術語中，單一極點濾波器可以由一個電阻器和一個電容器構成。
- 因爲頻率響應延伸到 0 Hz，所以低通濾波器的頻寬等於臨界頻率。
- 高通濾波器的通帶從臨界頻率往上延伸，只受限於主動元件的內在頻率限制。
- 帶通濾波器會讓在上臨界頻率和下臨界頻率之間的所有頻率信號通過，並阻止此頻帶以外的所有信號通過。
- 帶通濾波器的頻寬是上臨界頻率和下臨界頻率之間的差值。
- 帶通濾波器的品質因數 Q 決定了濾波器的選擇性。Q 值愈高頻寬愈窄，而且電路的選擇性愈好。
- 帶止濾波器會阻止指定頻帶內的所有頻率信號通過，並讓此頻帶以外的所有頻率信號通過。

第 15-2 節

- 具有巴特沃頻率響應特性的濾波器，在通帶內有最平坦的頻率響應，其每個極點的下降率爲 − 20 dB/decade，使用於通帶內所有頻率都必須有相同增益的場合。
- 具有契比雪夫特性的濾波器在通帶內會發生漣波或超越，而且每一個極點的下降率比巴特沃特性濾波器快速。
- 具有貝索特性的濾波器使用於濾除脈衝波形。它們的線性相位特性使輸出波形的失眞程度達到最小。每一個極點的下降率比巴特沃小。
- 巴特沃濾波器的每一個極點，使輸出以 − 20 dB/decade 的速率下降。
- 阻尼係數決定濾波器頻率響應的特性 (包含巴特沃、契比雪夫、或貝索)。

第 15-3 節

- 單極點低通濾波器的下降率爲 − 20 dB/decade。
- 沙倫基低通濾波器有兩個極點(兩階)及 − 40 dB/decade 的下降率。
- 每增加一個串接的濾波器會增加 − 20 dB/decade 的下降率。

第 15-4 節

- 單極點高通濾波器的下降率爲 − 20 dB/decade。
- 沙倫基高通濾波器有兩個極點(兩階)及 − 40 dB/decade 的下降率。
- 每增加一個串接的濾波器會增加 − 20 dB/decade 的下降率。
- 主動高通濾波器的高頻部分響應受限於內部運算放大器的下降率。

第 15-5 節

- 帶通濾波器只允許特定的頻帶通過。
- 串接一個低通及一個高通濾波器可形成一個帶通濾波器。
- 多重回授帶通濾波器利用兩個回授路徑來達成其響應特性。
- 狀態變數帶通濾波器使用一個加法放大器和兩個積分器。
- 雙二次濾波器由積分器接一個反相放大器，再接另一個積分器所構成。

第 15-6 節

- 帶止濾波器阻止特定的頻帶通過。
- 多重回授及狀態變數都是帶止濾波器的一般型態。

第 15-7 節

- 濾波器的響應可以用離散點測量法或掃瞄頻率測量法來測量。

重要詞彙

重要詞彙和其他以粗體字表示的詞彙都會在本書書末的詞彙表中加以定義。

帶通濾波器 (Band-pass filter) 可以讓介於某個較低頻率與另一個較高頻率之間的信號通過的濾波器。

帶止濾波器 (Band-stop filter) 可以阻隔介於某個較低頻率與另一個較高頻率之間的信號，不讓其通過的濾波器。

阻尼係數 (Damping factor) 決定頻率響應類型的濾波器特性。

濾波器 (Filter) 能讓某些頻率通過、衰減或阻止其他頻率的一種電路。

高通濾波器 (High-pass filter) 可以讓頻率高於某數值的信號通過，但是會拒絕頻率低於此數值者通過的濾波器。

低通濾波器 (Low-pass filter) 可以讓頻率低於某數值的信號通過，但是會拒絕頻率高於此數值者通過的濾波器。

極點 (Pole) 在電子濾波器電路中，由一個電阻和一個電容器組成，且對濾波器提供 − 20 dB/decade 下降率的電路。

下降率 (Roll-off) 當輸入信號頻率高於或低於濾波器臨界頻率時，增益的降低率。

重要公式

15-1	$BW = f_c$	低通頻寬
15-2	$BW = f_{c2} - f_{c1}$	帶通濾波器的頻寬
15-3	$f_0 = \sqrt{f_{c1} f_{c2}}$	帶通濾波器的中心頻率
15-4	$Q = \dfrac{f_0}{BW}$	帶通濾波器的品質因數
15-5	$DF = 2 - \dfrac{R_1}{R_2}$	阻尼係數
15-6	$A_{cl(NI)} = \dfrac{R_1}{R_2} + 1$	閉環路電壓增益
15-7	$f_c = \dfrac{1}{2\pi\sqrt{R_A R_B C_A C_B}}$	二階沙倫基濾波器的臨界頻率
15-8	$f_0 = \dfrac{1}{2\pi C}\sqrt{\dfrac{R_1 + R_3}{R_1 R_2 R_3}}$	多重回授濾波器的中心頻率
15-9	$A_0 = \dfrac{R_2}{2R_1}$	多重回授濾波器的增益

是非題測驗

答案可以在以下的網站找到 www.pearsonglobaleditions.com/Floyd

1. 在濾波器中，過渡區和抑止帶之間並沒有明顯的分界點。
2. 濾波器的極點是濾波器的截止頻率。

第 15-5 節

14. 將低通以及高通濾波器串接以便得到帶通濾波器，則低通濾波器的臨界頻率必須

(a)等於高通濾波器的臨界頻率

(b)小於高通濾波器的臨界頻率

(c)大於高通濾波器的臨界頻率

15. 在雙二次濾波器中，

(a)Q取決於臨界頻率

(b)頻寬與臨界頻率無關

(c)Q和頻寬均取決於臨界頻率

(d)答案(a)及(b)皆正確

第 15-6 節

16. 當一個濾波器的增益在中心頻率是最小時，它是

(a)帶通濾波器 (b)帶止濾波器

(c)陷波濾波器 (d)答案(b)及(c)皆正確

習 題

所有的答案都在本書末。

基本習題

第 15-1 節 基本濾波器頻率響應

1. 試著辨識出圖 15-29 每一個濾波器的頻率響應的類型 (低通、高通、帶通或帶止)。

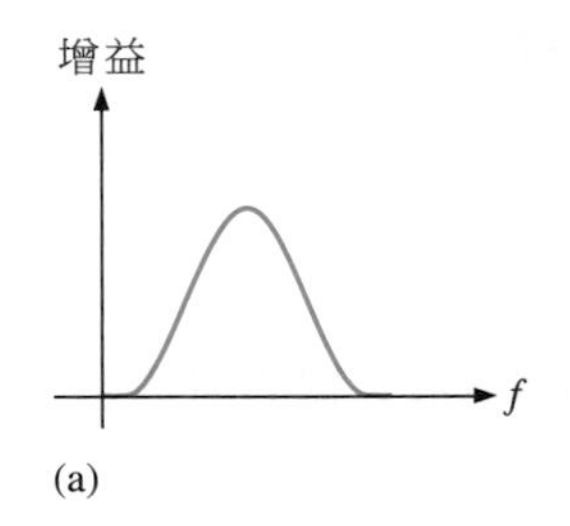

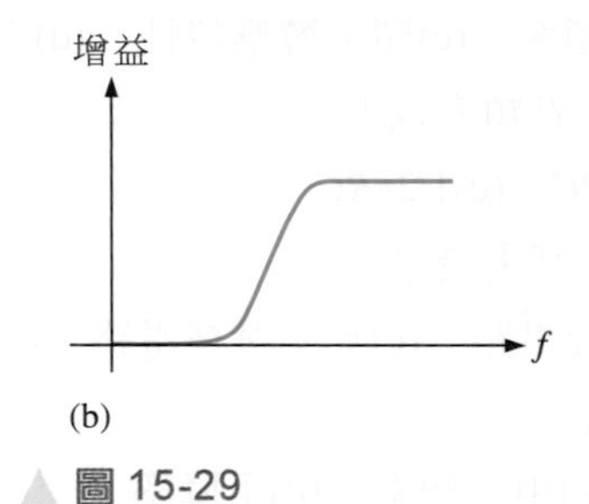

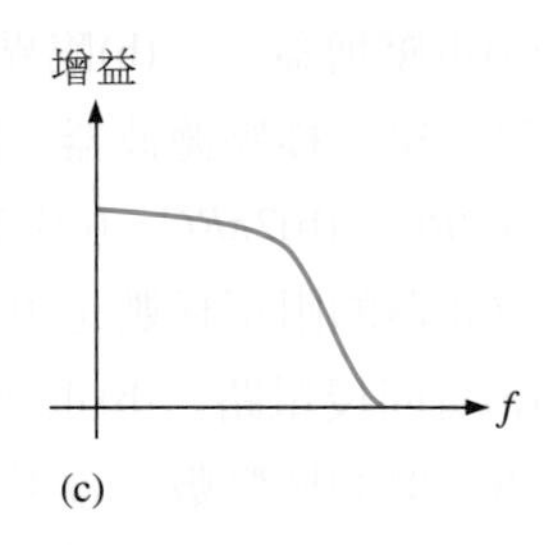

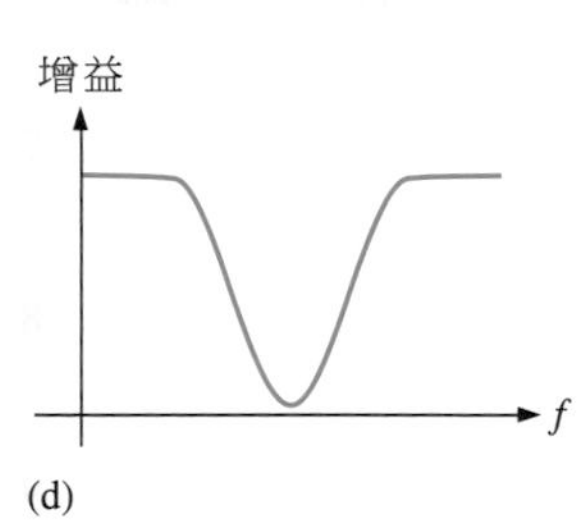

▲ 圖 15-29

2. 某一個低通濾波器的臨界頻率為 800 Hz。則其頻寬為多少？

3. 某一個單極點高通濾波器的頻率選擇電路中，$R = 2.2\ \text{k}\Omega$、$C = 0.0015\ \mu\text{F}$。其臨界頻率為多少？你可以從得到的訊息中求出頻寬嗎？

4. 習題 3 所描述的濾波器中，其下降率為多少？

5. 臨界頻率為 3.2 kHz 以及 3.9 kHz 的帶通濾波器，其頻寬為多少？此濾波器的 Q 值為多少？

6. 某一個濾波器的 Q 值為 15，頻寬 1 kHz，其中心頻率為多少？

第 15-2 節　濾波器頻率響應的特性

7. 圖 15-30 中，每一個主動濾波器的阻尼係數爲多少？哪一個濾波器具有近似最佳化的巴特沃頻率響應特性？
8. 辨識圖 15-30 中的每種濾波器類型(低通、高通、帶通，或帶止)。
9. 對於圖 15-30 中的每個濾波器，說明極點數和近似下降率。
10. 指出需要做哪些改變才能使圖 15-30 中原先不是巴特沃頻率響應的電路，變成具有巴特沃頻率響應。(使用最接近的標準值。)
11. 如圖 15-31 所示爲二階濾波器頻率響應曲線。試辨別它們是巴特沃、契比雪夫或貝索中的哪一種。

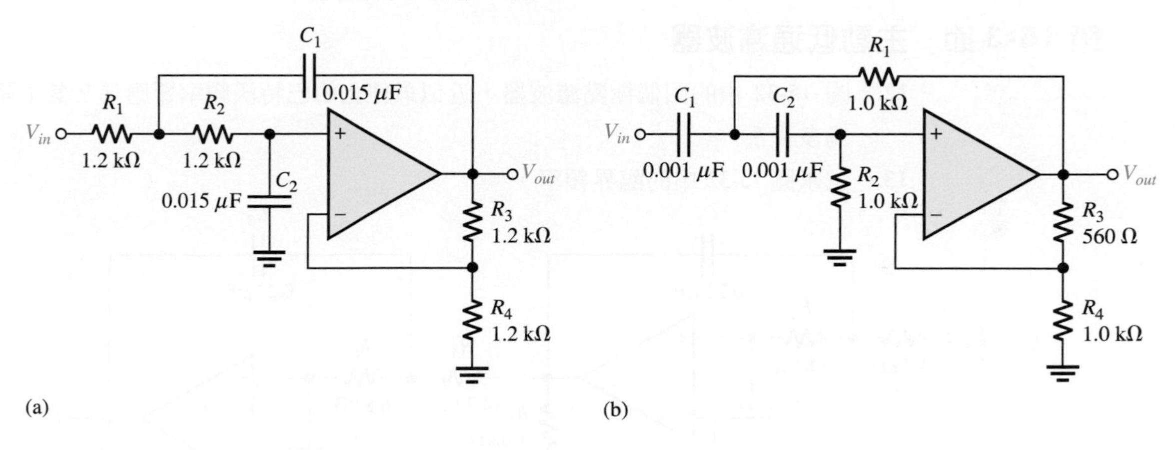

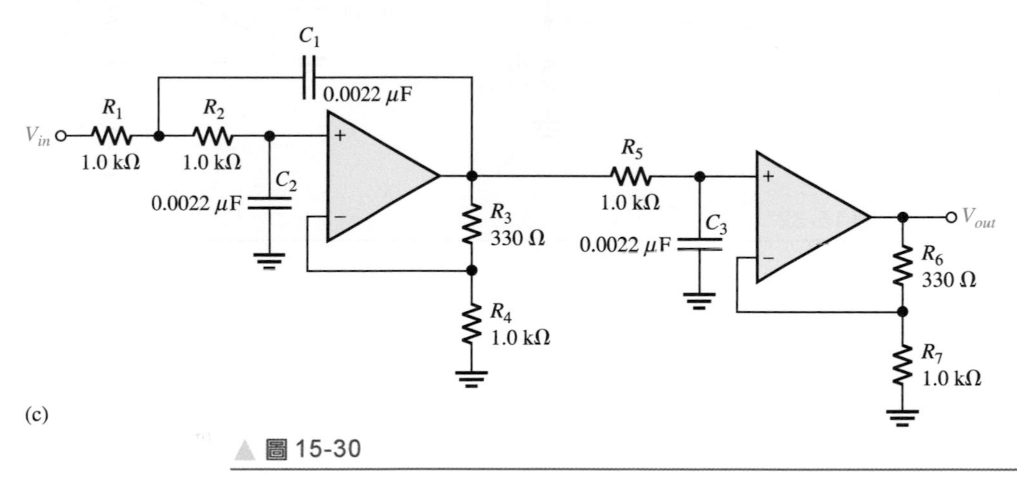

▲ 圖 15-30

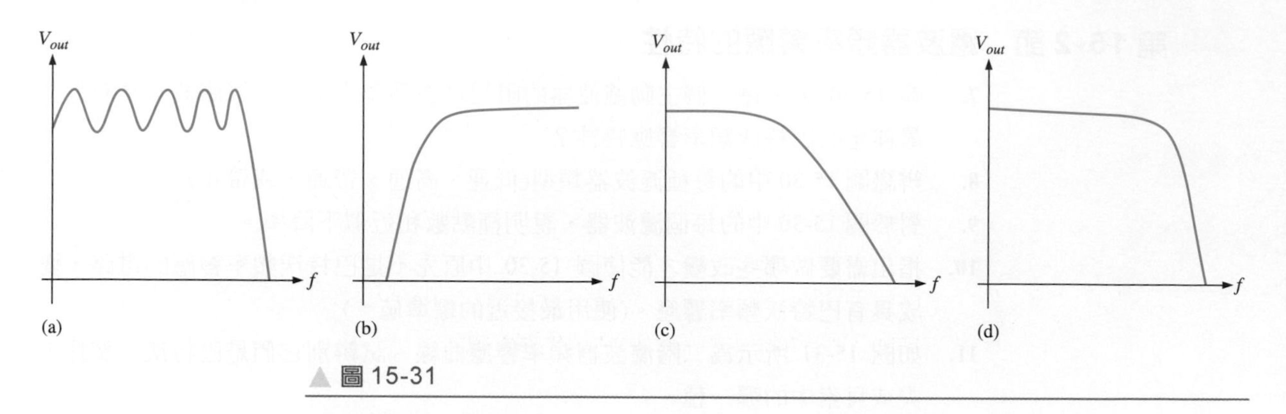

▲ 圖 15-31

第 15-3 節 主動低通濾波器

12. 圖 15-32 中的四個極點濾波器，近似最佳化的巴特沃頻率響應嗎？其下降率爲多少？

13. 試求圖 15-32 中的臨界頻率。

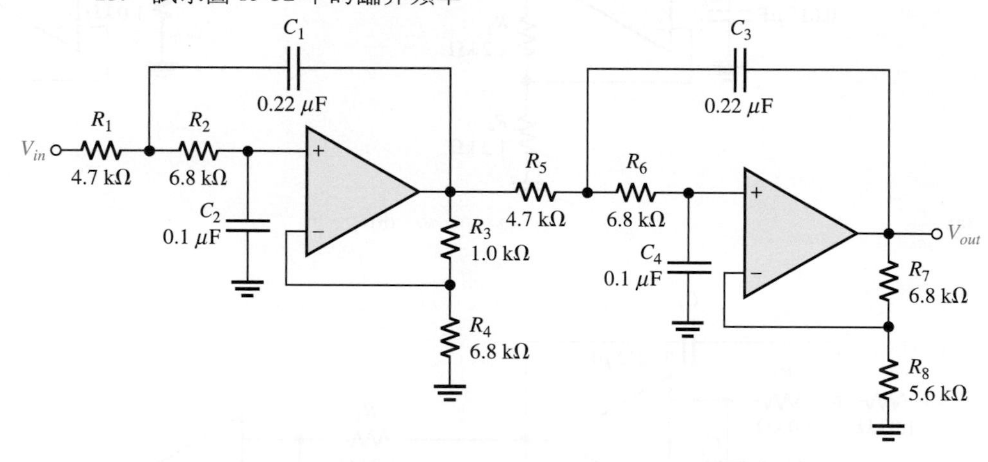

▲ 圖 15-32

14. 在不改變頻率響應曲線的條件下，調整圖 15-32 中濾波器的元件值，使其變成相同特性值濾波器。假設兩個級的電容值都用 $C=0.22\ \mu F$。

15. 調整圖 15-32 中的濾波器，使下降率增加到 − 120 dB/decade，並保持濾波器近似於巴特沃頻率響應。

16. 使用方塊圖方式，說明該如何利用單極點以及二極點巴特沃頻率響應低通濾波器，來達到以下的下降率。

(a) − 40 dB/decade (b) − 20 dB/decade (c) − 60 dB/decade

(d) − 100 dB/decade (e) − 120 dB/decade

第 15-4 節 主動高通濾波器

17. 在具有相同臨界頻率以及頻率響應特性的條件下，將習題 14 中的濾波器轉換成高通濾波器。

18. 將電路做必要的改變，使習題 17 中的臨界頻率減半。

19. 對圖 15-33 中的濾波器而言，

(a)該如何增加臨界頻率？ (b)該如何增加增益？

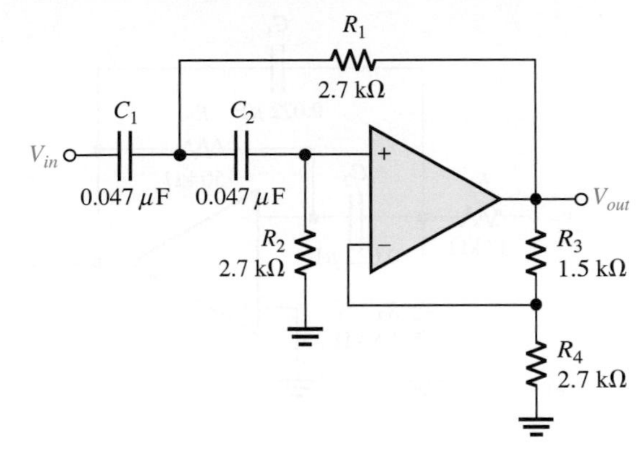

▲ 圖 15-33

第 15-5 節 主動帶通濾波器

20. 辨識圖 15-34 中，每一個帶通濾波器的電路型態。

21. 試求圖 15-34 中，每一個濾波器的中心頻率以及頻寬。

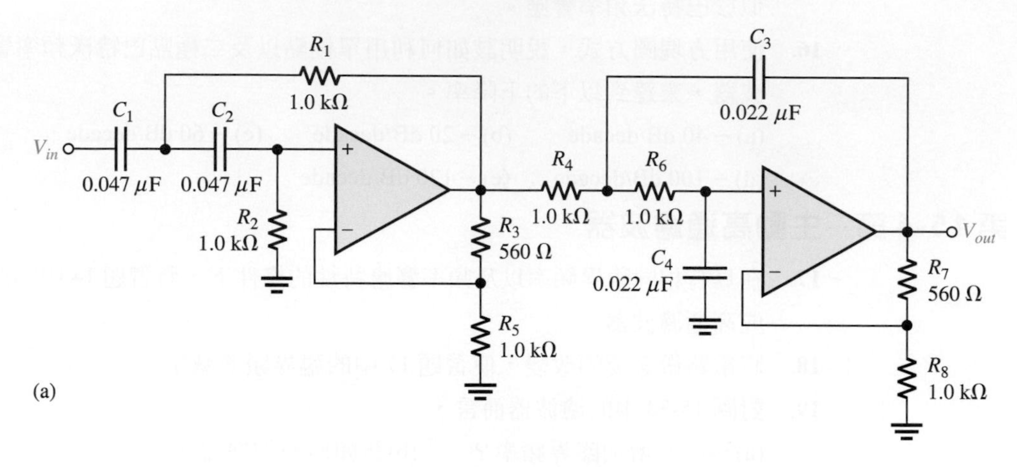

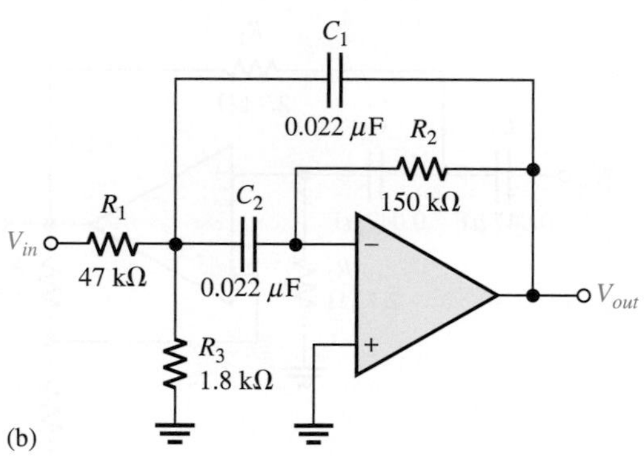

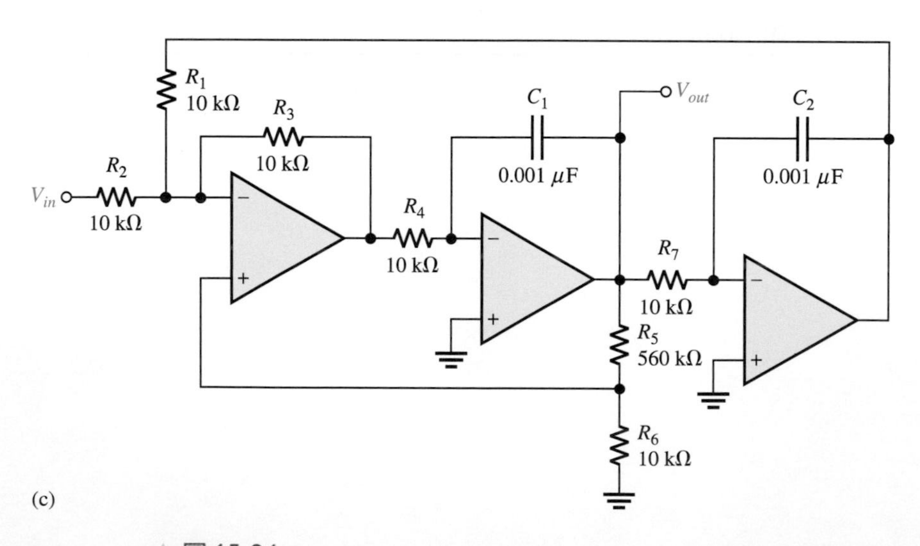

▲ 圖 15-34

22. 將圖 15-35 中的狀態變數濾波器最佳化成 $Q=50$。則其頻寬達到多少？

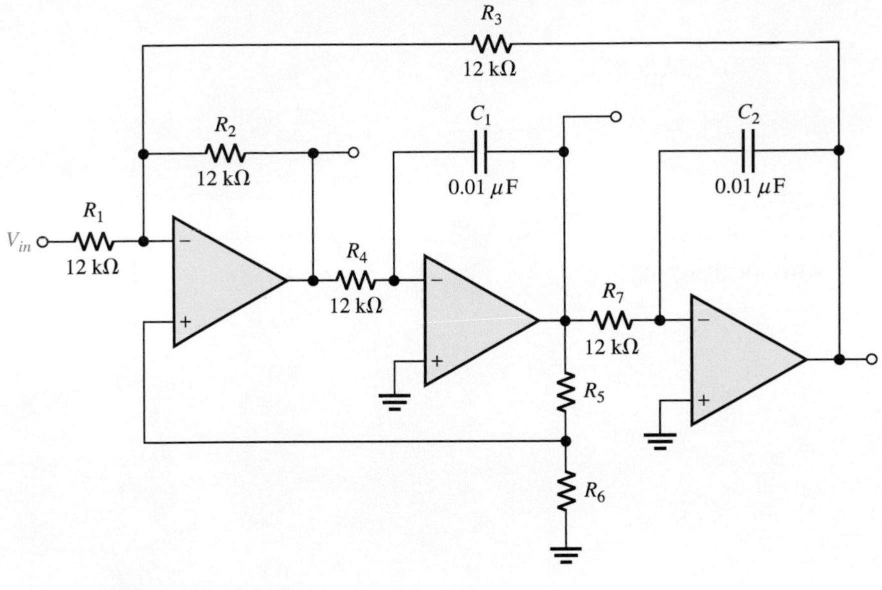

▲ 圖 15-35

第 15-6 節　主動帶止濾波器

23. 利用圖 15-35 的基本電路，說明該如何設計陷波 (帶止) 濾波器。

24. 修正習題 23 的帶止濾波器，使其中心頻率爲 120 Hz。

振盪器 (Oscillators)

16

本章大綱

本章學習目標

- 描述振盪器的工作原理
- 討論回授振盪器所依據的原理
- 描述與分析 *RC* 回授振盪器的工作原理
- 描述與分析 *LC* 回授振盪器的工作原理
- 描述與分析弛緩振盪器的工作原理
- 討論與分析555 計時器及當作振盪器的應用

可參訪教學專用網站

有關這一章的學習輔助資訊可以在以下的網站找到

http://www.pearsonglobaleditions.com/Floyd

重要詞彙

- 振盪器 (Oscillator)
- 正回授 (Positive feedback)
- 電壓控制振盪器 (Voltage-controlled oscillator, VCO)
- 鎖相迴路(Phase-locked loop, PLL)
- 非穩態 (Astable)

簡　介

振盪器是一種不需要輸入信號即可產生輸出信號的電路。在許多不同的應用裡，它們被當作信號源使用。不同種類的振盪器會產生各種不同的輸出波形，包含正弦波、方波、三角波和鋸齒波。本章將介紹幾種同時使用電晶體和運算放大器當作增益元件的基本振盪器電路。另外，也將討論一個使用非常普遍的積體電路，555 計時器，有關它在振盪器方面的應用。

正弦波振盪器是基於正回授的原理，將一部分輸出信號回授到輸入端，使信號不斷自我強化，因此維持連續的輸出信號。振盪器不但廣泛地應用於大部分通訊系統，也應用在包括電腦的數位系統中，以便產生所需要的頻率和時脈信號。同時，振盪器也應用於許多類型的測試儀器，例如實驗室內的波形產生器。

16-1 振盪器 (The Oscillator)

振盪器是一個只需要輸入直流電源電壓，就能在輸出端產生週期性波形的電路。除了在某些應用電路需要施加同步的振盪信號，它並不需要輸入週期信號。它的輸出電壓可以是正弦波或是非正弦波信號，這必須視振盪器的類型而定。振盪器的兩個主要類型爲回授振盪器和弛緩振盪器。

在學習完本節的內容後，你應該能夠

- **描述振盪器的工作原理**
- **討論回授振盪器**
  - 列出回授振盪器的基本元件
  - 說明測試設置
- **簡單描述弛緩振盪器**
  - 解釋回授振盪器與弛緩振盪器之間的差異

基本上**振盪器 (oscillator)** 可以將電能從直流電源的型式，轉換成週期性波形的型式。圖 16-1 所示爲基本振盪器。

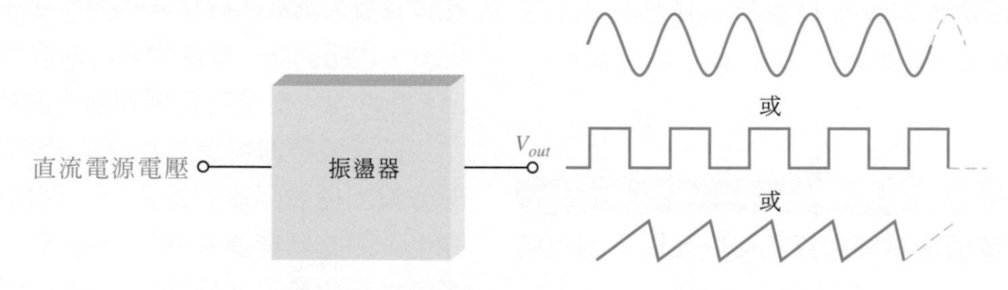

▲圖 16-1　基本振盪器顯示三個常見的輸出波形：正弦波、方波和鋸齒波。

回授振盪器 (Feedback Oscillators)　**回授振盪器 (Feedback oscillator)**，爲振盪器的類型之一，它將輸出信號的一部分，在沒有淨相位移動的情況下，回授到輸入端，以便增強輸出信號。對於正弦波輸出，迴路增益必須保持在 1.0，以保持不失真的輸出。(如果增益> 1，輸出將被削剪而失真。)

產生正弦波的基本回授振盪器如圖 16-2 中的圖框所示。放大器提供剛好足夠的增益來克服電路中的衰減，但可能在過程中引起相位移動(取決於所使用放大器的類型)。回授電路對輸出進行採樣，並將其中的一部分傳回到放大器的輸入端。回授電路補償放大器所引起的任何相位移動。最終結果是增強了輸入信號以維持振盪。

弛緩振盪器 (Relaxation Oscillators) 振盪器的第二種類型為弛緩振盪器 **(Relaxation oscillators)**。弛緩振盪器使用 *RC* 計時電路(*RC* timing circuit) 取代回授來產生波形，產生的波形通常是方波或其它非正弦波的波形。一般而言，弛緩振盪器會使用史密特觸發電路或其它裝置，這類電路透過一個電阻，交替地對電容進行充電和放電。弛緩振盪器將於第 16-5 節中進行討論。

▶ 圖 16-2 回授振盪器的基本元件。

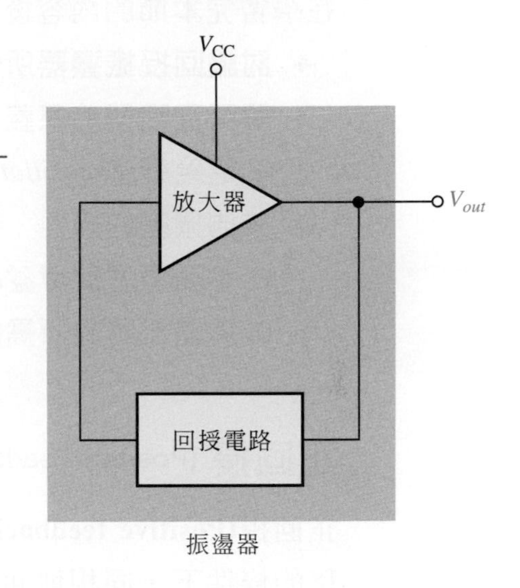

第16-1節 隨堂測驗

答案可以在以下的網站找到
www.pearsonglobaleditions.com/Floyd

1. 什麼是振盪器？
2. 回授振盪器需要什麼樣的回授類型？
3. 回授電路的功用是什麼？
4. 舉出兩種類型的振盪器。

16-2 回授振盪器 (Feedback Oscillators)

回授振盪器的操作過程是基於正回授原理。在這一節，我們將檢視這一個觀念，並注意振盪發生時所需要的一般條件。回授振盪器廣泛地用來產生正弦波波形。

在學習完本節的內容後，你應該能夠

- **討論回授振盪器所依據的原理**
- 解釋正回授的意義
  - 定義*振盪 (oscillation)*
- 描述振盪的條件
  - 定義*閉迴路增益 (closed loop gain)*
- 論振盪器啓動所需的條件

正回授 (Positive Feedback)

正回授**(Positive feedback)** 的特徵為放大器的部分輸出電壓，在迴路中沒有淨相移的條件下，同相地回授到輸入端，使輸出信號產生增強的作用。基本的概念如圖 16-3(a)所示。我們可以看出，同相位的回授電壓 V_f 被放大形成輸出電壓，此輸出電壓又回過來形成回授電壓。也就是說，這樣做可以建立一個迴路，使得信號得以自行維持下去，因而產生連續的正弦波輸出。這樣的現象稱為*振盪 (oscillation)*。在某些放大器中，回授電路會相位移 180° ，所以需要再一個反相放大器將相位再轉移 180°，使得電路沒有淨相位移，如圖 16-3(b)所示。

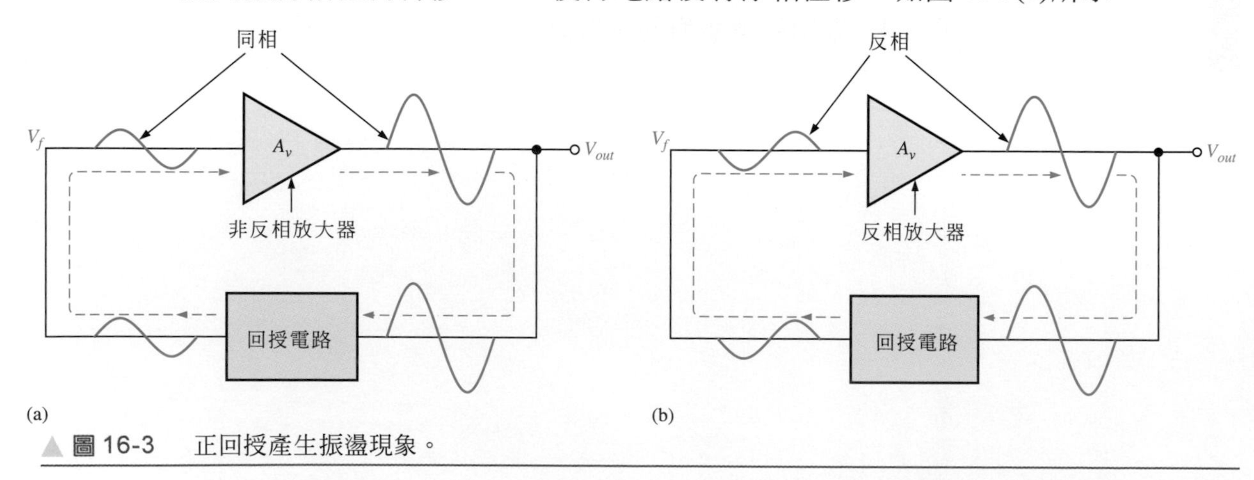

▲圖 16-3　正回授產生振盪現象。

振盪條件 (Conditions for Oscillation)

要維持振盪狀態，需要滿足兩個條件：

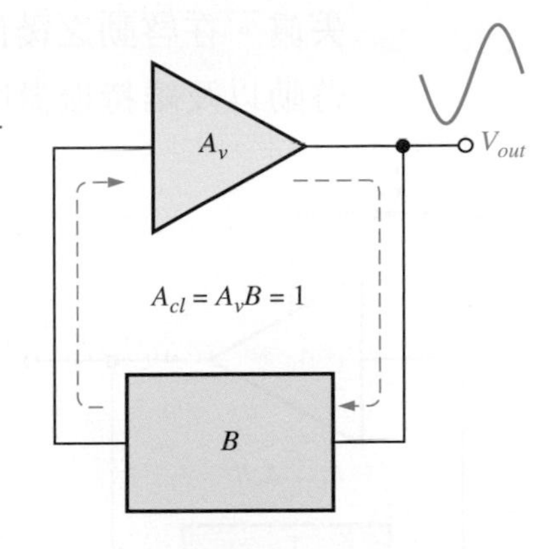

▶ 圖 16-4 要維持正弦波，迴路增益($A_v B$的乘積)必須等於1。

1. 回授迴路的相移實質上必須爲 0°，如圖 16-3 所示，回授電路得完成必要的相移。對於同相放大器，放大器的輸入必須與輸出同相。對於反相放大器，輸入與輸出必須相位差 180°。
2. 如圖 16-4 所示，封閉回授迴路中的電壓增益 A_{cl}(封閉迴路增益)必須等於或大於 1(即單位增益)。對於正弦波振盪器，封閉迴路增益必須恰好爲 1；否則輸出會被削剪因而失眞。

具有封閉回授迴路的電壓增益 A_{cl}，爲放大器增益 A_v 和回授電路衰減率 B 的乘積。

$$A_{cl} = A_vB$$

如果期望的輸出波形是正弦波，而迴路增益若大於 1，則電路將在波形的峰值附近，使輸出很快地達到飽和，結果造成令人無法接受的波形失眞。爲了避免這種情況，一旦開始振盪，必須要有一些增益自動控制的方法，以便維持迴路增益爲 1。舉例來說，如果回授電路的衰減爲 0.01，則放大器的增益必須恰好等於 100，以便克服這項衰減，這樣才不會造成令人無法接受的波形失眞 ($0.01 \times 100 = 1.0$)。增益大於 100 的放大器，將會對振盪器的輸出波峰產生限位削剪的現象。放大器增益小於 100 將導致振盪逐漸消失，因此需要增益自動控制。

啓動的條件 (Start-Up Conditions)

截至目前爲止，我們已經知道要使振盪器產生連續正弦波輸出，需要什麼條件。現在讓我們進一步檢視當直流電源電壓開啓時，要使振盪啓動所需的條件。如同我們所知道的，必須滿足單位增益的條件才能維持未失眞的正弦波。但要使振盪*啓動*，正回授迴路的電壓封閉迴路增益必須大於 1，使輸出電壓的振幅能到達所需要的位準。然後增益就必須減少到 1，以維持輸出電壓在正確的位準而不失眞。在啓動之後使放大器增益減少的方法，將在本章後面的章節進行討論。啓動以及維持振盪所需的電壓增益條件，如圖 16-5 所示。

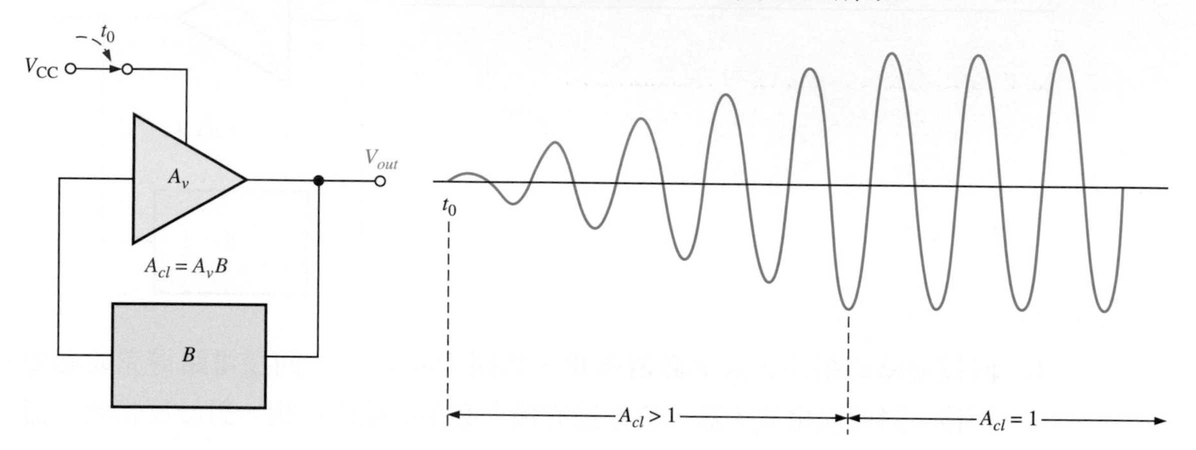

▲ 圖 16-5　當振盪在 t_0 時開始進行，$A_{cl}>1$ 的條件使正弦波輸出電壓的振幅增長到所需要的位準。然後 A_{cl} 減少到 1，並使輸出維持此振幅。

一般來說，我們會問一個問題：如果振盪器最初是關閉的，而且沒有輸出電壓，則回授信號如何開始正回授的強化過程？最初在電阻或其它元件由熱所產生的寬頻雜訊，或是因爲電源開啓產生的暫態現象，將產生一個小的正回授電壓。回授電路只允許頻率等於所選擇振盪頻率的電壓，以同相位的方式出現在放大器的輸入端。如同前面所討論一樣，這一個最初的回授電壓經過放大，並持續地強化，最後產生所需要的輸出電壓。

第16-2節 隨堂測驗

1. 回授振盪器產生無失眞正弦波輸出的兩個條件是什麼？
2. 試定義正回授。
3. 振盪器啓動時所需的電壓增益條件爲何？

16-3 *RC* 回授電路振盪器 (Oscillators with *RC* Feedback Circuits)

三種利用 *RC* 電路產生正弦波輸出的回授振盪器：韋恩電橋振盪器、相移振盪器和雙 T 振盪器。大部分的情況下，*RC* 回授振盪器使用於頻率上限大約在 1 MHz 的應用電路。韋恩電橋目前是在這一頻率範圍內，使用最廣泛的 *RC* 回授振盪器。

在學習完本節的內容後，你應該能夠

- **討論與分析*RC*回授振盪器的工作原理**
- 辨識與討論韋恩電橋振盪器
  - 討論領先-滯後電路的頻率響應
  - 討論領先-滯後電路的衰減
  - 計算諧振頻率
  - 討論振盪器的正回授條件
  - 描述啓動條件
  - 討論利用 JFET 穩定韋恩電橋振盪器
- 描述與分析相移振盪器
  - 討論所需的回授衰減值
  - 計算諧振頻率
- 討論雙 T 振盪器

韋恩電橋振盪器 (The Wien-Bridge Oscillator)

韋恩電橋振盪器 (Wien-bridge oscillator) 是正弦波回授振盪器中的一種。韋恩電橋振盪器的基本部分是領前—滯後電路 (lead-lag circuit)，如圖 16-6 (a) 所示。R_1 和 C_1 共同形成電路的滯後部分；R_2 和 C_2 則形成電路的領前部分。當頻率較低時，由於 C_2 的高電抗，輸出由領前電路所支配。當頻率增加，X_{C2} 減少，因此使輸出電壓增加。在某一個特定頻率，電路特性即由滯後電路的頻率響應所支配，而下降的 X_{C1} 值，將使輸出電壓減少。

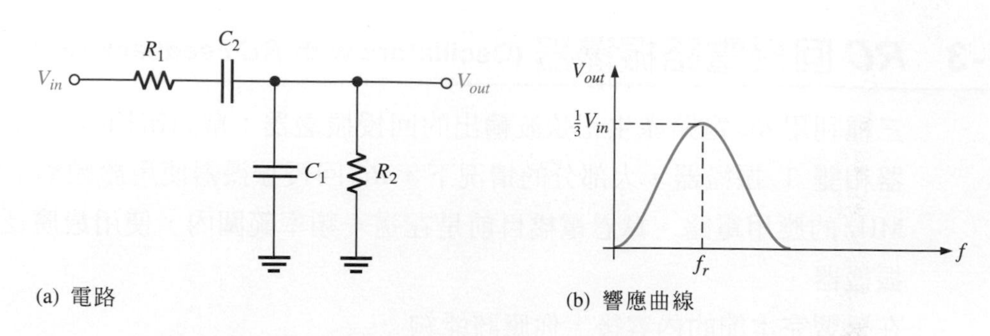

▲ 圖 16-6 領前—滯後電路與它的頻率響應曲線。

領前-滯後電路的頻率響應曲線，如圖 16-6 (b) 所示，其中輸出電壓峰值所在的頻率稱爲諧振頻率 (Resonant frequency) f_r 。如果 $R_1 = R_2$ 、$X_{C1} = X_{C2}$ ，此時電路的衰減 (V_{out} / V_{in}) 將爲 1/3，如下面的公式所示(推導在網站 www.pearson-globaleditions.com/Floyd 中的 "Derivations of Selected Equations") ：

公式 16-1

$$\frac{V_{out}}{V_{in}} = \frac{1}{3}$$

諧振頻率的公式 (也推導在網站上) 爲

公式 16-2

$$f_r = \frac{1}{2\pi RC}$$

總結來說，韋恩電橋振盪器內的領前-滯後電路，在諧振頻率 f_r 之下，通過電路的相位移爲 0°，而衰減則爲 1/3。當頻率低於 f_r ，電路特性由領前電路支配，且輸出相位領先輸入相位。當頻率高於 f_r ，電路特性由滯後電路支配，且輸出相位落後輸入相位。

基本電路 (The Basic Circuit) 運算放大器的正回授迴路所使用的領前-滯後電路，如圖 16-7(a)所示。負回授迴路則使用分壓器電路。韋恩電橋振盪器電路可以視爲是非反相放大器電路型態，其輸入信號是輸出信號通過領前-滯後電路回授到輸入端所形成。還記得曾經提過，分壓器決定了放大器的閉迴路增益。

$$A_{cl} = \frac{1}{B} = \frac{1}{R_2/(R_1 + R_2)} = \frac{R_1 + R_2}{R_2}$$

重繪於圖 16-7(b)的電路顯示，運算放大器是跨過橋式電路加以連接。橋式電路的一端爲領前-滯後電路，而另一端爲分壓器電路。

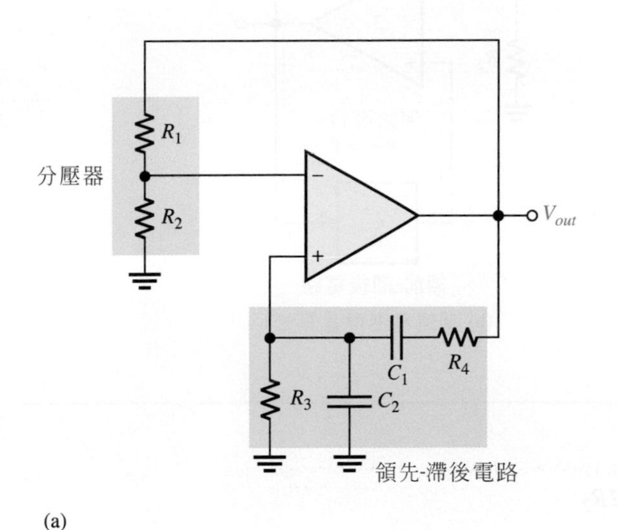

(a)

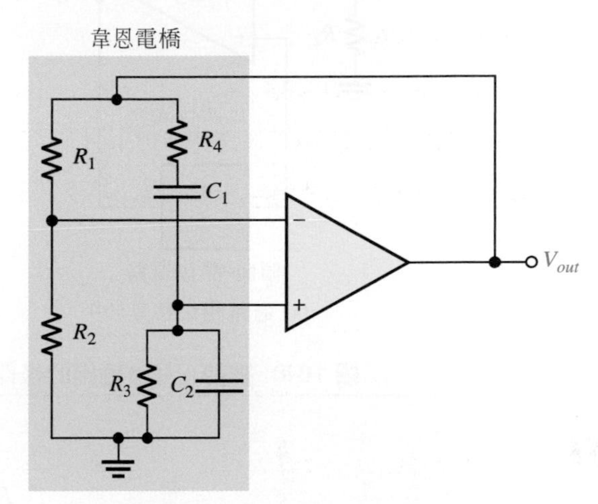

(b) 韋恩電橋電路由分壓器和領前-滯後電路組成

▲ 圖 16-7　以兩個不同但等效的電路圖表示韋恩電橋振盪器。

振盪的正回授條件 (Positive Feedback Conditions for Oscillation)　如同我們所知道的，爲了讓電路產生持續的正弦波輸出 (振盪)，正回授迴路的相移必須爲 0°，而迴路增益必須爲單位增益 (1)。當頻率爲 f_r 時，電路可以符合 0° 相移的條件，這是因爲通過領前-滯後電路的相移爲 0°，而且從運算放大器的非反相 (+) 輸入端到輸出端並沒有反相 (inversion) 的情況。這可以從圖 16-8(a)看出。

回授迴路需爲單位增益的條件在下列情況下會滿足

$$A_{cl} = 3$$

這樣可以抵銷領前-滯後電路的 1/3 衰減率，因此使正回授迴路的總增益等於 1，如圖 16-8(b)所示。要使閉迴路增益爲 3，則

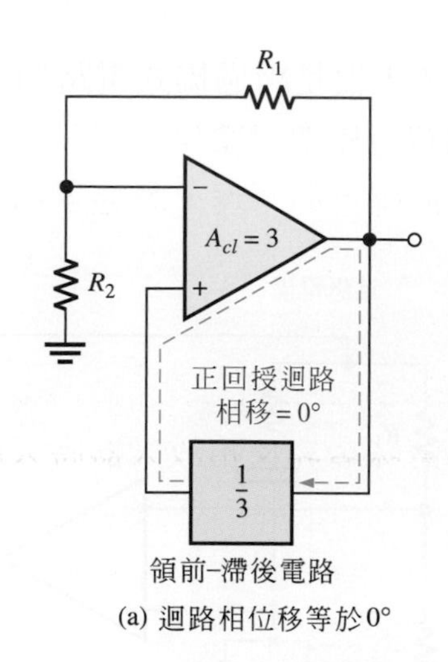

(a) 迴路相位移等於0°

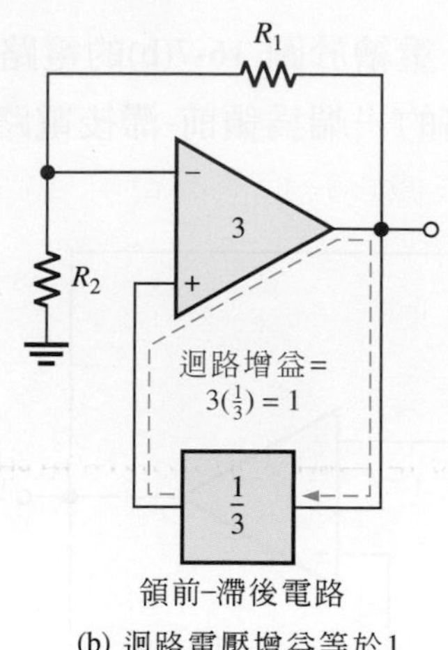

(b) 迴路電壓增益等於1

▲ 圖 16-8 維持正弦波輸出的條件。

$$R_1 = 2R_2$$

然後

$$A_{cl} = \frac{R_1 + R_2}{R_2} = \frac{2R_2 + R_2}{R_2} = \frac{3R_2}{R_2} = 3$$

啟動條件 (Start-Up Conditions) 最初放大器本身的閉迴路增益必須大於 3 ($A_{cl} > 3$)，直到輸出信號增強到所需要的位準。理想狀況下，隨後放大器的增益必須減少到 3，使得迴路的總增益等於 1，且輸出信號維持在所需要的位準，因此保持振盪的現象。整個過程顯示在圖 16-9 中。

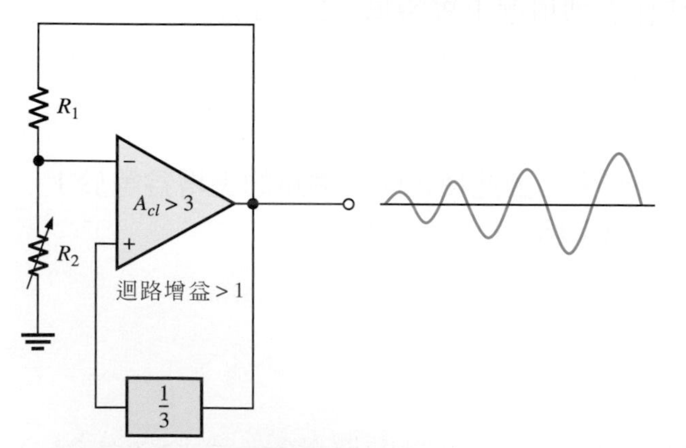

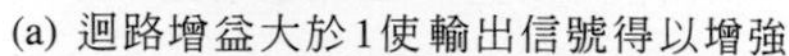

(a) 迴路增益大於1使輸出信號得以增強

(b) 迴路增益等於1使輸出信號維持固定

▲ 圖 16-9 啟動和維持振盪的條件。

儘管韋恩電橋的概念在實際應用之前就已經發展成熟，但是直到比爾．休利特(Bill Hewlett)才眞正找到了一種用鎢絲燈來穩定電橋的解決方案，他在 1938 年根據鎢絲燈泡的電阻會隨著溫度上升而降低的原理，製造了第一個穩定的振盪器。他特別選擇具有幾百歐姆冷電阻的燈泡，該燈泡在白熾點以下能持續很長的時間。由於可以達到低失眞輸出，許多振盪器都是採用這種原理製造。其概念如圖 16-10 所示，基本電路使用相等的R值和相等的C值。起初，回授電阻R_f設定爲略大於燈泡冷電阻的兩倍，這意味著非反相放大器將大於啓動時所需的增益值 3。當電流使燈泡變暖時，其電阻增加，直到燈泡電阻恰好爲 R_f的一半，產生正好增益爲 3 的值並保持穩定的輸出，電路即以下列頻率振盪：

$$f=\frac{1}{2\pi RC}$$

▶ 圖 16-10
使用鎢絲燈泡的韋恩電橋穩定振盪器。

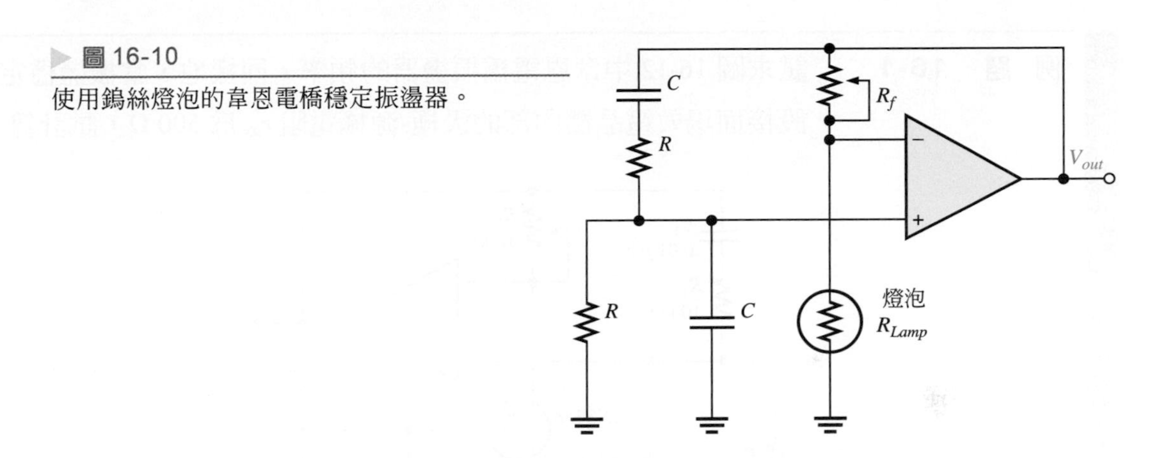

另一個控制增益的方法是使用接面場效電晶體 (JFET)，當作負回授路徑內的電壓控制電阻。這種方法可以產生非常好而且穩定的正弦波輸出波形。當 JFET 的V_{DS}很小或爲零時，JFET 是操作在歐姆區中。當閘極電壓增加，汲極-源極電阻增加。如果將JFET放在負回授路徑上，因爲這種電壓控制電阻的關係，可以使電路達到自動增益控制的目的。

使用接面場效電晶體穩定韋恩電橋的電路如圖 16-11 所示。運算放大器的增益由圖中綠色的元件所控制，其中包含JFET。接面場效電晶體汲極-源極電阻隨著閘極電壓而改變。在沒有輸出信號時，閘極電壓爲零，這使得汲極-源極電阻爲最小值。在這個條件下，迴路增益大於 1。振盪隨著開始，而且很快地產生大的輸出信號。當輸出信號產生負向偏移時，造成 D_1 順向偏壓，並使電容 C_3 充電成負電壓。這個電壓使 JFET 汲極-源極電阻增加，並使增益減少 (輸出因此下降)。這就是典型負回授電路的操作方式。適當選擇元件可以使增益穩定在所需要的位準。例題 16-1 利用 JFET 穩定韋恩電橋振盪器。

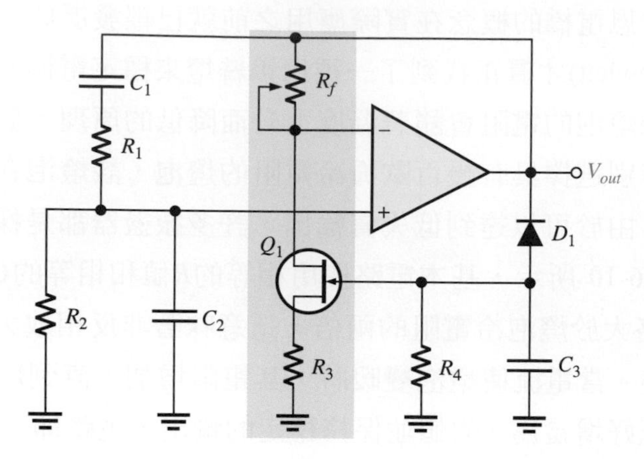

▲ 圖 16-11 在負回授迴路中使用接面場效電晶體的自發式韋恩電橋振盪器。

例 題 16-1 試求圖 16-12 中韋恩電橋振盪器的頻率。同樣地，當振盪穩定時，假設接面場效電晶體內部的汲極-源極電阻 r'_{ds} 為 500 Ω，試計算 R_f 值。

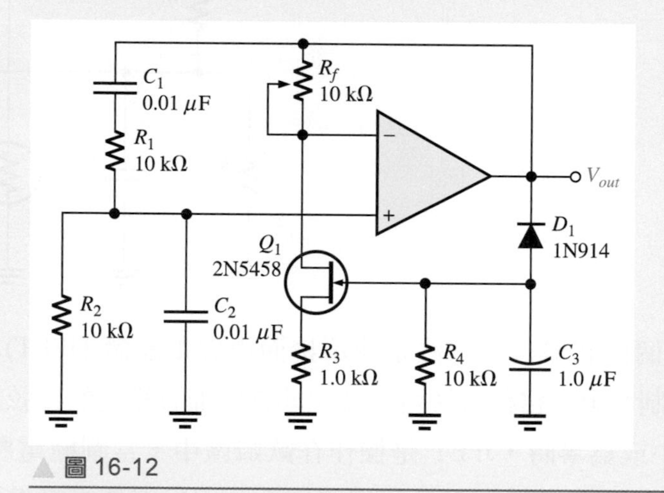

▲ 圖 16-12

解 在領前—滯後電路中，$R_1 = R_2 = R = 10\ \text{k}\Omega$ 且 $C_1 = C_2 = C = 0.01\ \mu\text{F}$。所以諧振頻率為

$$f_r = \frac{1}{2\pi RC} = \frac{1}{2\pi(10\ \text{k}\Omega)(0.01\ \mu\text{F})} = \mathbf{1.59\ kHz}$$

閉迴路增益必須為 3.0 以維持振盪現象。對反相放大器而言，其增益的表示式和非反相放大器一樣。

$$A_v = \frac{R_f}{R_i} + 1$$

R_i 由 R_3 (源極電阻) 和 r'_{ds} 所組成。代入後，

$$A_v = \frac{R_f}{R_3 + r'_{ds}} + 1$$

重新整理並解出 R_f，

$$R_f = (A_v - 1)(R_3 + r'_{ds}) = (3 - 1)(1.0\,\text{k}\Omega + 500\,\Omega) = \mathbf{3.0\,k\Omega}$$

相關問題* 假設 R_f 值太大，則會對振盪發生什麼影響？如果 R_f 值太小又會產生什麼影響？

*答案可以在以下的網站找到 www.pearsonglobaleditions.com/Floyd

相移振盪器 (The Phase-Shift Oscillator)

圖 16-13 顯示一種稱爲**相移振盪器 (Phase-shift oscillator)** 的正弦波回授振盪器。回授迴路裡的三個 *RC* 電路，每一個的*最大(maximum)*相移都接近 90°。振盪發生時的頻率使通過三個 *RC* 電路的總相位移爲 180°。運算放大器本身反相的功能提供了另外 180° 相移，以便滿足回授迴路總相移爲 360° (或是 0°) 的振盪條件。

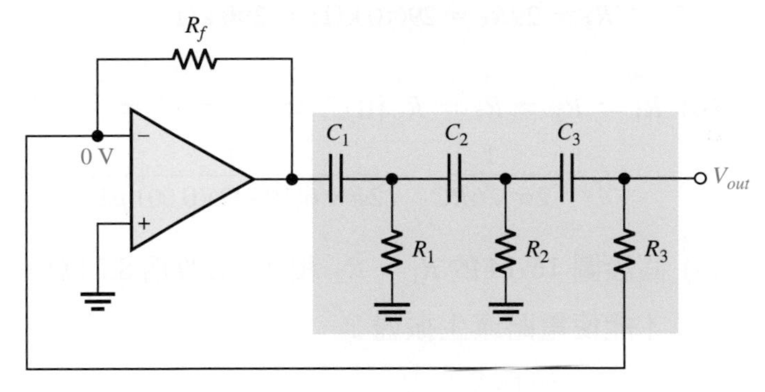

▲ 圖 16-13 相移振盪器。

三個 *RC* 回授電路的衰減率 B 爲

$$B = \frac{1}{29} \qquad \text{公式 16-3}$$

其中 $B = R_3/R_f$。此結論很不平常，其推導提供在網站 www.pearsonglobaleditions.com/Floyd 中的 "Derivations of Selected Equations"。爲了滿足迴路增益大於一的條件，運算放大器的閉迴路電壓增益必須大於 29 (由 R_f 和 R_3 設定)。振盪頻率 (f_r) 的推導過程也提供在網站上，並以下述公式表示，式中 $R_1 = R_2 = R_3 = R$ 和 $C_1 = C_2 = C_3 = C$。

$$f_r = \frac{1}{2\pi\sqrt{6}RC} \qquad \text{公式 16-4}$$

例 題 16-2 (a) 在圖 16-14 電路中，試求讓電路的操作方式像振盪器所需的 R_f 值。
(b) 試求振盪頻率。

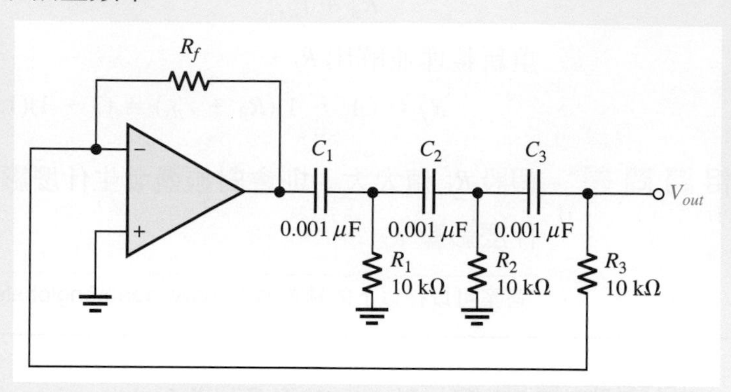

▲ 圖 16-14

解 (a) $A_{cl} = 29$，且 $B = 1/29 = R_3/R_f$。所以，

$$\frac{R_f}{R_3} = 29$$

$$R_f = 29R_3 = 29(10\,\text{k}\Omega) = \mathbf{290\,k\Omega}$$

(b) $R_1 = R_2 = R_3 = R$ 和 $C_1 = C_2 = C_3 = C$。因此，

$$f_r = \frac{1}{2\pi\sqrt{6}RC} = \frac{1}{2\pi\sqrt{6}(10\,\text{k}\Omega)(0.001\,\mu\text{F})} \cong \mathbf{6.5\,kHz}$$

相關習題 (a) 假設圖 16-14 的 R_1、R_2 和 R_3 都改爲 8.2 kΩ，則 R_f 值必須爲多少才能使電路產生振盪？
(b) 此時 f_r 值爲多少？

雙 T 振盪器 (Twin-T Oscillator)

另一種 *RC* 回授振盪器稱爲*雙 T(Twin-T)* 振盪器，這是因爲回授迴路裡使用兩個 T 型 *RC* 濾波器，如圖 16-15(a) 所示。雙 T 濾波器中的一個爲低通頻率響應，而另一個爲高通頻率響應。組合成的並聯濾波器產生帶止或陷波頻率響應，中心頻率等於所需要的振盪頻率 f_r ，如圖 16-15(b)所示。

當頻率高於或低於 f_r 時，振盪現象不會發生，這是因爲通過濾波器的負回授所產生的結果。然而，當頻率等於 f_r 時，此時的負回授很小，所以可以忽略；因此，通過分壓器 (R_1 和 R_2) 的正回授信號使電路產生振盪現象。

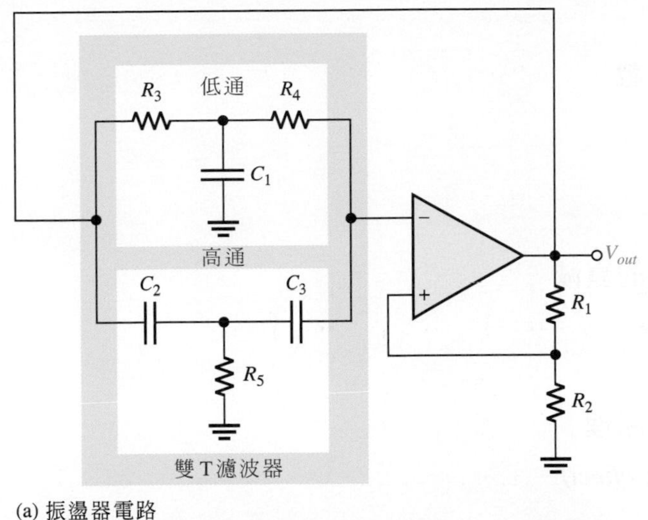

(a) 振盪器電路

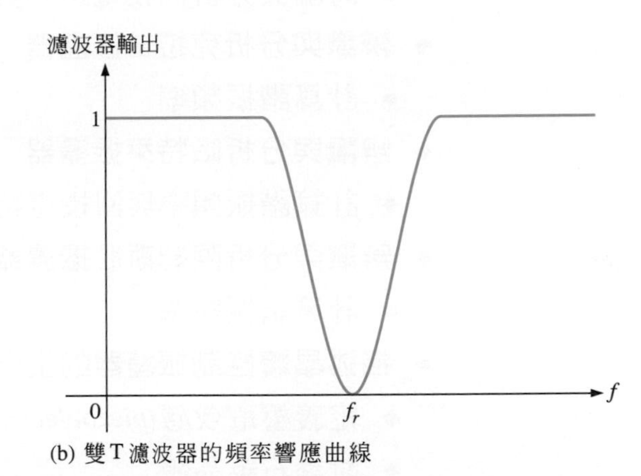

(b) 雙T濾波器的頻率響應曲線

▲ 圖 16-15　雙T振盪器和雙T濾波器的頻率響應。

第16-3節 隨堂測驗

1. 韋恩電橋振盪器內有兩個回授迴路。它們的功能為何？
2. 某一個領前-滯後電路 $R_1 = R_2$ 以及 $C_1 = C_2$。假設輸入的是 5 V_{rms} 的電壓。輸入頻率等於電路的諧振頻率。試問輸出電壓的均方根值(rms)是多少？
3. 為什麼相移振盪器中，通過 *RC* 回授電路的相移為 180°？

16-4 *LC* 回授電路振盪器 (Oscillators with *LC* Feedback Circuits)

雖然 *RC* 回授振盪器一般而言適合頻率可高至 1 MHz 左右的應用電路，其中韋恩電橋振盪器尤其如此，但是 *LC* 回授元件通常可以使用於振盪器需要更高振盪頻率的情況。另外，因為大部分運算放大器的頻率限制 (較低的單位增益頻率)，所以通常會使用個別的電晶體 (雙極接面電晶體或是場效電晶體) 當作 *LC* 振盪器中的增益元件。本節將介紹幾種 *LC* 諧振回授振盪器：考畢子 (Colpitts)、克拉普 (Clapp) 、哈特萊 (Hartley)、阿姆斯壯 (Armstrong) 和晶體控制 (Crystal-controlled) 振盪器。

在學習完本節的內容後，你應該能夠

- **描述與分析 *LC* 回授振盪器的工作原理**
- 辨識與分析考畢子振盪器
  - 計算諧振頻率

- 描述振盪與啓動的條件
- 討論與分析回授電路的負載
- 辨識與分析克拉普振盪器
  - 計算諧振頻率
- 辨識與分析哈特萊振盪器
  - 計算諧振頻率與回授電路的衰減
- 辨識與分析阿姆斯壯振盪器
  - 計算諧振頻率
- 描述晶體控制振盪器的工作原理
  - 定義*壓電效應(piezoelectric effect)*
  - 討論石英晶體
  - 討論晶體的工作模式

考畢子振盪器 (The Colpitts Oscillator)

一種基本的諧振電路回授振器就是考畢子振盪器(Colpitts Oscillator)，如同其它我們將討論的濾波器一樣，它是以其發明者的名字來命名。如圖 16-16 所示，這一種振盪器在回授迴路中使用 LC 電路來產生所需要的相移，並且可當作只讓所需要振盪頻率通過的諧振濾波器。

振盪時的近似頻率爲 LC 電路的諧振頻率，它可由 C_1 、 C_2 和 L 的值，依下列我們熟悉的公式算出：

公式 16-5

$$f_r \cong \frac{1}{2\pi\sqrt{LC_T}}$$

其中 C_T 是總容抗，因爲兩個電容等效地以串聯方式出現在諧振電路中，所以總容抗值(C_T) 等於

$$C_T = \frac{C_1C_2}{C_1 + C_2}$$

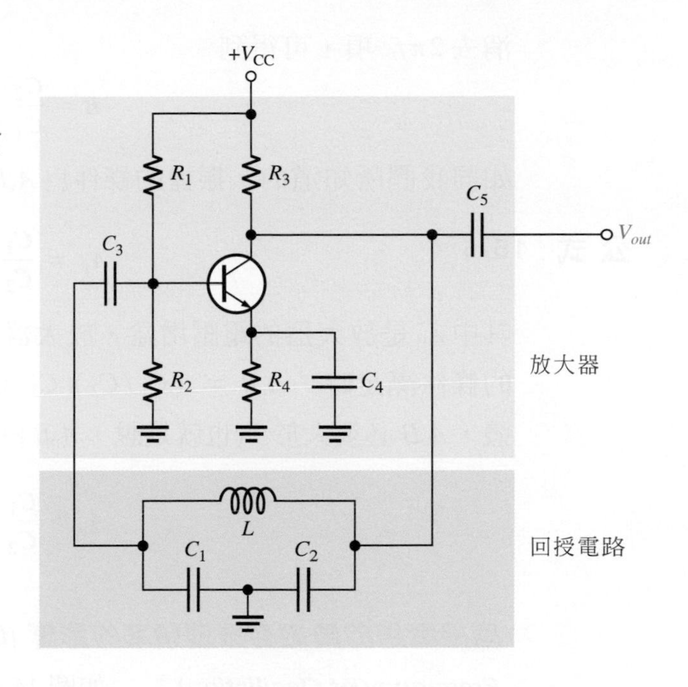

▶ 圖 16-16

使用 BJT 當作增益元件的基本考畢子振盪器。

振盪和啓動條件 (Conditions for Oscillation and Start-Up) 考畢子振盪器的諧振回授電路的衰減率 B，基本上是由 C_1 和 C_2 的值所決定。

圖 16-17 顯示在諧振電路中流通的電流是通過 C_1 和 C_2 來進行 (它們等效上是串聯的)。C_2 兩端的電壓是振盪器的輸出電壓 (V_{out})，而 C_1 兩端的電壓爲回授電壓 (V_f)，如圖所示。衰減率 (B) 的表示式爲

$$B = \frac{V_f}{V_{out}} \cong \frac{IX_{C1}}{IX_{C2}} = \frac{X_{C1}}{X_{C2}} = \frac{1/(2\pi f_r C_1)}{1/(2\pi f_r C_2)}$$

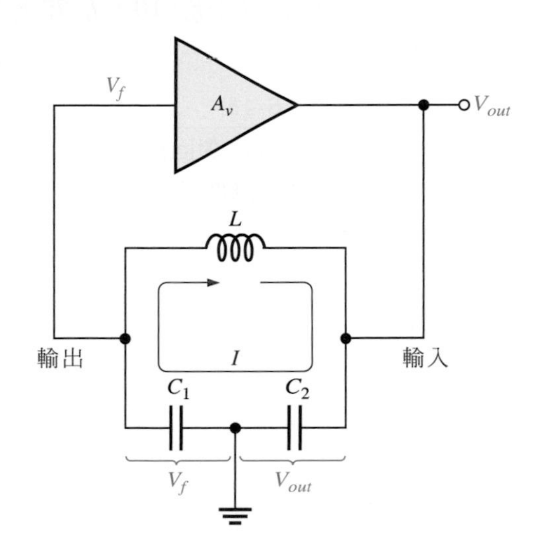

▶ 圖 16-17

諧振電路的衰減率等於諧振電路的輸出 (V_f) 除以諧振電路的輸入(V_{out})。$B = V_f / V_{out} = C_2 / C_1$。爲使 A_vB>1，A_v 必須大於 C_1 / C_2。

消去 $2\pi f_r$ 項，可得到

$$B = \frac{C_2}{C_1}$$

如同我們所知道的，振盪的條件爲 $A_vB = 1$。因爲 $B = C_2/C_1$，

公式 16-6

$$A_v = \frac{C_1}{C_2}$$

其中 A_v 是放大器的電壓增益，放大器在圖 16-17 中是以三角形來代表。當這樣的條件滿足時，$A_vB = (C_1/C_2)(C_2/C_1) = 1$。實際上，爲使振盪器可以自發振盪，$A_vB$ 必須大於 1(也就是說，$A_vB>1$)。因此，電壓增益必須稍微大於 C_1/C_2。

$$A_v > \frac{C_1}{C_2}$$

回授電路的負載對振盪頻率的影響 (Loading of the Feedback Circuit Affects the Frequency of Oscillation) 如圖 16-18 所示，放大器的輸入阻抗同時是諧振回授電路的負載，它會減少電路的 Q 值，並聯諧振電路的諧振頻率和 Q 值有關。根據下面的公式：

公式 16-7

$$f_r = \frac{1}{2\pi\sqrt{LC_T}}\sqrt{\frac{Q^2}{Q^2 + 1}}$$

依據經驗法則，對於 Q 大於 10 的電路，頻率約等於公式 16-5 的 $1/(2\pi\sqrt{LC_T})$。不過，當 Q 小於 10，f_r 顯著減少。

▶ 圖 16-18

放大器的 Z_{in} 對回授電路形成負載效應，並降低其 Q 值，進而降低了諧振頻率。

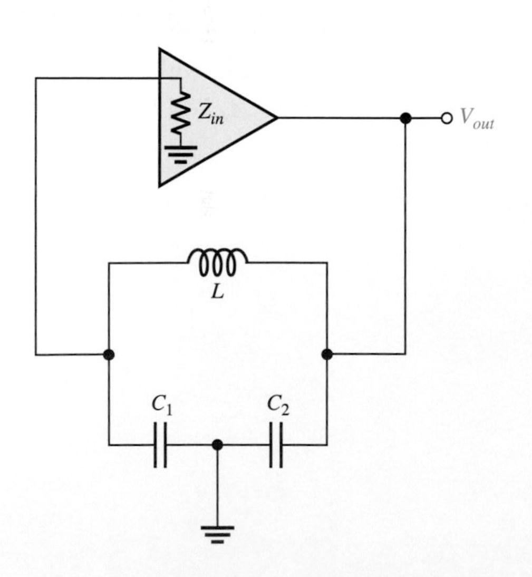

如圖 16-19 所示，場效電晶體可以用來取代雙極接面電晶體，使電晶體輸入阻抗的負載效應降到最低。請回憶一下，場效電晶體有比雙極接面電晶體高許多的輸入阻抗。另外，當外部負載連接到振盪器輸出端時，如圖 16-20 (a) 所示，

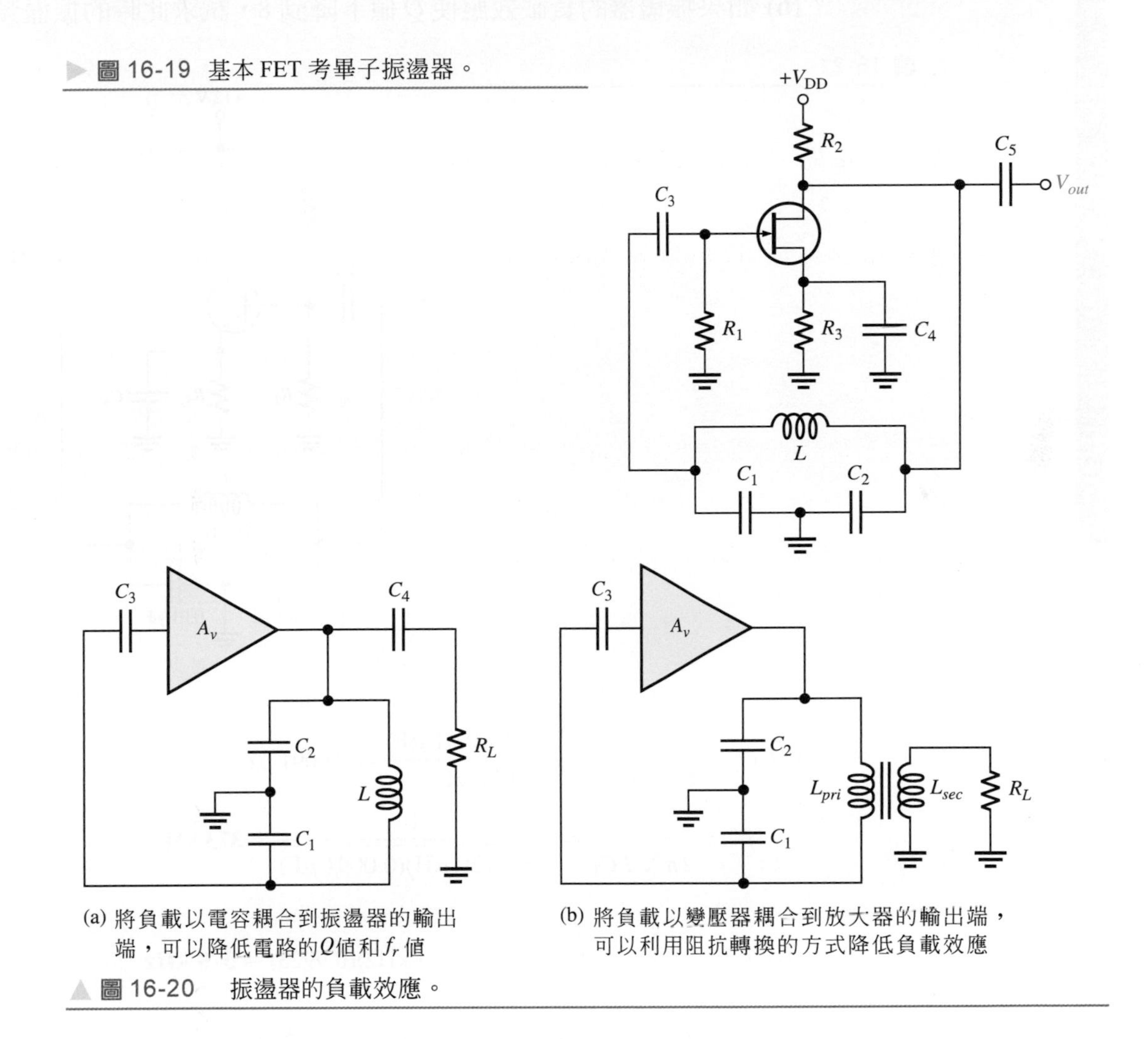

▶ 圖 16-19　基本 FET 考畢子振盪器。

(a) 將負載以電容耦合到振盪器的輸出端，可以降低電路的 Q 值和 f_r 值

(b) 將負載以變壓器耦合到放大器的輸出端，可以利用阻抗轉換的方式降低負載效應

▲ 圖 16-20　振盪器的負載效應。

同樣地因爲 Q 值減少，所以 f_r 下降。當然，其前提是負載電阻非常小。在某一些情況下，可以使用變壓器耦合的方式消除負載電阻的影響，如圖 16-20 (b) 所示。

例題 16-3 (a) 試求圖 16-21 中振盪器的頻率。假設回授電路的負載效應很小，因此可以忽略，而且 Q 大於 10。

(b) 如果振盪器的負載效應使 Q 值下降到 8，試求此時的振盪頻率。

▶ 圖 16-21

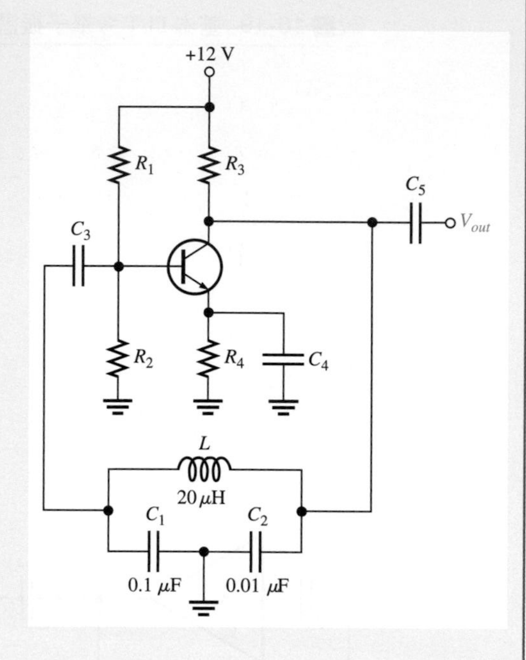

解 (a)

$$C_T = \frac{C_1C_2}{C_1 + C_2} = \frac{(0.1\ \mu\text{F})(0.01\ \mu\text{F})}{0.11\ \mu\text{F}} = 0.0091\ \mu\text{F}$$

$$f_r \cong \frac{1}{2\pi\sqrt{LC_T}} = \frac{1}{2\pi\sqrt{(20\ \mu\text{H})(0.0091\ \mu\text{F})}} = \mathbf{373\ kHz}$$

(b)

$$f_r = \frac{1}{2\pi\sqrt{LC_T}}\sqrt{\frac{Q^2}{Q^2+1}} = (373\ \text{kHz})(0.9923) = \mathbf{370\ kHz}$$

相關習題 假設圖 16-21 中振盪器負載效應使 Q 下降到 4，則此時振盪器所產生的頻率爲多少？

克拉普振盪器 (The Clapp Oscillator)

克拉普振盪器(Clapp Oscillator) 是考畢子振盪器的一種變形。其基本差異爲諧振回授電路裡，有一個新增電容 C_3 和電感串聯，如圖 16-22 所示。因爲在槽電路中 C_3 與 C_1 以及 C_2 串聯，所以總電容值爲

$$C_T = \frac{1}{\dfrac{1}{C_1} + \dfrac{1}{C_2} + \dfrac{1}{C_3}}$$

因此振盪頻率的近似值 (Q>10) 爲

$$f_r \cong \frac{1}{2\pi\sqrt{LC_T}}$$

如果 C_3 遠小於 C_1 和 C_2，所以振盪頻率 ($f_r \cong 1/(2\pi\sqrt{LC_3})$) 幾乎完全由 C_3 決定。因爲 C_1 和 C_2 都有一端接地，所以電晶體接面電容以及其它雜散電容，都會與 C_1 以及 C_2 相對於地端形成並聯型態，使它們的實際值發生改變。然而 C_3 並不會受到影響，因此可以產生更準確且穩定的振盪頻率。

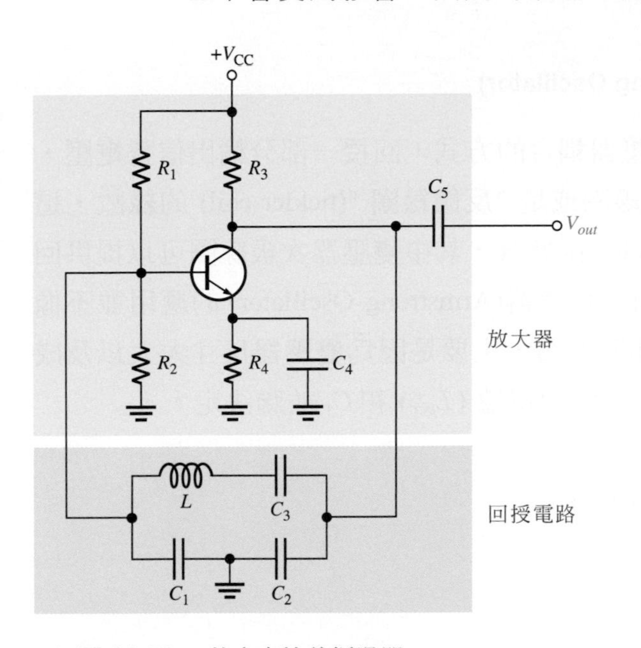

▲ 圖 16-22 基本克拉普振盪器。

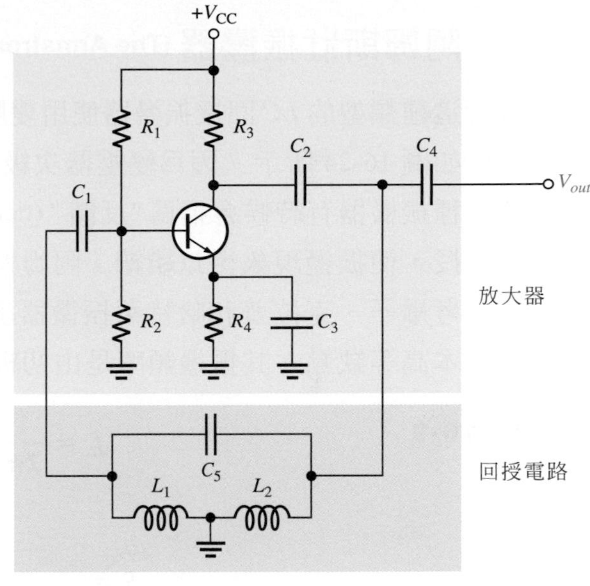

▲ 圖 16-23 基本哈特萊振盪器。

哈特萊振盪器 (The Hartley Oscillator)

哈特萊振盪器(Hartley Oscillator) 與考畢子振盪器類似，除了回授電路是由兩個串聯電感和一個並聯電容組成，如圖 16-23 所示。

在這個電路裡，Q>10 時的振盪頻率爲

$$f_r \cong \frac{1}{2\pi\sqrt{L_T C}}$$

其中$L_T = L_1 + L_2$。電感所扮演的角色和考畢子振盪器內的C_1和C_2類似，用來決定回授電路的衰減率B。

$$B \cong \frac{L_1}{L_2}$$

爲確保能啓動振盪動作，A_v必須大於$1/B$。

公式 16-8

$$A_v > \frac{L_2}{L_1}$$

諧振電路的負載效應在哈特萊和考畢子振盪器中具有相同的影響；也就是說，會使Q減少，因此也使f_r減少。

阿姆斯壯振盪器 (The Armstrong Oscillator)

這種類型的LC回授振盪器使用變壓器耦合的方式，回授一部分輸出信號電壓，如圖 16-24 所示。因爲變壓器次級線圈或是 "反饋線圈 "(tickler coil) 的緣故，這種振盪器有時候會稱爲 "反饋 " (tickler)振盪器，其中變壓器次級線圈可以提供回授，使振盪現象得以繼續。阿姆斯壯振盪器(Armstrong Oscillator) 的應用並不像考畢子、克拉普和哈特萊振盪器那麼普遍，主要是因爲變壓器尺寸太大以及成本高等缺點。其振盪頻率是由初級線圈的電感 (L_{pri}) 和C_1並聯決定。

公式 16-9

$$f_r = \frac{1}{2\pi\sqrt{L_{pri}C_1}}$$

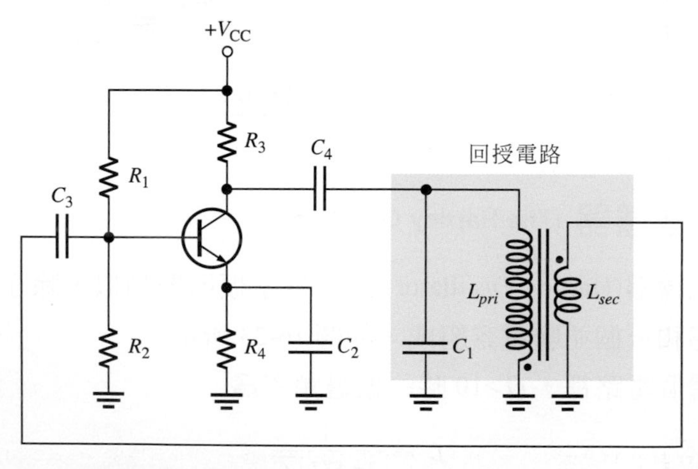

▲ 圖 16-24　基本阿姆斯壯振盪器。

晶體控制振盪器 (Crystal-Controlled Oscillators)

大部分穩定且精確的回授振盪器，都會在回授迴路中使用壓電式**晶體 (crystal)** 來控制頻率。

壓電效應 (The Piezoelectric Effect) 石英是一種自然界中天然形成的結晶物質，具有一種稱爲**壓電效應 (Piezoelectric effect)** 的特性。當晶體受到變動機械應力的影響而發生振動，因此產生電壓的頻率等於此機械振動的頻率。相反地，當晶體兩端施加交流電壓，它會在該輸入電壓的頻率下振動。在晶體的自然諧振頻率下，會產生最強烈的振動現象，晶體的自然諧振頻率由其實體尺寸，以及晶體的切割方式來決定。

一般來說，使用在電子電路中的晶體是由架在兩個電極之間的石英薄晶片，以及用來密封晶體的保護外殼所構成，如圖 16-25 (a) 和 (b) 所示。晶體的線路符號如圖 16-25 (c) 所示，而圖 16-25 (d) 爲晶體的等效 *RLC* 電路。如同我們所看到的，晶體的等效電路是一個串、並聯的 *RLC* 電路，它可以利用串聯諧振或並聯諧振的方式來操作。在串聯諧振頻率下，感抗和 C_s 容抗相互抵銷。剩餘的串聯電阻 R_s 決定了晶體的阻抗。並聯諧振發生在感抗和並聯電容的容抗 C_p 相等時。並聯諧振頻率通常比串聯諧振頻率至少多出 1 kHz。晶體的一個很大優點是它的 Q 值非常高 (一般來說，Q 值的大小約有數千之譜)。在關鍵應用中，晶體加裝防震外殼，控制住溫度，以避免頻率偏移。

使用晶體當作串聯諧振槽電路的振盪器，如圖 16-26 (a) 所示。晶體阻抗在串聯諧振頻率時具有最小值，因此能提供最大回授量。晶體調諧電容 C_c 可以將晶體的共振頻率輕微地「拉」上或「拉」下，以「微調」振盪頻率。

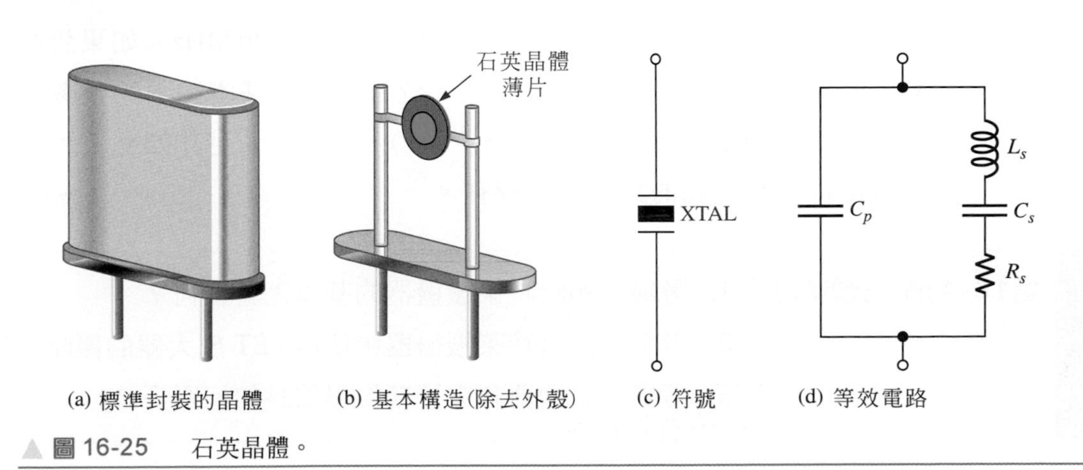

▲ 圖 16-25　石英晶體。

如圖 16-26(b)所示，調整後的考畢子電路型態將晶體當作並聯諧振槽電路。晶體的阻抗在並聯諧振時達到最大值，所以此時電容兩端的電壓爲最大值。C_1 兩端的電壓會回授到輸入端。

晶體的振盪模式 (Modes of Oscillation in the Crystal) 壓電晶體的振盪模式有兩種—基本 (fundamental) 或是泛音 (overtone)。晶體的基本頻率是它在自然諧振時的最低頻率。基本頻率與晶體的尺寸、切割型式和其它因素有關，而且和晶體切片的厚度成反比。因爲晶體切片會斷裂的緣故而不能切得太薄，所以基本

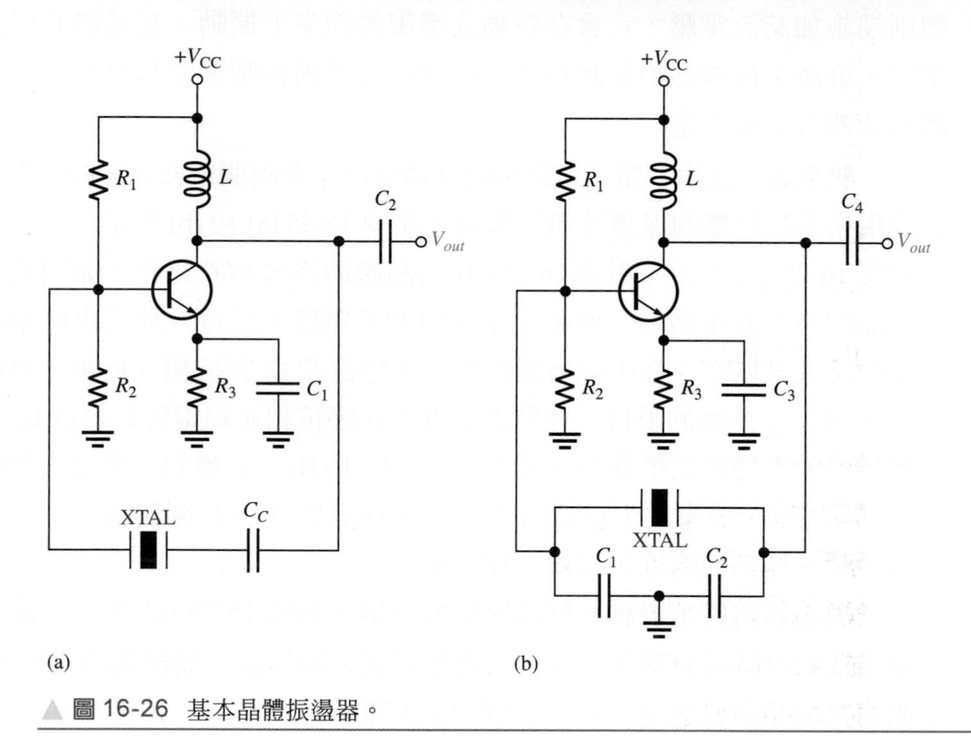

▲ 圖 16-26 基本晶體振盪器。

頻率會有上限。對大部分晶體而言，此上限小於 20 MHz。如果想要獲得較高頻率，則晶體必須在泛音模式下操作。泛音大約爲基本頻率的整數倍。泛音頻率通常爲基本頻率的奇數倍 (3、5、7……)，但也不一定非如此不可。許多晶體振盪器是以積體電路的封裝形式存在。

第16-4節 隨堂測驗

1. 考畢子和哈特萊振盪器的基本差異爲何？
2. 考畢子或哈特萊振盪器中使用 FET 放大器的優點是什麼？
3. 考畢子振盪器和克拉普振盪器該如何區分？

16-5 弛緩振盪器 (Relaxation Oscillators)

振盪器的第二種主要類型是弛緩振盪器。弛緩振盪器使用 *RC* 計時電路，和能改變狀態以便產生週期性波形的裝置。在這一節，我們將學到幾個用來產生非正弦波波形的電路。

在學習完本節的內容後，你應該能夠

- **描述與分析弛緩振盪器的工作原理**
- 描述三角波振盪器的工作原理
  - 討論實際三角波振盪器
  - 定義*函數波產生器(function generator)*
  - 計算 UTP、LTP 和振盪頻率
- 描述鋸齒波電壓控制振盪器(VCO)
  - 解釋此電路中 PUT 的用途
  - 計算振盪頻率
- 描述方波振盪器

三角波振盪器 (A Triangular-Wave Oscillator)

基礎理論第 10 章所討論的運算放大器積分器，可以用來當作三角波振盪器 (Triangular-Wave Oscillator)的發展基礎。基本觀念如圖 16-27 (a) 所示，其中使用雙極性切換輸入裝置。使用開關的用意僅在介紹其觀念；實際上並不會使用這種電路。當開關切換在位置 1 時，施加的是負電壓，此時輸出是正向斜坡電壓 (Positive-going ramp)。當開關切換在位置 2，此時輸出是負向斜坡電壓。如果開關以固定的時間間隔來回切換，則輸出是由交替的正向和負向斜坡電壓所組成的三角波，如圖 16-27 (b) 所示。

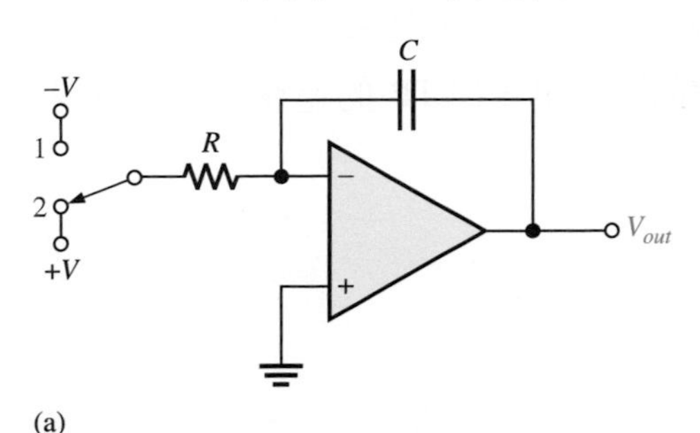

(a)

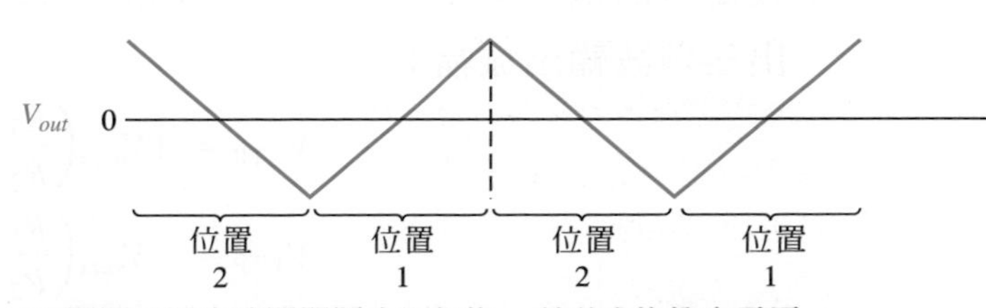

(b) 開關以固定時間間隔來回切換，所形成的輸出電壓

▲ 圖 16-27　基本三角波振盪器。

實際的三角波振盪器 ***(A Practical Triangular-Wave Oscillator)*** 三角波振盪器的一種實際應用，是使用有磁滯的運算放大器比較器來執行切換功能，如圖 16-28 所示。其工作原理如下。首先假設比較器的輸出電壓爲負位準最大值。此輸出經由 R_1 接到積分器的反向輸入端，在積分器輸出端產生正向斜坡電壓。當斜坡電壓值到達上觸發點 (UTP) 時，比較器切換到其正位準最大值。此正位準使積分器的斜坡電壓逐漸下降，並改變到負電壓方向。斜坡電壓在這一個方向持續下降，一直到比較器的下觸發點 (LTP) 爲止。此時比較器輸出切換回到負位準最大值，然後持續重複此循環。其過程如圖 16-29 所示。

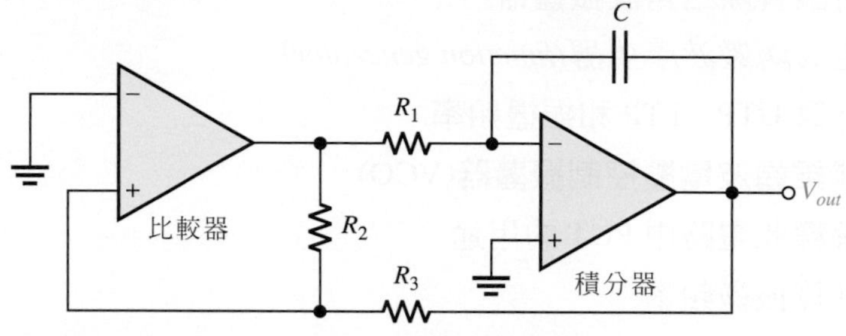

▲ 圖 16-28 使用兩個運算放大器的三角波振盪器。

▶ 圖 16-29

圖 16-28 電路的輸出波形。

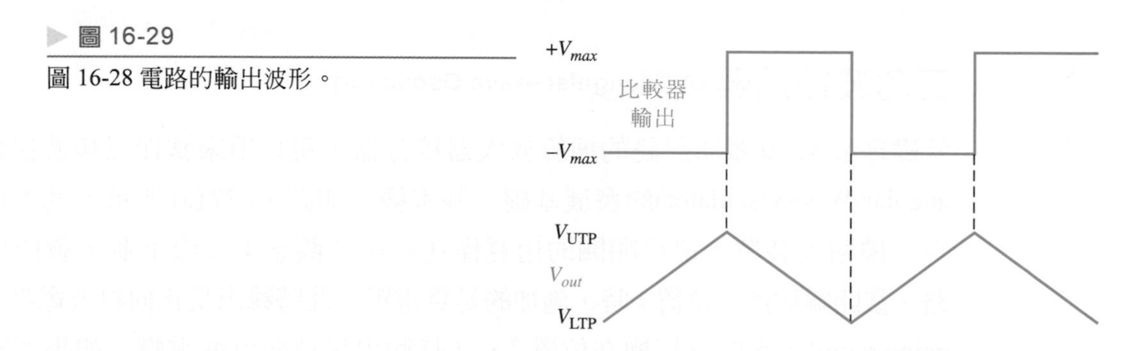

因爲比較器的輸出是方波，圖 16-28 的電路可以當作三角波振盪器和方波振盪器來使用。這種類型的裝置通常稱爲*函數波產生器 (Function generators)*，因爲它們可以產生不只一種輸出函數波形。方波的輸出振幅由比較器的輸出幅度來設定，而電阻 R_2 和 R_3 則根據下面的公式，設定 UTP 和 LTP 的電壓後，就可求出三角波輸出振幅：

$$V_{\mathrm{UTP}} = +V_{max}\left(\frac{R_3}{R_2}\right)$$

$$V_{\mathrm{LTP}} = -V_{max}\left(\frac{R_3}{R_2}\right)$$

其中比較器輸出位準 $+V_{max}$ 和 $-V_{max}$ 兩者相等。兩個波形頻率由 R_1C 時間常數，以及設定振幅的電阻 R_2 和 R_3 來決定。經由改變 R_1 可以調整振盪頻率，而不會改變輸出電壓振幅。

$$f_r = \frac{1}{4R_1C}\left(\frac{R_2}{R_3}\right)$$

公式 16-10

例 題 16-4 試求圖 16-30 中電路的振盪頻率。R_1 值必須為多少才能使輸出頻率成為 5.0 kHz？

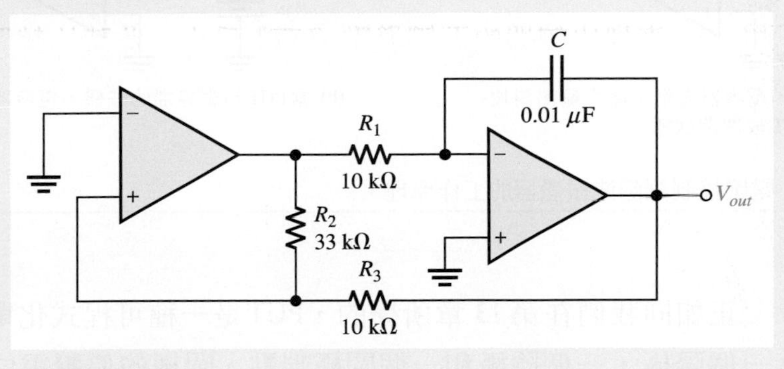

▲ 圖 16-30

解

$$f_r = \frac{1}{4R_1C}\left(\frac{R_2}{R_3}\right) = \left(\frac{1}{4(10\text{ k}\Omega)(0.01\ \mu\text{F})}\right)\left(\frac{33\text{ k}\Omega}{10\text{ k}\Omega}\right) = \mathbf{8.25\ kHz}$$

要使 $f = 5$ kHz，

$$R_1 = \frac{1}{4fC}\left(\frac{R_2}{R_3}\right) = \left(\frac{1}{4(5\text{ kHz})(0.01\ \mu\text{F})}\right)\left(\frac{33\text{ k}\Omega}{10\text{ k}\Omega}\right) = \mathbf{16.5\ k\Omega}$$

相關習題 假設圖 16-30 中比較器輸出為 ± 10 V，則三角波振幅為多少？

電壓控制的鋸齒波振盪器

(A Sawtooth Voltage-Controlled Oscillator, VCO)

電壓控制振盪器 (Voltage-controlled oscillator, VCO) 是一種弛緩振盪器，其頻率可利用一個可調的直流電壓來控制。VCO 的輸出可以是正弦波或非正弦波。一種用來建立電壓控制式鋸齒波振盪器的方法，是使用運算放大器積分器，並利用一個切換裝置 (PUT) 與回授電容並聯，以便使每一個斜坡電壓截止在指定的電壓位準上，並且實質上可以「重置」(Reset)此電路。圖 16-31 (a) 顯示其實作方法。

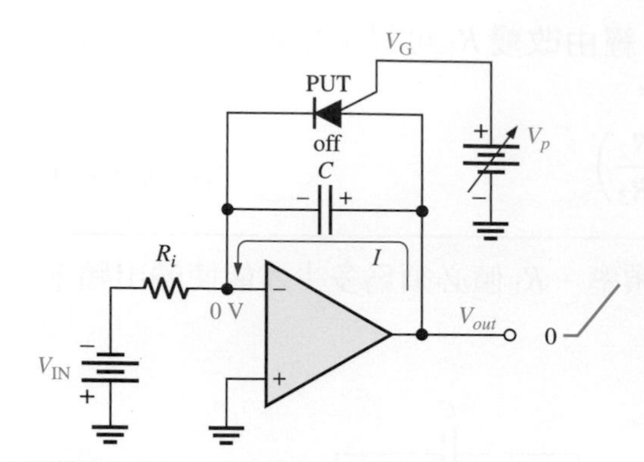

(a) 剛開始的時候，電容器充電，產生輸出斜坡電壓，此時 PUT 成關閉狀態

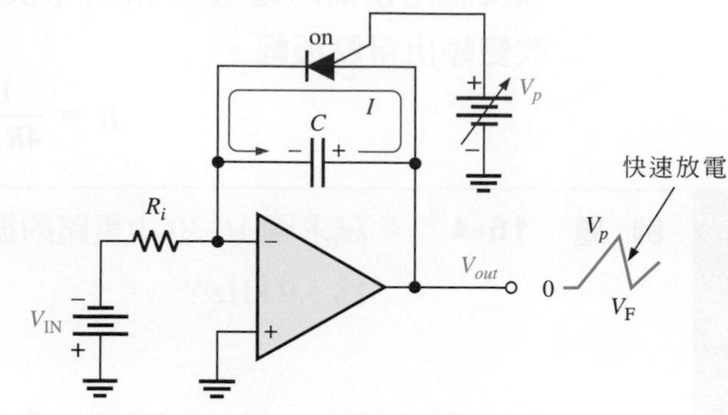

(b) 當PUT短暫導通的時候，電容器快速放電

▲圖 16-31 電壓控制鋸齒波振盪器的工作原理。

正如同我們在第 13 章所學的，PUT是一種可程式化單接面電晶體，其中包含一個陽極，一個陰極和一個閘極端點。閘極的偏壓電位必須比陰極高。當陽極電壓超過閘極電壓大約 0.7 V，PUT 導通且其作用像一個順向偏壓二極體。當陽極電壓低於此位準，PUT 將關閉。而且電流大小必須超過保持電流 (Holding current)，才能維持導通狀態。

鋸齒波振盪器操作過程，一開始是當負直流輸入電壓 $-V_{IN}$ 在輸出端產生正向斜坡電壓。在斜坡電壓增加的期間，電路的動作像一個正常的積分器。當陽極的輸出斜坡電壓超過閘極電壓 0.7 V，可程式單接面電晶體便會觸發導通。閘極電壓的設定值約略等於預期的鋸齒波峰值電壓。當PUT導通，電容快速放電，如圖 16-31 (b) 所示。因為PUT順向電壓 V_F 的關係，電容並不會完全放電到零。放電過程一直持續到 PUT 的電流低於保持電流。此時可程式單接面電晶體會關閉，而電容再度開始充電，因此產生新的輸出斜坡電壓。這種循環過程不斷重複，而輸出結果是一個重複的鋸齒狀波形，如圖所示。鋸齒波的振幅和週期可以經由改變 PUT 閘極電壓來調整。

振盪頻率由積分器的 R_iC 時間常數，和 PUT 所設定的峰值電壓來決定。請回憶一下，電容的充電率為 V_{IN}/R_iC。電容從 V_F 充電到 V_p 所需的時間為鋸齒波的週期 T (忽略短暫的放電時間)。

$$T = \frac{V_p - V_F}{|V_{IN}|/R_iC}$$

利用$f = 1/T$，

$$f = \frac{|V_{\mathbf{IN}}|}{R_iC}\left(\frac{1}{V_p - V_{\mathrm{F}}}\right)$$

公式 16-11

例題 16-5 (a) 試求圖 16-32 中鋸齒波輸出電壓的振幅和頻率。假設 PUT 順向電壓 V_{F} 約等於 1 V。

(b) 試繪出其輸出波形。

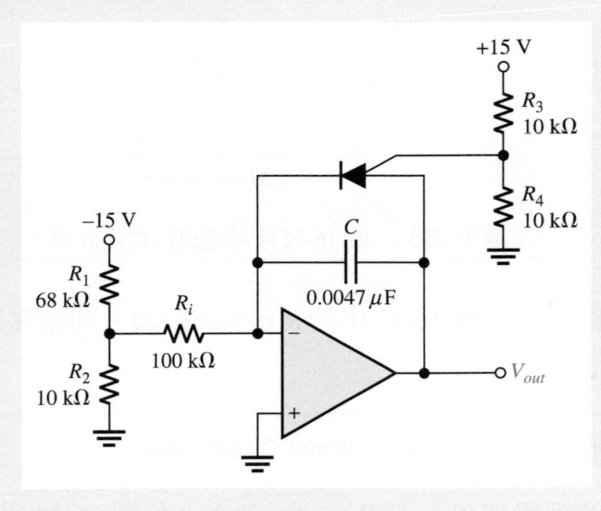

▲ 圖 16-32

解 (a) 為了計算使 PUT 導通的電壓近似值，我們首先求出閘極電壓。

$$V_{\mathrm{G}} = \frac{R_4}{R_3 + R_4}(+V) = \frac{10\,\mathrm{k\Omega}}{20\,\mathrm{k\Omega}}(15\ \mathrm{V}) = 7.5\ \mathrm{V}$$

此電壓設定了鋸齒波輸出電壓最大峰值的近似值 (忽略 0.7 V)。

$$V_p \cong 7.5\ \mathrm{V}$$

最小峰值 (最低點) 為

$$V_{\mathrm{F}} \cong 1\ \mathrm{V}$$

因此峰對峰值振幅為

$$V_{pp} = V_p - V_{\mathrm{F}} = 7.5\ \mathrm{V} - 1\ \mathrm{V} = \mathbf{6.5\ V}$$

利用下列公式求出頻率：

$$V_{IN} = \frac{R_2}{R_1 + R_2}(-V) = \frac{10\text{ k}\Omega}{78\text{ k}\Omega}(-15\text{ V}) = -1.92\text{ V}$$

$$f = \frac{|V_{IN}|}{R_iC}\left(\frac{1}{V_p - V_F}\right) = \left(\frac{1.92\text{ V}}{(100\text{ k}\Omega)(0.0047\mu\text{F})}\right)\left(\frac{1}{7.5\text{ V} - 1\text{ V}}\right) = \mathbf{628\text{ Hz}}$$

(b) 輸出波形如圖 16-33 所示，其中週期可以利用下列公式求出：

$$T = \frac{1}{f} = \frac{1}{628\text{ Hz}} = 1.59\text{ ms}$$

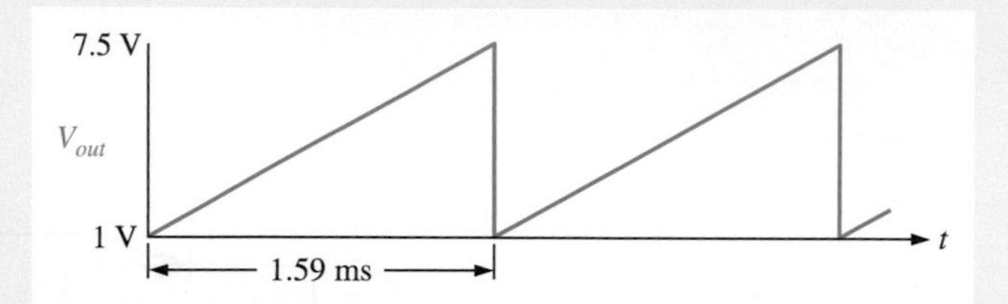

▲ 圖 16-33　圖 16-32 所示電路的輸出波形。

相關習題　如果圖 16-32 中的 R_i 改爲 56 kΩ，則頻率是多少？

方波振盪器 (A Square-Wave Oscillator)

基本方波振盪器(Square-Wave Oscillator) 如圖 16-34 所示，因爲它的工作原理是利用電容的充電和放電，所以它是一種弛緩振盪器。請注意，運算放大器的反相輸入端爲電容電壓，而非反相輸入端爲一部分輸出信號經由電阻 R_2 和 R_3 回授所產生，用來提供磁滯。 當電路剛開始啓動時，電容尚未充電，因此反相輸入端爲 0 V。這將使輸出成爲最大正電壓，並使電容經由 R_1 往 V_{out} 值開始充電。當電容電壓 (V_C) 等於非反相輸入端的回授電壓值 (V_f)，運算放大器將切換到最大負電壓。此時電容開始從 $+V_f$ 放電到 $-V_f$。當電容電壓到達 $-V_f$，運算放大器切換回到最大正電壓。如圖 16-35 所示，這樣的動作重複，因此得到方波輸出電壓。

鎖相迴路(The Phase-Locked Loop)

一個內含壓控振盪器(voltage controlled oscillator, VCO)的積體電路就是一個鎖相迴路(phased-locked loop, PLL)。完整的鎖相迴路是一個積體電路，其整個電路由包含相位檢測器、低通濾波器、和壓控振盪器等外部元件所組成。如果您只需要 VCO，則可以單獨使用 VCO 而無需用到 PLL 中的其他電路。 VCO 的基本自由振盪頻率可由使用者使用兩個外部元件：電阻器和電容器來配置，將電壓發送到單獨的引腳以改變頻率，PLL 廣泛地用於通信系統。

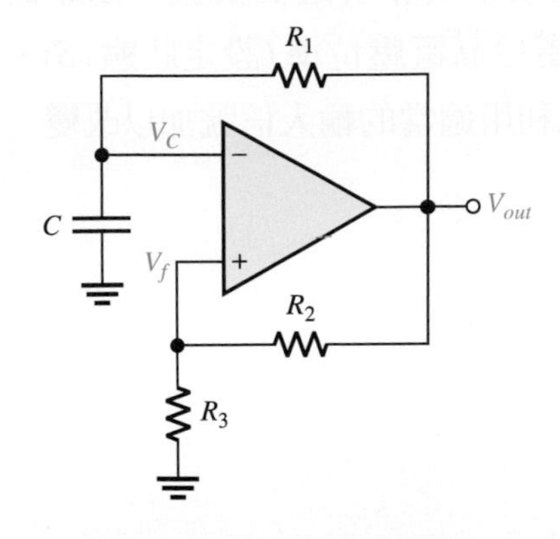

▲圖 16-34　方波弛緩振盪器。

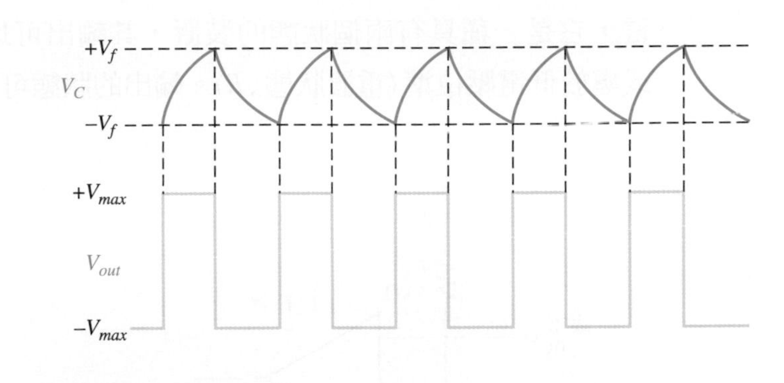

▲圖 16-35　方波弛緩振盪器的波形。

第16-5節 隨堂測驗　1. 什麼是 VCO，以及基本上它的功能是什麼？
2. 弛緩振盪器是依據什麼原理來工作？

16-6　將 555 計時器當作振盪器使用 (The 555 Timer as an Oscillator)

555 計時器是一個可以應用在許多場合的多功能積體電路。在這一節，我們將學習到如何將 555 當作非穩態或自發多諧振盪器使用，它基本上是一個方波振盪器。另外，也將討論如何將 555 計時器當作電壓控制振盪器 (VCO) 使用。

在學習完本節的內容後，你應該能夠

- **討論與分析 555 計時器及作為振盪器的應用**
- 描述 555 計時器的非穩態工作原理
    - 計算振盪頻率
    - 計算工作週期
- 討論 555 計時器作為電壓控制振盪器
    - 描述連接方式

555 計時器基本上包含兩個比較器，一個正反器，一個放電用電晶體和一個電阻分壓器，如圖 16-36 所示。正反器(雙穩態多諧振盪器)是一種數位裝置，除非你已經修習過一些數位基礎課程，此時你可能還不太瞭解這個裝置。簡單而言，它是一種具有兩個狀態的裝置，其輸出可以處於高電壓位準 (設定狀態, S)，或處於低電壓位準 (重置狀態, R)。輸出的狀態可以利用適當的輸入信號加以改變。

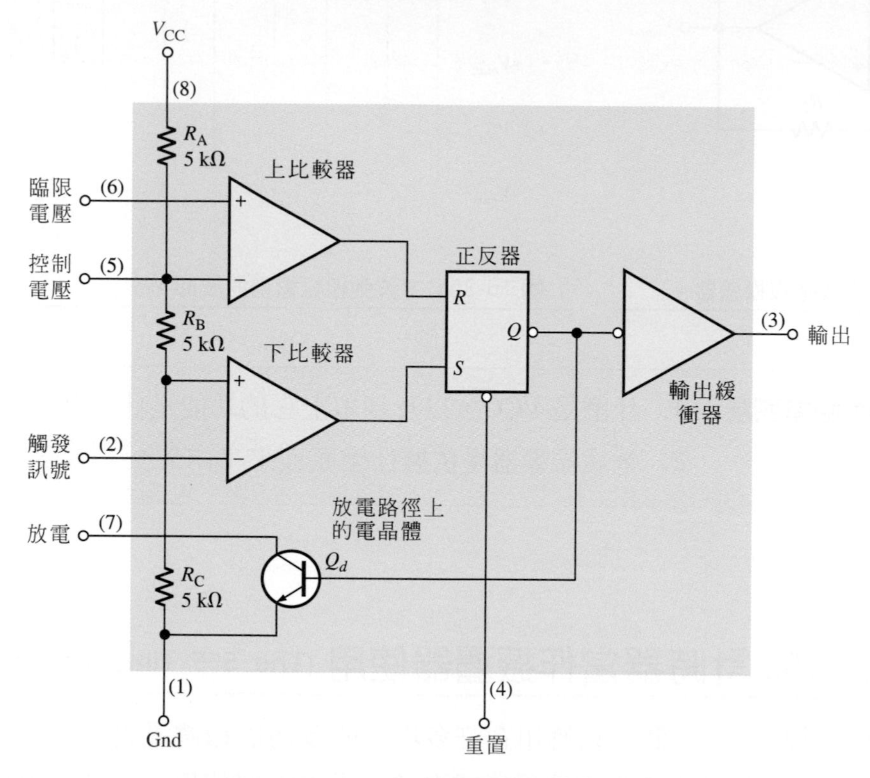

▲ 圖 16-36 555 積體電路計時器的內部架構圖(括號內是 IC 接腳號碼)。

電阻分壓器是用來設定電壓比較器的位準。因爲三個電阻的大小都相等；因此，上比較器的參考電壓爲 2/3 V_{CC}，而下比較器參考電壓爲 1/3 V_{CC}。比較器的輸出可以控制正反器的狀態。當觸發電壓低於 1/3 V_{CC}，就會設定正反器，輸出端處於它的高位準狀態。臨限電壓輸入端通常會連接到外部 RC 計時電路。當外部電容器的電壓超過 2/3 V_{CC}，上比較器將重置正反器，輸出端便會切換回它的低位準狀態。當裝置的輸出端處於低位準時，放電電晶體 (Q_d) 會開啓，以便提供外部計時電容一條快速放電的路徑。此基本工作原理讓計時器可以配合外部元件，當作振盪器、單觸發裝置 (one-shot)、或時間延遲元件來使用。

非穩態工作原理 (Astable Operation)

555 計時器在非穩態 (**astable**) 模式下操作，可以當成自發弛緩振盪器 (非穩態多諧振盪器)，如圖 16-37 所示。請注意，此時臨限電壓輸入接腳 (THRESH) 和觸發訊號輸入接腳 (TRIG) 連接在一起。外部元件 R_1、R_2 和 C_{ext} 構成計時電路，用來設定振盪頻率。0.01 μF 電容和控制電壓 (CONT) 輸入接腳連接在一起，其用途基本上是作去耦合 (decoupling) 之用，並不會影響到振盪器的工作過程。

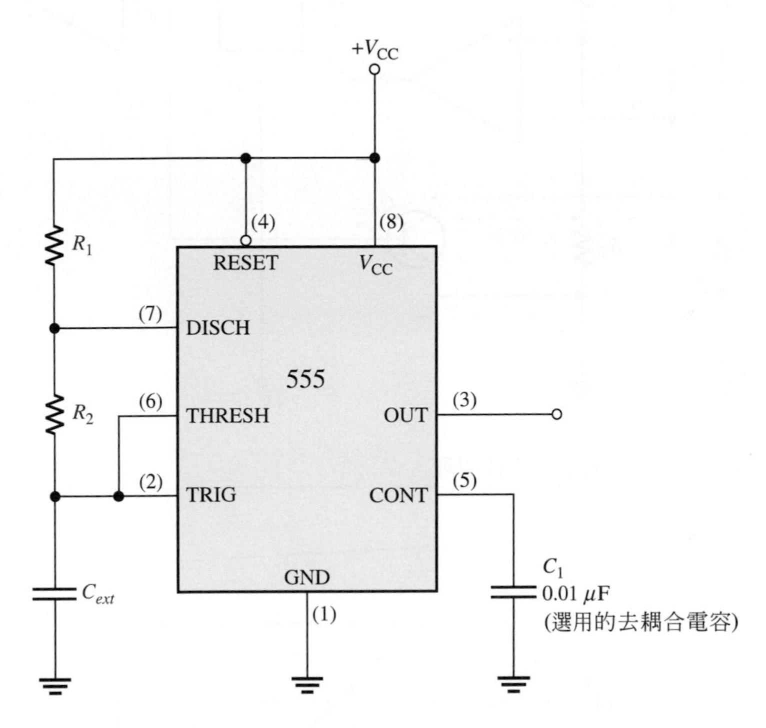

▲ 圖 16-37 連接成非穩態多諧振盪器的 555 計時器。

當電源剛開啓時，電容 C_{ext} 尚未充電，因此觸發電壓 (接腳 2) 爲 0 V。這使得下比較器的輸出變成高電壓位準，而上比較器的輸出變成低電壓位準，迫使正反器的輸出成爲低位準，因此 Q_d 基極保持在低位準，於是電晶體保持在關閉狀態。此時 C_{ext} 開始經由 R_1 和 R_2 充電，如圖 16-38 所示。當電容電壓到達 1/3 V_{CC}，下比較器輸出切換到它的低位準狀態，而當電容電壓到達 2/3 V_{CC}，上比較器輸出切換到它的高位準狀態。這樣將會重置正反器，使 Q_d 的基極變爲高位準電壓，並使電晶體開啓。這一連串的動作爲電容建立了一條透過 R_2 和電晶體的放電路徑，如圖所示。此時電容開始放電，使上比較器輸出變成低位準。在

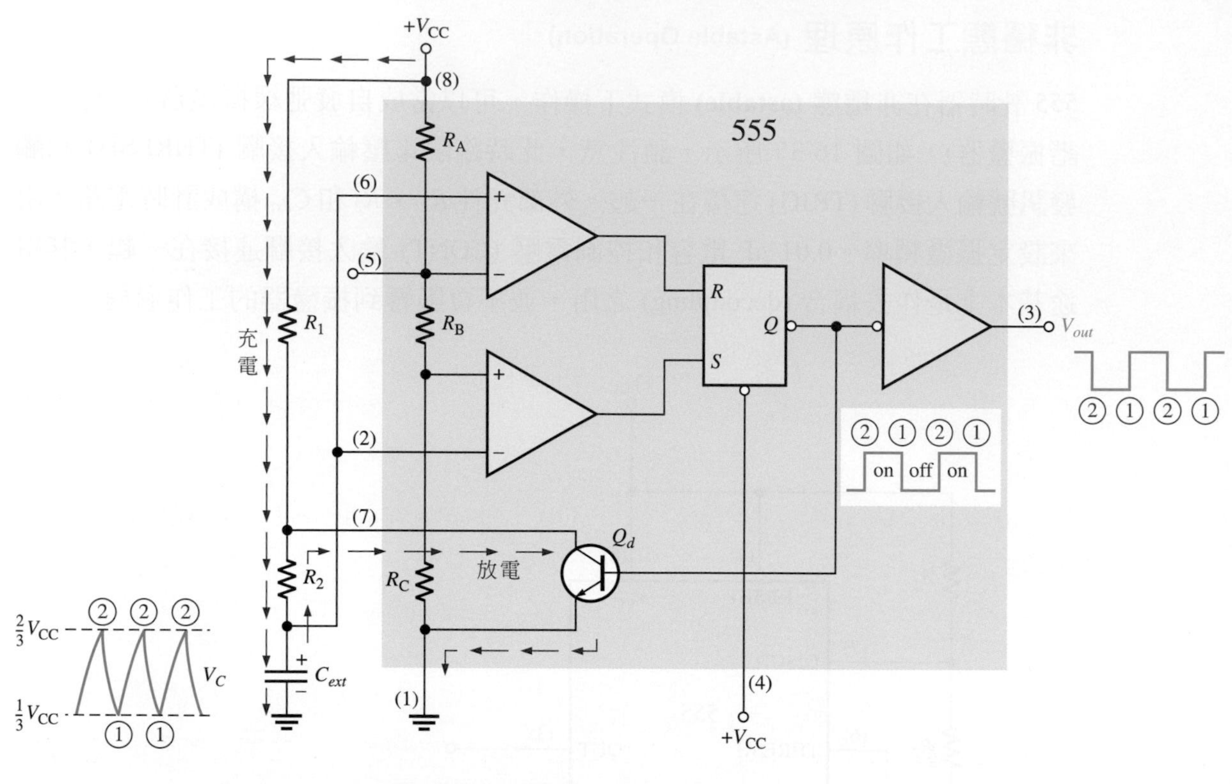

▲ 圖 16-38 非穩態模式下 555 計時器的工作原理。

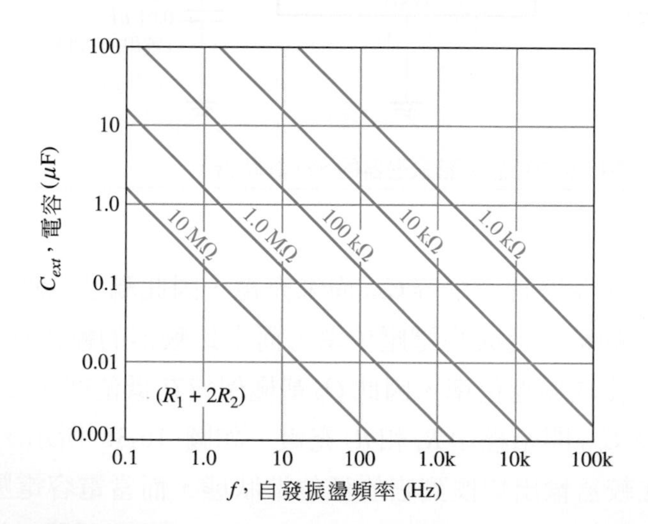

▲ 圖 16-39 在非穩態模式下，555 計時器的振盪頻率 (自發頻率) 是 C_{ext} 和 $R_1 + 2R_2$ 的函數。斜線是依照 $R_1 + 2R_2$ 的數值加以排列。

電容放電到 1/3 V_{CC} 的時候，下比較器切換到高位準，這將會設定正反器，使 Q_d 基極成爲低位準，而關閉電晶體。然後另一個充電循環開始，並且重複所有步驟。結果產生矩形波輸出，其工作週期(duty cycle)由 R_1 和 R_2 值決定。

振盪頻率如公式 16-12 所示，或者也可從圖 16-39 找出。

$$f_r = \frac{1.44}{(R_1 + 2R_2)C_{ext}}$$

公式 16-12

輸出信號的工作週期可以經由 R_1 和 R_2 的值加以調整。因爲 C_{ext} 是經由 $R_1 + R_2$ 充電，而只能透過 R_2 放電，所以如果 $R_2 \gg R_1$，則工作週期可以非常接近最小值 50 %，使得充電和放電時間大約相等。

計算工作週期的公式如下所示。高輸出電壓的時間間隔 (t_H)爲 C_{ext} 從 1/3 V_{CC} 充電到 2/3 V_{CC} 所需的時間。它可以表示成

$$t_H = 0.694(R_1 + R_2)C_{ext}$$

低輸出電壓的時間間隔 (t_L) 爲 C_{ext} 從 2/3 V_{CC} 放電到 1/3 V_{CC} 所需的時間。它可以表示成

$$t_L = 0.694R_2C_{ext}$$

輸出波形的週期 T 爲 t_H 和 t_L 的時間總和。下一個公式中，週期 T 爲公式 16-12 中 f 的倒數。

$$T = t_H + t_L = 0.694(R_1 + 2R_2)C_{ext}$$

最後，工作週期(Duty cycle)以百分比表示爲

$$\text{工作週期} = \left(\frac{t_H}{T}\right)100\% = \left(\frac{t_H}{t_H + t_L}\right)100\%$$

$$\textbf{工作週期} = \left(\frac{R_1 + R_2}{R_1 + 2R_2}\right)100\%$$

公式 16-13

爲了使工作週期小於 50 %，圖 16-37 的電路可以加以修改，使 C_{ext} 只經由 R_1 充電，而經由 R_2 放電。我們可以利用如圖 16-40 所示的二極體 D_1 來達成.這個目的。讓 R_1 小於 R_2，可以將工作週期調整到小於 50 %。在這個條件下，頻率及工作週期的百分比公式爲(假設是一個理想二極體)

$$f_r \cong \frac{1.44}{(R_1 + R_2)C_{ext}}$$

$$\text{工作週期} \cong \left(\frac{R_1}{R_1 + R_2}\right)100\%$$

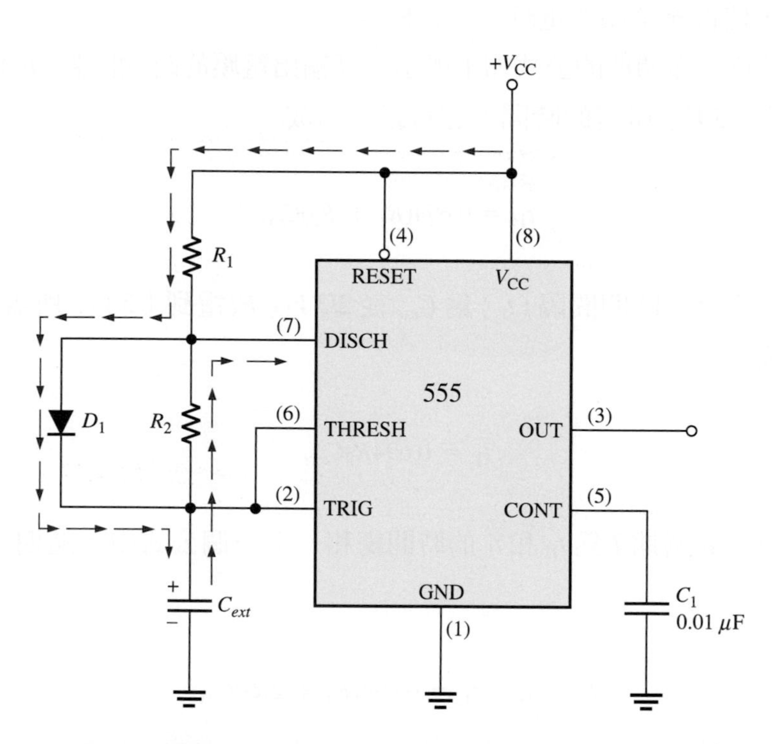

▲ 圖 16-40 加入二極體 D_1，如果讓 $R_1 < R_2$，就可以使輸出的工作週期調整到小於 50 %。

例 題 16-6 將 555 計時器應用在非穩態模式 (振盪器) 裡，如圖 16-41 所示。試求輸出頻率和工作週期。

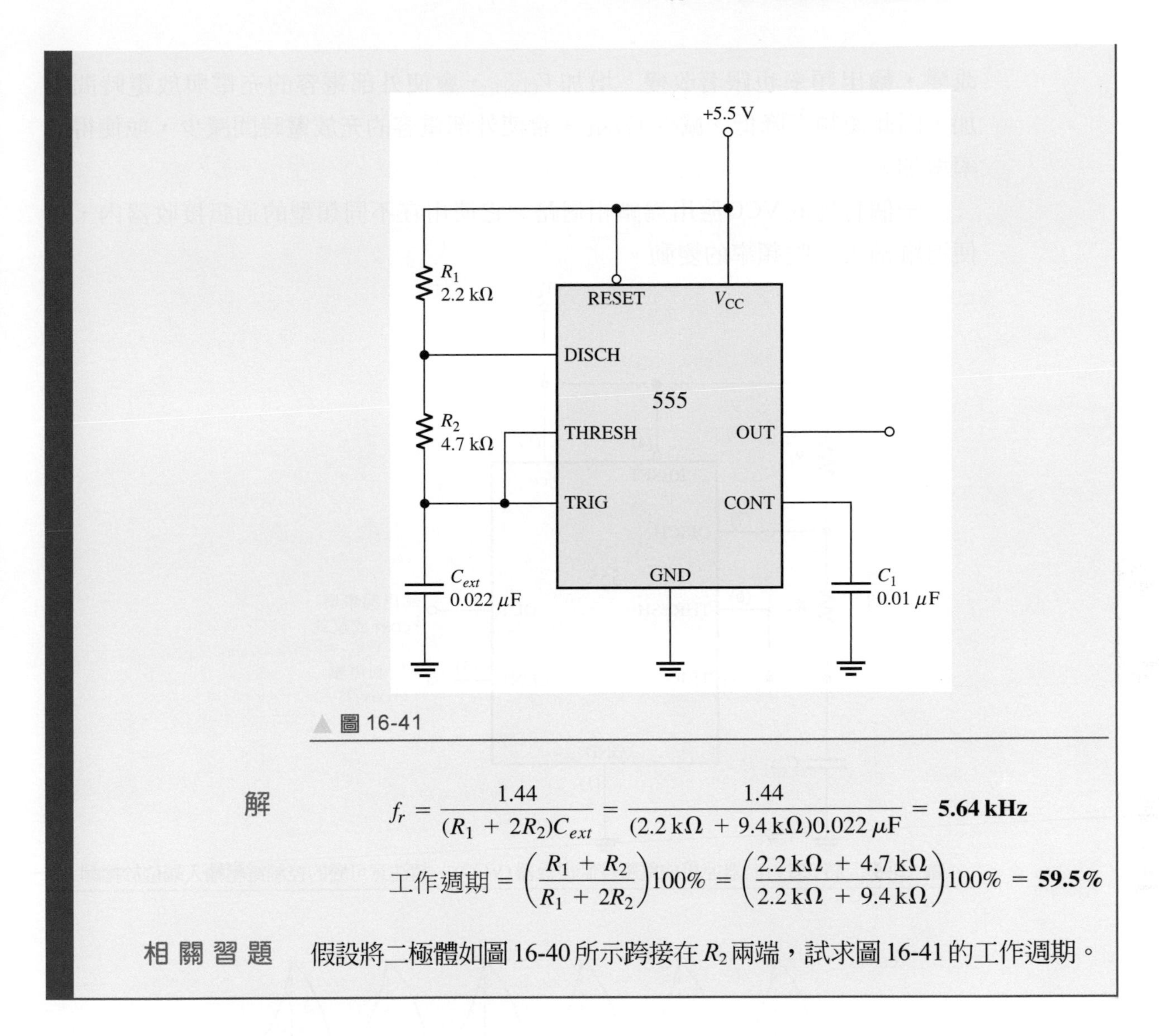

▲ 圖 16-41

解

$$f_r = \frac{1.44}{(R_1 + 2R_2)C_{ext}} = \frac{1.44}{(2.2\,\text{k}\Omega + 9.4\,\text{k}\Omega)0.022\,\mu\text{F}} = \mathbf{5.64\,kHz}$$

$$\text{工作週期} = \left(\frac{R_1 + R_2}{R_1 + 2R_2}\right)100\% = \left(\frac{2.2\,\text{k}\Omega + 4.7\,\text{k}\Omega}{2.2\,\text{k}\Omega + 9.4\,\text{k}\Omega}\right)100\% = \mathbf{59.5\%}$$

相關習題 假設將二極體如圖 16-40 所示跨接在 R_2 兩端，試求圖 16-41 的工作週期。

當作電壓控制振盪器 (VCO) 時的工作原理

(Operation as a Voltage-Controlled Oscillator)

利用與非穩態操作模式相同的外部電路連接方式，可以將 555 計時器設計成 VCO 使用，只是必須將可調整的控制電壓施加到 CONT 輸入端 (接腳 5)，如圖 16-42 所示。

如圖 16-43 所示，控制電壓 (V_{CONT}) 改變了內部比較器的臨限電壓值 1/3 V_{CC} 和 2/3 V_{CC}。檢查 555 計時器的內部方塊圖之後，我們可以發現，控制電壓使上比較器的參考電壓變爲 V_{CONT}，而下比較器參考電壓變爲 1/2 V_{CONT}。當控制電壓改變，輸出頻率也跟著改變。增加 V_{CONT}，會使外部電容的充電與放電時間增加，因此使頻率降低。減少 V_{CONT}，會使外部電容的充放電時間減少，並使得頻率增加。

一個有趣的VCO應用為鎖相迴路，它使用在不同類型的通訊接收器內，以便追蹤輸入信號頻率的變動。

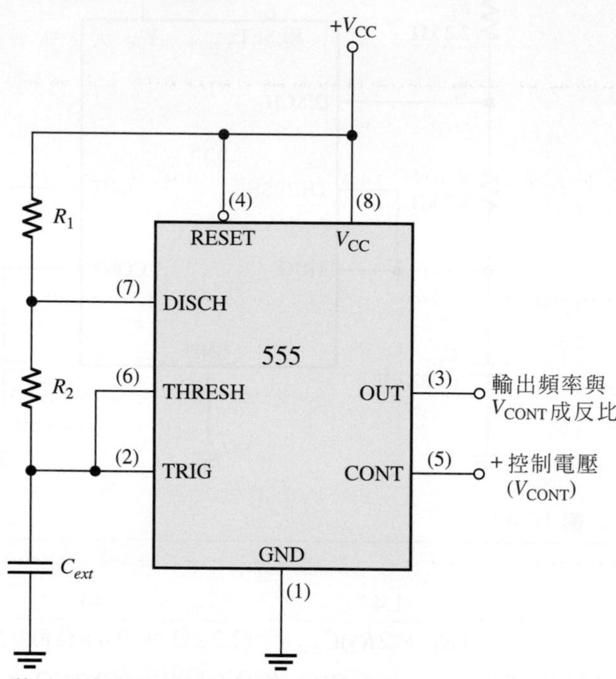

▲ 圖 16-42 將555計時器連接成電壓控制振盪器(VCO)。請注意可變的控制電壓輸入端位於接腳5。

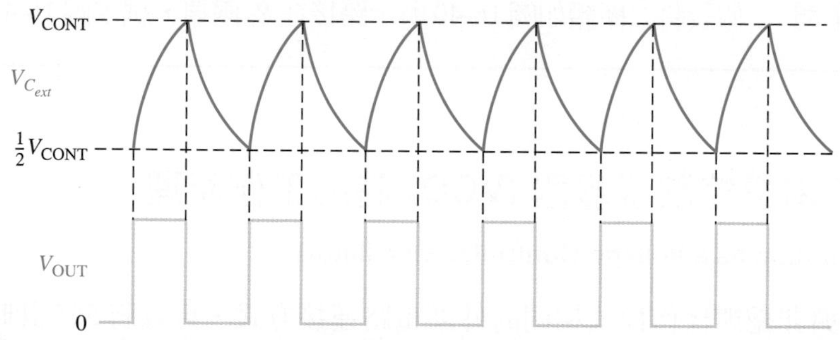

▲ 圖 16-43 因為 C_{ext} 的充放電時間和控制電壓有直接關係，所以 VCO 輸出頻率隨著 V_{CONT} 增加而減少。

第16-6節 隨堂測驗

1. 列舉五個555計時器IC內的基本元件。
2. 將555計時器應用在非穩態多諧振盪器時，該如何決定工作週期？

本章摘要

第 16-1 節
- 正弦波回授振盪器是利用正回授方式操作；啓動後，封閉迴路增益必須恰好爲 1。
- 弛緩振盪器使用 *RC* 計時電路。

第 16-2 節
- 要產生振盪，正回授的兩個條件爲回授迴路的總相移必須是 0°，且回授迴路的電壓增益必須等於或大於 1。
- 最初啓動振盪器時，回授迴路的電壓增益必須大於 1。

第 16-3 節
- 正弦波 *RC* 振盪器包含韋恩電橋、相移和雙 T 振盪器。

第 16-4 節
- 正弦波 *LC* 振盪器包含考畢子、克拉普、哈特萊、阿姆斯壯和晶體控制振盪器。
- 考畢子振盪器內的回授信號是從 *LC* 電路的電容分壓器取得。
- 克拉普振盪器是考畢子振盪器的變形，其中加入一個電容和原有的電感串聯。
- 哈特萊振盪器的回授信號是由 *LC* 電路內的電感分壓器取得。
- 阿姆斯壯振盪器的回授信號是經由變壓器耦合取得。
- 晶體振盪器是最穩定的一種回授振盪器。

第 16-5 節
- 弛緩振盪器使用 *RC* 計時電路，以及可以改變狀態的裝置，以便產生週期性波形。
- 電壓控制振盪器 (VCO) 的頻率可以利用直流控制電壓加以改變。

第 16-6 節
- 555 計時器是一個積體電路，除了許多其它的應用外，還可以當作振盪器使用。

重要詞彙

重要詞彙和其他以粗體字表示的詞彙都會在本書書末的詞彙表中加以定義。

非穩態 (Astable) 具有不穩定狀態的特徵。

振盪器 (Oscillator) 只需要輸入直流電源電壓，就能在輸出端產生週期性波形的電子電路。

鎖相迴路(Phase-locked loop, PLL) 由相位檢測器、低通濾波器、和壓控振盪器組成的積體電路。

正回授 (Positive feedback) 從輸出取出一部分信號，送回輸入端後能夠強化與維持輸出者。

電壓控制振盪器 (Voltage-controlled oscillator, VCO) 弛緩振盪器的一種，其頻率可以隨著直流控制電壓而改變。

重要公式

16-1	$\dfrac{V_{out}}{V_{in}} = \dfrac{1}{3}$	韋恩電橋正回授衰減率
16-2	$f_r = \dfrac{1}{2\pi RC}$	韋恩電橋諧振頻率
16-3	$B = \dfrac{1}{29}$	相移回授衰減率
16-4	$f_r = \dfrac{1}{2\pi\sqrt{6}RC}$	相移振盪器頻率

16-5 $f_r \cong \frac{1}{2\pi\sqrt{LC_T}}$ 考畢子、克拉普和哈特萊諧振頻率近似值

16-6 $A_v = \frac{C_1}{C_2}$ 考畢子放大器增益

16-7 $f_r = \frac{1}{2\pi\sqrt{LC_T}}\sqrt{\frac{Q^2}{Q^2 + 1}}$ 考畢子諧振頻率

16-8 $A_v > \frac{L_2}{L_1}$ 哈特萊自發振盪的增益

16-9 $f_r = \frac{1}{2\pi\sqrt{L_{pri}C_1}}$ 阿姆斯壯振盪器諧振頻率

16-10 $f_r = \frac{1}{4R_1C}\left(\frac{R_2}{R_3}\right)$ 三角波振盪器頻率

16-11 $f = \frac{|V_{IN}|}{R_iC}\left(\frac{1}{V_p - V_F}\right)$ 鋸齒波 VCO 頻率

16-12 $f_r = \frac{1.44}{(R_1 + 2R_2)C_{ext}}$ 555 計時器非穩態振盪器頻率

16-13 $\text{工作週期} = \left(\frac{R_1 + R_2}{R_1 + 2R_2}\right)100\%$ 555 非穩態振盪器工作週期

是非題測驗

答案可以在以下的網站找到 www.pearsonglobaleditions.com/Floyd

1. 弛緩振盪器使用 RC 計時電路產生波形。
2. 回授振盪器只使用負回授。
3. 振盪器從不使用正回授。
4. 振盪器回授迴路的淨相移必須是零。
5. 封閉回授迴路的電壓增益必須要大於 1 才能維持振盪。
6. 要啓動振盪，迴路增益必須要大於 1。
7. 韋恩電橋振盪器在正回授迴路中使用 RC 電路。
8. 相移振盪器使用 RC 電路。
9. 雙 T 振盪器中有 LC 回授電路。
10. 考畢子、克拉普、哈特萊，以及阿姆斯壯都是 LC 振盪器的例子。
11. 晶體振盪器是根據光電效應的。
12. 弛緩振盪器不使用正回授。
13. 大部分的弛緩振盪器產生正弦波輸出。
14. VCO 代表可變電容振盪器。
15. 555 計時器可以拿來當振盪器使用。

電路動作測驗

答案可以在以下的網站找到 www.pearsonglobaleditions.com/Floyd

1. 如圖 16-12 所示，假設 R_1 和 R_2 值增加到 18 kΩ，則振盪器頻率將會
(a)增加 (b)減少 (c)不變

2. 假設回授電位計 R_f 被調整爲較高值，則圖 16-12 中電壓增益將會
(a)增加 (b)減少 (c)不變

3. 在圖 16-14 中，假設 R_f 值減少，則回授衰減將
(a)增加 (b)減少 (c)不變

4. 如圖 16-14 所示，將電容值增加到 0.01 μF，振盪頻率將
(a)增加 (b)減少 (c)不變

5. 圖 16-30 中，爲了增加 V_{UTP}，R_3 必須
(a)增加 (b)減少 (c)不變

6. 若圖 16-30 電容器開路，則振盪頻率將
(a)增加 (b)減少 (c)不變

7. 若圖 16-32 中 R_1 值減少，則鋸齒波峰值輸出將
(a)增加 (b)減少 (c)不變

8. 若圖 16-40 中二極體開路時，工作週期將
(a)增加 (b)減少 (c)不變

自我測驗

答案可以在以下的網站找到 www.pearsonglobaleditions.com/Floyd

第 16-1 節

1. 振盪器是一種會產生什麼波形的電路
(a)正弦或非正弦波形 (b)僅正弦波形
(c)只有非正弦波形 (d)方波

第 16-2 節

2. 振盪的一個條件爲
(a)回授迴路的相移是 180°
(b)回授迴路的增益爲三分之一
(c)回授迴路的相位移爲 0°
(d)回授迴路的增益小於 1

3. 振盪的第二個條件爲
(a)回授迴路沒有增益 (b)回授迴路的增益爲等於或大於 1
(c)回授電路的衰減率必須爲三分之一 (d)回授電路必須是電容性

4. 某一個正弦波振盪器中，$A_v = 50$。回授電路的衰減率必須是
(a)1 (b)0.01 (c)10 (d)0.02

5. 要正確啓動振盪器，回授迴路最初的增益必須是
(a)1 (b)小於 1 (c)大於 1 (d)等於 B

第16-3節

6. 韋恩電橋振盪器是一個
(a)正弦波回授振盪器 (b)非正弦波回授振盪器
(c)正弦波弛緩振盪器 (d)非正弦波弛緩振盪器
7. 下列何者是韋恩電橋振盪器的基本部分？
(a)濾波電路 (b)領前—滯後電路 (c)整流電路
8. 韋恩電橋振盪器的正回授電路是
(a) *RL* 電路 (b) *LC* 電路
(c)分壓器 (d)超前—滯後電路
9. 最初在韋恩電橋振盪器中，放大器的閉迴路增益必須大於
(a)4 (b)3 (c)1 (d)2

第16-4節

10. 考畢子振盪器(Colpitts Oscillator)是一個
(a)諧振電路回授振盪器 (b)簡單回授振盪器
(c)相移振盪器 (d)以上皆非
11. 哈特萊振盪器(Hartley oscillator)中的回授電路由下列何者組成？
(a)三個串聯電感和一個並聯電容
(b)兩個串聯電感和兩個並聯電容
(c)兩個串聯電感和一個並聯電容
(d)以上皆非

第16-5節

12. 壓控振盪器(VCO)是一個
(a)弛緩振盪器 (b)函數產生器
(c)阿姆斯壯振盪器 (d)壓電裝置
13. 下列何者是包含 VCO 的積體電路
(a)PLL (b)PCL
(c)PLC (d)以上皆非

第16-6節

14. 下面的哪一項不是555計時器的輸入或輸出？
(a)臨限電壓 (b)控制電壓 (c)時脈 (d)觸發電壓
(e)放電 (f)重置訊號

習 題

所有的答案都在本書末。

基本習題

第16-1節 振盪器

1. 振盪器需要什麼類型的輸入？
2. 振盪器電路的基本元件是什麼？

第16-2節 回授振盪器

3. 如果正弦波回授振盪器的衰減為 $1 / B$，那麼維持正弦波輸出不失真的增益應該是多少？

4. 說明為什麼正弦波回授振盪器需要某種形式的增益自動控制。

第 16-3 節 RC 回授電路振盪器

5. 某一個超前—滯後電路的諧振頻率為 3.5 kHz，電阻和電容相等。如果將頻率等於 f_r，均方根值 2.2 V 的輸入信號施加到輸入端，則輸出電壓的均方根值為多少？
6. 利用下列數值，試計算超前-滯後電路的諧振頻率：
   $R_1 = R_2 = 6.2\ \text{k}\Omega$ 和 $C_1 = C_2 = 0.02\ \mu\text{F}$。
7. 試求圖 16-44 中的電路輸出頻率範圍是多少？

▶ 圖 16-44

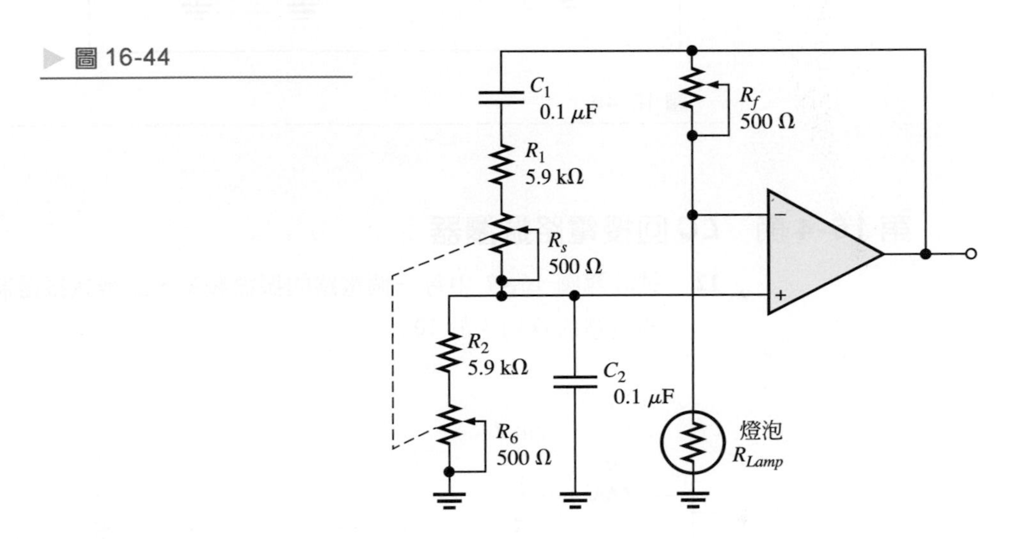

8. 假設圖 16-44 中的韋恩電橋正在以未失真的正弦波輸出振盪。如果燈泡具有 160Ω的電阻，R_f 值必須設為多少才能維持振盪？
9. 圖 16-45 韋恩電橋振盪器中，假設振盪是穩定的情況下，接面場效電晶體內部的汲極-源極電阻 r'_{ds} 為 350 Ω，試計算 R_f 的設定值。

▶ 圖 16-45

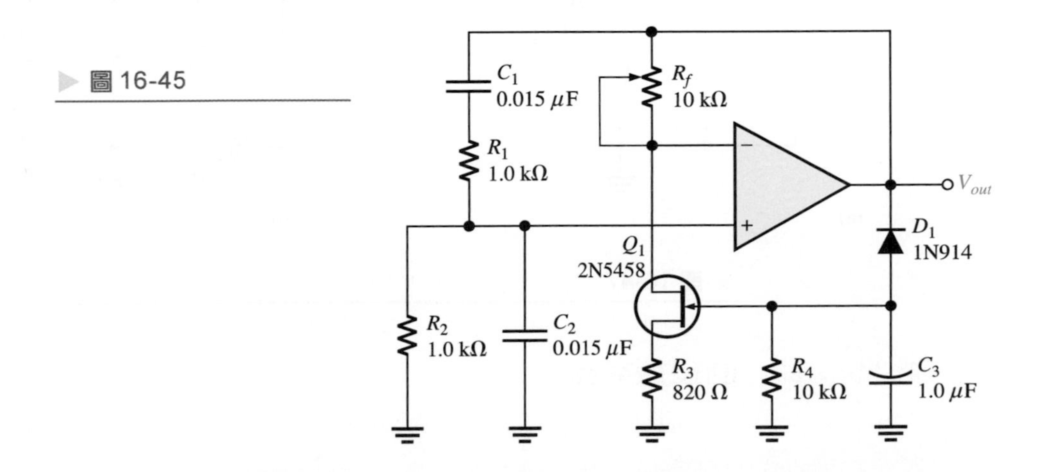

10. 試找出圖 16-45 中韋恩電橋振盪器的振盪頻率。

11. 圖 16-46 中相移振盪器，R_f的值必須是多少？f_r 是多少？

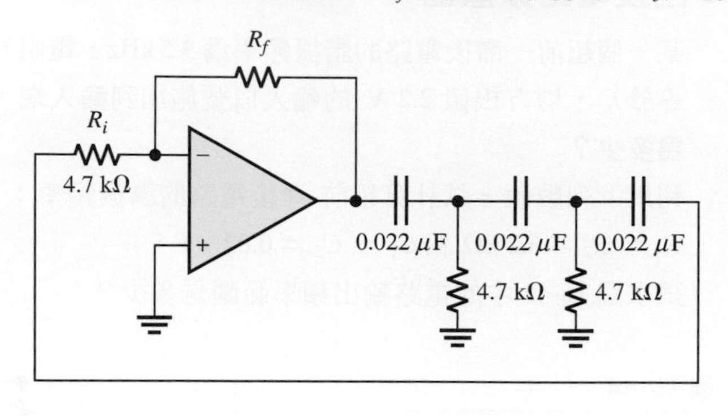

▲ 圖 16-46

第 16-4 節 *LC* 回授電路振盪器

12. 試計算圖 16-47 中每一個電路的振盪頻率，並辨識振盪器的類型。假設每一個電路的 Q 均大於 10。

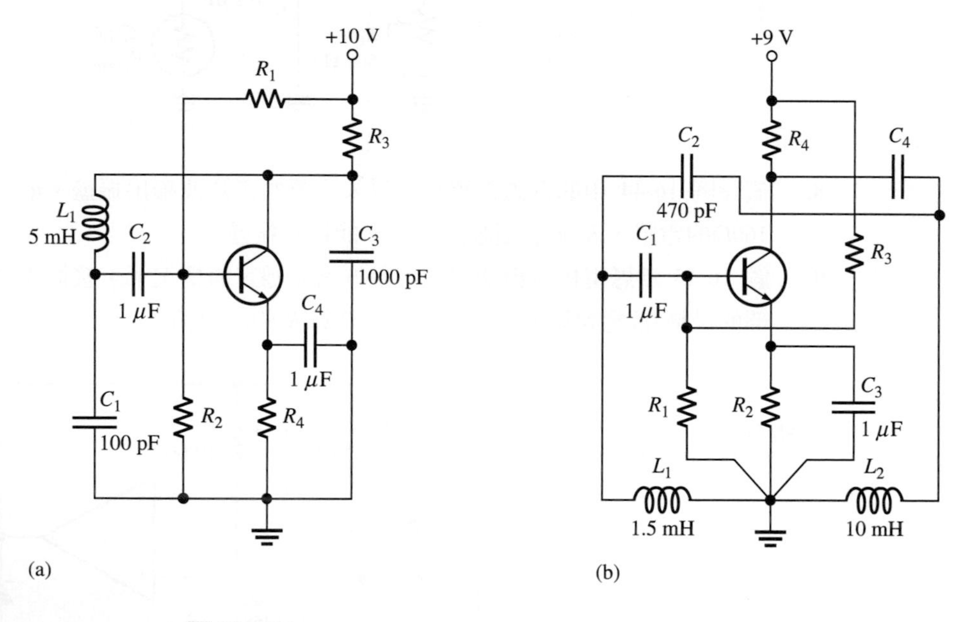

▲ 圖 16-47

13. 試求圖 16-48 中放大器級的增益必須是多少才能維持振盪現象。

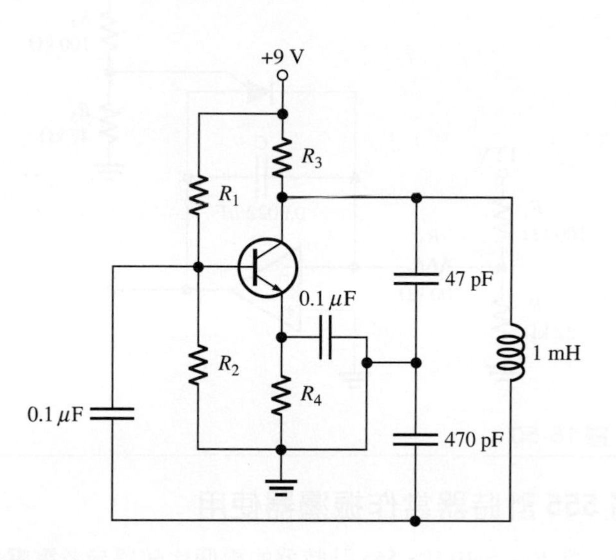

▲ 圖 16-48

第 16-5 節 弛緩振盪器

14. 圖 16-49 的電路產生的輸出是什麼類型？試求輸出頻率。

15. 試說明如何將圖 16-49 的振盪頻率改變成 10 kHz。

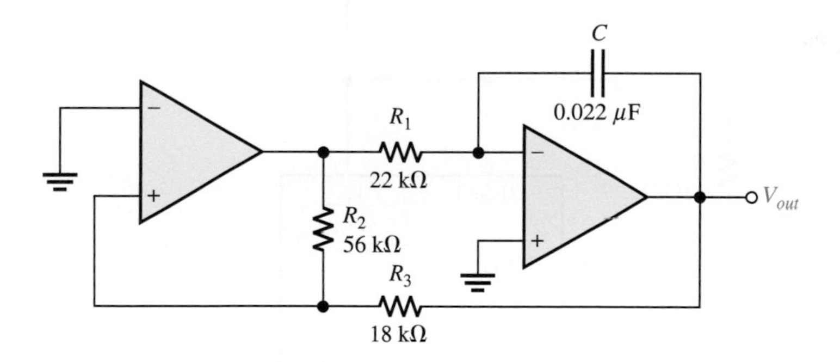

▲ 圖 16-49

16. 試求圖 16-50 中，輸出電壓的振幅和頻率。假設可程式單接面電晶體的順向電壓爲 1 V。

17. 試修改圖 16-50 中的鋸齒波產生器，使其輸出峰對峰值爲 4 V。

18. 某一個鋸齒波產生器具有以下參數值：$V_{IN} = 3$ V、$R = 4.7$ kΩ、$C = 0.001$ μF。假設週期爲 10 μs，試求它的輸出電壓峰對峰值。

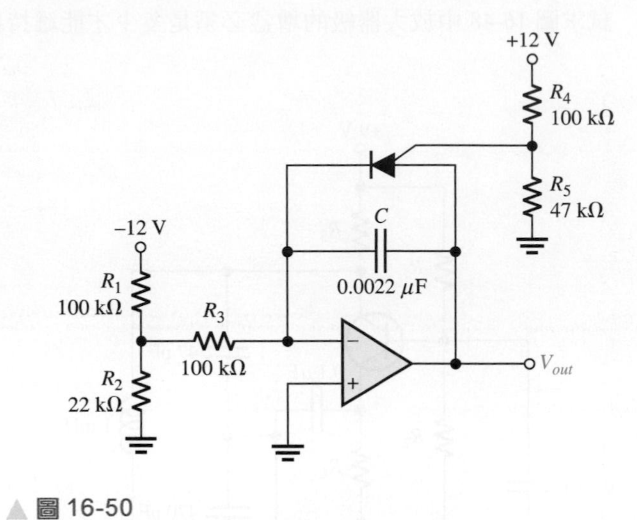

▲ 圖 16-50

第 16-6 節 將 555 計時器當作振盪器使用

19. 當 $V_{CC} = 10$ V，555 計時器的兩個比較器參考電壓爲多少？

20. 試求圖 16-51 中，555 非穩態振盪器的振盪頻率。

21. 圖 16-51 的 C_{ext} 必須改爲多少才能使振盪頻率達到 25 kHz？

22. 在非穩態 555 線路型態中，外部電阻 $R_1 = 3.3$ kΩ。R_2 必須等於多少才能使工作週期變成 75 %？

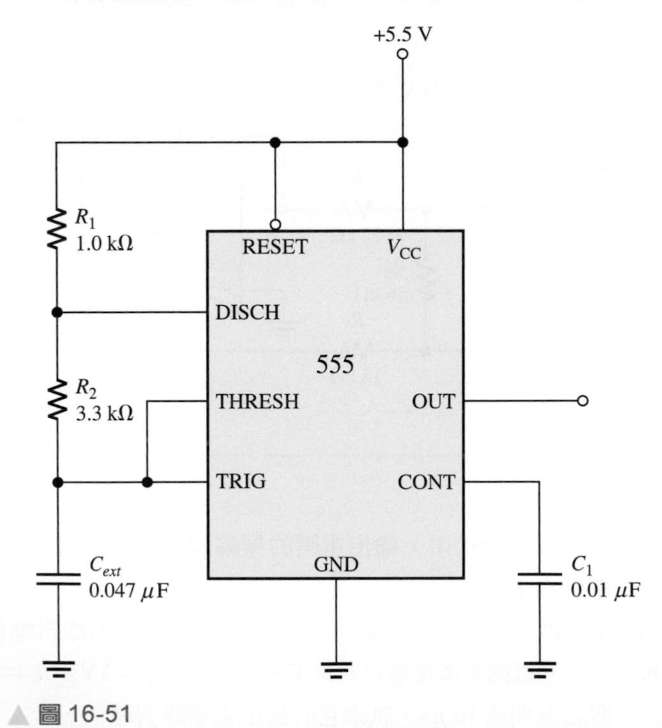

▲ 圖 16-51

電壓調整器 (Voltage Regulators)

17

本章大綱

本章學習目標

- 描述電壓調整率的概念
- 描述與分析線性串聯調整器的工作原理
- 描述與分析線性並聯調整器的工作原理
- 討論交換式調整器的原理
- 討論積體電路電壓調整器
- 描述積體電路電壓調整器的應用

可參訪教學專用網站

有關這一章的學習輔助資訊可以在以下的網站找到

http://www.pearsonglobaleditions.com/Floyd

重要詞彙

- 調整器 (Regulator)
- 線調整率 (Line regulation)
- 負載調整率 (Load regulation)
- 線性調整器 (Linear regulator)
- 交換式調整器 (Switching regulator)
- 熱過載 (Thermal overload)

簡　介

電壓調整器能提供固定的直流輸出電壓，此輸出電壓基本上不受輸入電壓、輸出負載電流以及溫度的影響。電壓調整器是電源供應器的一部分。它的輸入電壓來自於交流電壓經過整流後的濾波輸出，如果是可攜式系統則是由電池供應。

大部分的電壓調整器可分為兩大類：線性調整器 (Linear regulators) 以及交換式調整器 (Switching regulators)。線性調整器又可分為兩種類型：串聯調整器 (Series regulator) 以及並聯調整器 (Shunt regulator)，其輸出通常不是正電壓就是負電壓。雙調整器 (Dual regulator) 則能夠同時提供正和負輸出電壓。交換式調整器一般有三種線路型態：步降調整器 (Step-down regulator)、步升調整器 (Step-up regulator) 以及反相調整器 (Inverting regulator)。

現在積體電路 (IC) 調整器有許多的種類。最常使用的線性調整器則是三端點固定電壓調整器，以及三端點可調電壓調整器。另一個廣泛使用的是交換式調整器。本章將介紹一些廣泛運用的特殊積體電路元件。

17-1 電壓調整 (Voltage Regulation)

電壓調整的兩個基本類型為線調整(Line regulation) 以及負載調整(Load regulation)。線調整的目的是當輸入電壓產生變化時，能維持一個近似固定的輸出電壓。負載調整的目的則是當負載產生變化時，能維持一個近似固定的輸出電壓。

在學習完本節的內容後，你應該能夠

- **描述電壓調整率的概念**
- 解釋線調整
  - 計算線調整率
- 解釋負載調整
  - 計算負載調整率

線調整 (Line Regulation)

當一個電源的交流輸入電壓(線電壓)改變時，電壓調整器 **(regulator)** 必須維持近似固定的輸出電壓，如圖 17-1 所示。線調整率 **(Line regulation)** 可以定義成相對於已知的輸入電壓改變量，所造成輸出電壓改變的百分率。當在某一個電壓範圍內調整輸入電壓，線調整率可以用下面的百分率公式表示：

公式 17-1

$$\text{線調整率} = \left(\frac{\Delta V_{OUT}}{\Delta V_{IN}}\right)100\%$$

線調整率也可以用%/V的單位表示。舉例來說，0.05%/V的線調整率指的是當輸入電壓增加或減少 1V 時，輸出電壓會改變 0.05%。線調整率可以使用下面的公式計算出來 (Δ表示 "改變量")：

公式 17-2

$$\text{線調整率} = \frac{(\Delta V_{OUT}/V_{OUT})100\%}{\Delta V_{IN}}$$

例題 17-1 當某一電壓調整器的交流輸入電壓減少 5V 時，輸出電壓減少 0.25 V。正常的輸出電壓為 15 V。試求線調整率，單位為 %/V。

解 線調整率表示成每伏特的百分比改變率，可寫成

$$\text{線調整率} = \frac{(\Delta V_{OUT}/V_{OUT})100\%}{\Delta V_{IN}} = \frac{(0.25\text{ V}/15\text{ V})100\%}{5\text{ V}} = \mathbf{0.333\%/V}$$

相關習題* 某一個調整器的輸入增加 3.5 V。結果使輸出電壓增加 0.42 V。正常輸出電壓為 20 V。試求調整率，單位為 %/V。

*答案可以在以下的網站找到 www.pearsonglobaleditions.com/Floyd

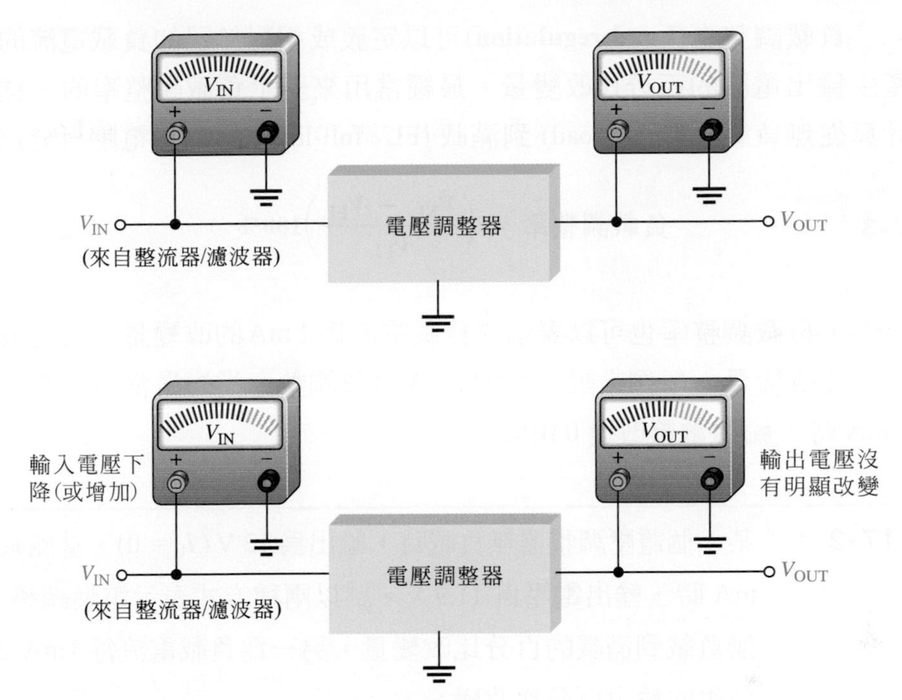

▲ 圖 17-1 線調整。改變輸入電壓 (線電壓) 不會明顯影響到調整器的輸出電壓 (在某一段限制範圍內)。

負載調整 (Load Regulation)

當通過負載的電流因為負載電阻值發生變化而改變時，電壓調整器必須在負載兩端，維持近似固定的輸出電壓，如圖 17-2 所示。

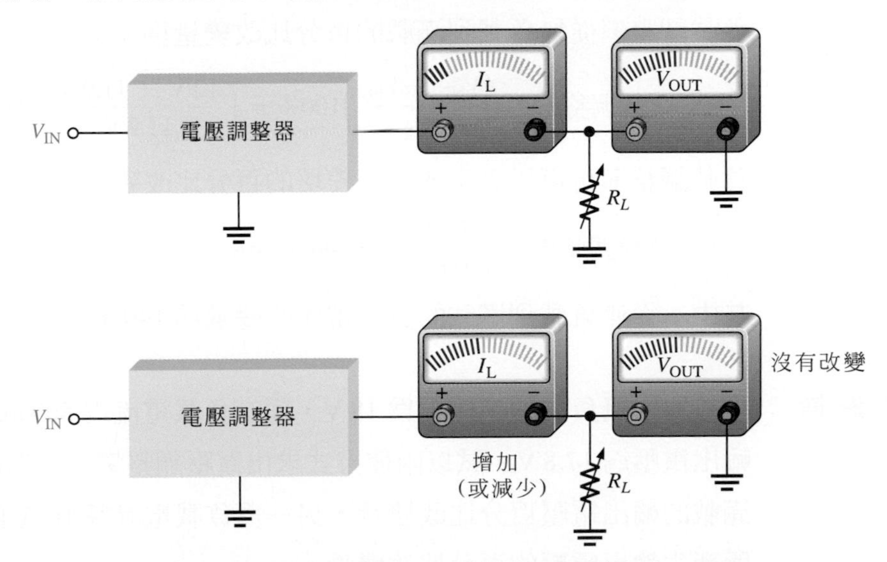

▲ 圖 17-2 負載調整。負載電流改變，對調整器的輸出電壓沒有實際影響 (在某一個限制範圍內)。

負載調整率(Load regulation)可以定義成相對於已知負載電流的改變量，所產生輸出電壓的百分比改變量。最經常用來表示負載調整率的一種方式，就是計算從無負載 (NL , no-load) 到滿載 (FL , full-load) 的輸出電壓百分比改變量。

公式 17-3

$$負載調整率 = \left(\frac{V_{NL} - V_{FL}}{V_{FL}}\right)100\%$$

另外，負載調整率也可以表示成負載電流每 1 mA 的改變量，所造成輸出電壓的百分比改變量。舉例來說，0.01%/mA 負載調整率指的是當負載電流增加或減少 1 mA 時，輸出電壓改變 0.01%。

例 題 17-2 某一個電壓調整器無負載時，輸出爲 12 V ($I_L = 0$)。當滿載電流爲 140 mA 時，輸出電壓爲 11.9 V。試以兩種方式表示電壓調整率，一爲從無負載到滿載的百分比改變量，另一爲負載電流每 1mA 改變量，所產生的輸出百分比改變量。

解 無負載輸出電壓爲

$$V_{NL} = 12\text{ V}$$

滿載輸出電壓爲

$$V_{FL} = 11.9\text{ V}$$

負載調整率從無負載到滿載的百分比改變量爲

$$負載調整率 = \left(\frac{V_{NL} - V_{FL}}{V_{FL}}\right)100\% = \left(\frac{12\text{ V} - 11.9\text{ V}}{11.9\text{ V}}\right)100\% = \mathbf{0.840\%}$$

負載調整率也可以表示成每毫安培的百分比改變量，

$$負載調整率 = \frac{0.840\%}{140\text{ mA}} = \mathbf{0.006\%/mA}$$

其中，從無負載到滿載的負載電流改變量爲 140 mA。

相關習題 調整器的無負載輸出電壓爲 18 V，而在負載電流爲 500 mA 時，滿載輸出電壓爲 17.8 V。試以兩種方式求出電壓調整率，一爲從無負載到滿載的輸出電壓百分比改變量，另一爲負載電流每 1mA 的改變量，所產生輸出電壓的百分比改變量。

有時候電源供應器製造商爲電源供應器制訂的規格，是規定電源供應器的等效輸出電阻值 (R_{OUT})，而不是負載調整率。是否記得任何具有兩個端點的線性電路都可以畫出戴維寧等效電路。圖 17-3 顯示一個具有負載電阻的電源供應器的戴維寧等效電路。戴維寧電壓是在無負載情況下，從電源供應器輸出的電壓 (V_{NL})，而戴維寧電阻則爲此時的輸出電阻 R_{OUT}。理想狀況下，R_{OUT} 爲 0，所對應的負載調整率爲 0%，但實際上電源供應器的 R_{OUT} 是一個小電阻值。當接上負載電阻時，輸出電壓可由分壓器原則求得：

$$V_{OUT} = V_{NL}\left(\frac{R_L}{R_{OUT} + R_L}\right)$$

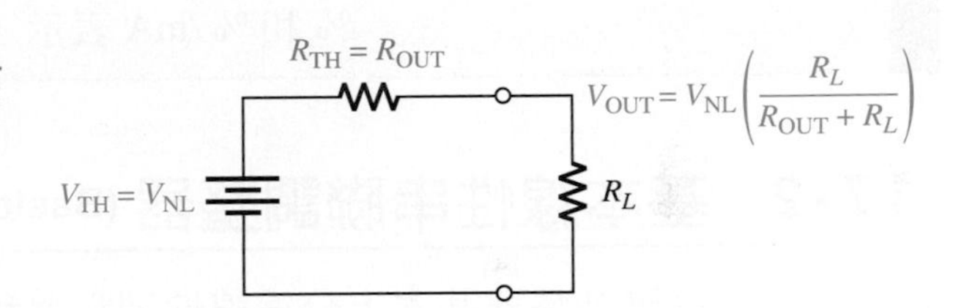

▶ 圖 17-3

接上負載電阻的電源供應器的戴維寧等效電路。

如果我們讓 R_{FL} 等於最小的額定負載電阻 (最大額定電流)，則滿載輸出電壓 (V_{FL}) 爲

$$V_{FL} = V_{NL}\left(\frac{R_{FL}}{R_{OUT} + R_{FL}}\right)$$

重新整理並且代入公式 17-3，

$$V_{NL} = V_{FL}\left(\frac{R_{OUT} + R_{FL}}{R_{FL}}\right)$$

$$\text{負載調整率} = \frac{V_{FL}\left(\frac{R_{OUT} + R_{FL}}{R_{FL}}\right) - V_{FL}}{V_{FL}} \times 100\%$$

$$= \left(\frac{R_{OUT} + R_{FL}}{R_{FL}} - 1\right)100\%$$

$$\textbf{負載調整率} = \left(\frac{R_{OUT}}{R_{FL}}\right)100\% \qquad \text{公式 17-4}$$

當輸出電阻以及最小負載電阻值都已經知道，公式 17-4 在計算負載調整率時是很有用的。

第17-1 節 隨堂測驗
答案可以在以下的網站找到
www.pearsonglobaleditions.com/Floyd

1. 定義*線調整率(line regulation)*。
2. 定義*負載調整率(load regulation)*。
3. 某一個調整器的輸入增加 3.5 V。結果輸出電壓增加 0.042 V。一般的輸出電壓爲20V。試求線調整率，單位分別爲 % 和 %/V。
4. 如果一個 5.0 V 電源供應器的輸出電阻值爲 80 mΩ，且最大輸出電流的規格值是 1.0 A，則負載調整率爲多少？計算結果以 % 和 % /mA 表示。

17-2 基本線性串聯調整器 (Basic Linear Series Regulators)

電壓調整器基本上分爲線性調整器和交換式調整器兩種。它們都可以利用積體電路製作而成。兩個基本類型是串聯調整器，以及並聯調整器。

在學習完本節的內容後，你應該能夠

- **描述與分析線性串聯調整器的工作原理**
- 解釋調整的過程
  - 計算閉環路電壓增益
  - 計算電路的輸出阻抗
- 討論過載保護
  - 解釋定電流限制
  - 計算最大負載電流
- 討論反摺限流 (Fold-back current limiting)

串聯類型的線性調整器 **(Linear regulator)** 的簡單表示方式，顯示在圖 17-4 (a)，基本的構造如圖 17-4(b)的方塊圖。控制元件在輸入端和輸出端之間，與負載呈現串聯狀態。輸出取樣電路可以感測輸出電壓的變化。誤差檢測器 (Error detector) 可以比較取樣電壓和參考電壓之間的差異，並且使控制元件產生補償作用，以便維持固定的輸出電壓。由基本的運算放大器組成的串聯調整器電路，如圖 17-5 所示。

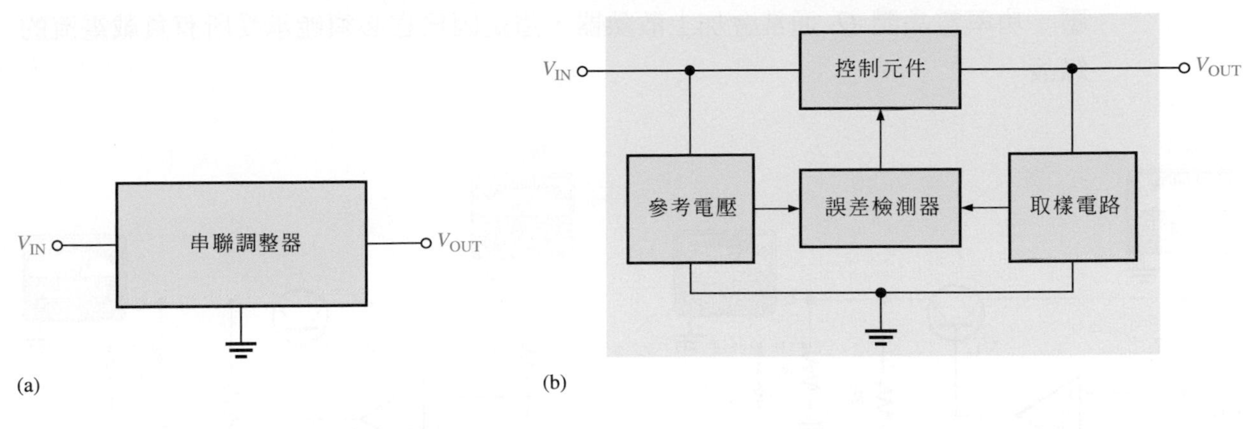

▲ 圖 17-4 簡單串聯電壓調整器與其方塊圖。

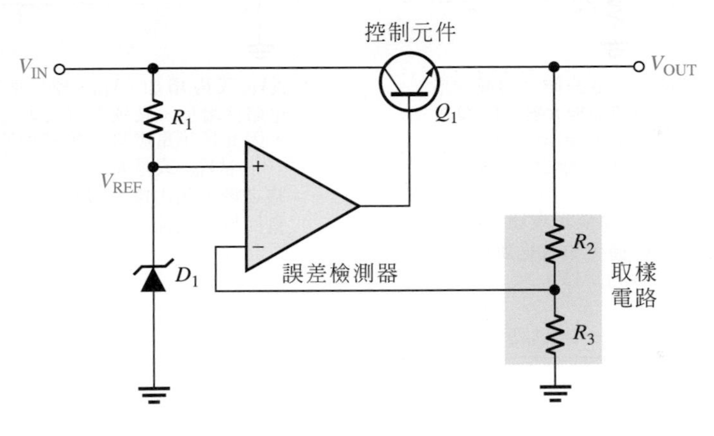

▲ 圖 17-5 由運算放大器所組成的基本串聯調整器。

調整作用 (Regulating Action)

串聯調整器的工作原理，如圖 17-6 所示，說明如下。R_2 和 R_3 所組成的電阻分壓器，可以感測任何輸出電壓的改變。當輸出電壓有減少傾向時，如圖 17-6(a) 所示，不論是因爲 V_{IN} 的減少，或是因爲 R_L 的減少造成 I_L 增加，此時經由分壓器輸入運算放大器反相輸入端的電壓，會有成比例的降低。因爲齊納二極體 (D_1) 使運算放大器的另一個輸入端，維持在近似固定的參考電壓 V_{REF}，所以運算放大器的兩個輸入端會產生小的電壓差 (誤差電壓)。這個電壓差會被放大，然後造成運算放大器的輸出電壓 V_B 增加。這個增加的電壓會輸入到 Q_1 的基極，使射極電壓 V_{OUT} 增加，直到反相輸入端的電壓再度等於參考 (齊納) 電壓爲止。這整個動作過程抵銷了輸出電壓減少的傾向，使輸出保持近似固定的電壓。功率電晶體 Q_1 通常會加上散熱器，這是因爲它必須能承受所有負載電流的緣故。

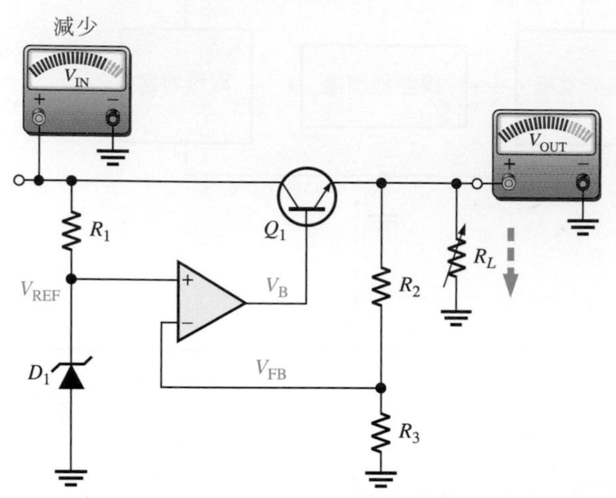

(a) 當 V_{IN} 或 R_L 減少，V_{OUT} 略爲減少。這些微小的減少馬上被回授電壓 V_{FB} 進行取樣，使運算放大器立即增加輸出電壓 V_B，因此輸出電壓得以維持與原先減少前近乎一樣。爲了方便說明，V_{OUT} 的改變量在此被誇大表示。

當 V_{IN} (或是 R_L) 在新的較低電壓值呈現穩定狀態之後，輸出電壓回到它的原始值，也就是說由於負回授的關係，使得 V_{OUT} 幾乎保持定值。

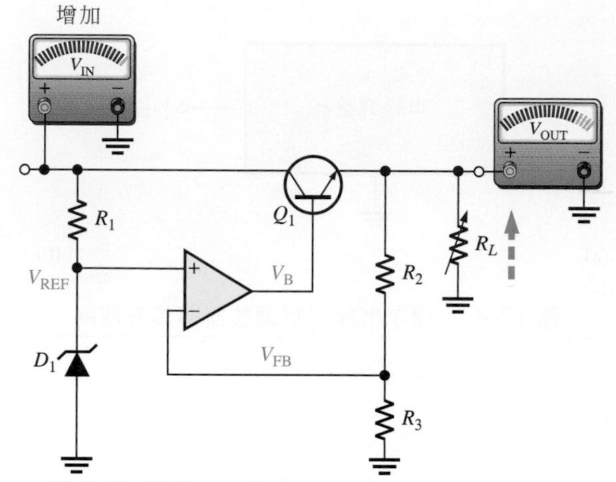

(b) 當 V_{IN} 或 R_L 增加，V_{OUT} 略爲增加。回授電壓 V_{FB} 也略爲增加，使運算放大器立即降低輸出電壓 V_B，因此輸出電壓得以維持與原先增益前近乎一樣。

當 V_{IN} (或是 R_L) 在新的較高電壓值呈現穩定狀態之後，輸出電壓回到它的原始值，也就是說由於負回授的關係，使得 V_{OUT} 幾乎保持定值。

▲ 圖 17-6　當 V_{IN} 或 R_L 改變時，串聯調整器使 V_{OUT} 保持恆定的動作圖解說明。

當輸出電壓傾向增加時，串聯調整器就會產生相反的作用，如圖 17-6 (b) 所示。串聯調整器內的運算放大器，實際上是連接成非反相放大器，其中參考電壓 V_{REF} 施加在非反相輸入端，而 R_2 和 R_3 分壓器則形成負回授電路。閉環路電壓增益爲

$$A_{cl} = 1 + \frac{R_2}{R_3}$$

因此，串聯調整器經過調整後的輸出電壓 (忽略 Q_1 的基—射極電壓) 爲

公式 17-5

$$V_{OUT} \cong \left(1 + \frac{R_2}{R_3}\right)V_{REF}$$

根據這項分析，我們可以發現輸出電壓是由齊納電壓，以及電阻 R_2 和 R_3 決定。它相對的與輸入電壓無關，因此可以達到電壓調整的目的 (只要輸入電壓以及負載電流都在指定的限制範圍內)。

例 題 17-3 試求圖 17-7 中調整器的輸出電壓。

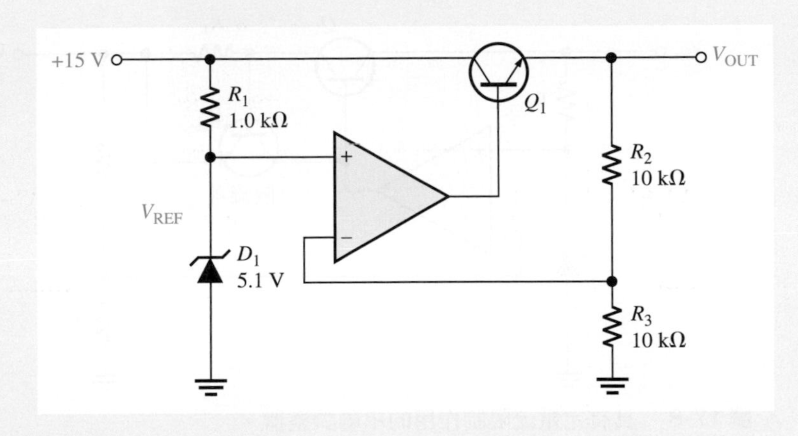

▲ 圖 17-7

解 $V_{REF} = 5.1$ V，為齊納電壓。經過調整的輸出電壓因此為

$$V_{OUT} = \left(1 + \frac{R_2}{R_3}\right)V_{REF} = \left(1 + \frac{10\,\text{k}\Omega}{10\,\text{k}\Omega}\right)5.1\text{ V} = (2)5.1\text{ V} = \mathbf{10.2\ V}$$

相關習題 將圖 17-7 的電路改變如下：以 3.3 V 齊納二極體取代 5.1 V 齊納二極體，$R_1 = 1.8\,\text{k}\Omega$，$R_2 = 22\,\text{k}\Omega$，以及 $R_3 = 18\,\text{k}\Omega$。試問輸出電壓為多少？

短路或過載保護 (Short-Circuit or Overload Protection)

如果通過負載的電流過大，則串聯的電晶體可能會很快受損或毀壞。大部分調整器都會利用限流機制，作為過電流保護電路。圖 17-8 所示為一種可以防止過載的限流方法，稱為*固定電流限制法 (Constant-current limiting)*。限流電路是由電晶體 Q_2 和電阻 R_4 所構成。

通過 R_4 的負載電流會在 Q_2 基極到射極之間產生電壓。當 I_L 到達預定的最大值，R_4 兩端的電壓降便足以使 Q_2 基—射極接面形成順向偏壓，因此使其導通。然後會有相當數量的 Q_1 基極電流轉移到 Q_2 集極，使 I_L 限制在它的最大值 $I_{L(max)}$。因為 Q_2 基極到射極的電壓不能超過 0.7 V，所以 R_4 兩端的電壓會維持在這個數值，使得負載電流限制在

公式 17-6

$$I_{L(max)} = \frac{0.7\ V}{R_4}$$

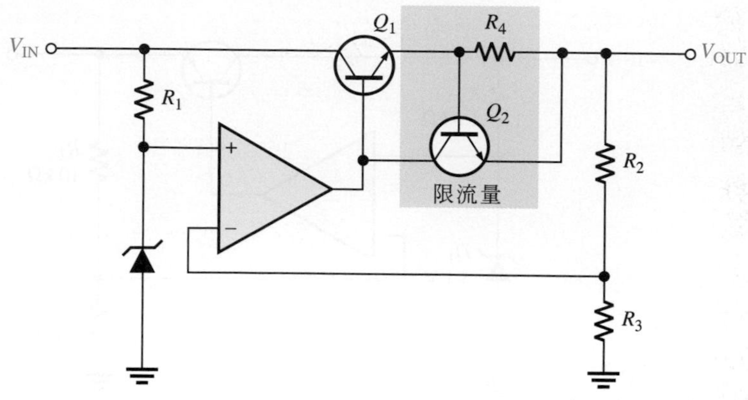

▲ 圖 17-8 具有定電流限制作用的串聯調整器。

例題 17-4 試求圖 17-9 中的調整器可以向負載提供的最大電流。

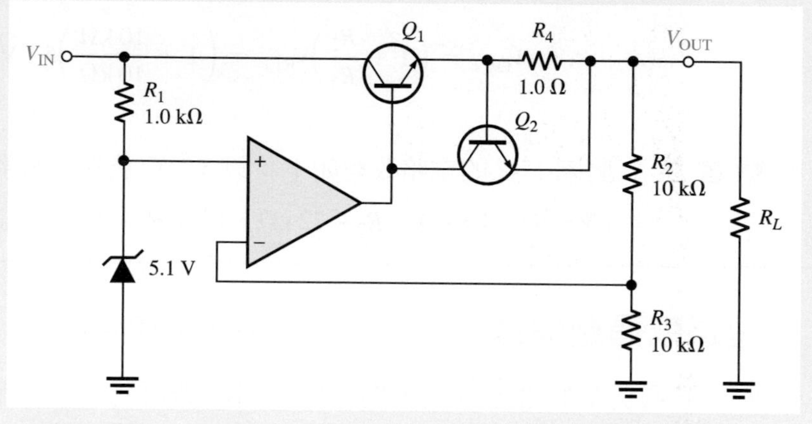

▲ 圖 17-9

解

$$I_{L(max)} = \frac{0.7\ V}{R_4} = \frac{0.7\ V}{1.0\ \Omega} = \mathbf{0.7\ A}$$

相關習題 如果圖 17-9 中調整器的輸出端短路接地，則輸出電流會是多少？

具有反摺限流的調整器 (Regulator with Fold-Back Current Limiting)

前面所討論的限流技巧中，電流會被限制在最大的固定值。**反摺限流 (Fold-back current limiting)** 則是一種特別適用在高電流調整器的方法，當輸出電流處於過載的情況下，利用這個方法可以使輸出電流，降到比最大負載電流低許多的程度，以便防止過多的功率消耗。

參考圖 17-10，反摺限流的基本觀念如下所述。在電路圖的綠色區域，除了電阻 R_5 和 R_6 之外，與圖 17-8 固定電流限制電路的架構類似。負載電流通過 R_4 所產生的電壓降，不只必須超過讓 Q_2 導通所需的基-射極電壓，它也必須超過 R_5 兩端的電壓。也就是說，R_4 兩端的電壓必須是

$$V_{R4} = V_{R5} + V_{BE}$$

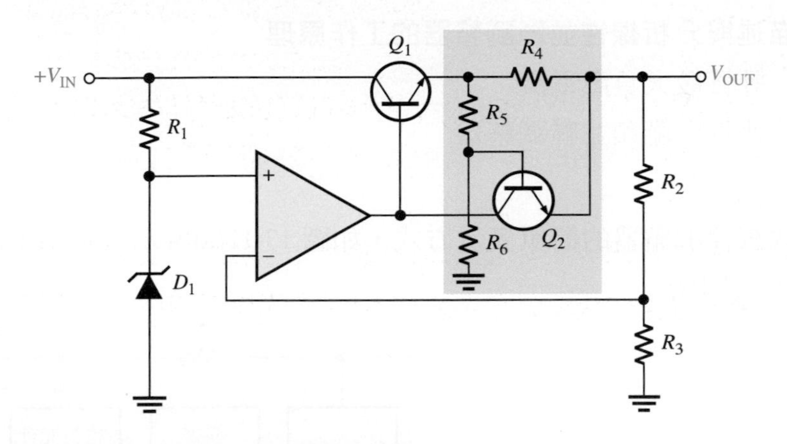

▲ 圖 17-10 具有反摺限流機制的串聯調整器。

在過載或短路的情況下，負載電流增加到足以使 Q_2 導通的 $I_{L(max)}$。但是當輸出由於負載或短路而變得高於此值時，電流會下降到較低值以防止串聯電晶體(Q_1)過熱，該方法還有助於降低保護電晶體所需的散熱器的尺寸。

▶ 圖 17-11

反摺限流的作用(以輸出電壓相對於負載電流方式繪出)。

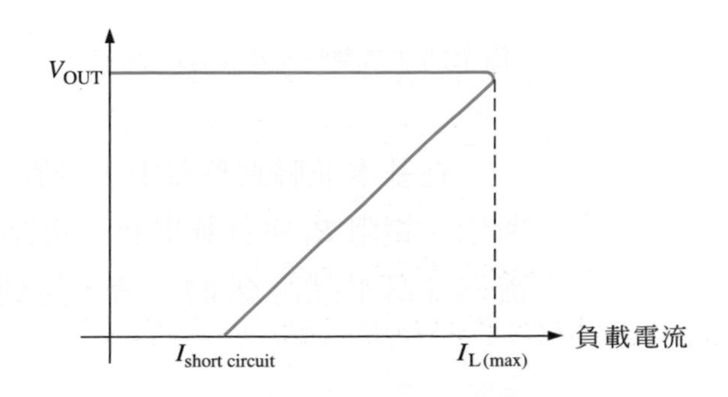

第17-2節 隨堂測驗

1. 串聯調整器有哪些基本元件？
2. 某一個串聯調整器的輸出電壓為 8 V。如果運算放大器閉環路增益等於 4，則參考電壓值為多少？
3. 何謂反摺限流？

17-3 基本線性並聯調整器 (Basic Linear Shunt Regulators)

第二個基本的線性電壓調整器為並聯調整器。我們已經學過，串聯調整器的控制元件是串聯的電晶體。在並聯調整器中，控制元件是與負載並聯的電晶體。

在學習完本節的內容後，你應該能夠

- **描述與分析線性並聯調整器的工作原理**
  - 計算最大負載電流
  - 比較串聯和並聯調整器

並聯式線性調整器的簡單表示方式，如圖 17-12(a)所示，且基本的構成元件如圖(b)的方塊圖所示。

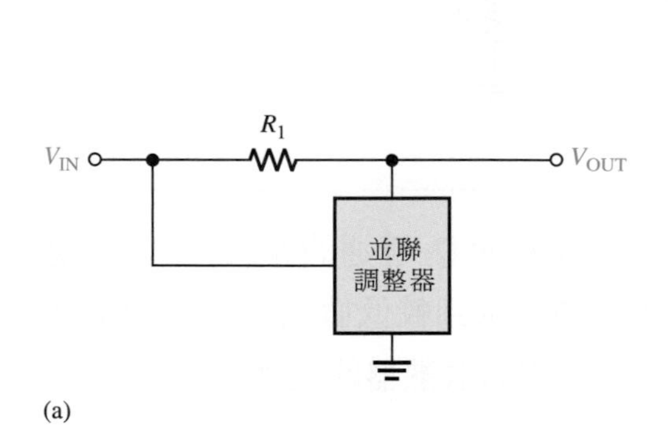

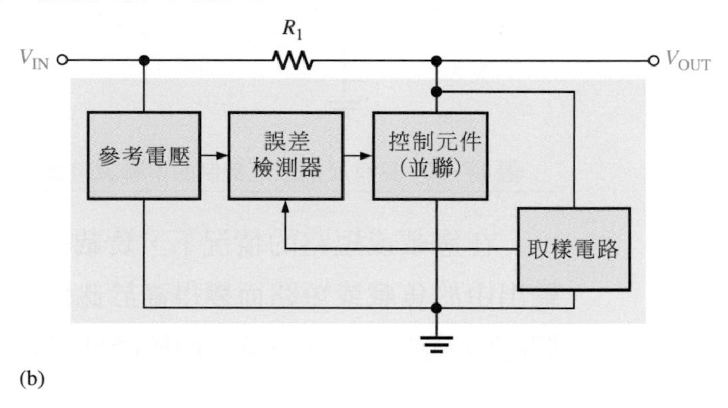

▲ 圖 17-12 簡單的並聯調整器及其方塊圖。

在基本並聯調整器中，控制元件是一個與負載並聯的電晶體 Q_1，如圖 17-13 所示。電阻 R_1 與負載串聯。電路的工作原理與串聯調整器類似，只是利用限制流過並聯電晶體 Q_1 的電流，達到調整的目的。

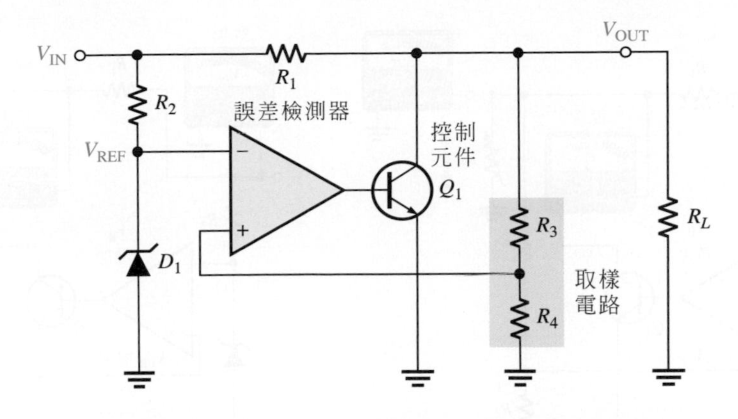

▲ 圖 17-13 由運算放大器組成，且具有負載電阻的基本並聯調整器。

由於輸入電壓的改變，或是負載電阻值的變動，造成負載電流的改變，導致輸出電壓有減少的傾向，如圖 17-14(a)所示，這種電壓減少的傾向會被 R_3 和 R_4 感測到，並且施加到運算放大器的非反相輸入端。運算放大器兩個輸入端之間所產生的電壓差，會使運算放大器的輸出電壓 (V_B) 減少，使得 Q_1 輸入電壓減少，讓 Q_1 集極電流 (分流電流) 下降，並增加集極電壓。因此，原本電壓的減少會因爲這個增加而得到補償，使輸出幾乎保持不變。

當輸出傾向增加時，產生相反的反應過程，如圖 17-14 (b) 所示。如果 I_L 和 V_{OUT} 均爲定值，輸入電壓的改變會使並聯電流 (I_S) 產生如下的改變 (Δ意指「改變量」)：

$$\Delta I_S = \frac{\Delta V_{IN}}{R_1}$$

如果固定 V_{IN} 和 V_{OUT}，負載電流的改變會造成並聯電流產生相反的改變量。

$$\Delta I_S = -\Delta I_L$$

這一個公式說的是如果 I_L 增加，I_S 會減少，反之亦然。

並聯調整器相對於串聯調整器來說，比較沒效率，但是可以提供固有的短路保護機制。如果輸出短路 ($V_{OUT} = 0$)，負載電流會受到串聯電阻 R_1 的限制，其最大值如下所示 ($I_S = 0$)。

$$I_{L(max)} = \frac{V_{IN}}{R_1}$$ **公式 17-7**

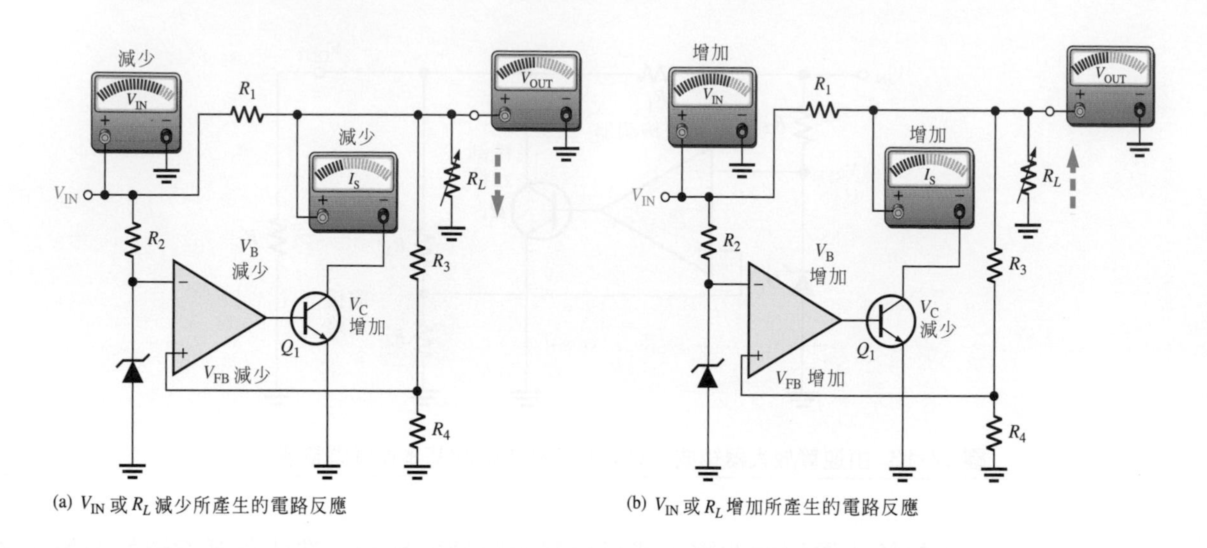

(a) V_{IN} 或 R_L 減少所產生的電路反應

(b) V_{IN} 或 R_L 增加所產生的電路反應

▲ 圖 17-14 當 R_L 或 V_{IN} 減少，導致 V_{OUT} 傾向減少時，所產生的一系列電路反應 (傾向增加時，則會產生相反的反應過程)。

例 題 17-5 在圖 17-15 中，如果最大輸入電壓為 12.5 V，則 R_1 的額定功率必須為多少？

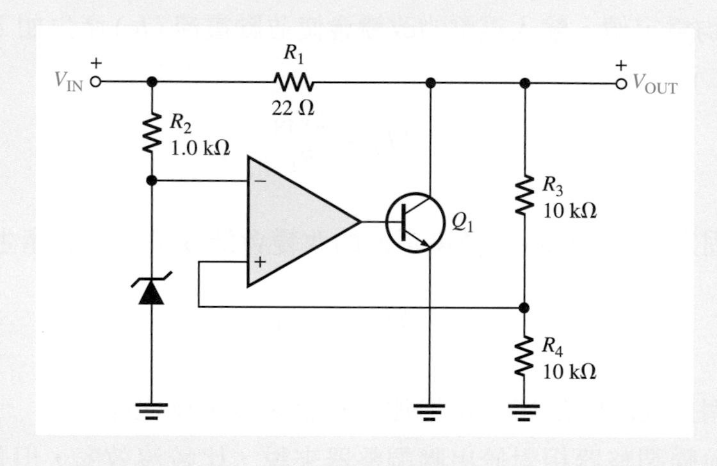

▲ 圖 17-15

解 當輸出短路造成 $V_{OUT} = 0$ 時，會造成 R_1 最大的功率消耗的最壞情況。當 $V_{IN} = 12.5\text{V}$，R_1 兩端的電壓降為

$$V_{R1} = V_{IN} - V_{OUT} = 12.5\ \text{V}$$

R_1 的功率消耗爲

$$P_{R1} = \frac{V_{R1}^2}{R_1} = \frac{(12.5\text{ V})^2}{22\ \Omega} = \mathbf{7.10\ W}$$

因此，必須使用額定功率至少 10 W 的電阻器。這說明了此調整器的主要缺點爲在 R_1 上功率的耗損，會降低調整器效率。

相關習題　在圖 17-15 中，將 R_1 改變爲 33 Ω。如果最大輸入電壓爲 24 V，則 R_1 的額定功率必須爲多少？

第17-3節 隨堂測驗

1. 並聯調整器的控制元件和串聯調整器的控制元件有什麼不同？
2. 若與串聯調整器相比，並聯調整器的優點是什麼？其缺點爲何？

17-4 基本交換式調整器 (Basic Switching Regulators)

線性調整器的兩種類型爲串聯和並聯調整器，其中的控制元件 (電晶體) 總是處於導通狀態，其導通程度隨著輸出電壓或電流改變而改變。交換式調整器則不是如此；其控制元件運作方式像一個開關。

在學習完本節的內容後，你應該能夠

- **參與討論交換式調整器的原理**
- 描述交換式調整器的步降電壓電路型態
  - 計算步降調整器的輸出電壓
- 描述交換式調整器的步升電壓電路型態
- 描述交換式調整器的電壓反相電路型態

相較於線性調整器，採用交換式電壓調整器能獲得更高的效率，因爲電晶體導通和關閉交互切換，而且只在切換的狀態才會消耗功率。在線性調整器裡頭的電晶體維持導通的狀態，此時電晶體就像一個可變電阻，持續消耗功率。這會導致產生熱並且耗費功率。而在交換性調整器中，電晶體僅在除了非常短暫的切換時間之負載線端部進行操作，因此效率能夠高達 90%以上。在重視效率的應用方面像是電腦等，交換式調整器特別有用。一個有效率的電源轉換器能避免過多的熱，而過多的熱可能會毀損電子元件。

交換式調整器是爲各種不同的功率需求而設計，功率需求的範圍從電池供電的可攜式裝置小於 1 瓦特到多數主要應用的數百及數千瓦特。應用的電源規格需求決定了特定的設計方式，但是所有的交換式調整器都需要回授來控制開關的開啓與關閉的時間。某些應用案例像是筆記型電腦，所有三種結構可能應用在電腦系統的各部分；例如，顯示器常用反相電路型態，微處理器使用步降電壓電路型態，磁碟機可能使用步升電壓電路型態。

步降調整器的電路型態 (Step-Down Configuration)

在步降電路型態(也叫做*降壓型轉換器 (buck converter)*)，輸出電壓通常小於輸入電壓。步降調整器的基本概念如圖 17-16 的簡化電路所示。基本的控制單元是一個高速切換的開關，經由可偵測輸出狀態的控制電路調整開關導通與關閉的時間，並迅速切換開關，維持輸出電壓在期望值。當電晶體開關導通，二極體呈現截止狀態，電感開始建立磁場，並且儲存能量。當電晶體開關關閉，電感磁場會消失，負載電流近乎維持恆定值。順向偏壓二極體提供負載電流流通路徑(只要負載阻抗不要過大)。電容的作用將輸出電壓濾波成爲近似固定的準位。

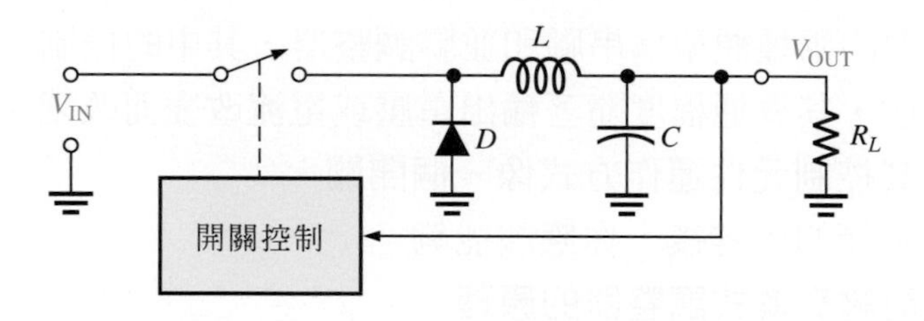

▲ 圖 17-16 簡化式步降調整器。

讓我們更進一步探討包括交換式元件的電路。基於調整器的負載需求，調整電晶體的工作週期快速地導通和關閉，如圖 17-17 顯示一個採用 E-MOSFET 當作電晶體開關的基本步降交換式調整器。MOSFET 電晶體比 BJT 電晶體能夠有更快的切換速度，在耐壓需求不高的應用場合，MOSFET 已經成爲交換式元件的主流，大多數電子元件一般，設計者在選擇開關元件常要面對規格取捨的挑戰。任何設計都必須考量不同元件間耐電壓，導通狀態阻抗，切換時間等規格的差異。除了電晶體開關，偶爾也可見將閘流體當作切換元件的應用。

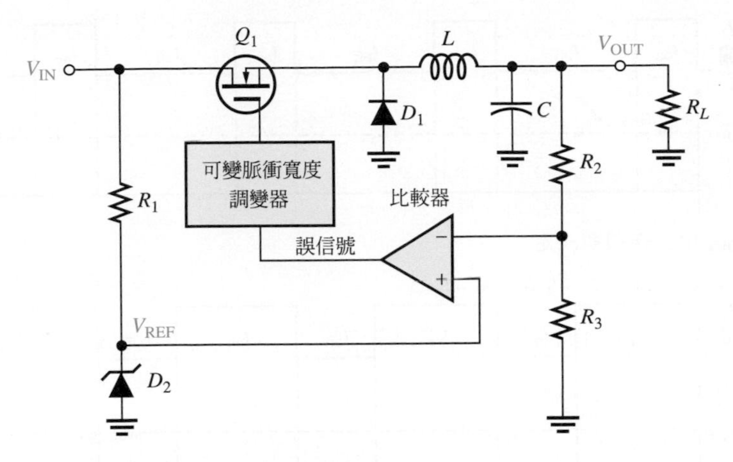

▲圖 17-17　一個基本步降交換式調整器。

由電晶體開關獲得脈衝電流之後，電流經 LC 濾波器變爲平滑。電感能維持電流固定，而電容會維持電壓穩定。理想情況下這些元件不會消耗功率，但實際上還是會有其它因素的影響而產生某些耗損。爲了避免使用大型(而且昂貴)的電感與電容，切換頻率應更高於應用頻率，一般切換頻率爲 20 kHz 左右。高頻工作的缺點是會產生電子雜訊。交換式電源供應器會產生諧波雜訊干擾鄰近的電路，所以需要做好屏蔽處置，並且常用 EMI (電磁干擾)濾波器。因爲切換元件多數時間在截止或飽和狀態工作，控制單元的功率耗損相對較小。(儘管切換元件的瞬間功率耗損可能比較大)

Q_1 *開*與*關*的時段如圖 17-18(a)的波形所示。對 n-通道 E-MOSFET 而言，控制電壓在低於和高於臨界電壓之間變換(關閉和導通狀態)。電容在電晶體導通期間 (t_{on}) 進行充電，而在電晶體截止期間 (t_{off}) 進行放電。當導通時間相對於截止時間增加時，電容充電時間較多，因此使輸出電壓增加，如圖 17-18(b)所示。當導通時間相對於截止時間減少時，電容放電時間比較多，因此使輸出電壓降低，如圖 17-18(c)所示。因此，藉由調整 Q_1 的工作週期 $t_{on}/(t_{on}+t_{off})$，可以改變輸出電壓。電感進一步因爲充放電作用的緣故，使得所產生的輸出電壓變動，變得比較平滑。

理想狀況下，輸出電壓可以表示成

$$V_{OUT} = \left(\frac{t_{on}}{T}\right)V_{IN}$$

公式 17-8

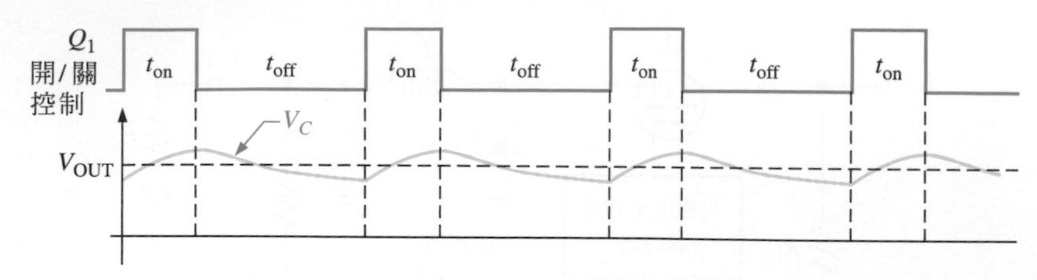

(a) V_{OUT} 由工作週期決定

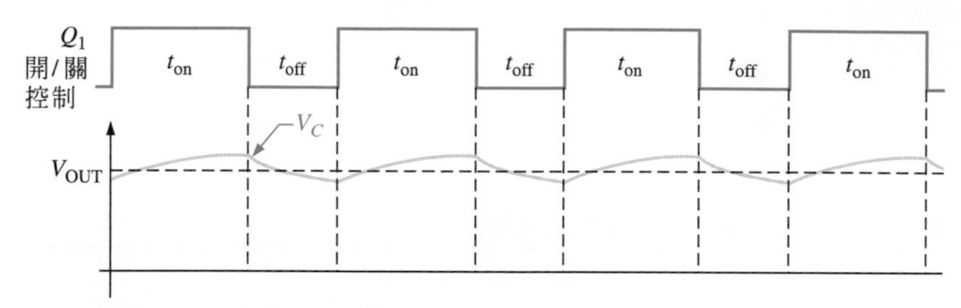

(b) 工作週期增加，則V_{OUT} 增加

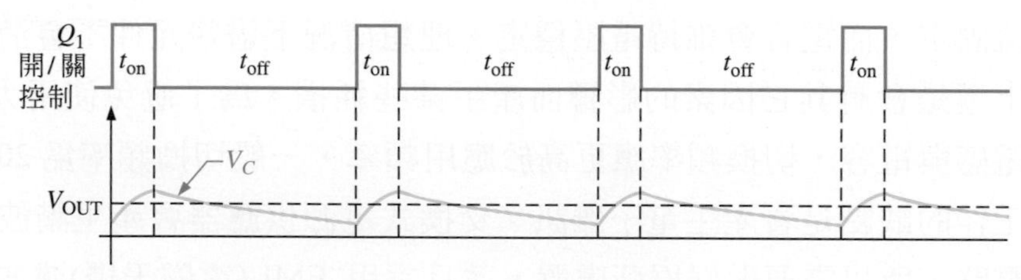

(c) 工作週期減少，則V_{OUT} 減少

▲ 圖 17-18 交換式調整器的波形。V_C 波形表示不包括電感的濾波作用，以便顯示充電和放電的動作 (漣波)。L 和 C 使 V_C 電壓變得平滑，近似固定電壓位準，如圖中用來表示 V_{OUT} 的虛線。

T 是 Q_1 開-關循環的週期，和頻率的關係爲 $T = 1/f$。週期爲導通時間和截止時間的總和。

$$T = t_{on} + t_{off}$$

如你所知，比值 t_{on}/T 稱爲*工作週期 (Duty cycle)*。

調整的作用如下顯示在圖 17-19 中。當 V_{OUT} 傾向減少，使 Q_1 的導通時間增加，導致 C 獲得額外的充電，以便抵消電壓減少的傾向。當 V_{OUT} 傾向增加，使 Q_1 的導通時間減少，導致電容有足夠的時間釋放出電量，以便抵消輸出電壓增加的傾向。

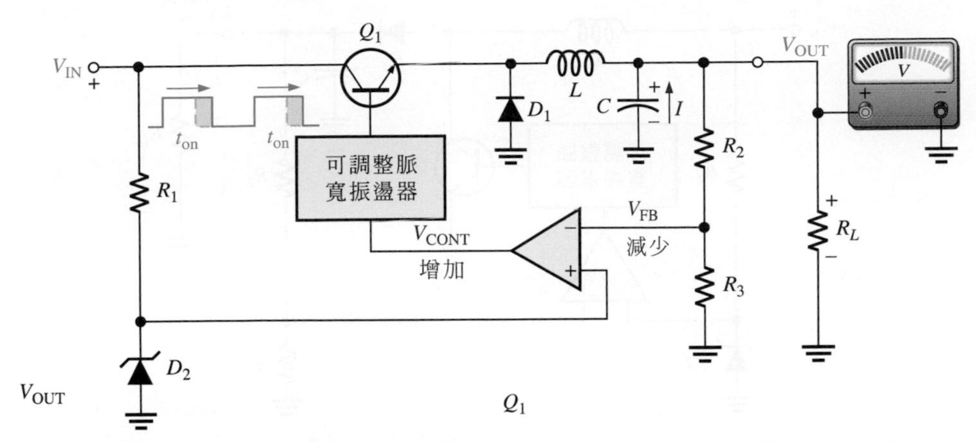

(a) 當 V_{OUT} 傾向減少，則 Q_1 導通時間增加

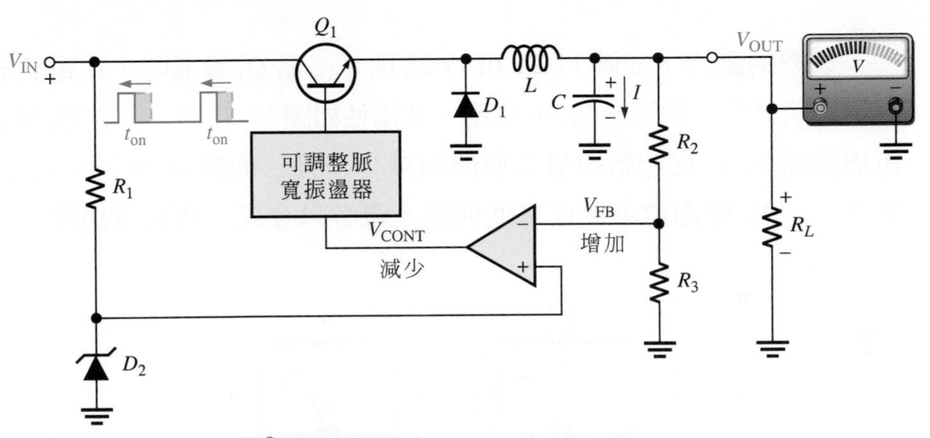

(b) 當 V_{OUT} 傾向增加，則 Q_1 導通時間減少

▲ 圖 17-19 步降交換式調整器的基本電壓調整作用。

步升調整器的電路型態 (Step-Up Configuration)

如圖 17-20 所示，一個基本步升交換式調整器(有時稱爲昇壓轉換器)，電晶體 Q_1 作爲切換開關。

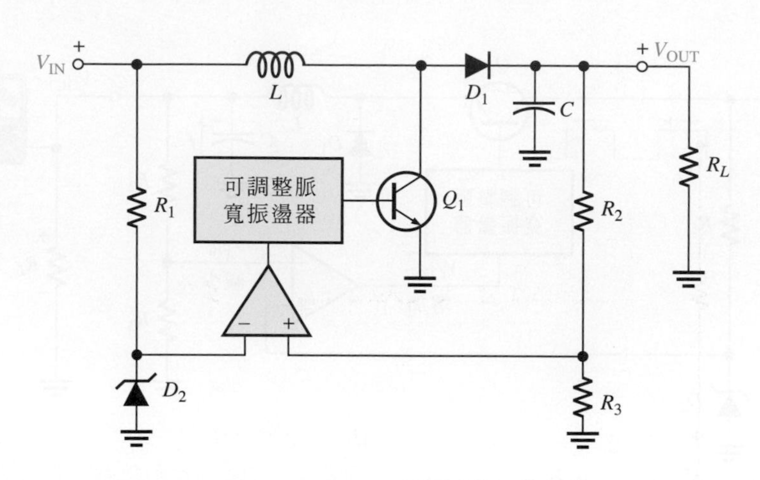

▲ 圖 17-20 基本的步升交換式調整器。

切換的動作，如圖 17-21 和 17-22 所示。當 Q_1 導通時，在電感器兩端會感應產生一個其值大約等於 V_{IN} 的電壓，其極性如圖 17-21 所示。在 Q_1 導通期間 (t_{on})，電感電壓 V_L 從它起始的最大值開始減少，且二極體 D_1 呈逆向偏壓。Q_1 導通時間愈久，V_L 變得愈小。在導通期間，電容只會經由負載放出微小的電量。

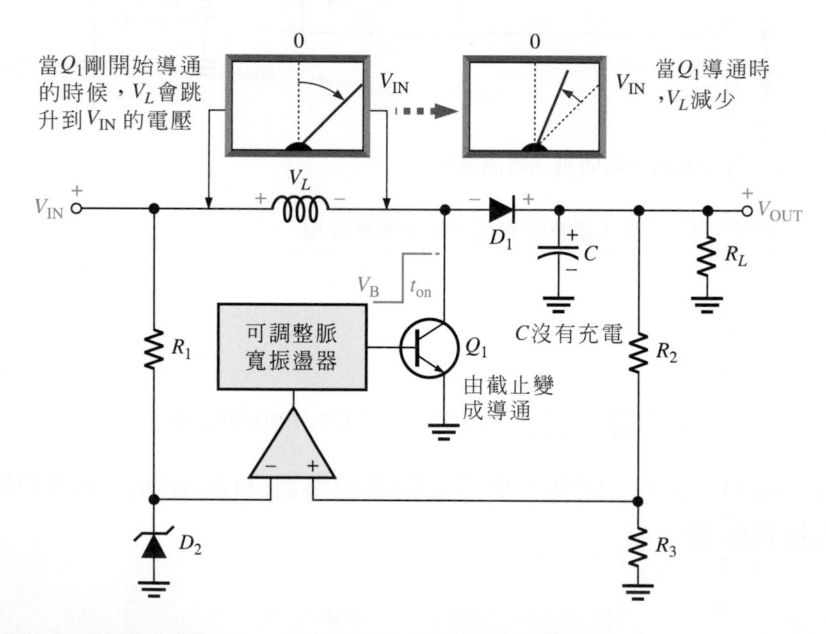

▲ 圖 17-21 當 Q_1 開啓時，步升交換式調整器的基本動作。

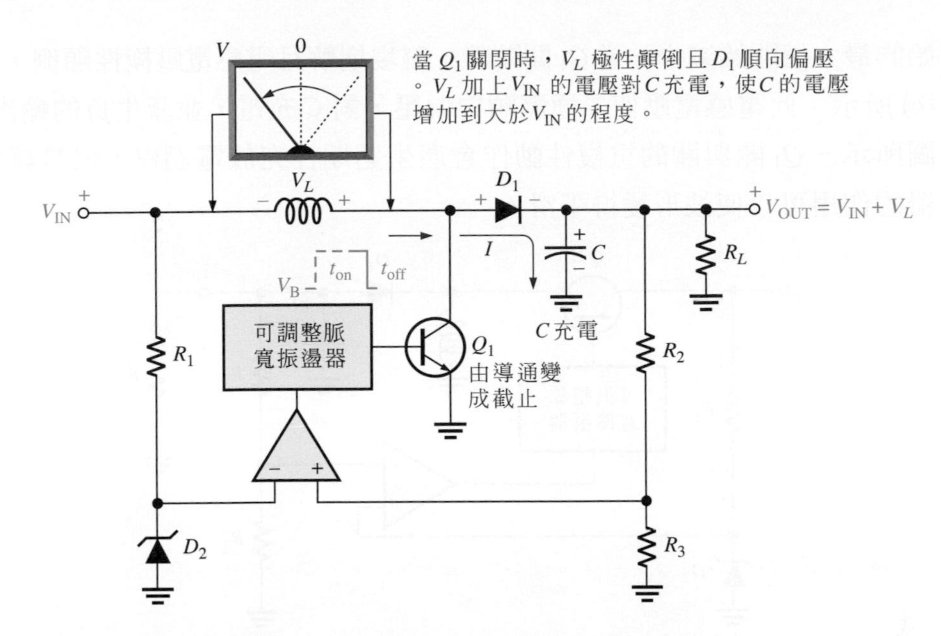

▲ 圖 17-22 當 Q_1 關閉時，步升交換式調整器的基本切換動作。

當 Q_1 關閉，如圖 17-22 所示，電感電壓的極性忽然顛倒，並且在加上 V_{IN} 後，使二極體 D_1 成為順向偏壓，然後對電容充電。輸出電壓等於電容電壓而且可能大於 V_{IN}，這是因為在 Q_1 關閉期間，電容充電的電壓等於 V_{IN} 加上電感兩端所感應的電壓。

Q_1 的導通時間愈長，電感電壓減少愈多，而且在 Q_1 關閉的那一瞬間，電感的極性對調，電壓的振幅愈大。如同我們已經知道的，這一個極性對調的電壓正是使電容充電到高於 V_{IN} 的電壓。輸出電壓與電感的磁場作用 (由 t_{on} 決定) 有關，也和電容的充電 (由 t_{off} 決定) 有關。

這個裝置達成電壓調整的工作原理，是當負載或輸入電壓改變而使 V_{OUT} 產生改變時，Q_1 導通時間隨著改變 (在某一個範圍內)。如果 V_{OUT} 傾向增加，則 Q_1 導通時間將減少，結果使得 C 的充電量減少。如果 V_{OUT} 傾向減少，則 Q_1 導通時間將增加，結果使得 C 充電量增加。這個調整作用使 V_{OUT} 基本上維持在固定位準。

反相調整器的電路型態 (Voltage-Inverter Configuration)

第三種交換式調整器產生的輸出電壓會與輸入電壓的極性相反。其基本電路圖如圖 17-23 所示。有時候稱作*降壓-升壓兩用轉換器(buck-boost converter)*

當 Q_1 導通時，電感電壓躍升到大約等於 $V_{IN}-V_{CE(sat)}$，且磁場迅速增強，如圖 17-24 (a) 所示。在 Q_1 導通的期間，二極體呈現逆向偏壓，且電感電壓從它初始的最大值開始減少。當 Q_1 關閉時，磁場崩解且電感電壓極性顛倒，如圖 17-24 (b) 所示。此電感電壓使二極體順向偏壓，對 C 充電，並產生負的輸出電壓，如圖所示。Q_1 開與關的重複性動作會產生週期性充放電過程，但是藉由 LC 濾波器的作用可以使波形變得平滑。

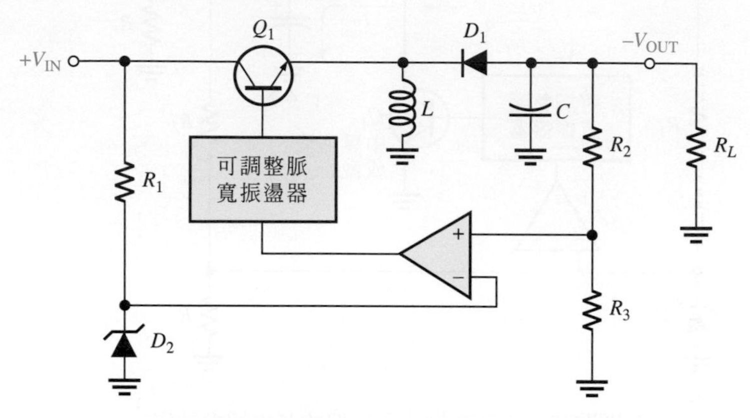

▲ 圖 17-23 基本的反相交換式調整器。

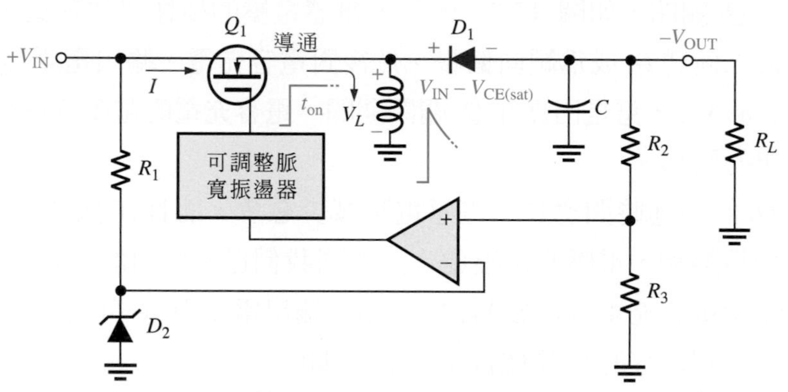

(a) 當 Q_1 導通，D_1 逆向偏壓

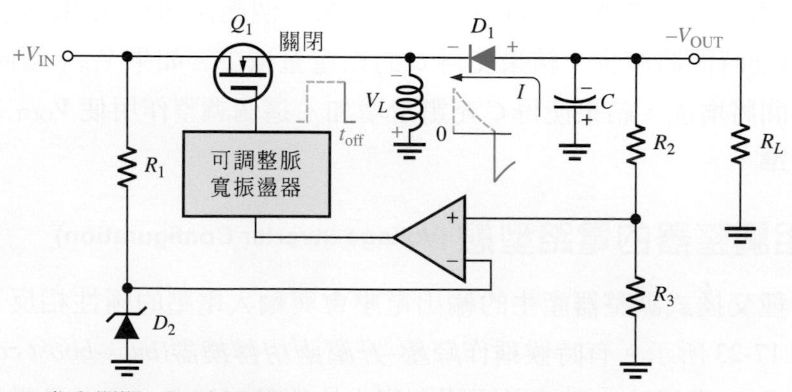

(b) 當 Q_1 關閉，D_1 順向偏壓

▲ 圖 17-24 反相交換式調整器的基本反相動作。

如同升壓調整器一般，Q_1 的導通時間越短，輸出電壓越大，反之亦然。這一個調整的作用如圖 17-25 所示。

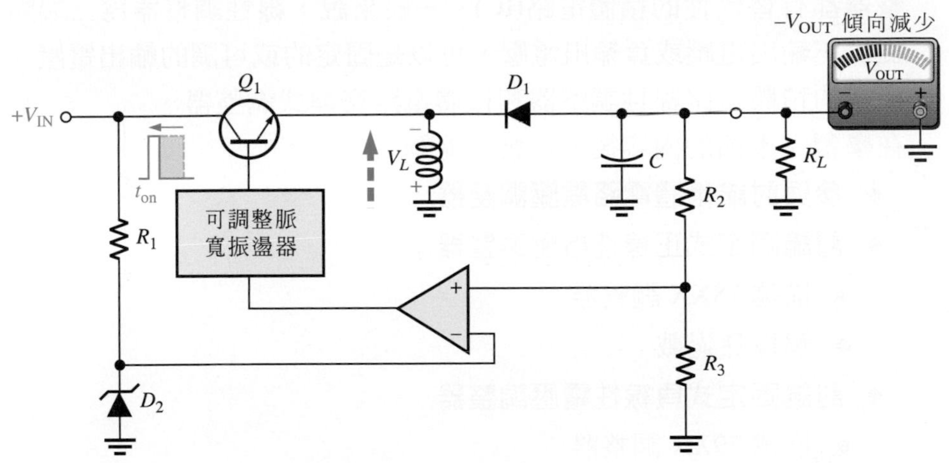

(a) 當 $-V_{OUT}$ 傾向減少時，t_{on} 減少，導致 V_L 增加。減緩 $-V_{OUT}$ 減少的傾向。

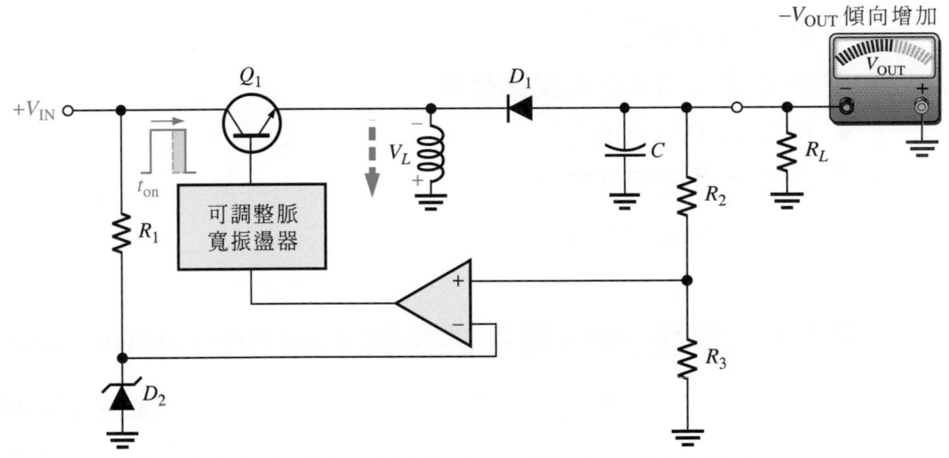

(b) 當 $-V_{OUT}$ 傾向增加時，t_{on} 增加，導致 V_L 減少。減緩 $-V_{OUT}$ 增加的傾向。

▲ 圖 17-25 反相交換式調整器的基本調整作用。

第17-4節 隨堂測驗

1. 交換式調整器有哪三種？
2. 與線性調整器相比，交換式調整器的主要優點爲何？
3. 在交換式調整器中，如何減緩輸出電壓的變動？

17-5 積體電路電壓調整器 (Integrated Circuit Voltage Regulators)

前面章節已經介紹了基本的電壓調整器電路型態，提到的幾種線性和交換式調整器都有替代性的積體電路(IC)。一般來說，線性調整器為三端點元件，可以提供正輸出電壓或負輸出電壓，可以是固定的或可調的輸出電壓。本節將介紹標準的積體電路線性調整器和積體電路交換式調整器。

在學習完本節的內容後，你應該能夠

- **參與討論積體電路電壓調整器**
- 討論固定式正線性電壓調整器
  - 描述 78XX 調整器
  - 解釋熱過載
- 討論固定式負線性電壓調整器
  - 描述 79XX 調整器
- 討論可調式正線性電壓調整器
  - 描述 LM317 調整器
  - 計算輸出電壓
- 討論可調式負線性電壓調整器
  - 描述 LM337 調整器
- 討論交換式電壓調整器
  - 描述 78S40 調整器

固定式正電壓的線性電壓調整器 (Fixed Positive Linear Voltage Regulators)

雖然有許多類型的積體電路調整器可供利用，但是 78XX 系列積體電路調整器是具代表性的三端點元件，它可以提供固定正輸出電壓。這三個端點就是輸入、輸出和接地，如圖 17-26(a)中標準的固定電壓線路型態所示。零件編號的最後兩個數字表示其輸出電壓。舉例來說，7805 是輸出電壓為 +5.0 V 的調整器。對任何調整器而言， 輸出電壓值的變化最多只能在正常輸出的 + 2 % 之內。因此，7805 的輸出可以介於 4.8V 與 5.2V 之間，但是必須在此範圍內保持定值。其他的輸出電壓如圖 17-26(b)所示，而一般的封裝方式如圖(c)所示。雖然這些主要是當作固定電壓調整器，但它們可以與外部元件一起使用以獲得可調節的輸出。

雖然並不都是如此，但通常仍需要在輸入及輸出端使用電容器，如圖 17-26 (a)所示。輸出端電容的作用基本上當作是線濾波器 (line filter)，以便改善暫態響

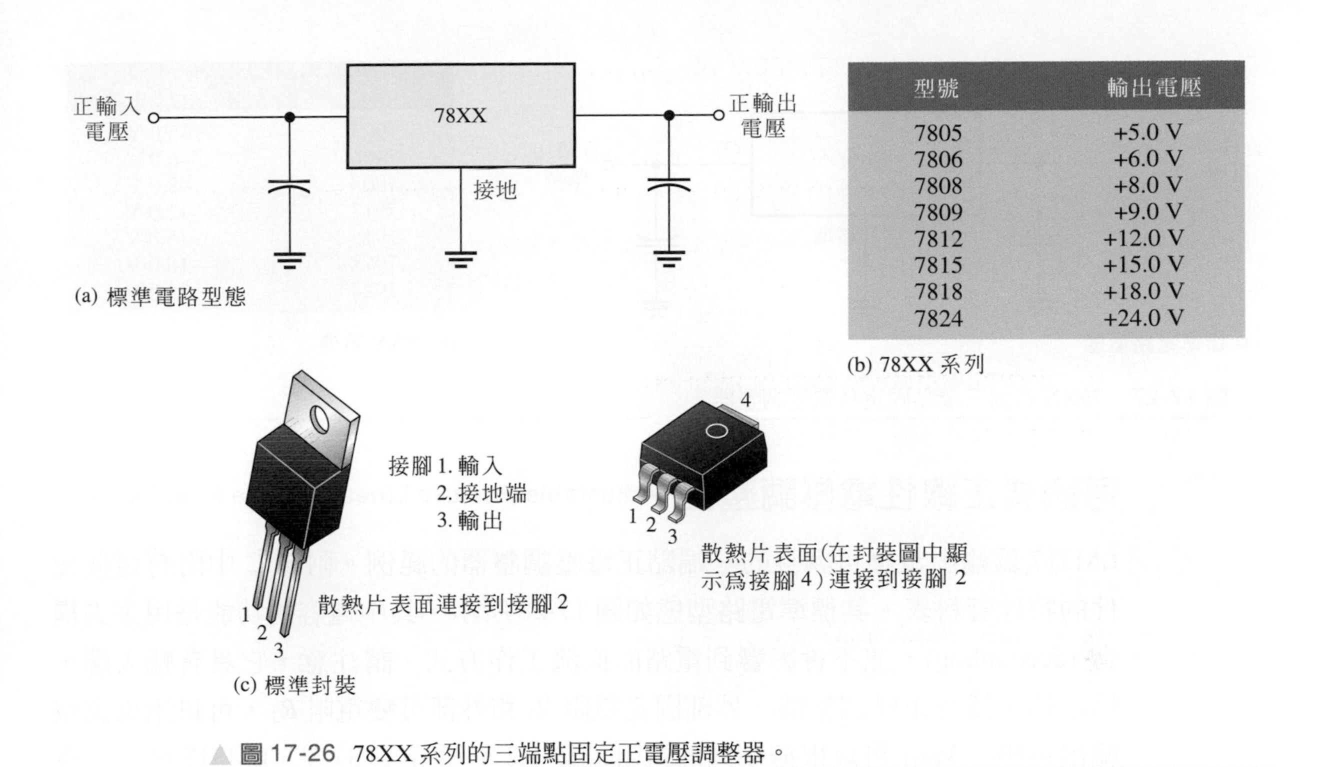

型號	輸出電壓
7805	+5.0 V
7806	+6.0 V
7808	+8.0 V
7809	+9.0 V
7812	+12.0 V
7815	+15.0 V
7818	+18.0 V
7824	+24.0 V

(b) 78XX 系列

▲ 圖 17-26　78XX 系列的三端點固定正電壓調整器。

應。輸入電容則爲過濾輸入信號及防止產生不必要的振盪，尤其是當調整器和電源供應器濾波器相隔有一段距離，而使得線路具有明顯的電感。

當使用適當的散熱器後，78XX 系列可以產生超過 1A 以上的輸出電流。輸入電壓至少必須比輸出電壓高出大約 2.5 V 以上，以便維持電壓調整作用。這些積體電路本身具有熱過載保護，以及短路限流的特色。當元件內部消耗過多功率，而元件溫度也超過某一個値時，就會發生熱過載 **(Thermal overload)** 的現象。幾乎所有調整器的應用電路都需要散熱器來防止元件發生熱過載的現象。

固定式負電壓的線性電壓調整器 (Fixed Negative Linear Voltage Regulators)

79XX 系列是標準的三端點積體電路調整器，它可以提供固定負輸出電壓。這一系列是 78XX 系列的負輸出電壓的類型，兩個系列的大部分特色與特徵都相同，只是輸出接腳編號與正調整器不同。圖 17-27 指出其標準線路型態，以及可以利用的輸出電壓所對應的元件編號。

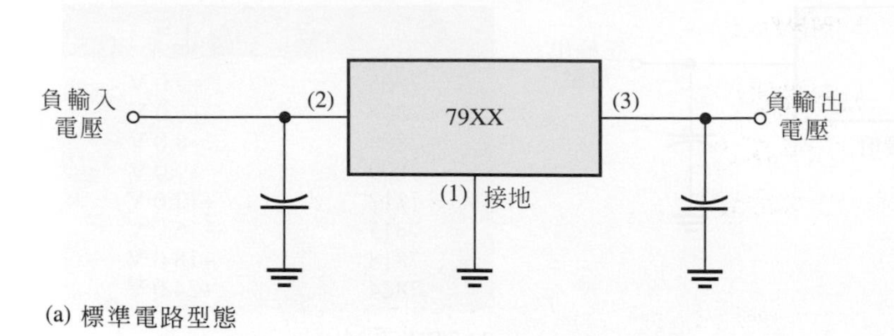

(a) 標準電路型態

型號	輸出電壓
7905	–5.0 V
7906	–6.0 V
7908	–8.0 V
7912	–12.0 V
7915	–15.0 V
7918	–18.0 V
7924	–24.0 V

(b) 79XX 系列

▲ 圖 17-27 79XX 系列三端點固定負電壓調整器。

可調式正線性電壓調整器 (Adjustable Positive Linear Voltage Regulators)

LM317 爲輸出電壓可調整的三端點正電壓調整器的範例。附錄 C 中附有這個元件的特性資料表。其標準電路型態如圖 17-28 所示。其中電容的功能是用來去耦合 (decoupling)，並不會影響到電路的直流工作方式。請注意，它具有輸入端，輸出端，以及電壓調整端。外部固定電阻 R_1 和外部可變電阻 R_2，可以用來調整輸出電壓。V_{OUT} 可以根據不同的電阻值從 1.2 V 變化到 37 V。LM317 可以提供負載超過 1.5 A 以上的輸出電流。

LM317 的操作方式像一個「浮動式」調整器，這是因爲調整端不是連接到接地端，它所浮接的電壓是 R_2 兩端的電壓。這使得其輸出電壓比固定式電壓調整器的輸出電壓大許多。

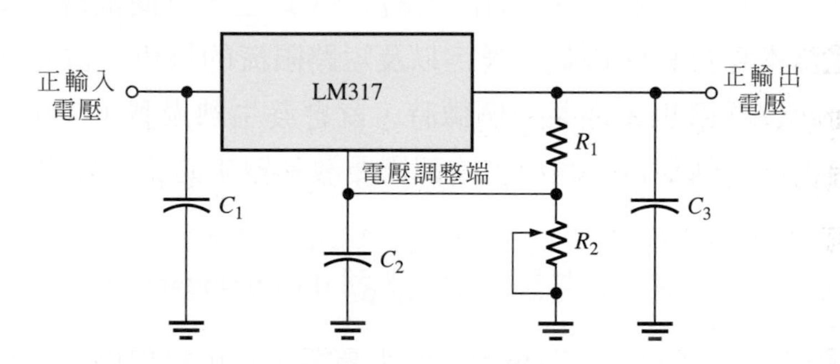

▲ 圖 17-28 LM317 三端點可調整式正電壓調整器。

基本的工作原理 (Basic Operation) 如圖 17-29 所示，調整器的輸出端和電壓調整端之間會維持固定 1.25 V 的參考電壓 (V_{REF})。不論 R_2 值爲多少，這個固定參考電壓產生通過 R_1 的固定電流 (I_{REF})。I_{REF} 也通過 R_2。

$$I_{REF} = \frac{V_{REF}}{R_1} = \frac{1.25\ V}{R_1}$$

另外，在調整端有一個非常小，其值約為 50 μA 的固定電流，稱為I_{ADJ}，此電流通過R_2。輸出電壓的公式可以如下推導。

$$V_{OUT} = V_{R1} + V_{R2} = I_{REF}R_1 + I_{REF}R_2 + I_{ADJ}R_2$$
$$= I_{REF}(R_1 + R_2) + I_{ADJ}R_2 = \frac{V_{REF}}{R_1}(R_1 + R_2) + I_{ADJ}R_2$$

$$\mathbf{V_{OUT} = V_{REF}\left(1 + \frac{R_2}{R_1}\right) + I_{ADJ}R_2}$$

公式 17-9

我們已經知道，輸出電壓是R_1和R_2兩者的函數。一旦設定好R_1值，輸出電壓可以經由改變R_2來調整。

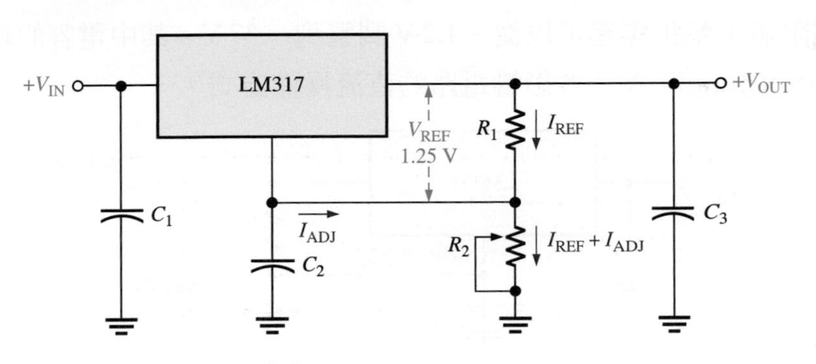

▲ **圖 17-29** LM317 可調式正電壓調整器的工作方式。

例 題 17-6 試求圖 17-30 中，電壓調整器的最小和最大輸出電壓。假設 I_{ADJ} = 50 μA。

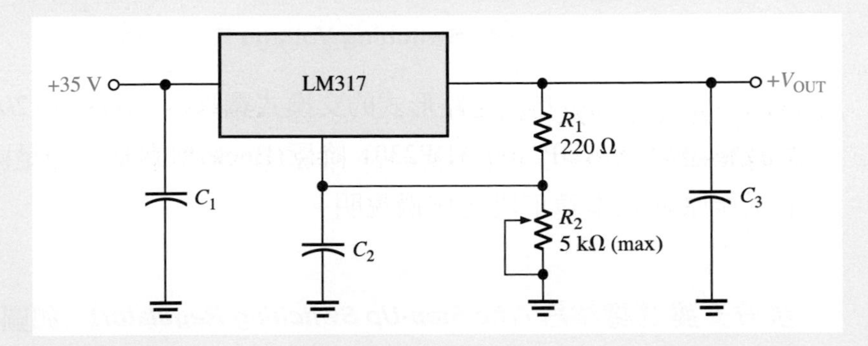

▲ **圖 17-30**

解 $V_{R1} = V_{REF} = 1.25\ V$

當 R_2 設定在最小值 0 Ω，

$$V_{OUT(min)} = V_{REF}\left(1 + \frac{R_2}{R_1}\right) + I_{ADJ}R_2 = 1.25\text{ V}(1) = \mathbf{1.25\text{ V}}$$

當 R_2 設定在最大值 5 kΩ，

$$V_{OUT(max)} = V_{REF}\left(1 + \frac{R_2}{R_1}\right) + I_{ADJ}R_2 = 1.25\text{ V}\left(1 + \frac{5\text{ k}\Omega}{220\ \Omega}\right) + (50\ \mu\text{A})5\text{ k}\Omega$$
$$= 29.66\text{ V} + 0.25\text{ V} = \mathbf{29.9\text{ V}}$$

相關習題 如果將 R_2 設定在 2 kΩ，則調整器的輸出電壓是多少？

可調式負線性電壓調整器 (Adjustable Negative Linear Voltage Regulators)

LM337 是LM317 負輸出電壓的類型，而且是這種積體電路調整器的好範例。如同LM317，LM337 需要兩個外部電阻來調整輸出電壓，如圖 17-31 所示。根據外部電阻值，輸出電壓可以從 − 1.2 V 調整到 − 37 V。其中電容的功能是用來去耦合 (decoupling)，並不會影響電路的直流操作方式。

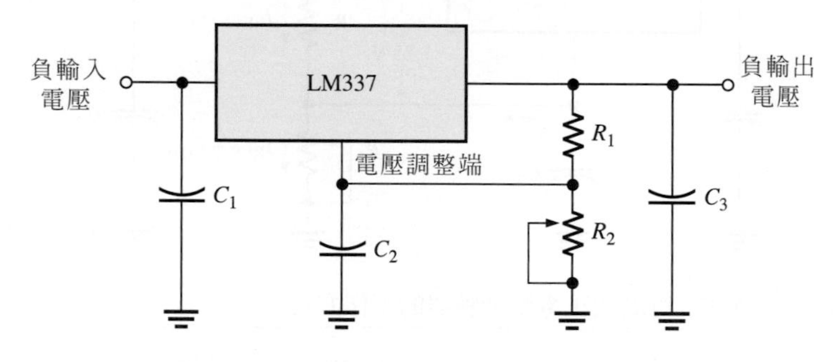

▲ 圖 17-31 LM337 三端點可調式負電壓調整器。

交換式電壓調整器 (Switching Voltage Regulators)

目前市面上有許多積體電路形式的交換式調整器。ADP1612/ADP1613 升壓(Boost)型調整器以及 ADP2300/ADP2301 降壓(Buck)型調整器乃是兩個典型代表例。基本工作原理在本章前段已作過說明。

步升交換式調整器 (The Step-Up Switching Regulator) 如圖 17-32(a)所示，使用 ADP1612/ADP1613 的步升調整器電路型態。基本上ADP1612 與ADP1613 除了切換頻率不同之外，其餘規格都是相同的。切換頻率是工作於脈衝寬度調變(PWM)。

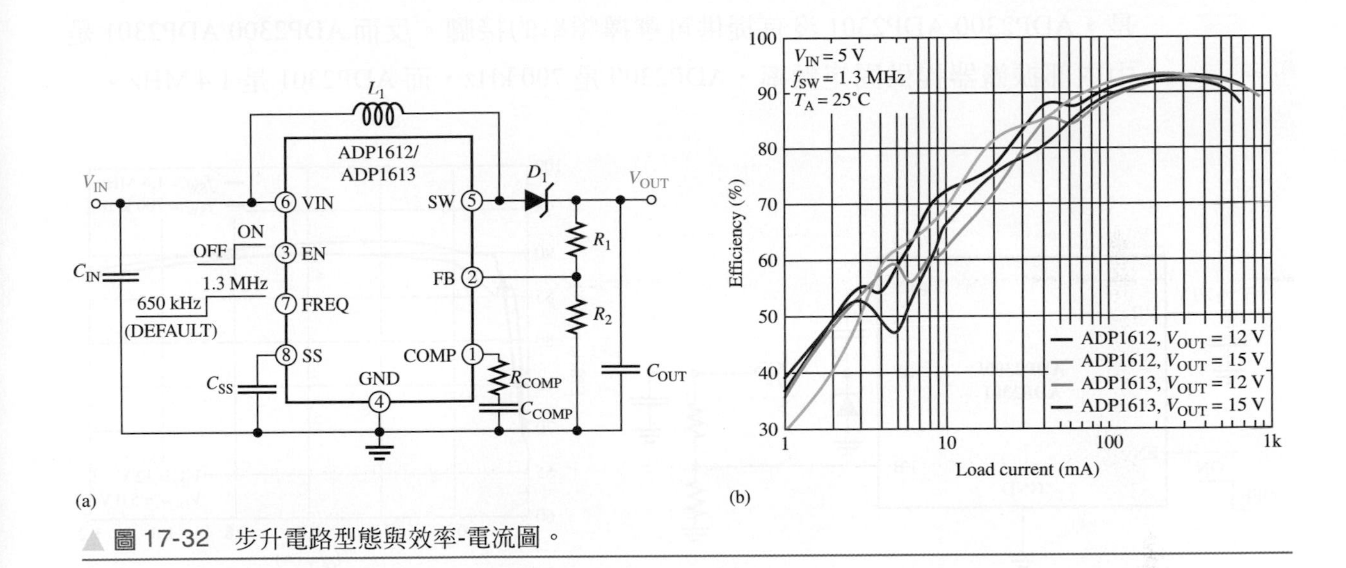

▲ 圖 17-32　步升電路型態與效率-電流圖。

如圖 17-32(b)所示，調整器以 PWM 方式工作，在較高頻率工作時，效率可達 94%。請注意當負載電流增加時，效率也隨之增加。輸出電壓的影響比較小。PWM 工作頻率為 650 kHz 或者 1.3 MHz 可由接腳選擇。當工作於 650 kHz 頻率，接腳 7 (FREQ) 要接地或者浮接 (預設為浮接)。當工作於 650 kHz 頻率，接腳 7 (FREQ) 要接地或者浮接 (預設為浮接)當工作於 1.3 MHz 頻率，接腳 7 要連接 VIN (接腳 6)。輸入電壓範圍為 1.8 V 到 5.5 V，而輸出電壓可達 20 V。

元件提供熱關閉保護(TSD)功能，當溫度超過 150°C 時關閉電路，直到溫度降到 130°C 時會再度開啓。同樣的，元件具備電壓過低鎖定(UVLO)功能，當輸入電壓低於某個位準，關閉 IC 動作，防止異常電壓輸出。

連接接腳 8 (軟啓動) 的電容可避免在元件導通時產生大的湧浪電流。EN 輸入接腳 (接腳 3) 決定調整器導通或者關閉。COMP 輸入接腳 (接腳 1) 需要連接一組 RC 串聯電路用來做電路補償。FB 輸入接腳 (接腳 2)連接到分壓器形成輸出電壓控制的回授迴路。輸入電壓與 SW 接腳 (切換開關輸出，接腳 5)之間連接一個電感，SW 接腳與輸出電壓之間連接一個整流二極體。請注意此處二極體指的是能夠快速切換的蕭特基二極體。

步降交換式調整器 (The Step-Down Switching Regulator)　如圖 17-33(a)所示，步降調整器是採用 ADP2300/ADP2301 的電路型態。基本上 ADP2300 與 ADP2301

除了切換頻率不同以外，其餘規格都是相同的。與 ADP1612/ADP1613 不同的是，ADP2300/ADP2301 沒有提供可選擇頻率的接腳。反而 ADP2300/ADP2301 是由內部振盪器提供固定頻率，ADP2300 是 700 kHz，而 ADP2301 是 1.4 MHz。

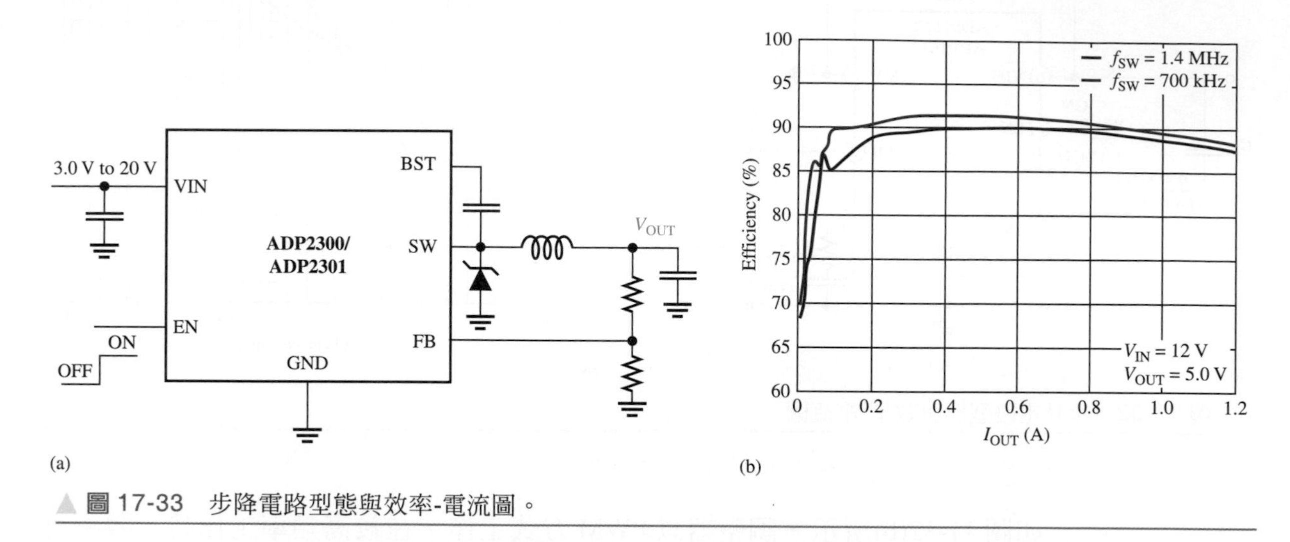

▲ 圖 17-33 步降電路型態與效率-電流圖。

此元件提供熱關閉保護 (TSP) 功能，當溫度超過 140°C時關閉電路，直到溫度降到 150°C 再度開啓。同樣的，元件具備電壓過低鎖定(UVLO)功能以及短路保護。

如圖 17-33(b)所示，該調整器以 PWM 方式在不同頻率下工作，並且根據不同的輸出電流，效率可高達 91%。請注意，當負載電流超過 0.2A，效率大致維持相對固定 (大約介於 91% 與 88%之間)，隨著輸出電流增加，效率會稍微下降一點點。此例，輸出電壓爲定電壓 5V。輸入電壓範圍爲在 3V 到 20V 之間，輸出電壓可高達 20V。輸出電壓範圍爲從 0.8 × V_{IN} 到 0.85 × V_{IN} 。

步升調整器唯一沒有的接腳是 BST 接腳(Boot-strap，自舉電路)。電容必須連接於 BST (接腳 1) 和 SW (接腳 6)之間。藉著感測 BST 和 SW 接腳之間的調整電壓差，調整器會產生 MOSFET 閘極電路的驅動電壓。

第17-5節 隨堂測驗

1. 固定電壓調整器三個端點的功能爲何？
2. 7809 的輸出電壓是多少？7915 的輸出電壓呢？
3. 可調式電壓調整器三個端點的功能爲何？
4. 基本的 LM317 電路型態所需要的外部元件有哪些？

17-6 積體電路電壓調整器的電路型態
(Integrated Circuit Voltage Regulator Configurations)

在上一節中，我們看到幾種可以當作積體電路電壓調整器的一般性元件。利用外部電路可以修正這些元件，以便改善或變換它們的效能，現在我們將檢視幾個不同的這種方法。

在學習完本節的內容後，你應該能夠

- ◆ **描述積體電路電壓調整器之應用**
- ◆ 說明外部旁路電晶體的目的
  - ◆ 計算所需外部電阻的參數值
- ◆ 說明如何實現限制電流功能
- ◆ 描述如何利用三端子調整器作為電流調整器
- ◆ 描述採用 78S40 之交換式調整器電路型態
  - ◆ 描述步降式電路型態
  - ◆ 描述步升式電路型態

外接旁路電晶體 (The External Pass Transistor)

如同我們已經知道的，積體電路電壓調整器只能提供某種程度的輸出電流到負載上。舉例來說，78XX 系列調整器可以承受的最大輸出電流爲 1.3 A (在特定條件下會比較多)。如果負載電流超過最大容許值，將會產生熱過載的現象，而使調整器關閉。熱過載的情況指的是元件內部消耗過多功率。

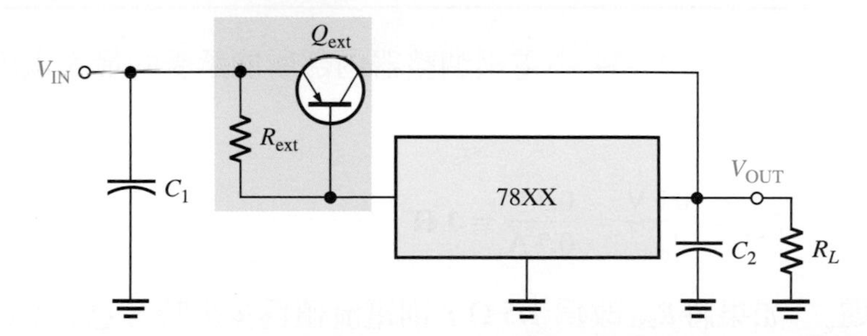

▲ **圖 17-34** 78XX 系列的三端點調整器，用外接旁路電晶體來增加功率消耗額度。

如果應用電路需要的電流多於調整器可以提供的最大電流，這個時候可以使用外接旁路電晶體來達成目標。圖 17-34 說明一個三端點調整器利用外接旁路電晶體，來處理超過基本調整器所能負荷的輸出電流。

外接的電流感測電阻值 R_{ext}，可以決定 Q_{ext} 開始導通的電流值，這是因爲它設定了電晶體的基-射極電壓的緣故。只要電流低於 R_{ext} 所設定的值，電晶體 Q_{ext} 將處於關閉狀態，調整器則正常操作，如圖 17-35(a)所示。這是因爲 R_{ext} 兩端的電壓低於使 Q_{ext} 導通所需的 0.7 V 基-射極電壓。R_{ext} 可以由下面公式求出，其中 I_{max} 爲電壓調整器內部所能承受的最大電流。

公式 17-10

$$R_{ext} = \frac{0.7\ \text{V}}{I_{max}}$$

當電流足夠使 R_{ext} 兩端產生至少 0.7 V 的電壓時，外接旁路電晶體 Q_{ext} 導通，並且讓超過 I_{max} 的剩餘電流通過，如圖 17-35(b)所示。通過 Q_{ext} 的電流是多或是少，必須視負載的需求而定。舉例來說，如果總負載電流爲 3 A，而所選擇的 I_{max} 爲 1 A，則外接旁路電晶體將會讓 2 A 電流通過，這個電晶體電流就是超過電壓調整器內部電流 I_{max} 的電流部分。

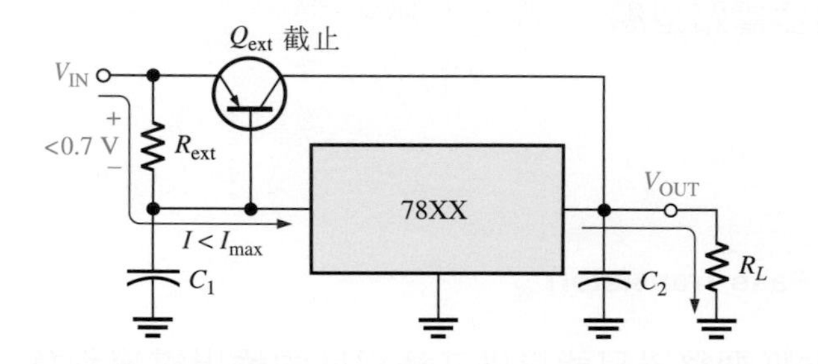

(a) 當調整器電流小於 I_{max}，外接旁路電晶體關閉，由調整器承受所有的電流

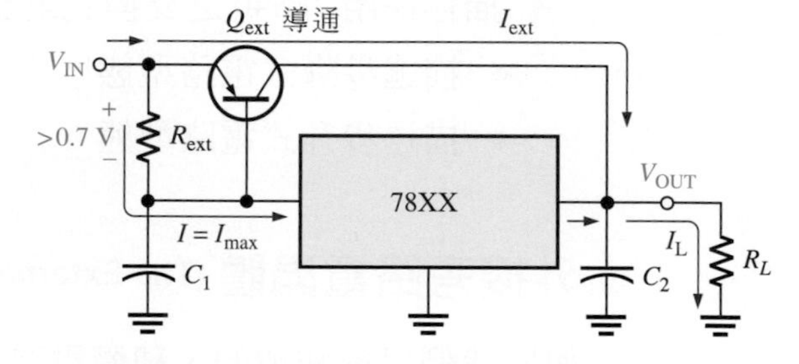

(b) 當負載電流超過 I_{max}，R_{ext} 兩端的電壓降使 Q_{ext} 導通，並且使多餘的電流通過 Q_{ext}

▲ 圖 17-35 具有外接旁路電晶體的調整器工作原理。

例 題 17-7 如果圖 17-34 中電壓調整器內部所能承受的最大電流爲 700 mA，則 R_{ext} 爲多少？

解

$$R_{ext} = \frac{0.7\ \text{V}}{I_{max}} = \frac{0.7\ \text{V}}{0.7\ \text{A}} = \mathbf{1\ \Omega}$$

相關習題 如果將 R_{ext} 改爲 1.5 Ω，則電流值爲多少時，Q_{ext} 才會通導？

外接旁路電晶體通常是附有散熱器的功率電晶體，其必須能夠承受的最大功率值爲

$$P_{ext} = I_{ext}(V_{IN} - V_{OUT})$$

例 題 17-8 如圖 17-34 所示，使用在 7824 調整器電路的外接旁路電晶體，所必須具備的最小功率額定值是多少？輸入電壓為 30 V，負載電阻值為 10 Ω。內部最大容許電流為 700 mA。假設在這個電路中沒有使用散熱器。而且要記住使用散熱器會增加電晶體有效的額定功率，因此可以使用額定功率較低的電晶體。

解 負載電流為

$$I_L = \frac{V_{OUT}}{R_L} = \frac{24\ \text{V}}{10\ \Omega} = 2.4\ \text{A}$$

通過 Q_{ext} 的電流為

$$I_{ext} = I_L - I_{max} = 2.4\ \text{A} - 0.7\ \text{A} = 1.7\ \text{A}$$

Q_{ext} 的功率消耗為

$$P_{ext(min)} = I_{ext}(V_{IN} - V_{OUT}) = (1.7\ \text{A})(30\ \text{V} - 24\ \text{V}) = (1.7\ \text{A})(6\ \text{V}) = \mathbf{10.2\ W}$$

基於安全考量，選擇的功率電晶體額定功率最好超過 10.2 W，比如說至少為 15 W。

相關習題 使用 7815 調整器，然後重作這個例題。

限流 (Current Limiting)

圖 17-34 中電路的缺點為沒有對外部旁路電晶體採取過電流保護措施，像輸出短路所造成的狀況。如圖 17-36 所示可以加進額外的限流電路（Q_{lim} 和 R_{lim}），來防止過多的電流通過 Q_{ext}，以及防止可能產生燒毀的情況。

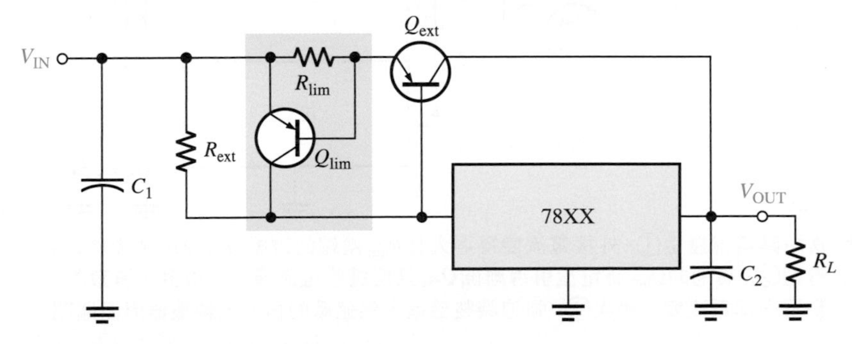

▲ 圖 17-36 具有限流措施的調整器。

接下來將說明限流電路的工作原理。電流感測電阻 R_{lim} 可以設定電晶體 Q_{lim} 的 V_{BE}。Q_{ext} 的基-射極電壓現在是由 $V_{R_{ext}} - V_{R_{lim}}$ 來決定，其中的減號是因為它們極性相反的緣故。因此，在正常操作方式下，R_{ext} 的電壓降必須足以克服 R_{lim} 的相反極性電壓降。如果因為輸出短路或負載故障，使通過 Q_{ext} 的電流超過某一個最大電流值 $I_{ext(max)}$，則 R_{lim} 兩端的電壓會到達 0.7 V，並使 Q_{lim} 導通。此時 Q_{lim} 會將電流從 Q_{ext} 引開，不經過 Q_{ext}，改從調整器通過，強迫調整器發生熱過載的情形，並使調整器關閉。請記住，積體電路調整器內部都已經具有熱過載的保護措施，這是其電路設計的一部分。

這個過程如圖 17-37 所示。在圖 (a) 中，當電路正常工作時，Q_{lim} 關閉，且 Q_{ext} 導通的電流低於它所能承受的最大電流。圖 (b) 顯示當負載短路時所發生的情形。通過 Q_{ext} 的電流忽然增加，而使 R_{lim} 兩端的電壓降增加，接著使 Q_{lim} 開啓。此時電流轉向通過調整器，使它因為熱過載而關閉。

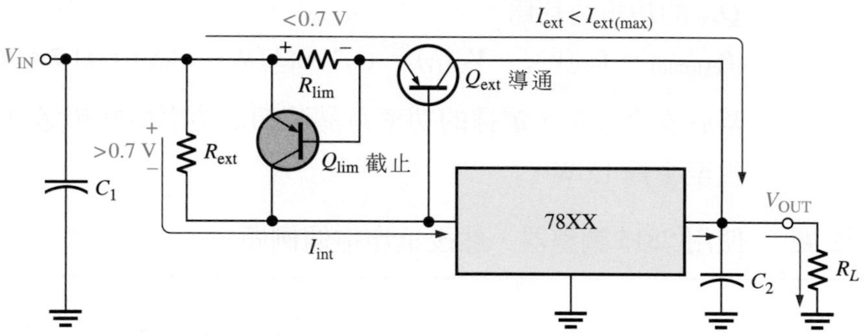

(a) 在正常操作期間，如果負載電流沒有過量，則 Q_{lim} 截止

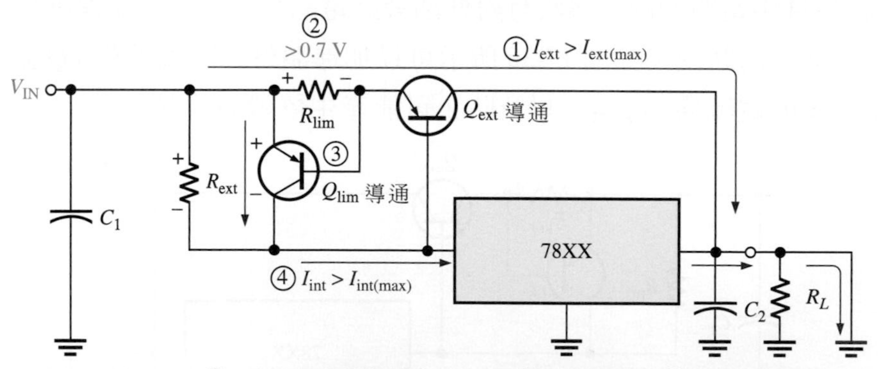

(b) 當短路情況發生①，外接電流變得過大且 R_{lim} 兩端的電壓增加②，然後將 Q_{lim} 導通③，導通的 Q_{lim} 將電流引導離開 Q_{ext} 且使這些電流通過調整器，導致調整器內部電流變得過大④，強迫調整器進入熱過載的情況，調整器因而關閉

▲ 圖 17-37 調整器電路的限流作用。

電流調整器 (A Current Regulator)

當應用電路需要向阻抗值會變動的負載供應固定電流時，三端點調整器可以當作電流源使用。其基本電路如圖 17-38 所示，其中 R_1 是設定電流的電阻。調整器在接地端 (在這個例子中並未實際接地) 和輸出端之間提供固定電壓 V_{OUT}。這個電壓決定了供應負載的固定電流值。

$$I_L = \frac{V_{OUT}}{R_1} + I_G$$

公式 17-11

與輸出電流相比，來自接地端的電流 I_G 非常小，通常可以忽略。

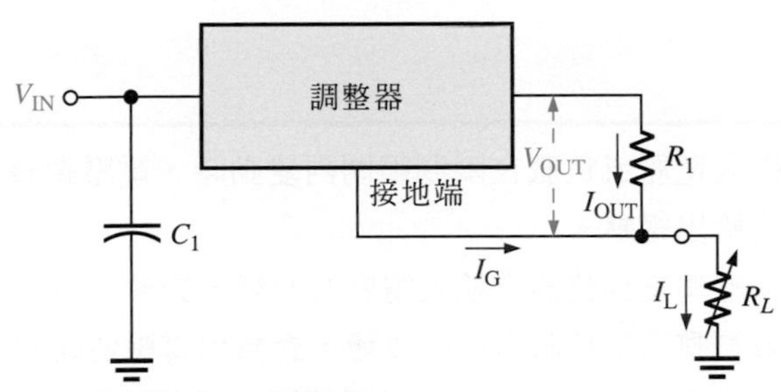

▲ 圖 17-38 當作電流源的三端點調整器。

例 題 17-9 當可變負載從 1 Ω 調整到 10 Ω 時，則要提供負載 0.5 A 的固定電流，7805 調整器的 R_1 值必須為多少？

解 7805 在接地端和輸出端之間產生 5 V 的電壓。因此，如果需要 0.5A 的電流，則設定電流的電阻值必須是 (忽略 I_G)

$$R_1 = \frac{V_{OUT}}{I_L} = \frac{5\text{ V}}{0.5\text{ A}} = \mathbf{10\ \Omega}$$

電路顯示在圖 17-39。

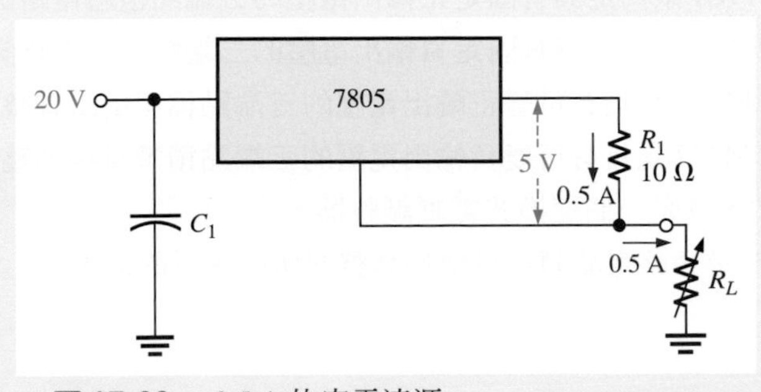

▲ 圖 17-39 0.5 A 的定電流源。

相關習題　如果使用的是 7808 調整器，而不是 7805 調整器，則 R_1 應該變為多少才能維持固定 0.5A 的輸出電流？

第17-6節 隨堂測驗
1. 積體電路電壓調整器使用外接旁路電晶體的目的為何？
2. 在電壓調整器中使用限流的優點為何？
3. *熱過載(thermal overload)*的意義為何？

本章摘要

第 17-1 節
- 當輸入電壓或負載在限制範圍內變動時，電壓調整器實質上仍然可保持固定的直流輸出電壓。
- 線調整率是調整器之輸入電壓的改變，對輸出電壓造成的變化百分比。
- 負載調整率是負載電流的改變，對輸出電壓造成的變化百分比。

第 17-2 節
- 基本的電壓調整器包含參考電壓源，誤差檢測器，取樣電路元件，以及控制裝置。大部分調整器中也包含保護電路。
- 電壓調整器的兩個基本類型為線性和交換式。
- 線性調整器的兩個基本類型為串聯和並聯。
- 串聯線性調整器的控制元件是一個和負載串聯的電晶體。

第 17-3 節
- 並聯線性調整器的控制元件是一個和負載並聯的電晶體。

第 17-4 節
- 交換式調整器的三種線路型態為步降，步升，以及反相。
- 交換式調整器比線性調整器更有效率，而且在低電壓、高電流的應用電路中特別有用。

第 17-5 節
- 三端點線性積體電路調整器，輸出電壓可以是固定的或可變的，極性可以是正的或負的。
- 78XX 系列是具有固定正輸出電壓的三端點積體電路調整器。
- 79XX 系列是具有固定負輸出電壓的三端點積體電路調整器。
- LM317 是具有可變正輸出電壓的三端點積體電路調整器。
- LM337 是具有可變負輸出電壓的三端點積體電路調整器。
- 78S40 是一個交換式電壓調整器。

第 17-6 節
- 外接旁路電晶體可以增加調整器所能承受的電流。

重要詞彙

重要詞彙和其他以粗體字表示的詞彙都會在本書書末的詞彙表中加以定義。

線性調整器 (Linear regulator)　控制元件工作於線性區域的電壓調整器。

線調整率 (Line regulation)　相對於已知的輸入電壓 (線電壓) 改變量，所產生輸出電壓的百分比改變量。

負載調整率 (Load regulation)　當負載電流由無載變爲全載時，輸出電壓的變化率百分比。

調整器 (Regulator)　當輸入電壓或負載電流發生變化時，仍然能維持固定輸出電壓的電子電路。

交換式調整器 (Switching regulator)　控制元件的操作方式類似開關的電壓調整器。

熱過載 (Thermal overload)　在整流器中，因爲過大的電流，使得電路內部的功率消耗超過最大值時的情況。

重要公式

電壓調整率

17-1　$\text{線性調整率} = \left(\dfrac{\Delta V_{OUT}}{\Delta V_{IN}}\right)100\%$　以百分率表示的線性調整率

17-2　$\text{線性調整率} = \dfrac{(\Delta V_{OUT}/V_{OUT})100\%}{\Delta V_{IN}}$　以%/V 表示的線性調整率

17-3　$\text{負載調整率} = \left(\dfrac{V_{NL} - V_{FL}}{V_{FL}}\right)100\%$　百分率負載調整率

17-4　$\text{負載調整率} = \left(\dfrac{R_{OUT}}{R_{FL}}\right)100\%$　以輸出電阻和滿載電阻表示的負載調整率

基本線性串聯調整器

17-5　$V_{OUT} \cong \left(1 + \dfrac{R_2}{R_3}\right)V_{REF}$　調整器輸出

17-6　$I_{L(max)} = \dfrac{0.7\text{ V}}{R_4}$　固定電流限制法(針對矽電晶體)

基本線性並聯調整器

17-7　$I_{L(max)} = \dfrac{V_{IN}}{R_1}$　最大負載電流

基本交換式調整器

17-8　$V_{OUT} = \left(\dfrac{t_{on}}{T}\right)V_{IN}$　步降交換式調整器

積體電路電壓調整器

17-9　$V_{OUT} = V_{REF}\left(1 + \dfrac{R_2}{R_1}\right) + I_{ADJ}R_2$　積體電路調整器

17-10 $R_{ext} = \dfrac{0.7\text{ V}}{I_{max}}$ 外接旁路電路的感測電阻

17-11 $I_L = \dfrac{V_{OUT}}{R_1} + I_G$ 調整器當作電流源的輸出電流

是非題測驗 答案可以在以下的網站找到 www.pearsonglobaleditions.com/Floyd

1. 線調整率是測量在輸入電壓變化時，輸出電壓的穩定度。
2. 負載調整率決定於負載的功率消耗量。
3. 線性及交換式是電壓調整器的兩大類。
4. 線性調整器的兩種類型是串聯及旁路。
5. 反摺限流技術用於高電流調節器。
6. 79XX 系列是提供固定的正輸出電壓的三端點積體電路調整器。
7. 外接旁路電晶體有時用來增加調整器的電流量。
8. 限流是用來保護外接旁路電晶體。
9. 交換式調整器的工作功率可小於 1 瓦特。
10. 線性調整器是僅提供正輸出電壓的三端點裝置。

電路動作測驗 答案可以在以下的網站找到 www.pearsonglobaleditions.com/Floyd

1. 在圖 17-7 中，假如輸入電壓增加 1V，則輸出電壓將會
   (a)增加 (b)減少 (c)不變
2. 在圖 17-7 中，假如齊納二極體更換其齊納電壓為 6.8V，則輸出電壓將會
   (a)增加 (b)減少 (c)不變
3. 在圖 17-7 中，若 R_3 值增加，則輸出電壓將會
   (a)增加 (b)減少 (c)不變
4. 在圖 17-9 中，若 R_4 值減少，調整器提供到負載的電流量將會
   (a)增加 (b)減少 (c)不變
5. 在圖 17-15 中，若 R_2 值增加，在 R_1 的功率散逸將會
   (a)增加 (b)減少 (c)不變
6. 在圖 17-17 中，假如可變脈衝寬度調變器的工作週期增加，則輸出電壓將會
   (a)增加 (b)減少 (c)不變
7. 在圖 17-30 中，將 R_2 調整為較低的值，則輸出電壓將會
   (a)增加 (b)減少 (c)不變
8. 在圖 17-35 中，為了增加調整器所能提供的最大電流值，R_{ext} 值必須
   (a)增加 (b)減少 (c)不變

自我測驗 答案可以在以下的網站找到 www.pearsonglobaleditions.com/Floyd

第 17-1 節

1. 在線性調整的情況下，
(a)當溫度改變，輸出電壓保持固定 (b)當輸出電壓改變，負載電流保持固定
(c)當輸入電壓改變，輸出電壓保持固定 (d)當負載改變，輸出電壓保持固定

2. 負載調整率爲 0.05%/ mA 表示
(a)當負載電流增加或減少 1 mA 時，輸出電壓變化 0.05%
(b)當負載電流增加或減少 5 mA 時，輸出電壓變化 0.01%
(c)當負載電流增加或減少 5 mA 時，輸出電壓變化 0.05%
(d)以上皆非

3. 下面皆爲基本電壓調整器的一部分，除了
(a)控制元件 (b)取樣電路 (c)電壓隨耦器 (d)誤差檢測器 (e)參考電壓

第 17-2 節

4. 串聯調整器和並聯調整器之間的基本差異爲
(a)可承受的電流量 (b)控制元件的位置
(c)取樣電路的類型 (d)誤差檢測器的類型

5. 在基本串聯調整器中，V_{OUT} 是由下列何者決定
(a)控制元件 (b)取樣電路 (c)參考電壓 (d)答案(b)及(c)皆正確

6. 調整器中，限流的主要目的爲
(a)避免調整器通過過多電流 (b)避免負載通過過多電流
(c)防止電源供應器的變壓器燒毀 (d)維持固定的輸出電壓

7. 在線性調整器中，控制電晶體導通的時間爲
(a)一小部分時間 (b)一半的時間
(c)所有的時間 (d)只有當負載電流過大的時候

第 17-3 節

8. 在基本並聯調整器中，V_{OUT}是由下列何者來決定
(a)控制元件 (b)取樣電路 (c)參考電壓 (d)答案 (b) 及 (c) 皆正確

第 17-4 節

9. 交換式調整器的效率可能大於
(a)50% (b)70% (c)80% (d)90%

第 17-5 節

10. LM317 爲哪一種積體電路的範例
(a)三端點負電壓調整器 (b)固定正電壓調整器 (c)交換式調整器
(d)線性調整器 (e)可變正電壓調整器 (f)答案(b)和(d)皆正確
(g)答案(d)和(e)皆正確

第 17-6 節

11. 外接旁路電晶體是用來
(a)增加輸出電壓 (b)改善調整率 (c)增加調整器可承受的電流 (d)短路防護

習 題 所有的答案都在本書末。

基本習題

第 17-1 節 電壓調整

1. 某個調整器在一般情況下的輸出電壓爲 8 V。當輸入電壓從 12 V 增加到 18 V 時，輸出改變 2 mV。試求線性調整率，並且在整個 V_{IN} 範圍內，將它表示成百分比改變量。
2. 試以單位%/V，表示習題一中的線性調整率。
3. 某一個調整器的無負載的輸出電壓爲 10 V，滿載的輸出電壓爲 9.90 V。其百分率負載調整率爲多少？
4. 在習題 3 中，如果全負載電流爲 250 mA，試以%/mA 表示負載調整率。

第 17-2 節 基本線性串聯調整器

5. 在圖 17-40 中，試標示出電壓調整器的功能方塊圖。

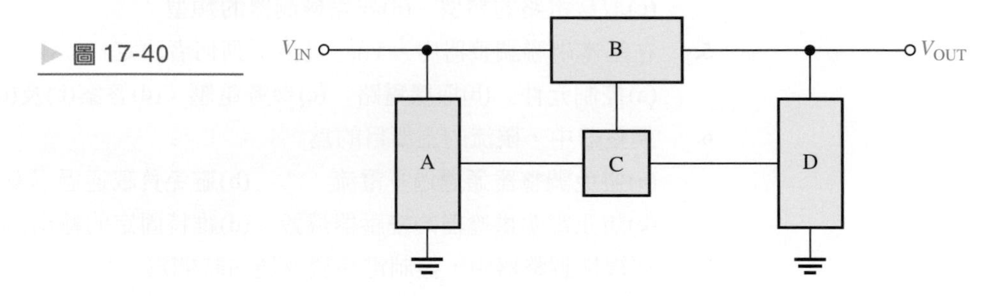

▶ 圖 17-40

6. 試求圖 17-41 中調整器的輸出電壓。

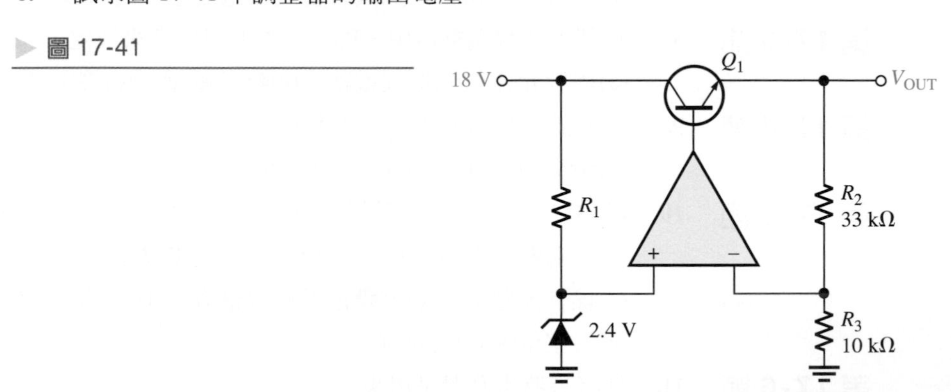

▶ 圖 17-41

7. 試計算圖 17-42 中串聯調整器的輸出電壓。
8. 如果圖 17-42 中的 R_3 增加到 4.7 kΩ，則輸出電壓會產生什麼變化？
9. 如果圖 17-42 的齊納電壓爲 2.7 V，而不是 2.4 V，則輸出電壓爲多少？

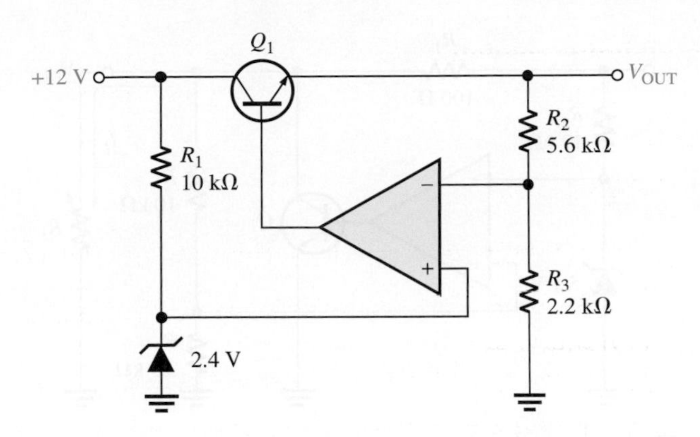

▲ 圖 17-42

10. 具有固定電流限制作用的串聯電壓調整器，如圖 17-43 所示。如果負載電流被限制在最大值 250 mA，試求 R_4 的值。R_4 的額定功率必須爲多少？

11. 如果習題 10 所求出的 R_4 值減半，則最大負載電流爲多少？

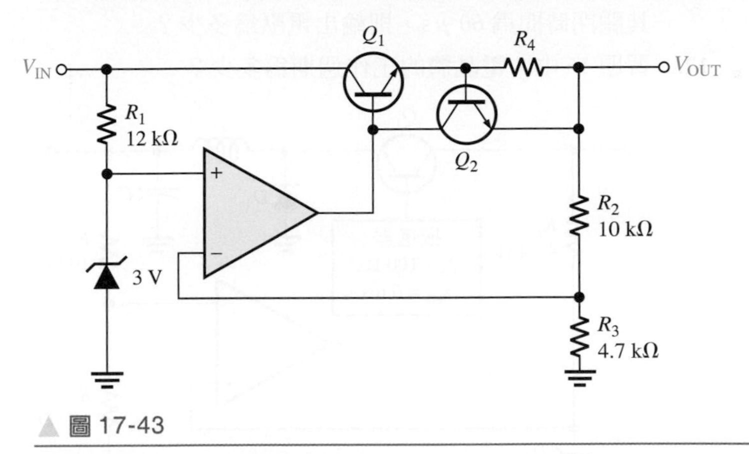

▲ 圖 17-43

第 17-3 節　基本線性並聯調整器

12. 在圖 17-44 的並聯調整器中，當負載電流增加時，通過 Q_1 的電流會更多或更少？爲什麼？

13. 假設圖 17-44 中，I_L 維持固定，而 V_{IN} 改變 1 V。則 Q_1 集極電流的改變量爲多少？

14. 當固定的輸入電壓爲 17 V 時，將圖 17-44 中的負載電阻值從 1 kΩ改變爲 1.2 kΩ。忽略任何輸出電壓的改變，則通過 Q_1 的並聯電流會改變多少？

15. 如果圖 17-44 中最大的容許輸入電壓 25 V，則當輸出短路時，可能的最大輸出電流爲多少？且 R_1 的額定功率應該爲多少？

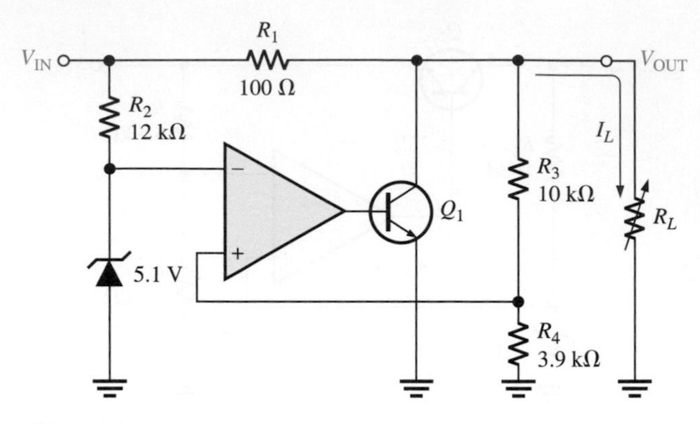

▲ 圖 17-44

第 17-4 節 基本交換式調整器

16. 基本的交換式調整器如圖 17-45 所示。如果電晶體的切換頻率為 10 kHz，且其關閉時間為 60 μs，則輸出電壓為多少？

17. 習題 16 中，電晶體的工作週期為多少？

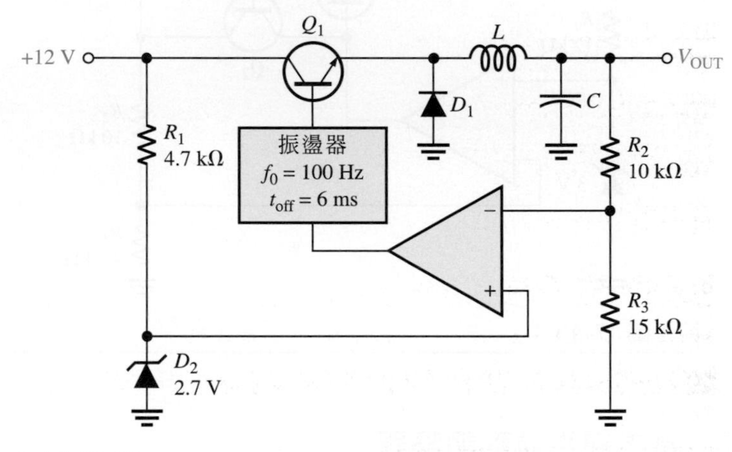

▲ 圖 17-45

18. 圖 17-46 中的二極體 D_1，在什麼時候會變成順向偏壓？

19. 如果圖 17-46 中的 Q_1 導通時間減少，則輸出電壓增加或減少？

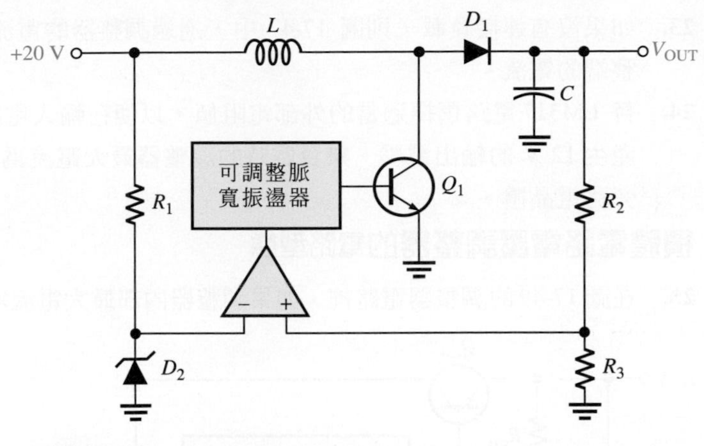

▲ 圖 17-46

第 17-5 節　積體電路電壓調整器

20. 下面每一個積體電路調整器的輸出電壓爲多少？
(a)7806　(b)7905　(c)7818　(d)7924

21. 試求圖 17-47 中調整器的輸出電壓。$I_{ADJ} = 50\ \mu A$。

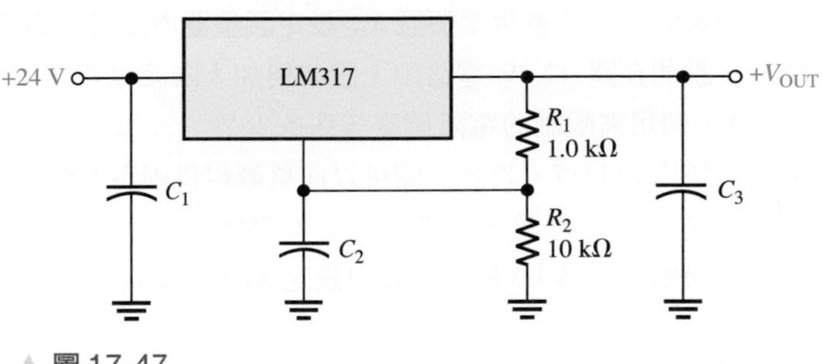

▲ 圖 17-47

22. 試求圖 17-48 中，電壓調整器的最小和最大輸出電壓。$I_{ADJ} = 50\ \mu A$。

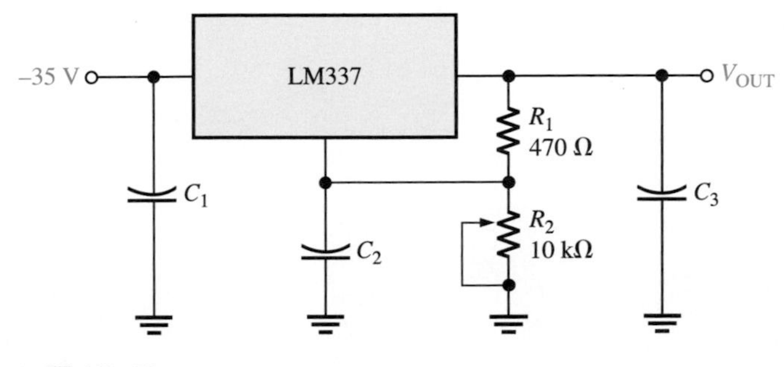

▲ 圖 17-48

23. 如果沒有連接負載，則圖 17-47 中，通過調整器的電流爲多少？忽略電壓調整端的電流。

24. 替 LM317 電路選擇適當的外部電阻值，以便在輸入電壓爲 18 V 的情況下，產生 12 V 的輸出電壓。無負載時的調整器最大電流爲 2 mA。假設沒有外接旁路電晶體。

第 17-6 節 積體電路電壓調整器的電路型態

25. 在圖 17-49 的調整器電路裡，如果調整器內部最大電流爲 250 mA，試求 R_{ext}。

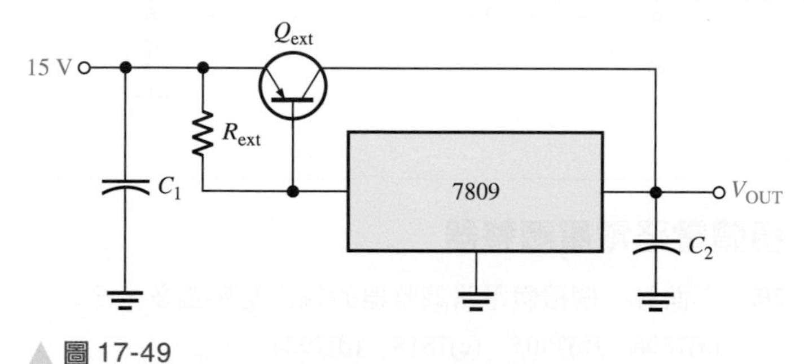

▲ 圖 17-49

26. 在圖 17-49 中，如果使用 7812 電壓調整器和 10 Ω 負載，則外接旁路電晶體所消耗的功率爲多少？假設 R_{ext} 設定調整器內部最大電流爲 500 mA。

27. 試說明在圖 17-49 電路中，該如何加入限流電路。如果將外部電流限制在 2 A，則用來限制的電阻值應該爲多少？

28. 試使用 LM317，設計一個可以向負載提供固定 500 mA 電流的電路。

29. 重複習題第 28 題，但使用的是 IC 7908。

30. 當切換頻率爲 1.3 MHz，如何設定 ADP1612/1613 交換式調整器之參數？

習題解答

第 11 章

1. (a) $I_{CQ} = 68.4\text{mA}$；$V_{ECQ} = 5.14\text{V}$
   (b) $A_v = 11.7$；$A_p = 263$
2. (a)0　(b)207mW　(c)42.8mW
3. 電路更動的情形顯示在圖 A11-1 中。新電路的優點，是負載電阻以接地端為參考點。

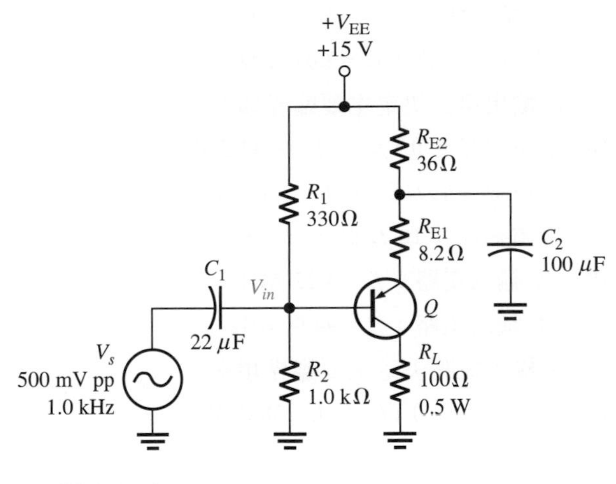

圖 A11-1

4. 44
5. (a) $I_C = 54\text{mA}$；$V_{CE} = 2.3\text{V}$
   (b) $I_C = 15.7\text{mA}$；$V_{CE} = 2.39\text{V}$
6. Q 點並不會改變，因為R_L經電容耦合不會影響直流值。
7. 圖 11-31(a)：46mA；2.3V
   圖 11-31(b)：10.2mA；2.39V
8. (a)$A_v = 10.6$；$A_p = 219$
   (b)$A_v = 10.7$；$A_p = 361$
9. V_{CE}=3.5V，$I_C = 26.9\text{mA}$
10. 28
11. 169mW
12. $P_{out} = 82.5\text{ mW}$；$\eta = 0.138$
13. (a)$V_{B(Q1)} = 0.7\text{V}$；$V_{B(Q2)} = -0.7\text{V}$；
    $V_E = 0\text{V}$；$V_{CEQ(Q1)} = 9\text{V}$；
    $V_{CEQ(Q2)} = -9\text{V}$；$I_{CQ} = 8.3\text{mA}$
    (b) $P_L = 0.5\text{W}$
14. 如圖 A11-2 所示

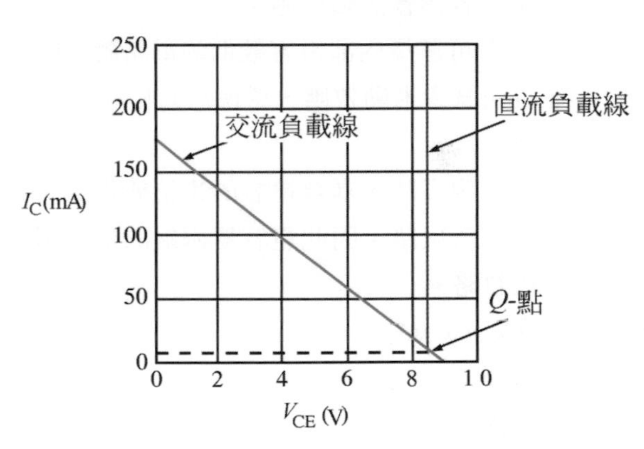

圖 A11-2

15. 457Ω
16. Power gain(功率增益)$=A_v^2(\frac{R_{in}}{R_L})$
    $R_{in} = \beta_{ac}(r_e' + R_L) \parallel R_1 \parallel R_2$
    $\therefore \beta_{ac}$影響R_{in}，即間接影響功率增益。

17. (a)$V_{B(Q1)} = 8.2V$；$V_{B(Q2)} = 6.8V$

$V_E = 7.5V$；$I_{CQ} = 6.8mA$;

$V_{CEQ(Q1)} = 7.5V$;

$V_{CEQ(Q2)} = -7.5V$

(b)$P_L = 167mW$

18. (a)375mW (b)960mW

19. (a)C_2開路或Q_2開路

(b)電源供應器沒有供應電壓、R_1開路、Q_1基極與接地之間短路。

(c)電晶體Q_1的集極和射極之間短路。

(d)一個或兩個二極體短路。

20. 0.91 V rms

21. 450μW

22. 50.3 kHz

23. 24V

24. 0.9998

第 12 章

1. (a)寄生電容影響高頻響應。

(b)設計者可選擇內部電容較低的電晶體，降低增益來減少米勒效應，或使用同相放大器的電路。

2. 當頻率足夠高時，耦合電容的電抗變得非常小，可以視爲短路；因此電容器兩端的信號電壓降可以忽略。

3. BJT：C_{be}, C_{bc}, C_{ce}

FET：C_{gs}, C_{gd}, C_{ds}

4. 低頻響應：C_1, C_2, C_3

高頻響應：C_{bc}, C_{be}, C_{ce}

5. 812 pF。

6. 4 pF。

7. $C_{in(miller)} = 6.95$ pF；

$C_{out(miller)} \cong 5.28$ pF。

8. 10 dB。

9. 24 mVrms；34 dB。

10. − 8.3 dB。

11. (a) 3.01 dBm

(b) 0 dBm

(c) 6.02 dBm

(d) − 6.02 dBm。

12. 當頻率處於中段範圍時，$A_{v(dB)} = 46.1$ dB；當頻率等於臨界頻率時，$A_{v(dB)} = 43.1$ dB。

13. (a) 318 Hz (b) 1.59 kHz。

14. 對 R_C 輸入電路而言，$f_c = 581$ Hz，

對 R_C 輸出電路而言，$f_c = 177$ Hz，

對 R_C 旁路電路而言，$f_c = 6.89$ kHz，

所以由 R_C 旁路電路決定主要下臨界頻率。

15. 當頻率等於 $0.1f_c$：$A_v = 18.8$ dB。

當頻率等於$f_c = 6.89$ kHz 時，$A_v = 35.8$ dB。

當頻率等於 10 f_c 時，$A_v = 38.8$ dB。

16. 當頻率等於f_c 時，$\theta = 45°$

當頻率等於 0.1 f_c 時，$\theta = 84.3°$

當頻率等於 10 f_c 時，$\theta = 5.7°$

17. RC 輸入電路：$f_c = 3.34$ kHz

RC 輸出電路：$f_c = 3.01$ kHz

由輸出電路決定主要臨界頻率。

18. 當頻率等於 $0.1f_c$：$A_v = -11.5$ dB。

當頻率等於f_c 時，$A_v = 5.47$ dB。

當頻率等於 10 f_c 時，$A_v = 8.47$ dB。

19. RC 輸入電路：$f_c = 4.32$ MHz

RC 輸出電路：$f_c = 94.9$ MHz

由輸入電路決定主要臨界頻率。

20. 當頻率等於 $0.1f_c$：$A_v = 38.8$ dB。

當頻率等於f_c 時，$A_v = 35.8$ dB。

當頻率等於 10 f_c 時，$A_v = 18.8$ dB。

當頻率等於 100f_c 時，$A_v = -18.9$ dB。

21. RC 輸入電路：$f_c = 12.9$ MHz

RC 輸出電路：$f_c = 54.5$ MHz

由輸入電路決定主要臨界頻率。

22. 在習題第 21 題中，已知主要臨界頻率爲 12.9 MHz。

在頻率等於f_c 時，$A_v = 5.47$ dB，$\theta = 45°$

在頻率等於 0.1 f_c 時，$A_v = 8.47$ dB，$\theta = 0°$

在頻率等於 10 f_c 時，$A_v = -27.4$ dB

在頻率等於 100 f_c 時，$A_v=-67.4$ dB

23. $f_{cl}=136$ Hz

$f_{cu}=8$ kHz

24. 利用習題第 14 題和第 19 題：

$f_{cu}=4.32$ MHz 且 $f_{cl}=6.89$ kHz

$BW=4.313$ MHz

25. $BW=5.26$ MHz，$f_{cu}\cong 5.26$ MHz

26. 當頻率等於 $2f_{cu}$ 時，$A_v=44$ dB

當頻率等於 $4f_{cu}$ 時，$A_v=38$ dB

當頻率等於 $10f_{cu}$ 時，$A_v=30$ dB

27. 230 Hz；1.2 MHz

28. $\cong$ 1.2 MHz

29. $\cong$ 514 kHz

30. 98.1 Hz

31. $BW\cong 2.5$ MHz

32. $f_{cl}=350$ Hz；$f_{cu}=17.5$ MHz

33. 持續增加頻率直到輸出電壓掉落到 3.54 V rms。此時的頻率即為上臨界頻率。

34. 22.7 kHz

第 13 章

1. $I_A=24.1$ mA

2. (a) 15 MΩ

(b) 從 15 V 增加到 50 V。

3. 請參看內文第 13-2 節中的 "開啓 SCR"。

4. 2.93 kΩ

5. 當開關閉合時，電池 V_2 使燈泡發光。所產生的光能使LASCR導通，因此提供繼電器能量，使得繼電器的磁簧開關閉合。所以 115V ac 會施加電壓於馬達上。

6. 請參看圖 A13-1

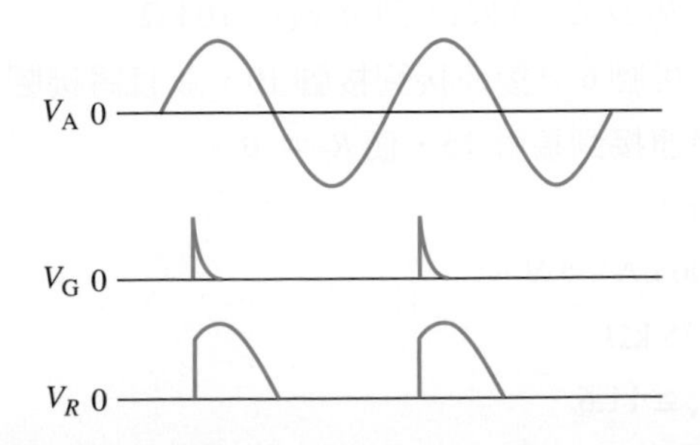

圖 A13-1

7. 增加一個電晶體，提供反向的負半週以獲得正的閘極觸發。

8. D_1 和 D_2 是全波整流二極體。

9. 請參看圖 A13-2。

10. 請參看圖 A13-3。

11. 請參看圖 A13-4。

12. 請參看課文第 13-5 節。

13. 陽極、陰極、陰閘極和陽閘極。

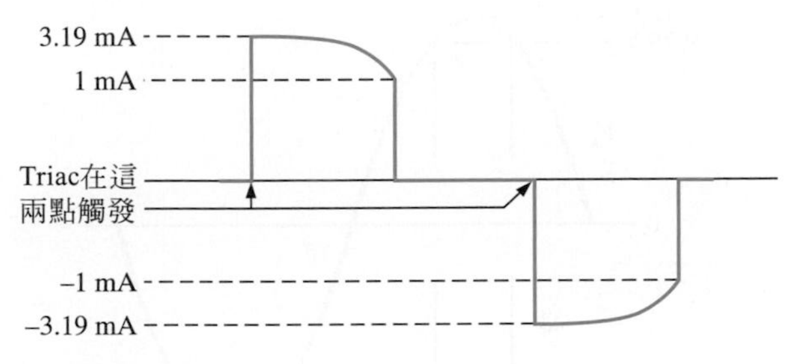

圖 A13-2

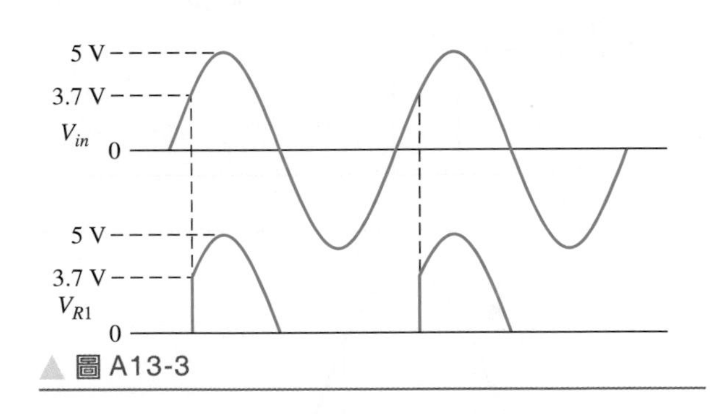

圖 A13-3

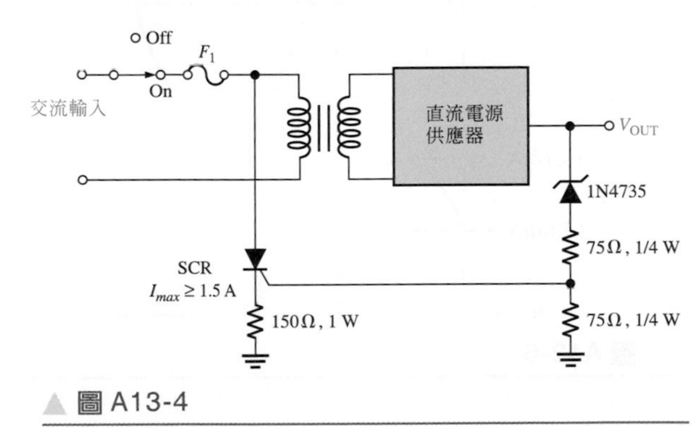

圖 A13-4

14. 0.385

15. 6.48 V

16. 747 Ω < R_1< 200 kΩ。

17. (a) 9.79 V (b) 5.2 V

18. (a) 請參看圖 A13-5

(b) 請參看圖 A13-6

19. 請參看圖 A13-7。

20. 請參看圖 A13-8。

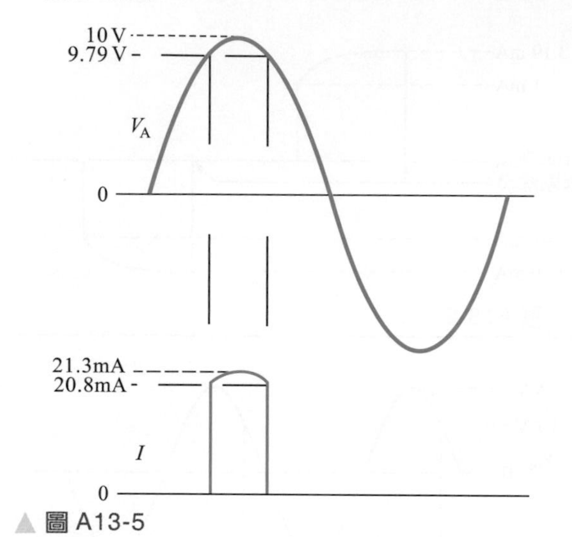

▲ 圖 A13-5

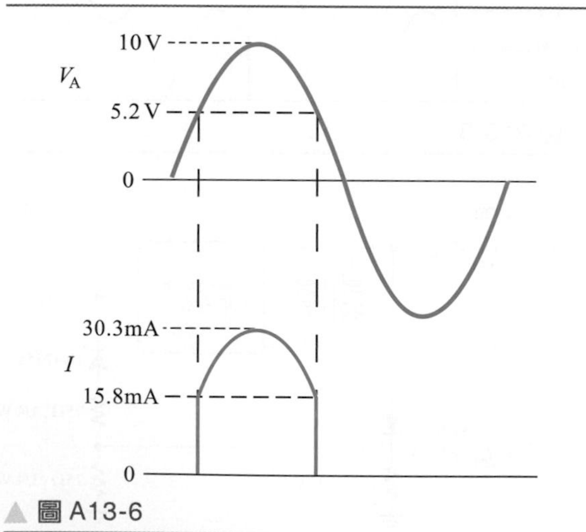

▲ 圖 A13-6

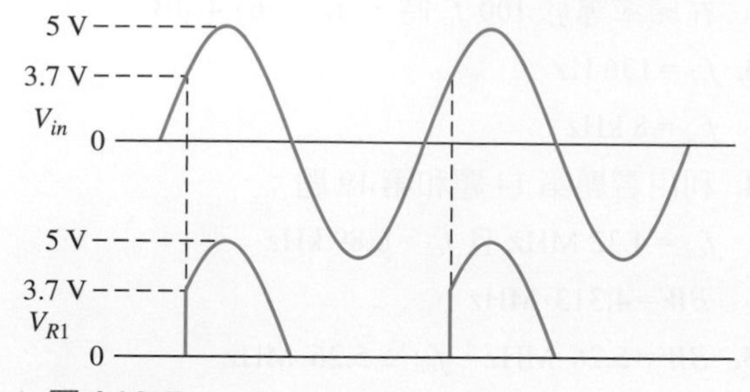

▲ 圖 A13-7

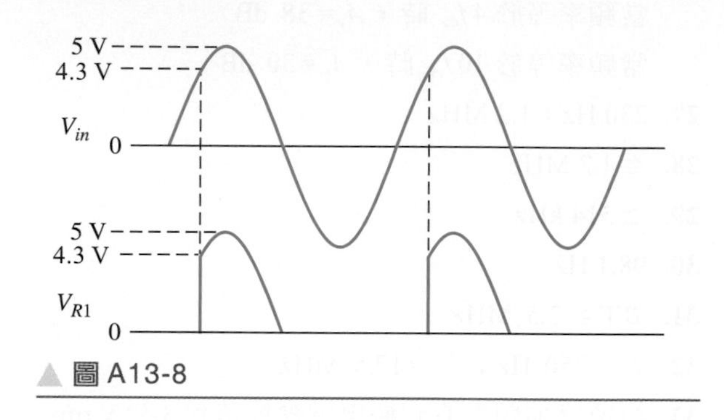

▲ 圖 A13-8

第 14 章

1. $A_{v(1)} = A_{v(2)} = 101$

2. 201

3. 1.005 V

4. ≅ 200 Ω

5. 51.5

6. ≅ 300 kHz

7. 將 R_G 改成 2.2 kΩ

8. 2.7 kΩ

9. 300

10. (a) 35.2

(b) 1,367

11. 將 18 kΩ電阻改成 68kΩ。

12. 將 R_f 改成 3.3 kΩ，將 R_i 改成 10 kΩ。

13. 將接腳 6 直接連接到接腳 10，並且將接腳 14 直接連接到接腳 15，使 R_f = 0。

14. 1 mS

15. 500 μA；5 V。

16. 8.75 kΩ

17. $A_v \cong 11.6$

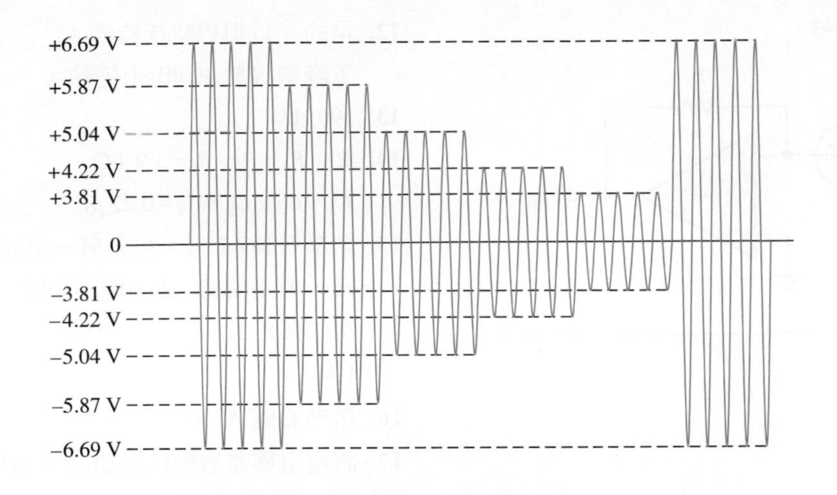

▲ 圖 A14-1

18. 11.6 和 11.0

19. 請參看圖 A14-1。

20. $V_{TRIG(+)} = +4.44$ V

$V_{TRIG(-)} = -4.44$ V

21. 請參看圖 A14-2。

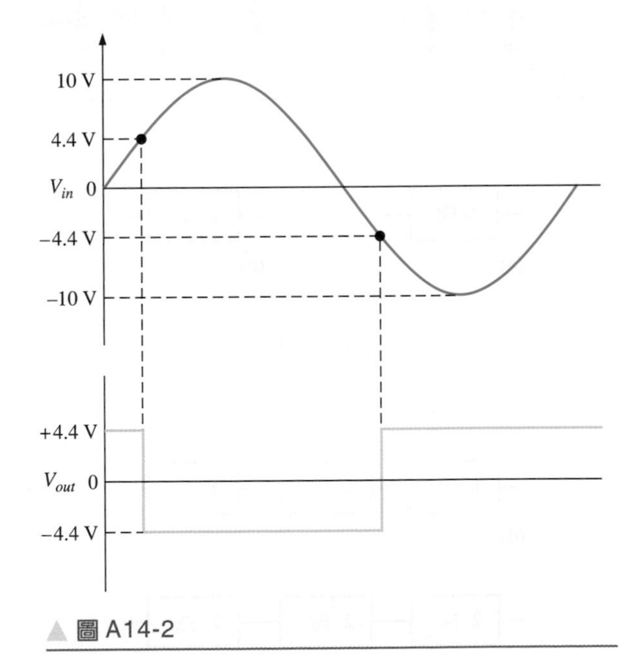

▲ 圖 A14-2

22. (a) −0.693

(b) 0.693

(c) 3.91

(d) 4.87

23. (a) −0.301

(b) 0.301

(c) 1.70

(d) 2.11

24. INV ln = 4.95

INV log = 39.8

25. 因為輸出電壓被電晶體 *pn* 接面的障壁電位限制在 0.7 V。

26. −148 mV

27. −157 mV

28. −4.86 V

29. $V_{out(max)} = -147$ mV，$V_{out(min)} = -89.2$ mV。

1 V 輸入峰值壓縮了 85%；然而 100 mV 輸入峰值只壓縮了 10%。

30. (a) 4.7 mA

(b) 1.18 mA

31. 請參看圖 A14-3。

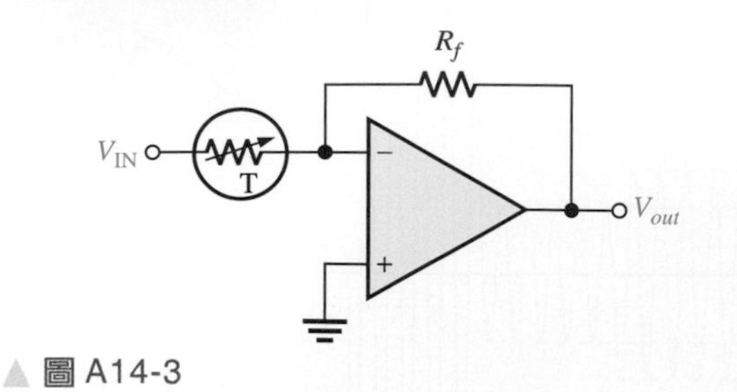

▲ 圖 A14-3

第 15 章

1. (a) 帶通
(b) 高通
(c) 低通
(d) 帶阻

2. 800 Hz

3. 48.2 kHz；不能。

4. 20 dB/十倍頻。

5. 700 Hz；5.04。

6. 15 kHz

7. (a) 1，不是巴特沃響應
(b) 1.44；近似巴特沃響應
(c) 第一級：1.67；第二級：1.67；
不是巴特沃響應

8. (a) 低通濾波器
(b) 高通濾波器
(c) 低通濾波器

9. (a)和(b)是下降率爲−40dB/decade 的二極點濾波器；(c)是下降率爲−60dB/decade 的三極點濾波器。

10. (a) 將 R_3 改成 720 Ω。
(b) 已近似巴特沃響應
(c) $R_3 = R_4 = R_6 = R_7 = 1\ \text{k}\Omega$

11. (a) 契比雪夫
(b) 巴特沃
(c) 貝索
(d) 巴特沃

12. 是的，近似巴特沃特性；
下降率等於 80 dB/十倍頻。

13. 190 Hz

14. $R_1 = R_2 = R_5 = R_6 = 3.9\ \text{k}\Omega$，
$C_1 = C_2 = C_3 = C_4 = 0.22\ \mu\text{F}$。

15. 請參看圖A15-1，加入另一個完全相同的濾波器級，但是使第一級回授電阻的比值等於 0.068，第二級的比值等於 0.0586，第三級的比值等於 1.482。

16. 請參看圖 A15-2

17. 將電阻與電容的位置對調，請參看圖 A15-3

18. 將 R_1、R_2、R_5 和 R_6 電阻改成 7.5 kΩ。

19. (a) 減少 R_1 和 R_2，或者減少 C_1 和 C_2。
(b) 增加 R_3，或減少 R_4。

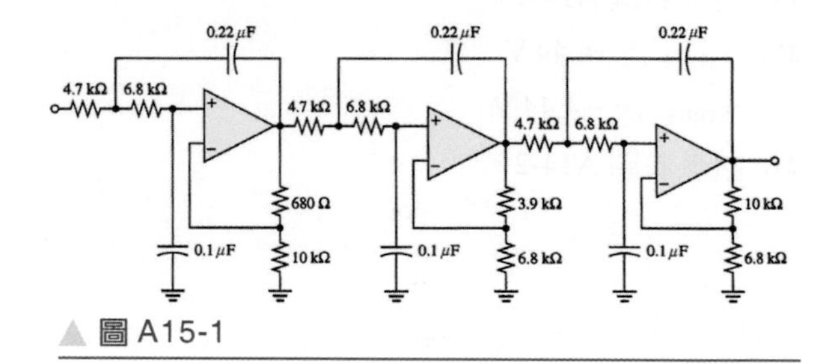

▲ 圖 A15-1

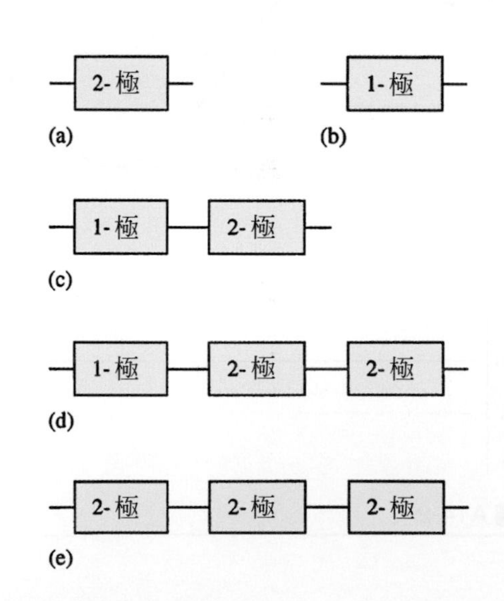

▲ 圖 A15-2

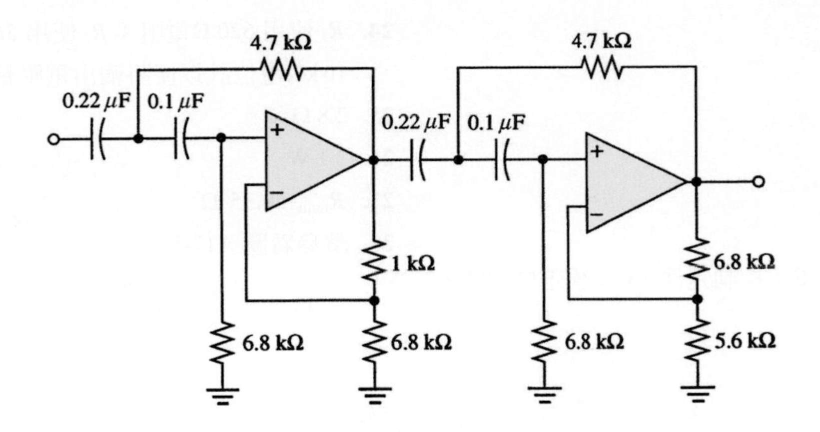

▲ 圖 A15-3

20. (a) 串接高通/低通濾波器。

(b) 多重回授濾波器。

(c) 狀態變數濾波器。

21. (a) f_0 = 4.95 kHz，BW = 3.84 kHz

(b) f_0 = 449 Hz，BW = 96.4 Hz

(c) f_0 = 15.9 kHz，BW = 838 Hz

22. R_5 = 1490 kΩ，

R_6 = 10 kΩ；

頻寬等於 26.6 Hz。

23. 利用二輸入加法器將高通與低通濾波器的輸出加總起來，請參看圖 A15-4。

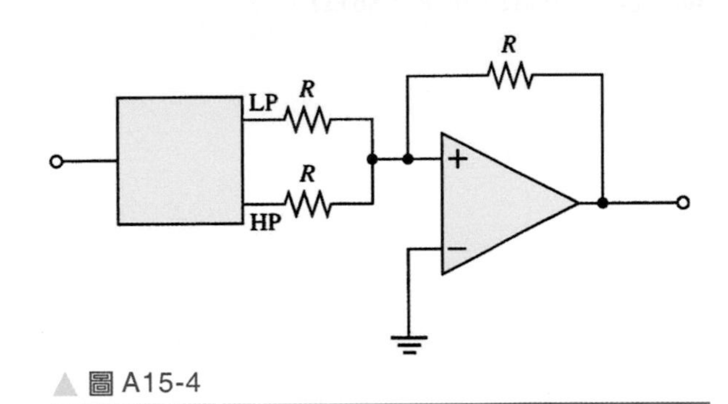

▲ 圖 A15-4

24. 將積分器的 R 從 12 kΩ 改爲 133 kΩ。

第 16 章

1. 振盪器除了電源之外並不需要其他輸入。
2. 放大器與正回授電路。
3. 增益應爲B。
4. 爲了確保啓動
5. 733 mV
6. 1.28 kHz
7. 249 Hz～270 Hz
8. 320 Ω
9. 2.34 kΩ
10. 10.6 kHz
11. 136 kΩ，628 Hz
12. (a) 柯立芝振盪器，236 kHz。

    (b) 哈特萊振盪器，68.5 kHz。
13. 10
14. 三角波，1.61 kHz。
15. 將 R_1 改成 3.54 kΩ。
16. 2.84 V，3.46 kHz。
17. R_4 = 65.8 kΩ，

    R_5 = 47 kΩ。
18. 6.38 V
19. 3.33 V，6.67 V。
20. 4.03 kHz
21. 0.0076 μF
22. 1.65 kΩ

第 17 章

1. 0.0333%
2. 0.00417%/V
3. 1.01%
4. 0.00404%/mA
5. A：參考電壓，B：控制元件，C：誤差檢測器，D：取樣電路。
6. 10.3 V
7. 8.51 V
8. 減少 3.24 V
9. 9.57 V
10. $R_4=2.8\,\Omega$，其功率額定值最少必須爲 0.175W，所以可以使用 0.25 W 的電阻。
11. 500 mA
12. 假設輸出電壓傾向增加，則當負載電流增加時，Q_1 導通的電流越多。當輸出電壓由於負載電流變動的關係而傾向增加時，這種傾向會讓 R_3 和 R_4 偵測到，因而會有一項成比例的電壓施加在運算放大器的非反相輸入端。所產生的差值電壓會增加運算放大器的輸出電壓，因此增加 Q_1 的集極電流。
13. 10 mA
14. 3.0 mA
15. $I_{L(max)}=250$ mA，$P_{R1}=6.25$ W
16. 4.8 V
17. 40%
18. 當 Q_1 關閉時
19. V_{OUT} 減少
20. (a) +6 V
    (b) −5.2 V
    (c) +18 V
    (d) −24 V
21. 14.3 V
22. $V_{OUT(min)}=-1.25$ V
    $V_{OUT(max)}=-28.4$ V
23. 1.3 mA
24. R_1 使用 620 Ω電阻；R_2 使用 5600 Ω電阻，或 10 kΩ電位計以便將輸出電壓精確調整爲 12 V。
25. 2.8 Ω
26. 2.1 W
27. $R_{limit}=0.35\ \Omega$
28. 請參看圖 A17-1

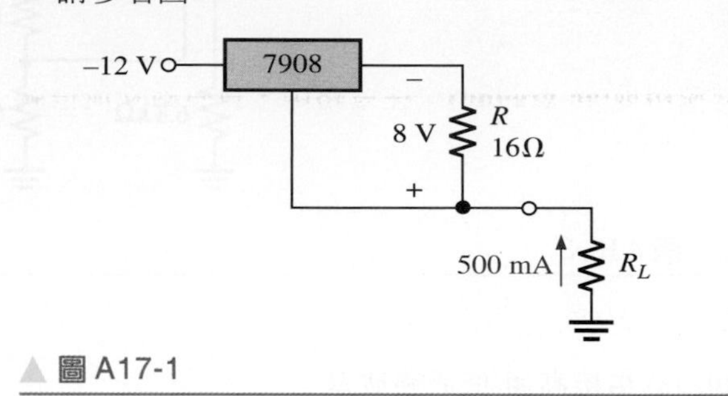

▲ 圖 A17-1

29. 請參看圖 A17-2

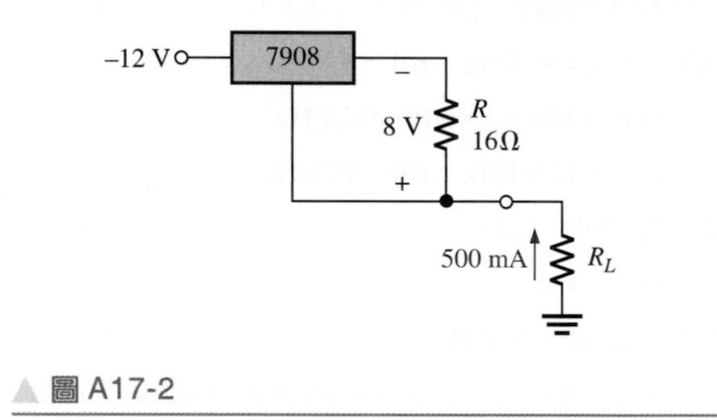

▲ 圖 A17-2

30. 取$R_1=10$ kΩ，則$R_2=86$ kΩ。

詞彙

交流接地(ac ground)　在電路中，只有對交流信號才可以視為接地之處。

主動濾波器(active filter)　由被動元件和如電晶體或運算放大器等主動元件組成，可以依據設定頻率對輸入訊號加以選擇的電路。

類比數位轉換(A/D conversion)　將類比訊號轉換成數位訊號的過程。

α 值(α，alpha)　雙極接面電晶體中集極直流電流對射極直流電流的比值。

放大作用(amplification)　以電子方法將功率、電壓或電流放大的過程。

放大器(amplifier)　可以放大功率、電壓或電流的電子電路。

類比(analog)　於線性處理時所擷取一組連續變化之數值。

類比開關(analog switch)　可將類比信號導通或關閉的裝置

及閘 (AND gate)　一種數位電路，當所有輸入都處於高電位時，輸出也會處於高電位。

入射角 (angle of incidence)　入射光線行進至表面後，與法線所夾的角度。

陽極(anode)　二極體的 p 型區域。

反對數值(antilogarithm)　針對某數的基底取其對數值的次方，所計算出來的值。

組合語言(assembly language)　一種低階程式語言，使用類似英文的指令來表示一整串由 0 或 1 所組成的機器語言指令，因此較容易記憶。

非穩態(astable)　不穩定的狀態。

原子(atom)　擁有某個元素特性的最小粒子。

原子序(atomic number)　原子中的質子數目。

衰減(attenuation)　功率、電流或電壓位準的下降。

自動測試系統(automated test system)　在自動控制器的控制下，可以自動執行元件、電路或系統測試的系統。

累增崩潰(avalanche breakdown)　使齊納二極體崩潰所加的較高電壓。

累增效應(avalanche effect)　因為施加過大的逆向偏壓，因而導致傳導電子快速增長的現象。

均衡調變(balanced modulation)　會抑制載波的振幅調變形式；也稱為遏止載波調變。

能帶間隙(band gap)　原子裡任兩個能階之間的能量差。

帶通濾波器(band-pass filter)　可以讓介於某個較低頻率與另一個較高頻率之間的信號通過的濾波器。

帶止濾波器(band-stop filter)　可以阻隔介於某個較低頻率與另一個較高頻率之間的信號，不讓其通過的濾波器。

頻寬(bandwidth)　特定類型的電子電路中，指明可以由輸入到輸出通過電路的可用頻率範圍。

障壁電壓(barrier potential)　順向偏壓的情況下，要跨過 pn 接面使二極體完全導通，所需要施加的能量。

基極(base)　在 BJT 中的一個半導體區域。與其它區域比較，基極的寬度很窄且摻雜濃度較低。

貝索(Bessel)　具有線性相位特徵以及低於 − 20 dB/decade/ pole 衰減的濾波器頻率響應模型。

β值(beta)　在 BJT 中，集極直流電流對基極直流電流的比值，也就是從基極到集極的電流增益。

偏壓(bias) 對二極體、電晶體或其它元件施加直流電壓，以便讓該元件工作在設定的模式中。

雙極性(bipolar) 元件中的電流載體同時包含自由電子與電洞。

雙極接面電晶體(BJT) 由兩個 *pn* 接面分隔的三個摻雜的半導體區域所組成的雙極接面電晶體。

阻斷電壓(blocking voltage, BV_{DSS}) 可施加至 MOS-FET 汲－源極端的最大耐壓值。

波德圖(Bode plot) dB 增益對頻率的關係圖，藉以說明放大器或濾波器的頻率響應。

限制(bounding) 對放大器或其它電路限制其輸出範圍的過程。

分支(branching) 改變程式執行的方向到程式中的其他位置，而不是緊接著執行下一個指令。

崩潰(breakdown) 當元件兩端的電壓到達某定值時，電流突然劇烈增加的現象。

橋式整流(bridge rectifier) 將二極體排成四邊形所形成的全波整流器。

巴特沃斯慮波器(Butterworth) 具有平坦的通帶以及－20 dB/ decade/pole 衰減等特徵的濾波器頻率響應類型。

旁路電容器(Bypass capacitor) 在放大器中跨接在射極電阻兩端的電容器。

可結構化類比模組(CAM) 是一個可預先設計的類比電路，用於 FPAA 或 dpASP，它的某一些參數是可以選擇性地設計。

串接(cascade) 一個電路的輸出成為下一個電路的輸入的電路佈局方式。

疊接(cascode) 一種 FET 放大器的結構，將共源極放大器與共閘極放大器以串聯方式相接。

陰極(cathode) 二極體的 *n* 型區域。

中心抽頭式整流器(center-tapped rectifier) 具有中心抽頭變壓器以及兩個二極體的全波整流器。

通道(channel) FET 中介於汲極與源極之間的可導電路徑。

Chebyshev 具有漣波形式的通帶以及大於 －20 dB/ decade/pole 衰減等特徵的濾波器頻率響應類型。

箝位器(clamper) 利用一個二極體以及一個電容器在交流電壓上施加直流位準的電路。

A 類(Class A) 完全工作於線性(主動) 區域的放大器型態。

AB 類(Class AB) 偏壓於稍微導通狀態的放大器型態。

B 類(Class B) 因為偏壓在截止點上，所以只能在輸入週期的 180° 相位角內，工作於線性區域的放大器型態。

C 類(Class C) 只能在輸入週期的一小段時間內，工作於線性區域的放大器型態。

D 類(Class D) 一種非線性放大器，其中電晶體的運作如開關一般。

截波器(clipper) 請看限位器(limiter)。

閉迴路(closed-loop) 在運算放大器電路中，輸出經由回授電路回到輸入端的組態。

閉迴路電壓增益(closed-loop voltage gain, A_{cl}) 具有外部回授的運算放大器電壓增益。

CMOS(complementary MOS) 互補式 MOS。

CMRR(Common-mode rejection ratio) 共模拒斥比；開環路增益對共模增益的比值；這是關於運算放大器抑制共模信號的能力指標值。

調諧光(coherent light) 只有一種波長的光。

內聚力(cohesion) 一項判斷程式好壞的指標，表示程序或程式中的程式碼為了同一任務而相連結的關連性高低。

集極(collector) BJT 的三個半導體區域中最大的區域。

共基極(Common-base, CB) 對交流信號而言，基極為共同接點或接地端的 BJT 放大器組態。

共集極(Common-collector, CC) 對交流信號而言，集極為共同接點或接地端的 BJT 放大器組態。

共汲極(Common-drain, CD) 汲極為接地端的 FET 放大器組態。

共射極(Common-emitter, CE) 對交流信號而言，射極為共同接點或接地端的 BJT 放大器組態。

共閘極(Common-gate, CG) 閘極為接地端的 FET 放大器組態。

共模(common mode) 運算放大器的兩個輸入端出現相同信號的情況。

共源極(Common-source, CS) 源極為接地端的 FET 放大器組態。

比較器(comparator) 能夠比較兩個輸入電壓，並且有兩種輸出狀態的電路，這兩個輸出狀態可以指出兩個輸入彼此之間大於或小於的關係。

互補電晶體(complementary symmetry transistors) 兩個彼此具有匹配特性的電晶體，一個是 *npn* 型而另一個是 *pnp* 型。

有條件執行(conditional execution) 程式依據某些條件是否成立來選擇性地處理指令。

傳導電子(conduction electron) 就是自由電子。

導體(conductor) 能夠很容易傳導電流的物質。

核心(core) 原子的中央部分，包括原子核以及除去價電子之外的其餘電子部分。

耦合力(coupling) 一項判斷程式好壞的指標，表示程式的某部分是否會潛在地影響或相互影響程式的其他部分。

共價(covalent) 在兩個或更多原子之間經由價電子的交互作用，形成的結合作用。

共價鍵(Covalent Bonds) 原子間的共價電子所形成的化學鍵結。

臨界角(critical angle) 當光線進入一個表面時，產生了一個角度，此角介於反射及折射之間。

臨界頻率(critical frequency) 放大器或濾波器的響應比在中頻的響應低 3 dB 時的頻率。

交越失真(crossover distortion) B 類推挽式放大器中，每個電晶體由截止狀態變成導通狀態時，在輸出端造成的失真現象。

晶體(crystal) 原子以對稱形態排列的固態物質。

電流轉換率(Current transfer ratio, CTR) 一項指標，表示信號從輸入端耦合到輸出端的效率。

電流(current) 電荷的流動率。

電流鏡(current mirror) 使用可以匹配的二極體接面形成電流源的電路。二極體接面的電流是做為其他接面(通常是電晶體的基極射極接面) 電流的匹配電流，就像鏡中的倒影。電流鏡大部分都使用在推挽式放大器的偏壓電路。

截止(cutoff) 電晶體不導通的狀態。

截止頻率(cutoff frequency) 臨界頻率的另一個名稱。

截止電壓(cutoff voltage) 使汲極電流幾乎為零的閘極對源極電壓值。

數位類比轉換(D/A conversion) 將一序列的數位碼轉換成類比訊號的過程。

阻尼因子(damping factor) 決定響應類型的濾波器特性。

暗電流(dark current) 在未受光線照射的情況下，光二極體由熱能產生的逆向電流。

達靈頓對(Darlington pair) 為達到 β 相乘的倍數效果，將兩個電晶體集極連接起來且以第一個電晶體的射極驅動第二個電晶體之基極的電晶體組態。

dBm 相對於 1mW 的一種測量功率單位。

直流負載線(dc load line) 電晶體電路中 I_C 和 V_{CE} 所形成的直線圖形。

直流電源供應器(dc power supply) 能夠將交流電壓轉變成直流電壓的電路，而且能夠提供固定功率給電路或系統。

直流靜態功率(de quiesent power) A 類放大器的最大功率。

十倍制(decade) 物理量(如頻率)的數值變成原來的十倍或原來的十分之一。

分貝(decibel, dB) 以對數表示兩電壓或兩功率比值之一種度量單位。

空乏(depletion) 在 MOSFET 中移去或耗盡通道內帶電載子的過程，因此會減低通道的導電性。

空乏區(depletion region) 在 *pn* 接面兩側附近的區域，此區域中沒有多數載子。

雙向觸發二極體(diac) 一種雙端子四層半導體裝置(閘流體)，經過適當的啓動程序可以雙向導通電流。

差動模式(differential mode) 運算放大器的工作模式。其中兩個相反極性的信號電壓，施加在兩個輸入端(雙端)；或信號施加到其中一個輸入端，而另一輸入端接地(單端)。

差動放大器(differential amplifier, diff-amp) 輸出電壓正比於兩個輸入電壓之差值的放大器。作爲運算放大器的輸入級。

微分器(differentiator) 可以產生非常接近輸入訊號函數瞬間變化率的電路。

數位式(digital) 變數的值只能有兩種。

二極體(diode) 只有一個 *pn* 接面，而且電流只能沿著一個方向流過此接面的半導體裝置。

二極體電壓降(diode drop) 順向偏壓時的二極體電壓降，幾乎與障壁電位相同，對矽半導體而言標準值爲 0.7 V。

摻加雜質(doping) 爲控制半導體的導電特性而在純質半導體中加入雜質的過程。

下載(downloading) 在 FPAA 內執行電路之軟體描述的一種過程。

汲極(drain) FET 三個端子中的一個，與 BJT 的集極相似。

動態重複結構化(dynamic reconfiguration) 在一個 FPAA 內下載修改的設計或新的設計的過程，操作時不需要關閉或重置系統；也就是眾所皆知的 "on-the-fly" 重複設計。

動態阻抗(dynamic resistance) 半導體物質的非線性內部阻抗。

效率(efficiency) 輸出到負載的信號功率與電源輸入放大器功率的比值。

電激發光(electroluminescence) 電子在半導體中，與電洞再結合而釋放光能的過程。

電子雲(electron cloud) 量子模型中圍繞原子核，利用濃淡來表示電子出現機率的區域。

靜電放電(electrostatic discharge, ESD) 高電壓物質經由絕緣體放電的現象，這種現象可以破壞電子元件。

電子(electron) 具有負電荷的基本粒子。

電子電洞對(electron-hole pair) 當電子脫離價鍵結時，所產生的傳導電子和電洞。

射極(emitter) BJT 三個半導體區域中摻雜濃度最高的一區。

射極隨耦器(emitter-follower) 爲共集極放大器常見的一個別名。

增強(enhancement) 在 MOSFET 中經由增加帶電載子，產生通道或增加通道導電性的過程。

回授(feedback) 爲抑制或幫助電路輸出端的信號變化，而將電路的一部分輸出引導回到電路輸入端的過程。

回授振盪器(feedback oscillator) 具有正回授而且能在沒有外部輸入信號的情況下，自然產生輸出信號的電路。

FET 場效應電晶體，使用感應電場控制電流的單極性、電壓控制電晶體。

濾波器(filter) 在電源供應器中，用來降低整流器輸出電壓的變動現象的電容器；會允許或阻絕特定頻率通過，對其餘頻率卻能施以相反處理的電路。

浮點(floating point) 在電路中，就電氣方面而言，沒有連接到接地端或者實質電壓的點。

流程圖(flowchart) 一種圖解方法，利用相連的特徵方塊來表示程式的條理與處理流程。

摺反限流(fold-back current limiting) 穩壓電路中限制電流的方法。

強制轉向(forced commutation) 使 SCR 關閉的一種方法。

順向偏壓(forward bias) 能讓二極體傳導電流的偏壓條件。

順向轉態電壓(forward-breakover voltage, $V_{BR(F)}$) 使元件進入順向導通區域的電壓。

四層二極體(4-layer diode) 當陽極對陰極電壓到達某特定"轉態"電壓值時，就能導通的雙端子閘流體。

現場可程式類比陣列(FPAA) 可以程式化並實現類比電路設計的積體電路。

自由電子(free electron) 取得足夠能量可以脫離所屬原子的電子；也稱為傳導電子。

頻率響應(frequency response) 在特定輸入信號之頻率範圍內，增益及相位的改變。

全波整流器(full-wave rectifier) 能將交流正弦波輸入電壓轉換成脈動直流電壓的電路，而且每個輸入週期中可以輸出兩個脈波。

保險絲(fuse) 當電流超過額定值時將會熔化，而導致開路的保護裝置。

增益(gain) 電子信號增加或放大的倍數。

增益頻寬乘積(gain-bandwidth product) 一個運算放大器的常數參數，等於開迴路增益為 1 時的頻率值。

閘極(gate) FET 三個端子中的一個，與 BJT 的基極相似。

鍺(germanium) 一種半導體材料。

防護(Guarding) 是將共模電壓連接到同軸電纜的屏蔽上。這種技術能將工作於臨界環境中之儀表放大器的共模運作雜訊影響降低。

半波整流器(half-wave rectifier) 能將交流正弦波輸入電壓轉換成脈動直流電壓的電路，而且每個輸入週期中可以輸出一個脈波。

層級結構(hierarchical structure) 一種使用多個階層來表示資訊的方法，每一階層看到的資料都會比上一個階層還要詳細。

高階語言(high-level languages) 是不直接與電腦硬體互動的程式語言，但每個指令背後都代表多個能與硬體互動的機器語言指令。

高通濾波器(high-pass filter) 可以讓頻率高於某數值的信號通過，但是會拒絕頻率低於此數值者通過的濾波器。

保持電流(holding current, I_H) 閘流體陽極電流的特定值，當陽極電流低於此數值時，元件會由順向導通區切換成順向截止區。

電洞(hole) 原子的鍵結中失去電子的物理狀態。

磁滯(hysteresis) 電路的開關動作中兩個不同的觸發位準所產生的偏移或延遲現象。

絕緣閘雙極電晶體(IGBT) 結合了 MOSFET 和 BJT 特色的一種高功率元件，主要應用於高電壓切換。

紅外線(infrared, IR) 波長大於可見光範圍的光線。

輸入阻抗(input resistance) 向電晶體基極看進去的阻抗。

指令集(instruction set) 一個由二進位符號構成指令的集合，讓微處理器的硬體可以解讀並且執行。

儀表放大器(instrumentation amplifier) 用來放大疊加在大共模電壓上之小信號的放大器。

絕緣體(insulator) 不能傳導電流的物質。

積體電路(integrated circuit, IC) 所有元件都建造在單獨一個矽晶片上的電路。

積分器(integrator) 可以產生非常接近輸入訊號函數所形成曲線下面積的電路。

本質(intrinsic) 物質的純粹或自然狀態。

反相放大器(inverting amplifier) 輸入信號施加在反相輸入端的閉環路組態運算放大器。

離子化(ionization) 從中性原子移除電子或對中性原子添加電子，使得該原子(稱為離子) 具有淨正電荷或淨負電荷。

照度(irradiance, *E*) 在指定距離處，LED 每單位面積所放射的功率；又稱光強度。

隔離放大器(isolation amplifier) 就電氣特性而言，內部各級相互隔離的放大器。

接面場效應電晶體(JFET) 場效電晶體兩種主要形式之一。

大信號(large-signal) 使放大器在負載線上有明顯工作區域的信號。

光觸發矽控整流器(LASCR) 一種四層半導體裝置(閘流體)，受到足量的光線啓動後，可以沿著單一方向導通電流，而且能夠繼續維持導通狀態直到電流低於某特定值為止。

發光二極體(light-emitting diode, LED) 當順向偏壓時，會發出光線的二極體。

限位器(limiter) 當波形高於或低於指定位準時，會截除超過部分的二極體電路。

線性(linear) 具有直線關係的特性。

線性區域(linear region) 在飽和區和截止區之間沿著負載線的工作區域。

線性調整器(linear regulator) 控制單元工作於線性區域的調整器。

線性調整率(line regulation) 輸入(直線)電壓的改變量所對應的輸出電壓改變量，通常以百分比表示。

負載(load) 經由負載阻抗從電路的輸出端所汲取的電流數量。

負載線(load line) 是一條直線，表示連接到裝置的電路中線性部分的電壓和電流。

負載調整率(load regulation) 當負載電流由無載變爲全載時，輸出電壓的變化率百分比。

對數值(logarithm) 某數的log值，就是指某數的基底數所需計算的次方數，使計算的結果等於某數。

環路增益(loop gain) 運算放大器的開環路增益乘以衰減率。

低通濾波器(low-pass filter) 可以讓頻率低於某數值的信號通過，但是會拒絕頻率高於此數值者通過的濾波器。

機器語言(machine language) 一種以二進位表示的低階程式語言，包含可以直接和處理器硬體溝通的指令。

多數載子(majority carrier) 在摻加雜質的半導體物質中，數量最多的電荷載子(可以是自由電子或電洞的任一種)。

金屬鍵(Metallic bond) 金屬固體中發現的一種化學鍵，其中固定的正離子核透過流動電子於晶格中，結合在一起。

中頻增益(midrange gain) 介於高臨界頻率和低臨界頻率之間的響應曲線部分。

少數載子(minority carrier) 在摻加雜質的半導體物質中，數量最少的電荷載子(可以是自由電子或電洞的任一種)。

調變(modulation) 利用包含資訊的信號修改被稱爲載波且頻率高很多的高頻信號，修改的項目包括振幅、頻率或相位。

單色光(monochromatic) 單一頻率的光；單一顏色。

金屬氧化物半導體場效電晶體(MOSFET) 場效電晶體兩種主要形式之一；有時稱爲閘極絕緣場效電晶體 IGFET。

多級(multistage) 級數超過一級；兩個或更多放大器逐級串接的佈局方式。

自然對數(natural logarithm) 基底數 e 所需計算的次方數，使計算的結果等於某數。

負回授(negative feedback) 將輸出信號的一部分送回放大器的輸入端，但是回授信號與輸入信號反相的過程。

巢化(nesting) 在指令內容中再使用同類型的指令。

中子(neutron) 原子核中不帶電的粒子。

雜訊(noise) 會影響接收信號品質的其他信號。

非反相放大器(noninverting amplifier) 輸入信號施加在非反相輸入端的閉環路組態運算放大器。

原子核(nucleus) 原子中包含質子與中子的中央部分。

物件(object) 一種包含資料與函數並以此爲特徵的程式化個體，會顯示封裝(encapsulation)、繼承(inheritance)、多型(polymorphism)等特性。

物件導向程式設計(object-oriented programming) 著重程式化物件的行爲與程式化物件之間互動的設計方法。

八倍頻(octave) 物理量(如頻率)的數值變成原來的兩倍或原來的二分之一。

歐姆區(ohmic region) FET 特性曲線上，位於夾止區之下的部分，此一部分可滿足歐姆定律。

有機發光二極體(organic light-emitting diode, OLED) 爲一包含二或三層有機材料的元件，此有機材料是由有機分子或聚合物組成，給予電壓即可發射光線。

開迴路電壓增益(open-loop voltage gain, A_{ol}) 沒有外部回授的運算放大器電壓增益。

運算放大器(operational amplifier, op-amp) 具有相當高的電壓增益、相當高的輸入阻抗、很低的輸出阻抗以及很好的共模信號拒斥特性的放大器。

運算互導放大器(operational transconductance amplifier, OTA) 一種電壓轉換成電流放大器。

光耦合器(optocoupler) 此元件使用 LED 來耦合光二極體或光電晶體，並封裝在單一封裝中。

軌道(orbit) 電子繞行原子核運轉的路徑。

軌道(orbital) 原子的量子模型中的副能階層。

階(order) 在濾波器中極的數目。

或閘(OR gate) 一種數位電路，其中當一個或多個輸入處於高電位時，輸出也會處於高電位。

振盪器(oscillator) 只需要輸入直流電源電壓，就能在輸出端產生週期性波形的電路。

輸出阻抗(output resistance) 向電晶體集極看進去的阻抗。

通帶(passband) 以最低的衰減率允許通過濾波器的頻率範圍。

反峰值電壓(peak inverse voltage, PIV) 當二極體處於逆向偏壓，在輸入週期的峰值時的二極體最大逆向電壓。

五價的(pentavalent) 具有五個價電子的原子。

反相作用(phase inversion) 信號的相位改變 180 度。

相位偏移(phase shift) 隨時間變化的函數相對於某參考對象，所產生的相對相角位移。

相移振盪器(phase-shift oscillator) 一種回授振盪器，特徵是由三個 *RC* 電路組成的正回授迴路，此迴路可以產生 180°相移。

光二極體(photodiode) 逆向電流的變動直接由照射光線的強度加以控制的二極體。

光子(photon) 光能的粒子。

光電晶體(phototransistor) 當光線直接照射在基極光感應半導體區域上而能形成基極電流的電晶體。

光伏打效應(photovoltaic effect) 光能直接轉換成電能的過程。

壓電效應(piezoelectric effect) 晶體受到機械應力的作用而產生形變時，在晶體兩端會產生電壓的特性。

夾止電壓(pinch-off voltage) 當閘極對源極電壓等於 0 且汲極電流開始變成定電流時的場效電晶體汲極對源極的電壓值。

像素(pixel) 在 LED 顯示幕中，產生彩色光線的基本單位，由紅綠藍光 LED 所組成。

平台(platform) 一種由電腦與作業系統組成的特定結合。

***pn* 接面(*pn* junction)** 介於兩種不同型態的半導體物質間的邊界。

極(pole) 由一個電阻和一個電容器組成且能對濾波器貢獻－20 dB/decade 下降率的電路。

正回授(positive feedback) 從輸出取出一部分信號，送回輸入端後能夠強化與維持輸出者。此輸出信號與輸入信號爲同相。

消耗功率(power dissi pation, P_D) 某接面一殼體溫度下，所允許安全操作的大功率。

功率增益(power gain) 放大器輸出功率與輸入功率的比值。

電源供應器(power supply) 能夠將交流電壓轉換成直流電壓，且能供應固定功率使電路或系統運作的電路。

程序流程(process flow) 程式中執行指令的程序。

程式(program) 一連串的指令，可以讓電腦執行某些特定任務或達成某些特定目標。

程式設計(programming) 替電腦指定一連串所需的指令，來完成某些特定的任務或特定的目標。

程式設計語言(programming language) 一組指令與規則，可以替程式設計者提供處理器所需的資訊來完成特定的任務。

質子(proton) 具有正電荷的基本粒子。

脈寬調變(pulse width modulation) 將信號轉換成一系列脈衝的過程，脈衝的寬度正比於信號的振幅。

推挽式(push-pull) 一種使用兩個工作於 B 類模式電晶體的放大器，其中一個電晶體在某半波週期內導通，另一個電晶體在另一個半波週期內導通。

可程式單接面電晶體(PUT) 當陽極電壓超過閘極電壓時，就能觸發進入導通狀態的三端子閘流體(比較像 SCR 而不是像 UJT)。

PV 電池(PV cell) 光伏電池或太陽能電池。

Q 點(Q-point) 由特定的電壓和電流值所決定的放大器直流工作點。

品質因素(Q，quality factor) 對被動元件而言，是一種特性值，等於元件儲存以及傳回能量與消耗能量的比值；對帶通濾波器而言，是中心頻率與頻寬的比值。

量子點(quantum dots) 奈米晶體的一種形式，多在半導體內形成，例如矽、鍺、硫化鎘、硒化鎘以及磷化銦等半導體。

輻射強度(radiant intensity, I_θ) LED 在每個球面度(steradian)釋出的功率，單位是 mW/sr。

輻射(radiation) 發出電磁能或光能的過程。

復合(recombination) 導電帶的自由電子落入原子價電帶電洞的過程。

整流器(rectifier) 將交流轉換成直流脈動的電子電路；電源供應器的一部分。

調整器(regulator) 在某個輸入電壓或負載值的範圍內，能夠大致上維持固定輸出電壓的電子裝置或電路；電源供應器的一部分。

弛張振盪器(relaxation oscillator) 在沒有外部信號的情況下，利用*RC*計時電路產生非正弦波形的電子電路。

逆向偏壓(reverse bias) 二極體阻止電流通過的條件。

漣波因素(ripple factor) 針對降低漣波電壓的能力，評估電源供應電路濾波器效能的度量值。

漣波電壓(ripple voltage) 濾波整流器的輸出直流電壓受濾波電容器充放電影響，所產生的微小變動。

r 參數(r parameter) 雙極接面電晶體的一組特性參數，包含α_{DC}，β_{DC}，r'_e，r'_b 和 r'_c。

下降率(roll-off) 當輸入信號頻率高於或低於濾波器臨界頻率時，增益的下降率。

飽和(saturation) BJT 中，集極電流達到最大值並且與基極電流無關的狀態。

安全操作區(safe operationg area, SOA) 當元件處於順向偏壓下，確保元件安全操作的最大汲－源極電壓對汲極電流關係函數的曲線集合區域。

線路圖(schematic) 描寫電氣或電子電路的符號圖。

史密特觸發器(Schmitt trigger) 具有內含磁滯特性的比較器。

SCR(silicon-controlled rectifier) 矽控整流器；一種三端子閘流體，其特性是當在單獨的閘極端加上電壓後，可以觸發導通電流，而且直到陽極電流低於特定值前都維持導通狀態。

SCS(silicon-controlled switch) 矽控開關；具有兩個閘極端用來觸發此元件開與關的四端子閘流體。

半導體(semiconductor) 導電特性介於導體與絕緣體之間的物質。

循序程式設計(sequential programming) 讓指令照其在程式中出現的順序依序來執行的程式設計。

層(shell) 繞行原子核的電子所具有的能帶。

信號壓縮(signal compression) 按比例將信號電壓振幅降低的過程。

矽(silicon) 一種半導體材料。

轉動率(slew rate) 步級電壓輸入運算放大器時，放大器輸出電壓的變動率。

源極(source) FET 三個端子中的一個，與 BJT 的射極相似。

源極隨耦器(source-follower) 共汲極放大器。

光譜的(spectral) 與頻率範圍相關的性質。

穩定度(stability) β 值在溫度改變時，放大器能夠妥善保持其各種設計值(Q點值，增益值等)的程度。

單級(stage) 多級組態的放大器電路中的一級。

本質內分比(standoff ratio)　可以決定UJT導通點的特性。

剛性分壓器(stiff voltage divider)　可以忽略負載效應的分壓器。

加法放大器(summing amplifier)　具有兩個或兩個以上輸入且輸出等於輸入總和的運算放大器組態。

開關式電容電路(switched-capacitor circuit)　一種由電容和電晶體開關所構成的組合，使用於可程式化的類比元件，用來仿效電阻。

切換電流(switching current, I_S)　由順向阻隔區切換到順向導通區時，流經元件的陽極電流値。

交換式調整器(switching regulator)　控制單元的操作方式像開關的調整器。

西克對(Sziklai pair)　互補式達靈頓的排列組合。

測試控制器(test controller)　自動化測試系統中的組成要素，負責執行測試碼，而這些測試碼會定義測試工作的範圍，設定其他組成要素的參數以及協調組成要素之間的活動。

測試設備(test equipment)　自動化測試系統中的組成要素，可以提供待測物的電壓、信號以及電流等。

測試治具(test fixture)　自動化測試系統中的組成要素，用來連接待測物至測試儀器與設備上。

測試儀器(test instrumentation)　自動化測試系統中的組成要素，用來量測與記錄待測物對測試儀器的響應。

熱過載(thermal overload)　在整流器中，因爲過大的電流使得電路內部的功率消耗超過最大額定值時的情況。

熱敏電阻(thermistor)　對溫度變化很靈敏且具有負溫度係數的電阻器。

閘流體(thyristor)　一種四層(pnpn)半導體裝置。

互導(transconductance, g_m)　在FET中，汲極電流的變動量相對於閘極對源極電壓變動量的比值；一般而言，是輸出電流與輸入電壓的比值。

變壓器(transformer)　由兩個或更多線圈(纏繞線圈)所組成的電子元件，可電磁性的相互耦合，使某一線圈上的電源轉換到其他線圈上。

電晶體(transistor)　使用在放大與開關應用電路的半導體裝置。

雙向交流觸發三極體(triac)　在正確啓動的條件下，可以雙向導通電流的三端子閘流體。

觸發器(trigger)　一些電子裝置和元件的啓動輸入端。

三價的 (trivalent)　具有三個價電子的原子。

故障檢修(troubleshooting)　在電子電路或系統中，確認和找出故障原因的過程與技術。

匝數比(turns ratio)　變壓器次級線圈的匝數除以初級線圈的匝數。

UJT(unijunction transistor)　單接面電晶體；具有負阻抗特性的三端子單 *pn* 接面裝置。

待測單元(unit under test, UUT)　在測試系統中待測試的元件、電路或系統等。待測單元(UUT)有時被稱爲待測元件(DUT)。

原子價(valence)　原子的外層性質。

變容器(varactor)　電容值可調整的二極體。

***V-I* 特性(*V-I* characteristic)**　能顯示出二極體電壓和電流之間關係的曲線。

視覺化程式設計(visual programming)　一種程式設計方式，使用非文字指令的圖像化物件來建立最終的程式。

壓控振盪器(voltage-controlled oscillator, VCO)　利用直流控制電壓可以改變振盪頻率的弛張振盪器；經由控制用的輸入電壓決定輸出頻率的振盪器。

電壓隨耦器(voltage-follower)　電壓增益等於1的閉環路非反相運算放大器。

電壓倍增器(voltage multiplier)　利用二極體和電容器使輸出電壓增加爲輸入電壓的二、三或四等倍數的電路。

波長(wavelength)　一週期的電磁波或光波佔據的空間距離。

韋恩橋式振盪器(wien bridge oscillator)　在正回授迴路中使用 *RC*領先-落後電路的回授振盪器。

齊納崩潰(zener breakdown) 使齊納二極體崩潰所加的較小特定電壓。

齊納二極體(zener diode) 設計成能夠限制兩端逆向偏壓值的二極體。

國家圖書館出版品預行編目(CIP)資料

電子學(進階應用) / Thomas L. Floyd 原著 ; 楊棧雲, 洪國永, 張耀鴻編譯. -- 初版. -- 新北市 : 全華圖書, 2019.11
面 ; 公分
譯自 : Electronic devices : conventional current version, 10th ed.
ISBN 978-986-503-294-4(平裝)

1.CST: 電子工程 2.CST: 電子學

448.6 108018477

電子學(進階應用)

Electronic Devices Conventional Current Version, Global Edition, 10/E

原著 / Thomas L.Floyd

編譯 / 楊棧雲、洪國永、張耀鴻

總校閱 / 董秋溝

發行人 / 陳本源

執行編輯 / 劉暐承

出版者 / 全華圖書股份有限公司

郵政帳號 / 0100836-1 號

印刷者 / 宏懋打字印刷股份有限公司

圖書編號 / 0630101

初版二刷 / 2024 年 02 月

定價 / 新台幣 500 元

ISBN / 978-986-503-294-4

全華圖書 / www.chwa.com.tw

全華網路書店 Open Tech / www.opentech.com.tw

若您對書籍內容、排版印刷有任何問題，歡迎來信指導 book@chwa.com.tw

臺北總公司(北區營業處)
地址：23671 新北市土城區忠義路 21 號
電話：(02) 2262-5666
傳真：(02) 6637-3695、6637-3696

中區營業處
地址：40256 臺中市南區樹義一巷 26 號
電話：(04) 2261-8485
傳真：(04) 3600-9806(高中職)
(04) 3601-8600(大專)

南區營業處
地址：80769 高雄市三民區應安街 12 號
電話：(07) 381-1377
傳真：(07) 862-5562

OpenTech
全華網路書店
.com.tw

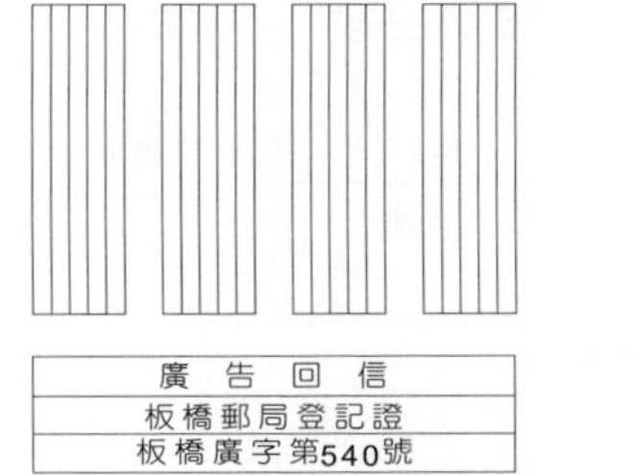

讀者回函卡

填寫日期：　/　/

姓名：＿＿＿＿　生日：西元＿＿年＿＿月＿＿日　性別：□男 □女

電話：（　）＿＿＿＿　傳真：（　）＿＿＿＿　手機：＿＿＿＿

e-mail：（必填）＿＿＿＿

註：數字零，請用 Φ 表示，數字 1 與英文 L 請另註明並書寫端正，謝謝。

通訊處：□□□□□＿＿＿＿

學歷：□博士 □碩士 □大學 □專科 □高中・職

職業：□工程師 □教師 □學生 □軍・公 □其他

學校／公司：＿＿＿＿　科系／部門：＿＿＿＿

・需求書類：

□ A. 電子 □ B. 電機 □ C. 計算機工程 □ D. 資訊 □ E. 機械 □ F. 汽車 □ I. 工管 □ J. 土木

□ K. 化工 □ L. 設計 □ M. 商管 □ N. 日文 □ O. 美容 □ P. 休閒 □ Q. 餐飲 □ B. 其他

・本次購買圖書為：＿＿＿＿　書號：＿＿＿＿

・您對本書的評價：

封面設計：□非常滿意 □滿意 □尚可 □需改善，請說明＿＿＿＿

內容表達：□非常滿意 □滿意 □尚可 □需改善，請說明＿＿＿＿

版面編排：□非常滿意 □滿意 □尚可 □需改善，請說明＿＿＿＿

印刷品質：□非常滿意 □滿意 □尚可 □需改善，請說明＿＿＿＿

書籍定價：□非常滿意 □滿意 □尚可 □需改善，請說明＿＿＿＿

整體評價：請說明＿＿＿＿

・您在何處購買本書？

□書局 □網路書店 □書展 □團購 □其他＿＿＿＿

・您購買本書的原因？（可複選）

□個人需要 □幫公司採購 □親友推薦 □老師指定之課本 □其他＿＿＿＿

・您希望全華以何種方式提供出版訊息及特惠活動？

□電子報 □ DM □廣告（媒體名稱＿＿＿＿）

・您是否上過全華網路書店？（www.opentech.com.tw）

□是 □否 您的建議＿＿＿＿

・您希望全華出版那方面書籍？＿＿＿＿

・您希望全華加強那些服務？＿＿＿＿

～感謝您提供寶貴意見，全華將秉持服務的熱忱，出版更多好書，以饗讀者。

全華網路書店 http://www.opentech.com.tw　客服信箱 service@chwa.com.tw

2011.03 修訂

親愛的讀者：

感謝您對全華圖書的支持與愛護，雖然我們很慎重的處理每一本書，但恐仍有疏漏之處，若您發現本書有任何錯誤，請填寫於勘誤表內寄回，我們將於再版時修正，您的批評與指教是我們進步的原動力，謝謝！

全華圖書　敬上

勘誤表

書 號		書 名		作 者	
頁 數	行 數	錯誤或不當之詞句		建議修改之詞句	

我有話要說：（其它之批評與建議，如封面、編排、內容、印刷品質等・・・）